高等职业教育电子信息课程群系列教材

计算机导论（微课版）

主编 陈平

副主编 杜丹 姚正 俞欣 叶根梅

中国水利水电出版社
www.waterpub.com.cn
·北京·

内 容 提 要

本书主要讲解信息技术基础知识，同时包含计算机相关专业入门知识点。全书内容涵盖教育部发布的《高等职业教育专科信息技术课程标准（2021年版）》基础模块、1+X证书《WPS办公应用职业技能等级标准（2021年版）》、全国计算机等级考试《一级计算机基础及WPS Office应用考试大纲（2022年版）》的大部分内容，对接安徽省计算机类专业专升本考试“计算机专业基础”课程大纲和全国计算机等级考试二级公共基础知识的部分内容。

本书内容丰富、结构合理，可作为高职本科和高职专科计算机相关专业“计算机导论”“计算机应用基础”“信息技术”等课程的教材，也可作为全国计算机等级考试二级公共基础知识、专升本考试的复习参考书。

图书在版编目（CIP）数据

计算机导论 : 微课版 / 陈平主编. -- 北京 : 中国水利水电出版社, 2022.7

高等职业教育电子信息课程群系列教材

ISBN 978-7-5226-0738-2

Ⅰ. ①计… Ⅱ. ①陈… Ⅲ. ①电子计算机－高等职业教育－教材 Ⅳ. ①TP3

中国版本图书馆CIP数据核字(2022)第093193号

策划编辑：石永峰　　责任编辑：石永峰　　封面设计：梁　燕

书　　名	高等职业教育电子信息课程群系列教材 计算机导论（微课版） JISUANJI DAOLUN (WEIKE BAN)
作　　者	主　编　陈平 副主编　杜丹　姚正　俞欣　叶根梅
出版发行	中国水利水电出版社 （北京市海淀区玉渊潭南路1号D座　100038） 网址：www.waterpub.com.cn E-mail：mchannel@263.net（万水） sales@mwr.gov.cn 电话：（010）68545888（营销中心）、82562819（万水）
经　　售	北京科水图书销售有限公司 电话：（010）68545874、63202643 全国各地新华书店和相关出版物销售网点
排　　版	北京万水电子信息有限公司
印　　刷	三河市航远印刷有限公司
规　　格	210mm×285mm　16开本　17.5印张　480千字
版　　次	2022年7月第1版　2022年7月第1次印刷
印　　数	0001—2000册
定　　价	48.00元

前　言

高等职业教育专科计算机类专业“计算机导论”课程是学生必修的专业基础课程之一。学生学习本课程，能够增强信息意识、提升计算思维、提高数字化创新与发展能力、树立正确的信息社会价值观和责任感，为其职业发展、终身学习和服务社会奠定基础。

“计算机导论”课程内容包含信息技术基础以及计算机相关专业入门知识。其中，信息技术涵盖信息的获取、表示、传输、存储、加工、应用等技术，对提升国民信息素养、增强个体在信息社会的适应力与创造力，对个人的生活、学习和工作，对全面建设社会主义现代化国家有重大意义；计算机专业入门知识包含计算机技术、软件工程、计算机网络、媒体技术、数据库、计算机安全、职业道德等知识，力求使学习者对所学专业有比较深入的了解，树立学习本专业的责任感和自豪感。

目前国内出版了很多《计算机导论》，但都是针对本科计算机科学技术、软件工程等专业的，缺少文字处理、电子表格、演示文档、信息搜索方面的内容，而且理论讲解较深，不利于高职高专学生理解。同时，这些教材编写没有企业的参与，教材中设计的案例与市场接轨不紧密。针对这些问题，本课程组编写了本书，旨在使读者快速提升信息处理能力，在短时间内了解计算机相关专业知识，帮助完成职业规划。

本书内容涵盖教育部发布的《高等职业教育专科信息技术课程标准（2021 年版）》基础模块、1+X 证书《WPS 办公应用职业技能等级标准（2021 年版）》、全国计算机等级考试《一级计算机基础及 WPS Office 应用考试大纲（2022 年版）》的大部分内容，对接安徽省计算机类专业专升本考试“计算机专业基础”课程大纲和全国计算机等级考试二级公共基础知识的部分内容。书中“*”标注的内容对于大一学生来说较困难，但是对今后考试和学习比较重要，建议在第一次学习时了解即可，待完成相关知识积累后可重新学习。

依托本书建设的 MOOC 已经在超星“学银在线”上线运营，使用本书的教师可以通过“学银在线”或“学习通”APP 使用本书教学资源包上课，采用线上线下混合教学方式教学。读者也可以自主加入课程，进行在线学习。

本书由陈平任主编，杜丹、姚正、俞欣、叶根梅任副主编，参与编写工作的还有昂娟、甘丽、黄刘松、黄莺、卢志刚、王静雅、吴慧林、吴志霞、虞娟。其中，第 1 章由陈平编写，第 2 章由卢志刚编写，第 3 章由俞欣、叶根梅编写，第 4 章由王静雅编写，第 5 章由吴慧林编写，第 6 章由姚正编写，第 7 章由昂娟编写，第 8 章由虞娟编写，第 9 章由甘丽编写，第 10 章由黄刘松编写，第 11 章由吴志霞、黄莺编写，第 12 章由杜丹编写，全书由陈平统稿。

在本书的编写过程中，编者参考了大量文献资料，受益匪浅，特向文献作者表示衷心的感谢。由于作者水平有限，书中难免存在不足之处，恳请广大读者不吝赐教。编者联系邮箱为 chp@massz.edu.cn。

编　者

2022 年 3 月

目　　录

第 1 章　计算机基础知识

天行健，君子以自强不息；地势坤，君子以厚德载物。

——《易经》

1.1　计算机的基本概念

20 世纪 40 年代诞生的电子数字计算机（简称计算机）是二十世纪最重大的发明之一，是人类科学技术发展史中的一个重要里程碑。经过大半个世纪的发展，计算机科学及相关技术有了飞速发展，计算机的性能越来越高、应用越来越广泛。

1.1.1　什么是计算机

什么是计算机

1. 计算机的概念

“计算机”是一个广义的概念，可以指机械计算机、继电器计算机与电子计算机等设备。

机械计算机是工业革命的产物，它是利用机械运动原理处理数据的设备。十六世纪，德国科学家契克卡德（W.Schickard）和法国科学家帕斯卡（B.Pascal）都发明了机械计算机。机械计算机是利用齿轮传动原理制成的，这也是最早的计算机。

继电器计算机介于机械计算机与电子计算机之间，1941 年制成的全自动继电器计算机 Z-3 已经具备浮点计算、二进制运算、数字存储地址的指令形式等现代计算机的特征。

1946 年 2 月 14 日，人类历史上第一台数字电子计算机——埃尼阿克（Electronic Numerical Integrator And Computer，ENIAC）诞生于美国宾夕法尼亚大学莫尔学院，如图 1-1 所示。ENIAC 长 30.48 米，宽 6 米，高 2.4 米，占地面积约为 170 平方米，有 30 个操作台，重达 30 吨，耗电量为 150 千瓦，造价为 48 万美元。它包含了 17468 根真空管（电子管）、7200 根晶体二极管、1500 个中转、70000 个电阻器、10000 个电容器、1500 个继电器、6000 多个开关，计算速度是每秒 5000 次加法或 400 次乘法，是继电器计算机的 1000 倍、手工计算的 20 万倍。

图 1-1　ENIAC

ENIAC 大大提高了计算速度，原来需要 20 多分钟才能计算出来的一条炮弹弹道，现在只要短短 30 秒。ENIAC 的问世具有划时代的意义，预示着计算机时代的到来。从此，通常所说的“计算机”都是指电子计算机。

2. 图灵机

艾伦 • 麦席森 • 图灵（Alan Mathison Turing），英国数学家、逻辑学家，被称为计算机科学之父、人工智能之父。图灵提出的图灵机模型为现代计算机的逻辑工作方式奠定了基础。此外，图灵对于人工智能的发展有诸多贡献，提出了一种用于判定机器是否具有智能的试验方法，即图灵试验，至今，每年都有试验的比赛。为了纪念这位伟大的科学家，目前计算机界最高荣誉奖为 ACM 图灵奖。

1936 年，图灵提出了一种抽象的计算模型——图灵机（Turing machine）。图灵机，又称图灵计算机，即将人们使用纸笔进行数学运算的过程进行抽象，由一个虚拟的机器替代人类进行数学运算。图灵机就是一个最简单的计算机模型，用 0 和 1 表示控制处理的规则，待处理的信息及处理结果也用 0 和 1 表达，处理即是对 0 和 1 的系列变换（可以用机械/电子系统实现）。

3. 冯 · 诺依曼体系

美籍匈牙利数学家冯 • 诺依曼（John von Neumann）于 1946 年提出存储程序原理，把程序本身当作数据来对待，程序和该程序处理的数据用相同方式储存。冯 • 诺依曼理论的要点如下：计算机的数制采用二进制；计算机应该按照程序顺序执行；计算机硬件由运算器、控制器、存储器、输入设备和输出设备五大部分组成。人们把冯 • 诺依曼的计算机理论结构称为冯 • 诺依曼体系结构，如图 1-2 所示。

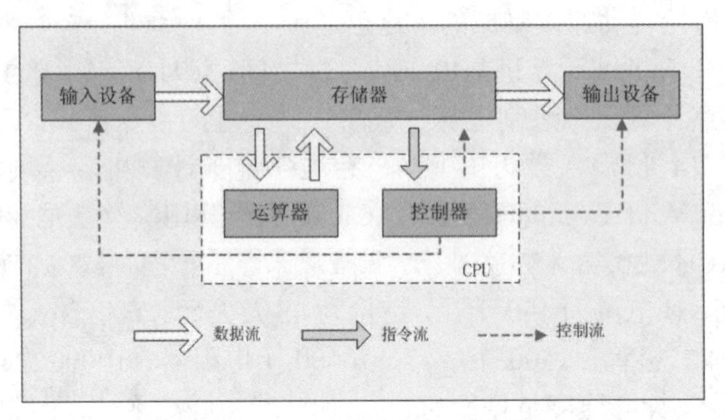

图 1-2 冯 • 诺依曼体系结构

迄今为止，大多数计算机采用的仍然是冯 • 诺依曼体系结构，人们把“冯 • 诺依曼计算机”当作现代计算机的重要标志，并把冯 • 诺依曼称为“计算机之父”。

1.1.2 计算机的分类

计算机有多种分类方法。按处理对象分类，计算机可以分为数字计算机、模拟计算机和数字模拟混合计算机；按用途分类，计算机可以分为通用计算机和专用计算机，例如工作站、服务器、网络计算机、嵌入式计算机、移动设备、量子计算机等；按照规模分类，计算机可以分为巨型计算机、大/中型计算机、小型计算机、微型计算机。

1. 巨型计算机

巨型计算机又称超级计算机，是计算机中功能最强、运算速度最快、存储容量最大的一类计算机。它的基本组成组件与个人计算机没有太大差异，但规格与性能强大许多，是一种超大型计算机。巨型计算机具有很强的计算和处理数据的能力，主要特点为高速度和大容量，配有多种外部设备及丰富的、高性能的软件系统。现有的巨型计算机运算速度大多可以达到每秒 1 太（Trillion，万亿）次以上。

巨型计算机主要应用于复杂的科学计算及军事等专门领域。例如由我国研制的“神威·太湖之光”超级计算机就属于这一类。国际 Top500 组织会定时发布全球超级计算机 500 强，2021 年第 56 期新榜单公布，中国的“神威·太湖之光”超级计算机位列第 4 位，“天河 2A”超级计算机位列第 6 位。前 500 台超级计算机中，我国占据 186 台，远多于第二名美国的 123 台。

2. 大/中型计算机

大/中型计算机具有较高的运算速度，每秒可以执行几千万条指令，并具有较大的存储容量以及较好的通用性，但价格比较高，通常用来作为银行、航空等大型应用系统中的计算机网络主机。

在大多数情况下，大型计算机指的是从 IBM System/360 开始的一系列计算机及其同等级的计算机，具有较高的可靠性、安全性、向后兼容性和极其高效的数据输入与输出性能。

3. 小型计算机

小型计算机的运算速度和存储容量略低于大/中型计算机，但与终端和各种外部设备连接比较容易，适合作为联机系统的主机或用于工业生产过程中的自动控制。

4. 微型计算机

微电子技术飞速发展，使得计算机的体积越来越小、功能越来越强、价格越来越低。微型计算机使用大规模集成电路芯片制作微处理器、存储器和接口，并配置相应的软件，从而构成完整的微型计算机系统。它的问世在计算机的普及与应用中发挥了重大的推动作用。如果把微型计算机制作在一块印刷电路线路板上，则称为单板机。如果一块芯片中包含了微处理器、存储器和接口等微型计算机的最基本配置，则这种芯片称为单片机。

5. 工作站

工作站是指为了某种特殊用途，由高性能的微型计算机系统、输入/输出设备以及专用软件组成的通用微型计算机。例如，图形工作站包括高性能的主机、扫描仪、绘图仪、数字化仪、高精度的屏幕显示器、输入/输出设备以及图形处理软件，它具有很强的图形输入、加工、输出和存储的能力，在工程设计和多媒体信息处理中有广泛的应用。

6. 服务器

服务器是指在网络环境下为多个用户提供服务的共享设备，可分为文件服务器、通信服务器、打印服务器、网络服务器等。

7. 网络计算机

网络计算机是一种在网络环境下使用的终端设备，其特点是内存容量大、显示器的性能强、通用功能强，但本机中不一定配置外存，所需的程序和数据存储在网络中的有关服务器中。

8. 嵌入式计算机

嵌入式计算机是指嵌入某些产品中的微型计算机，用来执行与产品有关的特定功能或任务。现在洗衣机、电视机、空调甚至电子钟表中都包含嵌入式计算机。现代化的汽车中有数十块甚至数百块微处理器，它们都属于嵌入式计算机，这些微处理器配合相应的软件系统，以控制汽车完成多种任务，如点火、管理车载多媒体设备等。

9. 移动设备

移动设备是指智能手机、智能手表、掌上阅读器等设备，具有很多计算机的特性，可以接收输入数据、产生输出、处理数据、存储数据等。现在大多数移动设备支持用户安装应用，比如智能手机就能安装多种应用，如游戏软件、导航软件、视频软件、健身软件、购物软件等。

10. 量子计算机（Quantum Computer）

量子计算机是一类遵循量子力学规律进行高速数学和逻辑运算、存储及处理量子信息的物理装置。当某个装置处理和计算的是量子信息，运行的是量子算法时，它就是量子计算机。

量子计算机的主要特点有运行速度较快、处置信息能力较强、应用范围较广等。与一般计算机比较，信息处理量越多，对于量子计算机实施运算越加有利，也就越能确保运算的精准性。

2021 年 2 月 8 日，中国科学院量子信息重点实验室的科技成果转化平台——合肥本源量子科技公司发布具有自主知识产权的量子计算机操作系统“本源司南”。

事实上，随着技术的不断进步，将计算机按照上述方式进行分类也不是那么直观。例如，高端的个人计算机在性能上与服务器相当，一些个人计算机的尺寸已接近移动电话甚至更小。

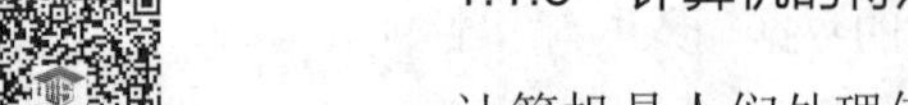

1.1.3 计算机的特点

计算机的特点

计算机是人们处理信息的一种必不可少的工具，它具有运算速度快、运算精度高、具有“记忆”和逻辑判断能力、程序运行自动化等特点。

1. 运算速度快

运算速度是指计算机在单位时间内执行指令的平均速度，可以用每秒完成的操作数或每秒执行的指令数描述。目前巨型计算机的运算速度已经达到每秒几千万亿次甚至几亿亿次，即使是微型计算机的运算速度也已经大大超过了早期大型计算机的运算速度。因此，计算机可以快速地进行计算和信息处理。

2. 运算精度高

计算机的运算精度主要表现为数据表示的位数，一般称为字长。字长越长，运算精度越高，微型计算机字长一般有 8 位、16 位、32 位、64 位等，因此计算机处理的结果具有很高的精确度。

3. 具有“记忆”和逻辑判断能力

计算机不仅能进行计算，而且可以把原始数据、中间结果、运算指令等信息存储起来，供使用者调用。这是电子计算机与其他计算装置的一个重要区别。计算机还能在运算过程中随时进行各种逻辑判断，并根据判断的结果自动决定下一步执行的命令。

4. 程序运行自动化

由于计算机具有“记忆能力”和逻辑判断能力，因此计算机内部的操作运算都是自动控制进行的。使用者将程序输入计算机后，计算机就在程序的控制下自动完成各种运算并输出计算结果，此过程中不需要人的干预。

1.1.4 计算机的应用

计算机的应用

计算机以其卓越的性能和强大的生命力，在科学技术、国民经济、社会生活等方面都得到了广泛的应用，并取得了明显的社会效益和经济效益。

1. 科学计算

科学计算也称数值计算，是指用于完成科学研究和工程技术中提出的数学问题的计算。现代科学技术的发展使得各种领域中的计算模型日趋复杂，如导弹轨迹的计算、卫星气象预报、隐形战机的设计等，通常需要求解几十阶微分方程组、几百个联立线性方程组、大型矩阵等。如果人工计算，则通常需要几年甚至几百年，不能满足及时性、精确性要求。世界上的第一台计算机就是为了科学计算设计的，计算机高速、高精度的运算是人工计算望尘莫及的，利用计算机可以解决人工无法解决的复杂计算问题。

2. 数据/信息处理

数据/信息处理也称非数值计算，是指对大量数据进行搜索、归纳、分类、整理、存储、检索、统计、分析、列表、图形化处理等。人类在很长的一段时间内，只能用自身的感官搜集信息，借助纸张等工具，用大脑存储和加工信息，用语言交流信息。随着计算机技术的发展，当今社会已从工业社会进入信息社会，信息已经成为赢得竞争的一种资源，计算机已广泛应用于政府机关、企业、商业、服务业等行业中，进行数据/信息处理。利用计算机进行数据/信息处理不仅能使人们从繁重的事务性工作中解脱出来，去做更多创造性的工作，而且能够满足信息利用与分析的高频度、及时性、复杂性要求，使人们通过已获取的信息制造更多更有价值的信息。

3. 过程控制

过程控制又称实时控制，是指利用计算机对生产过程、制造过程或运行过程进行检测与控制，即通过实时监测目标物体的当前状态，及时调整被控对象，使被控对象能够正确地完成目标物体的生产、制造或运行。

过程控制广泛应用于各种工业生产环境中。首先，能够替代人去从事危险、有害于人的作业；其次，能在保证相同质量的前提下进行连续作业，不受疲劳、情感等因素的影响；最后，能够完成人所不能完成的高精度、高速度、时间性和空间性等要求的操作。过程控制已在冶金、石油、化工、纺织、水电、机械、航天、军事甚至农业领域得到了广泛的应用。

4. 多媒体（Multimedia）应用

多媒体一般包括文本、图形、图像、音频、视频、动画等信息媒体。多媒体技术是指人与计算机交互地进行上述多种媒介信息的捕捉、传输、转换、编辑、存储、管理，并由计算机综合处理为表格、问题、图形、动画、音响、影像等视听信息有机结合的表现形式。多媒体技术拓宽了计算机应用领域，使计算机广泛应用于商业、服务业、教育、广告宣传、文化娱乐、家庭生活等方面。同时，多媒体技术与人工智能技术的有机结合促进了人机交互、自动驾驶等应用技术的发展。

5. 虚拟现实（Virtual Reality，VR）

虚拟现实是一种可以创建和体验虚拟世界的计算机仿真系统，它利用计算机生成一种模拟环境，使用户沉浸到该环境中。虚拟现实利用现实生活中的数据，通过计算机技术产生电子信号，将其与各种输出设备结合，使其转化为能够让人们感受到的现象，这些现象可以是现实中真真切切的物体，也可以是我们肉眼看不到的物质，通过三维模型表现出来。因为这些现象不是我们直接看到的，而是通过计算机技术模拟的现实世界，所以称为虚拟现实。

虚拟现实受到了越来越多人的认可，用户可以在虚拟现实世界体验到最真实的感受，其模拟环境的真实性与现实世界难辨真假，让人有种身临其境的感觉；虚拟现实具有一切人类所拥有的感知功能，比如听觉、视觉、触觉、味觉、嗅觉等感知系统；另外，它具有超强的仿真系统，真正实现了人机交互，使人可以随意操作并得到环境最真实的反馈。虚拟现实因其多感知性、交互性等特征受到许多人的喜爱。

6. 人工智能（Artificial Intelligence，AI）

人工智能是用计算机模拟人类的某些智能活动与行为，如感知、思维、推理、学习、理解、问题求解等，是处于计算机应用研究最前沿的学科之一。人工智能研究期望赋予计算机更多的人的智能，例如，把各种类型专家（如医疗诊断专家、农业专家等）多年积累的知识与经验赋予计算机，使其像专家一样永久地为人们服务；让计算机自动识别卫星采集的图像，以判断是否是攻击目标；让计算机自动进行翻译，等等。

人工智能研究包括模式识别、符号数学、推理技术、人机博弈、问题求解、机器学习、自动程序设计、知识工程、专家系统、自然景物识别、事件仿真、自然语言理解等。目前，人工智能已具体应用在智能机器人、医疗诊断、自动驾驶、自动仓储管理等方面。

7. 网络通信

计算机技术和数字通信技术的发展融合产生了计算机网络。计算机网络是用物理链路将各孤立的工作站或主机连接在一起，组成数据链路，从而达到资源共享和通信的目的。通信是人与人之间通过某种媒体进行的信息交流与传递。网络通信是通过网络连接各孤立的设备，通过信息交换实现人与人、人与计算机、计算机与计算机之间的通信。

计算机网络通信技术改变了人们的工作方式，也充分发挥了计算机的作用。人们在家里就可以预订机票、车票，可以在网上选购商品，从而改变了传统服务业、商业单一的经营方式。通过网络，人们可以与远在千里之外的人进行沟通交流，实时传递信息，通信联络、会议、课堂授课的实现方式随之改变。计算机网络的发展和应用正在逐步改变各行各业人们的工作和生活方式。

8. 计算机辅助系统（Computer-aided System）

计算机辅助系统是利用计算机辅助完成不同任务的系统的总称。计算机辅助系统包括计算机辅助教学（CAI）、计算机辅助设计（CAD）、计算机辅助工程（CAE）、计算机辅助制造（CAM）、计算机辅助测试（CAT）、计算机辅助翻译（CAT）、计算机集成制造（CIM）等系统。

1.1.5 计算机的发展

计算机的发展

1. 计算机的四个发展阶段

根据使用的逻辑元件划分，电子计算机的发展经历了电子管、晶体管、集成电路、大规模和超大规模集成电路四个发展阶段。在这个过程中，电子计算机不仅在体积、质量和消耗功力等方面显著减小，而且在硬件、软件技术方面有极大的发展，在功能、运算速度、存储容量和可靠性等方面都得到了极大的提高。表 1-1 列出了计算机各发展阶段的主要特点。

表 1-1 计算机各发展阶段的主要特点比较

性能指标 发展阶段	第一代 （1946—1958 年）	第二代 （1958—1964 年）	第三代 （1964—1971 年）	第四代 （1971 年至今）
逻辑元件	电子管	晶体管	中、小规模集成电路	大规模、超大规模集成电路
主存储器	磁芯、磁鼓	磁芯、磁鼓	半导体存储器	半导体存储器
辅助存储器	磁鼓、磁带	磁鼓、磁带、磁盘	磁带、磁鼓、磁盘	磁带、磁盘、光盘
处理方式	机器语言、汇编语言	作业连续处理、编译语言	实时、分时处理多道程序	实时、分时处理网络结构
运算速度（次/秒）	几千至几万	几万至几十万	几十万至几百万	几百万至几百亿
主要特点	体积大，耗电多，可靠性差，价格高，维护复杂	体积较小，质量轻，耗电少，可靠性较高	小型化，耗电少，可靠性高	微型化，耗电极少，可靠性高

目前使用的计算机大多属于第四代计算机，第五代计算机尚在雏形之中。第五代计算机的研究目标是打破计算机现有的体系结构，使其具有人一样的思维、推理能力和判断能力。也就是说，第五代计算机的主要特征是人工智能，它具有一些人类智能的属性。

2. 计算机技术的发展趋势

（1）高性能计算。发展高速度、大容量、功能强大的超级计算机，对进行科学研究、国家安全等都有非常重要的意义。气象预报、航天工程、石油勘测、基因工程、机械仿真等现代科学技术以及先进武器的开发、军事作战的谋划和执行、图像处理及密码的破译等，都离不开高性能计算机。研制超级计算机的技术水平体现了一个国家的综合国力，因此超级计算机的研制是各国在高科技领域竞争的热点。

高性能计算需要实现更快的计算速度、更强的负载能力和更高的可靠性。实现高性能计算的途径包括两方面，一方面是提高单一处理器的计算技能，另一方面是把这些处理器集成，由多个CPU构成一个计算机系统，这就需要研究多CPU协同分布式计算、并行计算、计算机体系结构等技术。

（2）普适计算。普适计算（Ubiquitous Computing/Pervasive Computing），又称普存计算、普及计算、遍布式计算、泛在计算，是一个强调与环境融为一体的计算概念，而计算机本身从人们的视线里消失。在普适计算的模式下，人们能够在任何时间、任何地点、以任何方式获取与处理信息。

科学家表示，普适计算的核心思想是小型、便宜、网络化的处理设备广泛分布在日常生活的各个场所，计算设备将不只依赖命令行、图形界面进行人机交互，而更依赖"自然"的交互方式，计算设备的尺寸将缩小到毫米级甚至纳米级。普适计算的环境中，无线传感器网络将广泛普及，在环保、交通等领域发挥作用；人体传感器网络会大大促进健康监控以及人机交互等的发展。各种新型交互技术（如触觉显示、OLED等）将使交互更容易、更方便。

随着技术的发展，普适计算正在逐渐成为现实。在我们的周围，已经可以看到普适计算的影子，如自动洗衣机可以按照设定的模式自动完成洗衣工作，智能电饭煲可以在我们早晨醒来的时候做好饭，人们在大街上拿着手机上网购物、查收与处理邮件，等等。未来，随着5G、华为"1+8+N"生态体系等技术的发展，普适计算的应用也将越来越广泛。

（3）服务计算与云计算。服务属于商业范畴，计算属于技术范畴，服务计算是商业与技术的融合。通俗地讲，就是把计算当成一种服务提供给用户。传统的计算模式通常需要购置必要的计算设备和软件，这种计算往往不会持续太长时间，或者偶尔为之。不计算时，这些设备和软件处于闲置状态。如果能够把这些设备和软件集中起来供需要的用户使用，那么用户只需要支付少许的租金就可以了，一方面用户节省了成本，另一方面设备和软件的利用率达到了最大化，这就是服务计算的理念。

对于一家企业来说，一台计算机的运算能力是远远无法满足数据运算需求的，那么公司就要购置一台运算能力更强的计算机，也就是服务器。而对于规模比较大的企业来说，一台服务器的运算能力显然是不够的，需要企业购置多台服务器，甚至演变成为一个具有多台服务器的数据中心，而且服务器的数量会直接影响数据中心的业务处理能力。除了高额的初期建设成本之外，计算机的运营支出中，花费在电费上的金额要比投资成本高得多，再加上计算机和网络的维护支出，这些费用是中小型企业难以承担的，于是云计算服务的概念应运而生。目前国内外主流云服务平台有亚马逊AWS、微软Azure、谷歌云平台、阿里云、华为云、UCloud等。关于云计算的内容，具体参见本书第11章。

（4）智能计算。使计算机具有类似于人的智能，一直是计算机科学家不断追求的目标。所谓类似于人的智能，是使计算机能像人一样思考和判断，让计算机做过去只有人才能做的智能的工作。关于人工智能的内容，具体参见本书第11章。

（5）生物计算。生物计算是指利用计算机技术研究生命体的特征和利用生命体的特性研究计算机的结构、算法与芯片等技术的统称。生物计算包括如下两方面：一方面，晶体管的密度已经接近当前技术的极限，要继续提高计算机的性能，就要寻找新的计算机结构和新的元器件，生物计算机成为一种选择；另一方面，随着分子生物学研究的突飞猛进，分子生物学已经成为数据量最大的一门学科，借助计算机进行分子生物信息研究，可以通过数量分析的途径获得突破性的进展。

（6）智慧地球分成三个要素，即物联化、互联化、智能化（Instrumentation, Interconnectedness, Intelligence，3I），是指把新一代的IT、互联网技术充分运用到各行各业，把感应器嵌入、装备到全球的医院、电网、铁路、桥梁、隧道、公路、建筑、供水系统、大坝、油气管道等，通过互联网形成“物联网”；然后通过超级计算机和云计算，使得人类以更加精细、动态的方式工作和生活，从而在世界范围内提升“智慧水平”，最终实现“互联网+物联网=智慧地球”。华为公司提出了“1+8+N”智慧生活解决方案。关于物联网的相关内容，具体参见本书第 11 章。

1.2 计算机中信息的表示

使用电子计算机处理信息，首先必须使计算机识别信息。信息的表示有如下两种状态：一种是人类可识别、理解的信息形态；另一种是电子计算机能够识别和理解的信息形态。

目前广泛采用的冯·诺依曼结构计算机只能识别机器代码，即用 0 和 1 表示的二进制数据。用计算机处理信息时，只有将信息进行数字化编码后，才能方便地进行存储、传送、处理等操作。所谓编码，是采用有限的基本符号通过某种确定的原则将其组合，以描述大量的、复杂多变的信息。信息编码的两大要素是基本符号的种类和符号组合的规则。

虽然计算机的内部采用二进制编码，但是为了方便人们的使用，计算机与外部的信息交流还是采用大家熟悉和习惯的形式。

1.2.1 数制

数制

按照进位的原则进行计数的方法称为进位计数制，简称数制。在日常生活中，最常用的数制是十进制。此外，很多非十进制的计数方法也比较常用，比如计时采用六十进制，即 60 秒为 1 分钟，60 分钟为 1 小时。

表示进位计数制，需要用到基本符号、基数和位权。基本符号是指用来表示某种数制的基本符号，如二进制的基本符号有 0 和 1；基数表示某数制可以使用的基本符号的数量，如十进制的基数为 10；位权表示某个数制的一个数值中每个数字符号的权值，如十进制数字 356 可以写成 $3\times10^2+5\times10^1+6\times10^0$，那么数字 3 的位权为 10^2。

1. 二进制

二进制是使用数字 0 和 1 表示数值且采用“逢二进一”的进位计数制。二进制数处于不同位置上的数字代表不同的值。二进制中第 i 位（整数位从 0 开始计数）的位权为 2^i。例如：

$(1101.011)_2=1\times2^3+1\times2^2+0\times2^1+1\times2^0+0\times2^{-1}+1\times2^{-2}+1\times2^{-3}$

2. 八进制

在一些计算机编程语言中，常以数字 0 作为开头来表明该数字是八进制数字，如果是负数，则以负号开头，例如-067。八进制的基数是 8，基本符号是数字 0～7，运算规则为“逢 8 进 1，借 1 当 8”。八进制中第 i 位的位权为 8^i。例如：

$(7341.26)_8=7\times8^3+3\times8^2+4\times8^1+1\times8^0+2\times8^{-1}+6\times8^{-2}$

3. 十进制

十进制是人们最熟悉的表达形式，十进制的基数是 10，基本符号是数字 0～9，运算规则为“逢 10 进 1，借 1 当 10”。十进制中第 i 位的位权为 10^i。例如：

$(295.478)_{10}=2\times10^2+9\times10^1+5\times10^0+4\times10^{-1}+7\times10^{-2}+8\times10^{-3}$

4. 十六进制

十六进制的表示方法有很多种，在计算机编程语言中，经常将 0x 加在数字之前来标识十六进制数，例如 0x89。十六进制的基数是 16，基本符号是数字 0～9 以及英文字母 A～F，其中英文字母大小写皆可。运算规则为“逢 16 进 1，借 1 当 16”。十六进制中第 i 位的位权为 16^i。例如：

$(6A5F.04C)_{16}=6\times16^3+10\times16^2+5\times16^1+15\times16^0+0\times16^{-1}+4\times16^{-2}+12\times16^{-3}$

常用进位计数制表示法见表 1-2。

表 1-2　常见进位计数制表示法

二进制	八进制	十进制	十六进制
0000	0	0	0
0001	1	1	1
0010	2	2	2
0011	3	3	3
0100	4	4	4
0101	5	5	5
0110	6	6	6
0111	7	7	7
1000	10	8	8
1001	11	9	9
1010	12	10	A
1011	13	11	B
1100	14	12	C
1101	15	13	D
1110	16	14	E
1111	17	15	F

1.2.2　数制之间的转换

十进制数与非十进制数的转换

将数从一种数制转换为另一种数制的过程称为数制间的转换。在信息存储、输入和输出等环节，为了书写和表示上的方便，通常采用十进制、八进制、十六进制；而计算机内部信息的存储和处理则采用二进制。

1. 非十进制数转换为十进制数

非十进制数转换为十进制数采用“权位法”，即先把各非十进制按权展开，再求和，便可得到转换结果。例如：

$(1101.011)_2=1\times2^3+1\times2^2+0\times2^1+1\times2^0+0\times2^{-1}+1\times2^{-2}+1\times2^{-3}=(13.375)_{10}$

$(7341.26)_8=7\times8^3+3\times8^2+4\times8^1+1\times8^0+2\times8^{-1}+6\times8^{-2}=(3809.34375)_{10}$

2. 十进制数转换为非十进制数

（1）将十进制整数转换为非十进制整数采用“除基取余法”，即先将十进制整数逐次除以需转换为的数制的基数，直到商为 0 为止，再将得到的余数自下而上排列。例如将 47 转换成二进制数：

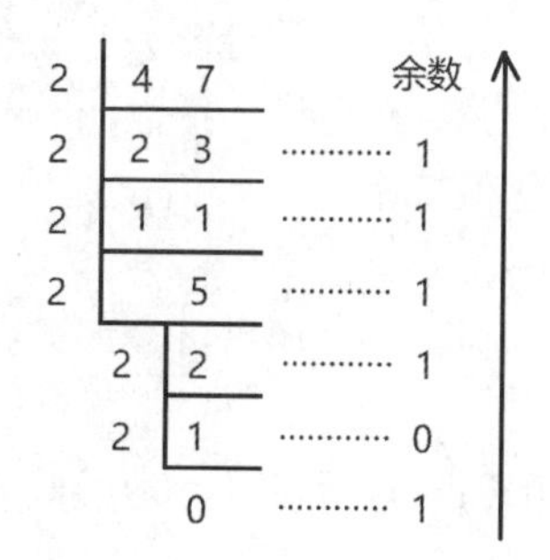

则得$(47)_{10}=(101111)_2$。

（2）将十进制小数转换为非十进制小数采用“乘基取整法”，即先将十进制小数逐次乘以需转换为的数制的基数，直到小数部分的当前值等于 0 为止，再将得到的整数自上而下排列。例如将 0.625 转换为二进制小数：

```
     0.625
  ×      2      整数
  ─────────
      1.25       1   │
      0.25           │
  ×      2           │
  ─────────          │
       0.5       0   │
  ×      2           │
  ─────────          ↓
       1.0       1
```

则得$(0.625)_{10}=(0.101)_2$。

十进制小数转换成其他进制小数时，存在“乘基取整法”永远得不到小数部分等于 0 的情况，此时只能截取有限的位数来表示小数，舍弃其他位数，这也是采用二进制表示小数精度缺失的一个重要原因。

二进制、八进制和十六进制之间的转换

3. 二进制与八进制之间的相互转换

由于 3 位二进制数恰好是 1 位八进制数，因此若把二进制数转换为八进制数，则只需以小数点为界，将整数部分自右向左和小数部分自左向右分别按每 3 位为一组，再将各 3 位二进制数转换为对应的 1 位八进制数，即得到转换结果。例如：

$(101110110010010)_2=(101\ 110\ 110\ 010\ 010)_2=(56622)_8$

$(0.146)_8=(0.001\ 100\ 110\ )_2=(0.00110011)_2$

4. 二进制与十六进制之间的相互转换

类似于八进制，由于 4 位二进制数恰好是 1 位十六进制数，因此若把二进制数转换为十六进制数，则只需以小数点为界，将整数部分自右向左和小数部分自左向右分别按 4 位为一组（不足 4 位用 0 补足），再将各 4 位二进制数转换为对应的 1 位十六进制数，即得到转换结果。例如：

$(101110110010010)_2=(0101\ 1101\ 1001\ 0010)_2=(5C92)_{16}$

$(0.33)_{16}=(0.0011\ 0011)_2=(0.00110011)_2$

1.2.3 二进制与算术运算

二进制与算术运算

有大小关系的数值通常采用进位值表示，即用数码和带有权值的数位表示。计算机采用二进制来控制、处理和存储数据，主要是因为：二进制算术运算规则简单；二进制算术运算可以与逻辑运算实现统一，或者说，可以用逻辑运算实现算术运算；能表示两种状态的元器件容易找到，如继电器开关、灯泡、二极管/三极管等。

二进制数的正负号也可以用 0 和 1 表示，并可参与计算。

机器数可以原码、反码和补码来表示，不同表示方法有不同的计算规则。正数的原码、反码和补码均相同。原码用最高位表示符号位，正数的符号位为 0，负数的符号位为 1，其余位表示数值位。将原码的符号位保持不变，数值位逐位取反，即可得原码的反码。在反码的基础上加 1 即得该原码的补码。

例如，十进制数字 47 的二进制形式是 101111。那么在 8 位计算机上，十进制整数 47 和-47 的原码、反码和补码则如下：

$[+47]_{原}=00101111$，$[+47]_{反}=00101111$，$[+47]_{补}=00101111$

$[-47]_{原}=10101111$，$[-47]_{反}=11010000$，$[-47]_{补}=11010001$

1.2.4　字符的二进制编码

字符的二进制编码

字符是不可以进行算术运算的数据，包括西文字符（英文字符、数字、符号）和中文字符及其他语言符号。字符是计算机的主要处理对象，由于计算机中的数据都是以二进制的形式存储和处理，因此字符也必须按特定的规则进行二进制编码才能被计算机处理。

1. ASCII 码

英文有 26 个大写字母、26 个小写字母，再加上 10 个数字字符和一些标点符号，因此只要 0/1 编码的信息容量超过这些需要表示的符号数量即可。ASCII（American Standard Code for Information Interchange，美国信息交换标准代码）是用 7 位二进制数表示常用符号的编码。为了表示方便，大多使用一个字节（8 位）来表示一个 ASCII 码字符。

2. 中文简体字符编码

汉字有近 50000 多个，这种信息容量需要 2 个字节（16 位）二进制位编码才能满足。中国国家标准总局于 1980 年发布了 GB 2312－1980《信息交换用汉字编码字符集》，1981 年 5 月 1 日开始实施。GB 2312－1980 编码兼容 ASCII 码，共收录 6763 个汉字，其中一级汉字 3755 个，二级汉字 3008 个；同时，GB 2312－1980 编码收录了包括拉丁字母、希腊字母、日文平假名及片假名字母、俄语西里尔字母在内的 682 个全角字符。GB 2312－1980 编码的出现，基本满足了汉字的计算机处理需要，其收录的汉字已经覆盖我国用户 99.75% 的使用频率。

对于人名、古汉语等方面出现的罕用字，GB 2312－1980 编码不能处理，于是出现了 GBK 及 GB 18030 汉字字符集。GBK 在保证不与 GB 2312－1980 编码、ASCII 码冲突（兼容 GB 2312－1980 编码和 ASCII 码）的前提下，用每个字占据 2 个字节的方式编码了许多汉字。经过 GBK 编码后，可以表示的汉字达到了 20902 个，另有 984 个汉语标点符号、部首等。值得注意的是这 20902 个汉字还包含了繁体字，但是该编码方式与中国台湾 Big5 编码不兼容，因为同一个繁体字很可能在 GBK 和 Big5 中的数字编码不同。至于采用 4 个字节进行编码的 GB 18030 码收录的文字就更多了，它支持 7 万多个汉字以及少数民族文字。

3. Unicode 编码

随着计算机技术的发展，很多国家都创建了自己的文字编码。即使是同一种文字，也有着不同的编码标准。

为什么电子邮件和网页会经常出现乱码呢？是因为信息的提供者和读取者采用不同的编码体系，比如信息的提供者采用日文的 ANSI 编码体系，而信息的读取者采用中文的编码体系，它们显示同一个二进制编码值时采用了不同的编码，从而导致乱码。如果有一种编码将世界上所有的符号都纳入其中，无论是英文、日文还是中文等，大家都使用这个编码表，就不会出现编码不匹配现象。每个符号对应一个唯一的编码，乱码问题就不存在了。

鉴于此，为了容纳所有国家的文字，国际组织提出了 Unicode 标准。Unicode 是可以容纳世界上所有文字和符号的字符编码方案，用数字 0～0x10FFFF 来映射所有的字符。为适应不同场景的需要，Unicode 编码有几个不同的编码方案，即 UTF-8、UTF-16、UTF-32 等。一定要注意的是 Unicode 编码与 GB 2312－1980、GBK 等编码不兼容。

以上讨论的各种编码主要是字符在计算机中的表示方式。如何将文字输入计算机中呢？人们还发明了文字输入码，又称外码。汉字输入码种类较多，选择不同的输入码方案，则输入的方法及按键次数、输入速度均有所不同。综合起来，汉字输入码可分为流水码、拼音类输入法、拼形类输入法和音形结合类输入法几大类。

解决了输入之后，文字在计算机显示器或者打印机上如何显示呢？此时需要使用文字的字型码。汉字字型码又称汉字字模，用于汉字在显示屏或打印机上输出。汉字字型码通常有两种表示方式：点阵表示和矢量表示。用点阵表示字型时，汉字字型码指的是这个汉字字型点阵的代码。根据输出汉字的要求不同，点阵数也不同。简易型汉字为16×16点阵，提高型汉字为24×24点阵、32×32点阵、48×48点阵等。点阵规模越大，字型越清晰美观，所占存储空间也越大。矢量表示方式存储的是描述汉字字型的轮廓特征，当要输出汉字时，通过计算机的计算，由汉字字型描述生成所需尺寸和形状的汉字点阵。矢量化字型描述与最终文字显示的尺寸、分辨率无关，因此可以产生高质量的汉字输出。Windows中使用的TrueType技术就是汉字的矢量表示方式。

1.2.5 位和字节的量化

位和字节的量化

在计算机中，“位”（bit）是“二进制数字”（binary digit）的缩写，通常可以进一步缩写为小写字母b。1位代表着一个二进制数0或1，比如二进制数1100占用了四位。CPU处理信息一般是以一组8个二进制数作为一个整体进行的。这一组二进制数称为一个字节（Byte），通常将字节缩写为大写字母B。

位和字节在日常应用中会带有kilo（简写K）、mega（简写M）、giga（简写G）、tera（简写T）、peta（简写P）和exa（简写E）。不同于数学领域，计算机领域的这些单位是以1024（2^{10}）为进制的，即1KB=1024B，1MB=1024KB，1GB=1024MB，1TB=1024GB，1PB=1024TB，1EB=1024PB。

1.3 计算机硬件系统

现代计算机系统是一个复杂的系统，由硬件、软件、数据和网络构成。本节介绍计算机硬件系统。

1.3.1 计算机硬件的基本结构

计算机硬件的基本结构

计算机硬件是由电子的、磁性的和机械的器件组成的装置，是计算机的物理基础。计算机硬件虽然有不同的构成形式，但有相同的特点。冯·诺依曼体系结构描述的计算机应具有五个基本组成部分：运算器、控制器、存储器、输入设备和输出设备。计算机中的数据和指令均以二进制的形式存储和处理，程序预先存入存储器中，计算机工作时能够自动地从存储器中读取指令并执行。

1. 运算器

运算器是对二进制数进行运算的部件。它在控制器的控制下执行程序的指令，完成各种算术运算、逻辑运算、比较运算、移位运算、字符运算等。

运算器由算术逻辑部件、寄存器等组成。算术逻辑部件完成加、减、乘、除等四则运算，以及与、或、非、移位等逻辑运算；寄存器用来暂存参加运算的操作数或中间结果，常用寄存器有累加寄存器、暂存寄存器、标志寄存器和通用寄存器等。

2. 存储器

存储器是用来存储数据和程序的部件。由于计算机的信息都是以二进制形式表示的，因此必须使用具有两种稳定状态的物理器件（磁芯、半导体器件、磁表面器件和光盘等）来存储信息。根据功能的不同，存储器一般可分为内存储器和外存储器。

3. 控制器

控制器是指挥计算机的各个部件按照指令的功能要求协调工作的部件，是计算机的“神经中枢”。控制器的主要特点是采用内存程序控制方式，即在使用计算机时必须预先编写由计算机指令组成的程序并存入内存储器，由控制器依次读取并执行。

控制器由程序计数器（PC）、指令寄存器（IR）、指令译码器（ID）、时序控制电路以及微操作控制电路等组成。其中，程序计数器用来对程序中的指令进行计数，使得控制器能够依次读取指令；指令寄存器在指令执行期间暂时保存正在执行的指令；指令译码器用来识别指令的功能，分析指令的操作要求；时序控制电路用来生成时序信号，以协调指令执行周期内各部件的工作；微操作控制电路用来产生各种控制操作命令。

*1.3.2　计算机的工作原理

计算机的工作原理

1. 计算机的指令系统

计算机指令系统是指计算机所能执行的全部指令的集合，它描述了计算机内全部的控制信息和逻辑判断能力。计算机的指令系统不同，包含的指令种类和数目也不同，一般均包含算术运算型、逻辑运算型、数据传送型、判定和控制型、移位操作型、位操作型、输入和输出型等指令。指令系统是决定一台计算机性能的重要因素，它的格式与功能不仅直接影响到机器的硬件结构，而且直接影响到系统软件，影响到机器的适用范围。

一条指令就是机器语言的一个语句，它是一组有意义的二进制代码，指令的基本格式是“操作码字段+地址码字段”，其中操作码指明了指令的操作性质及功能，地址码给出了操作数或操作数的地址。

（1）指令格式。一条指令实际上包括两种信息：操作码和地址码。操作码（Operation Code，OP）用来表示该指令所要完成的操作（如加、减、乘、除、数据传送等），其长度取决于指令系统中的指令条数。地址码用来描述该指令的操作对象，或者直接给出操作数，或者指出操作数的存储器地址或寄存器地址（即寄存器名）。

指令包括操作码域和地址域两部分。根据地址域涉及的地址数量，常见指令格式有以下五种，如图 1-3 所示。

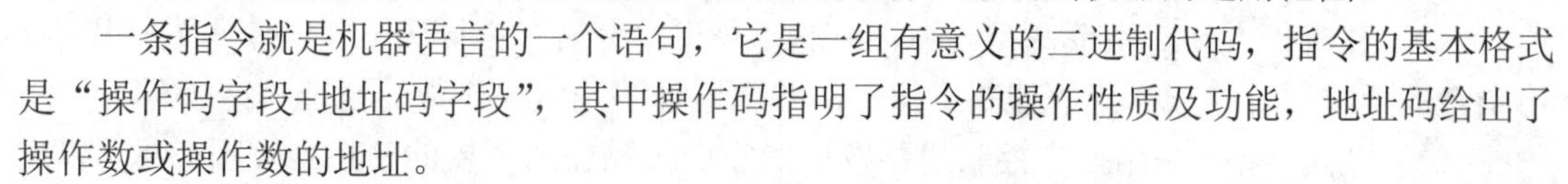

图 1-3　计算机指令格式

1）零地址指令：在堆栈型计算机中，操作数一般存放在下推堆栈顶的两个单元中，结果放入栈顶，地址均被隐含，因而大多数指令只有操作码而没有地址域。

2）单地址指令：地址域中 A 确定第一操作数地址，固定使用某个寄存器存放第二操作数和操作结果，因而在指令中隐含了它们的地址。

3）二地址指令：地址域中 A1 确定第一操作数地址，A2 同时确定第二操作数地址和结果地址。

4）三地址指令：一般地址域中 A1、A2 分别确定第一、第二操作数地址，A3 确定结果地址。下一条指令的地址通常由程序计数器按顺序给出。

5）多地址指令：地址域涉及的地址数量随操作定义的改变而改变。有此计算机指令中的地址可多至 6 个。

（2）指令的分类与功能。指令系统中的指令条数因计算机的类型不同而不同，少则几十条，多则数百条。无论是哪种计算机，都具有以下功能的指令。

1）数据处理指令：包括算术运算指令、逻辑运算指令、移位指令、比较指令等。

2）数据传送指令：包括寄存器之间、寄存器与主存储器之间的传送指令等。

3）程序控制指令：包括条件转移指令、无条件转移指令、转子程序指令等。

4）输入输出指令：包括各种外围设备的读、写指令等。有的计算机将输入/输出指令包含在数据传送指令类中。

5）状态管理指令：包括实现置存储保护、中断处理等功能的管理指令。

2. 计算机的工作原理

计算机的工作过程实际上是快速地执行指令的过程。计算机工作时，共有两种信息在流动，一种是数据流，另一种是控制流。数据流是指原始数据、中间结果、结果数据、源程序等；控制流是由控制器对指令进行分析、解释后向各部件发出的控制命令，用于指挥各部件之间协调地工作。

计算机的指令执行过程可分为如下四个步骤。

（1）取指令：从内存储器中取出指令并送到指令寄存器。

（2）分析指令：对指令寄存器中存放的指令进行分析，由译码器对操作码进行译码，将指令的操作码转换成相应的控制电信号，并由地址码确定操作数的地址。

（3）执行指令：是由操作控制线路发出的完成该操作所需要的一系列控制信息，以完成该指令所需的操作。

（4）为执行下一条指令做准备：形成下一条指令的地址，指令计数器指向存放下一条指令的地址，最后控制单元将执行结果写入内存。

上述步骤执行完毕后，也就执行完成了一条指令。一条指令的执行过程称为一个“机器周期”。指令的执行过程如图 1-4 所示。

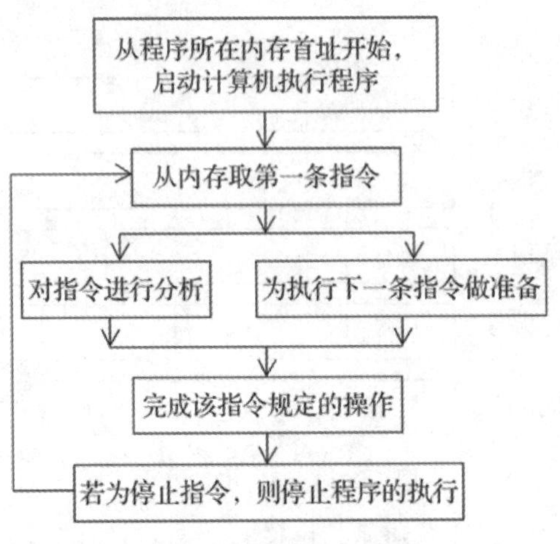

图 1-4 指令的执行过程

计算机运行时，CPU 从内存读取一条指令到 CPU 内执行，指令执行完毕后，从内存读取下一条指令到 CPU 执行。CPU 不断地读取指令、分析指令、执行指令，再读取下一条指令，这就是程序的执行过程。

总之，计算机的工作就是执行程序，即自动连续地执行一系列指令，而程序开发人员的工作就是编制程序，使计算机能自动完成各项工作。

微型计算机的硬件组成

1.3.3 微型计算机的硬件组成

微型计算机硬件的系统结构采用冯•诺依曼结构，只是 CPU 已被集成在一块大规模或超大规模集成电路上，称为微处理器。从外观上看，微型计算机由主机箱、显示器、键盘和鼠标等组成。根据需要，还可以增加打印机、扫描仪、音箱等外部设备。主机箱中有系统主板、外存储器、输入/输出接口电路、电源等。

微型计算机使用大规模集成电路技术将运算器和控制器集成在一个体积小但功能强大的微处理器芯片上，主机的各部件之间通过总线相连，而外部设备通过相应的接口电路再与总线相连。图 1-5 所示为微型计算机硬件系统的逻辑结构。

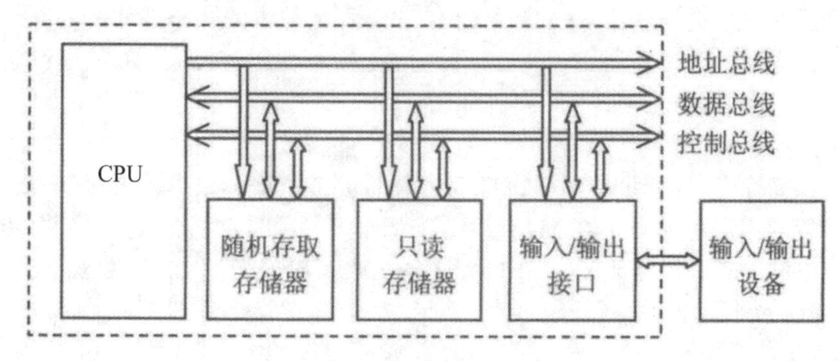

图 1-5 微型计算机硬件系统的逻辑结构

1. 总线

计算机由若干功能部件组成，各功能部件通过总线连接起来，组成一个有机的整体。各种总线通过总线控制器控制。总线是整个微型计算机系统的“大动脉”，采用总线结构可简化系统各部件之间的连接，使接口标准化，便于系统的扩充（如扩充存储器容量、增加外部设备等）。总线是计算机系统中传送信息的通路，由若干条通信线构成，对微型计算机系统的功能和数据传送速度有极大的影响。在一定时间内可传送的数据量称作总线的带宽，数据总线的宽度与计算机系统的字长有关。

2. 系统主板

系统主板又称系统板、母板等，是微型计算机的核心部件。主板安装在主机机箱内，是一块多层印刷电路板，外表是两层印刷信号电路，内层是印刷电源和地线。主板上布置各种插槽、接口、电子元件，系统总线也集成在主板上。主板的性能对微型计算机的总体指标产生重要影响。

微型计算机的系统主板（图 1-6）一般集成串行口、并行口、键盘与鼠标接口、USB 接口以及软驱接口和增强型（EIDE）硬盘接口，用于连接硬盘、IDE 光驱等 IDE 设备，并设有内存插槽等。

图 1-6 微型计算机的系统主板

主板上有 CPU 插座。除 CPU 以外的主要功能一般都集成到一组大规模集成电路芯片上，这组芯片的名称也常用来作为主板的名称。芯片组与主板的关系就像 CPU 与整机一样，芯片组提供了主板上的核心逻辑，主板使用的芯片组类型直接影响主板甚至整机的性能。

主板上一般有多个扩展插槽，这些扩展插槽是主机通过总线与外部设备连接的部分。扩展插槽数量反映了微型计算机系统的扩展能力。

3. 微处理器

微处理器又称中央处理器（CPU）。CPU 是微型计算机的核心部件，负责完成指令的读出、解释和执行。CPU 主要由运算器、控制器、寄存器组等组成，有的还包含高速缓冲存储器。

4. 内存储器

内存储器简称内存，用来存放 CPU 运行时需要的程序和数据。内存分为只读存储器（ROM）和随机存取存储器（RAM）两类，人们平时所说的内存一般指 RAM。RAM 中保存的数据在电源中断后将全部丢失。由于内存直接与 CPU 进行数据交换，因此内存的存取速度要与 CPU 的处理速度匹配。

5. 高速缓冲存储器

高速缓冲存储器（Cache Memory）为内存与 CPU 交换数据提供的缓冲区。高速缓冲存储器与 CPU 之间的数据交换速度比内存与 CPU 之间的数据交换速度快得多。为了解决内存与 CPU 速度的不匹配问题，在 CPU 与内存之间增加了高速缓冲存储器。

6. 输入/输出接口

输入/输出接口是微型计算机中 CPU 与外部设备之间的连接通道。由于微型计算机的外部设备品种繁多且工作原理不尽相同，同时 CPU 与外部设备之间存在着信号逻辑、工作时序、速度等不匹配问题，因此输入/输出设备必须通过输入/输出接口与系统总线相连，再通过系统总线与 CPU 进行信息交换。输入/输出接口在系统总线与输入/输出设备之间传输信息，提供数据缓冲，以满足两边接口的时序要求。

微型计算机的输入/输出接口一般采用大规模或超大规模集成电路技术，以电路板的形式插在主机版的扩展槽内，常称作适配器或“卡”，如显示卡、声卡、网卡等。

7. 机箱和电源

机箱是微型计算机的外壳，用于安装微型计算机系统的所有配件。机箱内有安装、固定硬盘驱动器、光盘驱动器的支架和一些紧固件。机箱面板上有电源开关（Power）、复位开关（Reset）和指示灯。机箱内的电源安装在用金属屏蔽的方形盒内，盒内装有通风用的电风扇。电源将 220V 交流电隔离和转换成微型计算机需要的低电压直流电，给主板、硬盘驱动器、键盘等部件供电。

8. 外存储器

外存储器简称外存，是主存储器的后备。外存储器不能被 CPU 直接访问，其中存储的信息只有调入内存后才能为 CPU 使用。外存储器的存储容量比内存的大得多，能长期保存数据，并且不依赖电保存信息，价格也比内存的低很多。常见外存储器有硬盘、光盘和 U 盘等。其中，硬盘又分为普通硬盘和固态硬盘。

9. 输入/输出设备

输入设备是将程序和数据送入计算机进行处理的外部设备。键盘和鼠标是微型计算机中最基本的输入设备，常见输入设备还有麦克风、扫描仪、触摸屏、手写板、摄像头等。

微型计算机的主机通过输出设备将处理结果打印出来或存储到外存磁盘中。微型计算机最基本的输出设备是显示器和打印机，常见输出设备还有绘图仪、音箱等。目前常用的打印机有点阵打印机、喷墨打印机、激光打印机等。

【思考与练习】调研市场上销售的各种输入/输出设备、存储设备，了解主流显示器、扫描仪、打印机、硬盘、U 盘的品牌、型号、功能和外观，认识微型计算机的一些硬件设备。

1.4　计算机软件系统

计算机软件系统是指计算机系统所使用的各种程序、文档及数据的集合。从广义上讲，软件是指为运行维护管理和应用计算机所编制的所有文档、程序和数据的总和。计算机软件一般可分为系统软件和应用软件两大类，每类又有若干个类型。

1.4.1　系统软件

系统软件

系统软件是指管理监控和维护计算机各种资源，使其充分发挥作用、提高工作效率、方便用户的各种软件的集合。系统软件一般包括操作系统、语言处理程序、数据库管理系统和服务性程序等。

1. 操作系统（Operating System，OS）

操作系统是管理计算机硬件与软件资源的计算机程序。操作系统需要处理如管理与配置内存、决定系统资源供需的优先次序、控制输入设备与输出设备、操作网络与管理文件系统等基本事务。操作系统的分类没有单一的标准。按照工作方式，可以分为批处理操作系统、分时操作系统、实时操作系统、网络操作系统和分布式操作系统等；按照运行环境，可以分为桌面操作系统、嵌入式操作系统。常见操作系统有 Windows、Linux、macOS、Android、Harmony OS 等。关于操作系统的内容，可以参见本书第 2 章。

2. 语言处理程序

由于计算机只能直接识别和执行机器语言，因此需要为计算机配备语言处理程序。语言处理程序一般包括汇编程序、编译程序、解释程序等。汇编程序输入和输出的分别是用汇编语言书写的源程序和用机器语言表示的目标程序，汇编语言是一种面向机器的语言，且汇编出的程序占用内存较少；编译程序也称编译器，可以把高级程序设计语言书写的源程序翻译成等价的机器语言格式的目标程序；解释程序在语义分析等方面与编译程序基本相同，但运行程序时直接执行源程序，不产生目标程序。关于语言处理程序的内容，可以参见本书第 9 章。

3. 数据库管理系统（Data Base Management System，DBMS）

数据库管理系统是一种管理和操纵数据库的大型软件，具有建立、使用和维护数据库的功能，它可以同时满足多个应用程序或用户的需求，如用不同的方法建立、修改和查询数据库等。依据数据模型的不同，数据库管理系统可以分为层次型、网状型和关系型三种类型。常用数据库管理系统有 SQL Server、Oracle、DB2、MySQL 等。关于数据库管理系统的内容，可以参见本书第 8 章。

4. 服务性程序

服务性程序又称实用程序，是支持和维护计算机正常处理工作的一种系统软件，这些程序在计算机软硬件管理中执行某种专门功能，如诊断程序、系统维护程序等。

1.4.2　应用软件

应用软件

应用软件是为满足不同领域的用户、解决不同的问题而提供的软件，它涉及的领域、内容比较广泛。常用应用软件有企业管理系统、财务管理系统、人事管理系统、文字处理软件、电子表格软件、计算机辅助设计软件、图形图像处理软件、网络通信软件、游戏软件等。关于文字处理、电子表格、演示文稿、图形图像处理软件等的相关内容，可以参见本书第 3 章至第 7 章。

1.5 键盘操作与中文输入法

键盘操作

1.5.1 键盘操作

1. 认识键盘

常见键盘有 101 键、104 键等若干种。为了便于记忆，按照功能的不同，一般将按键划分成主键盘区、功能键区、状态指示区、控制键区和数字键区五个区域，如图 1-7 所示。

图 1-7 键盘功能键区

键盘中最常用的区域是主键盘区，主键盘区中的键又分为三大类，即字母键、数字（符号）键和功能键。

（1）字母键：共有 A～Z（26 个）字母键。在字母键的键面上标有大写英文字母 A～Z，每个键可输入大小写两种字母。

（2）数字（符号）键：共有 21 个键，包括数字、运算符号、标点符号和其他符号。每个键面上都有两种符号，可以输入符号和数字。

（3）功能键：一般有 14 个键，其中 Alt、Shift、Ctrl、Win 键各有 2 个，对称分布在左右两边，功能完全相同，只是为了方便操作。CapsLock 键是大写字母锁定键；Shift 键为换挡键；Ctrl 键为控制键；Alt 键为转换键。

功能键区位于键盘的最上方，包括 Esc 和 F1～F12 键，这些键用于完成一些特定的功能。其中 Esc 键为取消键；F1～F12 键是功能键，一般充当软件的功能热键，例如许多软件都用 F1 键激活帮助功能；PrintScreen 键为拷屏键，按下该键可以对当前屏幕进行截图并复制到剪贴板中；Pause 键或 Break 键为暂停键。

控制键区共有 10 个键，位于主键盘区的右侧，包括对所有光标进行操作的按键以及一些页面操作功能键，这些按键用于在进行文字处理时控制光标的位置。其中 Inset 键为插入键；Home 键为行首键；Delete 键为删除键；End 键为行尾键；PageUp 键为上翻页键；PageDown 键为下翻页键。

2. 基准键位与手指分工

在主键盘区有 8 个基准键，分别是 A、S、D、F、J、K、L、;键。打字之前要将左手的食指、中指、无名指和小指分别放在 F、D、S、A 键上，将右手的食指、中指、无名指、小指分别放在 J、K、L、;键上，双手的拇指都放在空格键上。

F 键和 J 键上一般都有一个凸起的小横杠或小圆点，盲打时可以通过它们找到基准键位。

打字时双手的十个手指都有明确的分工，只有按照正确的手指分工打字，才能实现盲打并提高打字速度。手指在键盘上的具体分工如图 1-8 所示。

图 1-8　手指在键盘上的具体分工

【重要提醒】作为计算机专业的学生，快速打字是一项基本要求。正确的指法、准确地击键是提高输入速度和正确率的基础。在保证准确的前提下，速度的要求是：初学者为 100 个字符/分，及格为 150 字符/分，良好为 200 字符/分，优秀为 250 字符/分。

1.5.2　中文输入法

中文输入法

中文输入法，又称汉字输入法，是指为了将汉字输入计算机或手机等电子设备而采用的编码方法，是中文信息处理的重要技术。中文输入法是从 1980 年发展起来的，经历如下阶段：单字输入、词语输入、整句输入。汉字输入法编码可分为音码、形码、音形码、形音码、无理码等。

在拼音输入法中，双拼输入法是一种便于学习且能迅速提高打字速度的方法。双拼输入法将汉字拼音的声母、韵母各用一个英文字母表示，也就是说打一个汉字，只要按两下按键就可以了。主流双拼输入法包括小鹤双拼、微软拼音、智能 ABC、拼音加加、紫光双拼、自然码等输入法。图 1-9 所示为微软双拼输入法，要输入“软件工程系”，只需输入“RRJMGSIGXI”键即可。

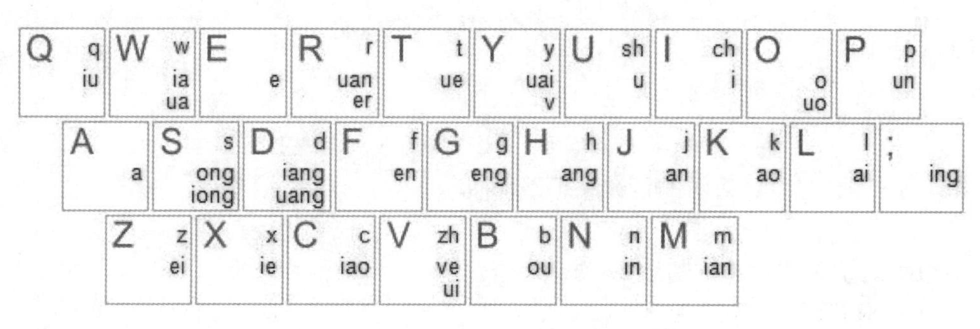

图 1-9　微软双拼输入法

【重要提醒】建议在进行中文打字录入训练之前，确保英文打字速度达到 150 字符/分以上。

1.6　本章小结

章节故事和本章小结

本章介绍了计算机的定义、分类、特点与应用，回顾了计算机的四个发展阶段，并展望了计算机的发展趋势；详尽地介绍了计算机中的信息表示；概要介绍了计算机硬件系统和软件系统；还介绍了键盘输入等知识。其中，计算机的工作原理等内容对计算机初学者来说难以理解，掌握基本概念即可。表 1-3 给出了第 1 章知识点学习达标标准，供读者自测。

表 1-3　第 1 章知识点学习达标标准自测表

序号	知识（能力）点	达标标准	自测 1（　月　日）	自测 2（　月　日）	自测 3（　月　日）
1	计算机的基本概念	了解			
2	冯·诺依曼体系结构	理解			
3	计算机的分类	了解			
4	计算机的特点	理解			
5	计算机的四个发展阶段	了解			
6	计算机技术的发展趋势	了解			
7	数制之间的转换	掌握			
8	数的原码、反码、补码	掌握			
9	字符的二进制编码	了解			
10	位和字节的量化	理解			
11	计算机硬件的基本结构	了解			
12	计算机的工作原理	了解			
13	微型计算机的硬件组成	理解			
14	计算机软件系统	理解			
15	键盘英文输入（150 字符/分为及格，200 字符/分为良好，250 字符/分为优秀）	熟练掌握			
16	中文输入法（任选一种中文输入法，60 字/分为及格，80 字/分为良好，100 字/分为优秀）	熟练掌握			

习题

一、单项选择题

1. 冯·诺依曼型计算机的设计思想不包括（　　）。
   A. 计算机采用二进制存储
   B. 计算机采用十进制运算
   C. 存储程序，顺序控制
   D. 计算机主要由存储器、控制器、运算器和输入/输出设备五大部件组成
2. 第三代计算机的逻辑元件采用（　　）。
   A. 电子管　　B. 晶体管
   C. 中、小规模集成电路　　D. 大规模或超大规模集成电路
3. 在计算机内部，用来传送、存储、加工处理的数据实际上都是以（　　）形式进行的。
   A. 十进制码　　B. 八进制码　　C. 十六进制码　　D. 二进制码
4. 一个完整的计算机系统应包括（　　）。
   A. 运算器、控制器和存储器　　B. 主机和应用程序

C．硬件系统和软件系统　　D．主机和外部设备

5．计算机中的 CPU 是指（　　）。

A．内存和运算器　　B．输入设备和输出设备

C．存储器和控制器　　D．控制器和运算器

6．下列语句中，（　　）是正确的。

A．1KB＝1024×1024 Bytes　　B．1KB＝1024 MB

C．1MB＝1024×1024 Bytes　　D．1MB＝1024 Bytes

7．下列存储器中，断电后会丢失信息的是（　　）。

A．ROM　　B．RAM　　C．CD-ROM　　D．硬盘

8．在计算机系统中，位于最底层直接与硬件接触并向其他软件提供支持的是（　　）。

A．语言处理程序　　B．操作系统

C．实用程序　　D．数据库管理系统

9．Harmony OS 是一种（　　）。

A．操作系统　　B．文字处理系统

C．语言处理系统　　D．应用软件

10．（　　）是通行于中国台湾、中国香港的一种繁体汉字编码方案。

A．GB 2312－1980　　B．GB18030

C．GBK　　D．Big5

二、计算题

1．将二进制小数 0.01B 转换成十六进制小数表示。

2．将十进制数$(20.8125)_{10}$转换成二进制数表示。

3．将二进制数$(10100110)_2$转换成十进制数表示。

4．将八进制数$(305)_8$转换成十六进制数表示。

5．求在 8 位计算机中十进制数-103 的原码、反码和补码。

第2章　操作系统和文件管理

自从盘古破鸿蒙，开辟从兹清浊辨。

——《西游记》

2.1　操作系统简介

操作系统简介

2.1.1　操作系统的概念与功能

操作系统（Operating System，OS）是管理和控制计算机硬件与软件资源的计算机程序，是直接运行在“裸机”上的最基本的系统软件，任何其他软件都必须在操作系统的支持下才能运行。

此外，操作系统是用户和计算机的接口，同时也是计算机硬件和其他软件的接口。操作系统的功能包括管理计算机系统的硬件、软件及数据资源，控制程序运行，改善人机界面，为其他应用软件提供支持，让计算机系统所有资源最大限度地发挥作用，提供各种形式的用户界面，使用户有一个好的工作环境，为其他软件的开发提供必要的服务和相应的接口等。

2.1.2　操作系统的分类

操作系统的分类没有单一的标准。操作系统按应用领域划分，可分为桌面操作系统、移动操作系统、服务器操作系统等。

1．桌面操作系统

桌面操作系统是为桌面计算机或笔记本电脑设计的个人用操作系统。它能够实现个人对计算机的几乎所有需求。桌面操作系统一般提供简捷的安装过程、友好的图形化界面和较为多样的软件资源。常见桌面操作系统有 Windows、Linux、mac OS 等。

2．移动操作系统

移动操作系统是为手持设备（如智能手机、平板电脑）设计的，更加关注操作便捷性和应用扩展性。常见移动操作系统有 iOS、Android、Windows Phone、Harmony OS 等。

3．服务器操作系统

服务器一般安装在 Web 服务器、数据库服务器、应用服务器等大型计算机上，具有很强的稳定性和安全性，处于每个网络的“心脏”部位。常见服务器操作系统有 Windows Server、UNIX、Linux 等。

2.1.3　常见的操作系统

下面简单介绍几款比较常用的操作系统。

1．DOS

DOS（Disk Operating System，磁盘操作系统）是 Microsoft 公司 1979 年开发的命令行界面下的单用户单任务操作系统，操作界面如图 2-1 所示。它可以根据用户输入的命令直接操纵管理硬盘的文件。随着 Windows 系统的兴起，DOS 让位给图形用户界面操作系统。但在某些情况下，DOS 命令仍有用处，Windows 操作系统将 DOS 的大部分功能保留到了命令提示符中。

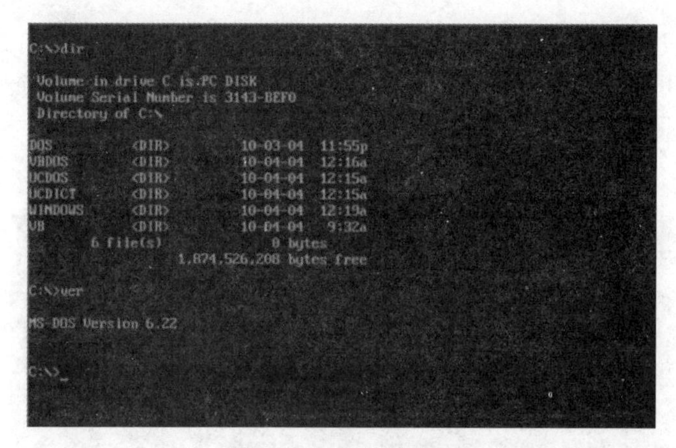

图 2-1　DOS 操作界面

2. Windows

Windows 操作系统是目前全球用户量最大的桌面操作系统，Windows 10 桌面如图 2-2 所示。截至 2021 年，Windows 操作系统（包括 Windows XP、Windows Vista、Windows 7、Windows 8、Windows 8.1、Windows 10、Windows 11）占全球逾 80.5 %的市场份额。

图 2-2　Windows 10 桌面

1983 年，第一个 Windows 版本诞生，并经历了 Windows 1.0、Windows 2.0、Windows 3.0、Windows 95、Windows Vista、Windows XP 等版本的更新。Windows XP 已经于 2014 年 4 月 8 日正式退役，但仍有大量用户使用。2020 年 1 月 14 日，微软公司正式停止对 Windows 7 的支持，意味着今后微软公司不会再给 Windows 7 系统提供安全补丁。目前，最新的 Windows 版本是 Windows 11。

Windows 系统具有易使用的特点，随着版本的不断更新，其系统外观也变得越来越漂亮。在 Windows 系统上可运行的软件数量远大于其他操作系统，大部分游戏软件更是只能在 Windows 平台上运行。Windows 系统庞大的用户群使得其非常便于学习，书店中有大量 Windows 系统基础教程，遇到问题时可以在网络上找到大量相关解决方案，这是 Windows 系统的优势所在。

Windows 系统的劣势在于可靠性与安全性较差。与其他系统相比，Windows 系统经常会出现蓝屏或死机现象（Windows 8 之后这些现象的出现频率有了显著降低），在运行中还会弹出各种错误信息，使得用户在等待中浪费了大量时间。Windows 系统是目前公认的最容易受到计算机病毒与安全漏洞侵扰的操作系统，这可能是由其庞大的用户群所产生的利益诱惑引起的。

3. mac OS

mac OS 是运行在苹果 Macintosh 系列计算机（也称 Mac 机）上的操作系统，它是由苹果公司自行研发的基于 UNIX 内核的图形化操作系统，操作界面如图 2-3 所示。它的优势在于易用性、可靠性和安全性高，即使是毫无使用经验的用户在经过短暂的摸索后也可熟练使用，且系统流畅、不易死机，病毒也非常少。它的劣势在于可用的应用软件比 Windows 少。

图 2-3 Mac OS 操作界面

4. UNIX 和 Linux 系统

UNIX 系统支持多种处理器架构，是一个强大的多用户、多任务的操作系统，它是 1969 年由 AT&T 公司的贝尔实验室开发的。UNIX 系统一般用于大型计算机中。

Linux 系统是一款免费使用、自由传播的类 UNIX 操作系统，是 1991 年由芬兰人林纳斯·托瓦兹开发的。Linux 系统是开源系统，其代码允许被修改，因此目前有许多种类的 Linux 发行版本，它们都包括了一个 Linux 内核和其他程序、工具及图形界面。流行的 Linux 发行版本有 Ubuntu、Red Hat（图 2-4）、Fedora、openSUSE、Debian、Mandriva、Mint、PC LinuxOS、Slackware、Gentoo、CentOS 等。

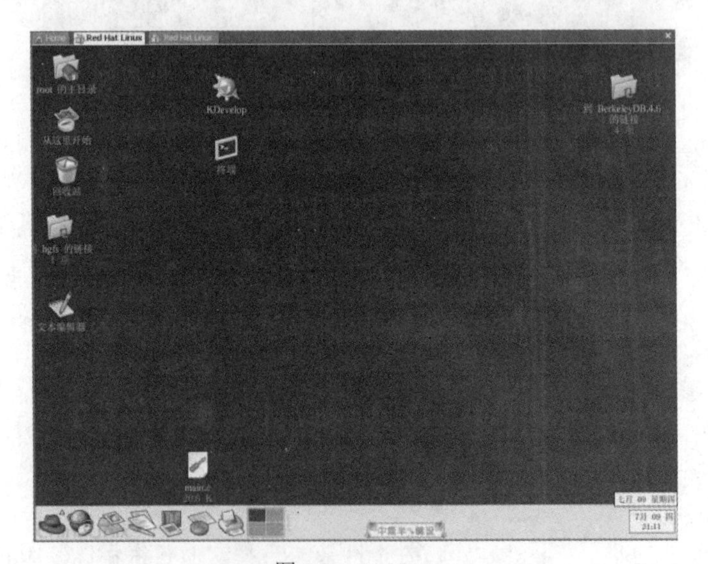

图 2-4 Red Hat

Linux 系统保留了 UNIX 系统的许多技术特点，如多用户和多任务，Linux 系统的安全性和可靠性也很高。但是，Linux 系统较难上手，需要掌握更多专业知识，且可用的软件数量有限。Linux 系统一般作为服务器操作系统使用。

5. iOS 和 Android OS

iOS 是苹果公司开发的移动操作系统，用于 iPhone、iPad 和 iPod Touch 等移动设备。

iOS 系统是一个开放的平台，可以安装第三方应用程序。iOS 相关程序可使用 Objective-C 或 Swift 语言开发。

Android OS 也称安卓操作系统，是谷歌公司为移动设备开发的基于 Linux 的开源操作系统。由于安卓系统具有高度开放性，因此诸多厂商特别是国内厂商对其进行了各种定制，带来好处的同时也产生了兼容性和碎片化的问题，谷歌公司正在寻求解决方案以求统一安卓平台的用户体验。目前，安卓系统的应用程序一般使用 Java 语言开发。

6. Harmony OS

Harmony OS 发布于 2019 年，是一款以手机操作为主，连接汽车、智能音箱、可穿戴等设备，面向全场景的国产分布式操作系统，操作界面如图 2-5 所示。对于消费者而言，Harmony OS 能够将生活场景中的各类终端进行能力整合，实现不同终端设备之间的快速连接、能力互助、资源共享，提供流畅的全场景体验。

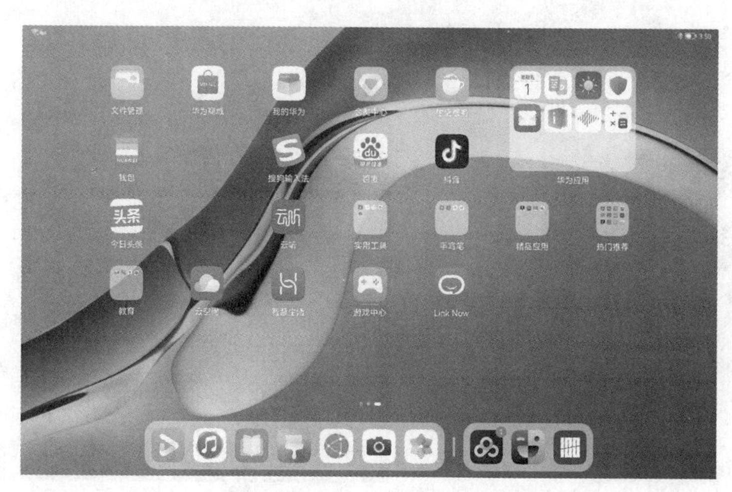

图 2-5　Harmony OS 操作界面

2.2　Windows 10 的界面与操作

Windows 10 的界面与操作

2.2.1　认识桌面

登录 Windows 10 系统后，用户首先看到的就是 Windows 10 桌面。桌面上有一张默认的图片作为背景，还有一些桌面图标，下方有一个任务栏。下面简单介绍桌面背景、桌面图标和任务栏。

1. 桌面背景

一张漂亮的桌面背景图片可以使人心情愉悦。设置方法如下：在桌面空白处右击，在弹出的快捷菜单中选择“个性化”选项，打开“个性化”窗口（图 2-6）。在“选择图片”区域选择系统自带的图片作为桌面背景，也可以单击“浏览”按钮，从文件中选择某张图片作为桌面背景。

2. 桌面图标

Windows 10 系统中，所有的文件、文件夹和应用程序等都由相应的图标表示，双击一个图标就可以打开它。图标一般由文字和图片组成，文字用于描述图标的名称或功能，图片则是它的标识符号。桌面图标示例如图 2-7 所示。调整图标大小和排列方式，可以使图标更易观看和查找。

调整图标大小的方法如下：在桌面空白处右击，在弹出的快捷菜单中选择“查看”选项，此时有大图标、中等图标、小图标三种可供选择（图 2-8）。

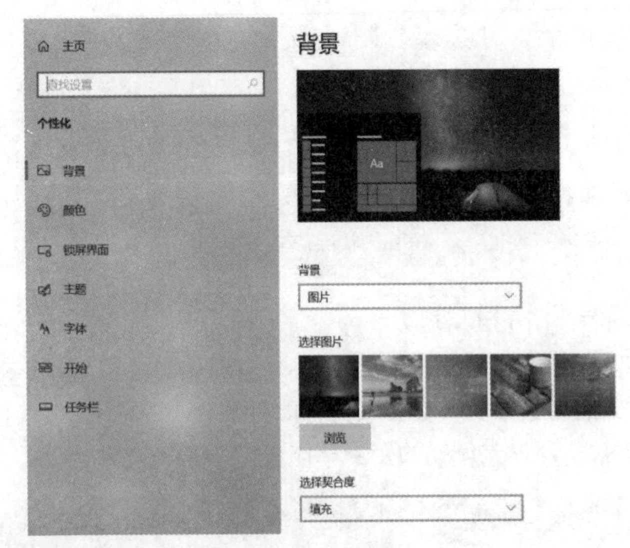

图 2-6 “个性化”窗口

图 2-7 桌面图标示例

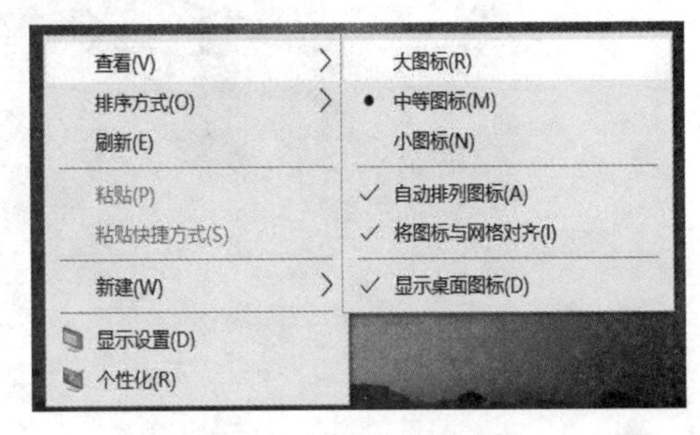

图 2-8 图标的查看方式

另外，图标的排列顺序也是可以设置的。我们可以用左键按住图标并将其拖动到目标位置，也可以按照一定的规则自动排列。具体方法如下：在桌面空白处右击，在弹出的快捷菜单中选择“排序方式”选项，有名称、大小、项目类型和修改日期四种桌面图标排列方式可供选择（图 2-9）。

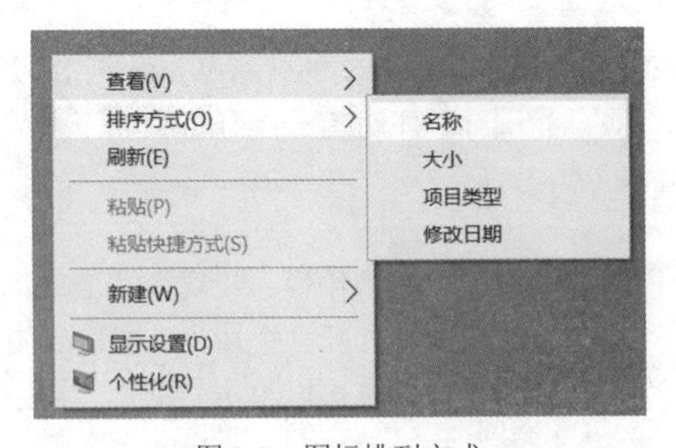

图 2-9 图标排列方式

3. 任务栏

任务栏是位于桌面最底部的长条，按照从左至右的顺序，主要由“开始”按钮、搜索框、任务视图、快速启动区、当前任务图标、系统图标显示区和“显示桌面”按钮等组成，如图 2-10 所示。与以前的操作系统相比，Windows 10 的任务栏设计得更加人性化，使用更加方便，功能和灵活性更强大。任务栏有很多设置选项，用户可以根据自己的使用习惯自定义设置。

图 2-10　Windows 10 的任务栏

2.2.2　认识窗口

与以往的 Windows 系统相比，在 Windows 10 系统中，窗口仍扮演着一个重要角色，用户打开的每个程序或文件夹都显示在一个窗口中。

1. 窗口的一般组成

一般 Windows 10 窗口由标题栏、菜单栏、工具栏、地址栏、搜索栏、状态栏、工作区域等组成，如图 2-11 所示。

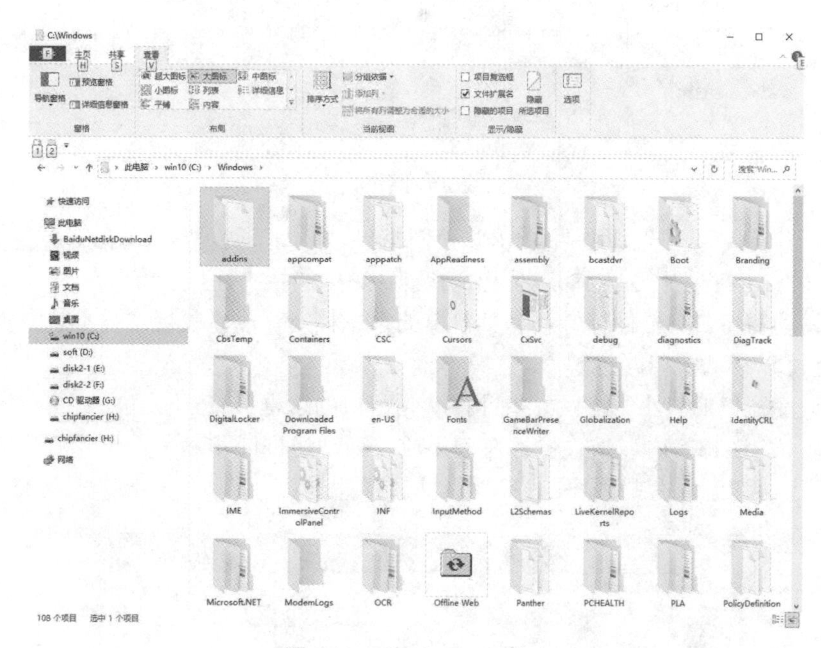

图 2-11　Windows 10 窗口

（1）标题栏：通常位于窗口的左上方，用于显示当前窗口的名称，如图 2-11 所示的“C:\Windows”。窗口的右上方一般有最小化、最大化（或还原）、关闭窗口等按钮。

（2）菜单栏：一般位于标题栏下方，为用户提供操作过程中用到的各种访问途径，如图 2-11 所示的“文件”“主页”“共享”“查看”等。

（3）工具栏：一般包括常用功能的快捷按钮，从而方便用户的操作，如图 2-11 所示的“复制”“剪切”“新建文件夹”等按钮。

（4）地址栏：显示当前打开的文件夹的目录结构。当然，我们也可以在地址栏中输入一个地址，直接打开相应内容。

（5）搜索栏：用于搜索当前位置的文件或文件夹。

（6）状态栏：一般位于窗口的最下方，用于显示当前文件夹或选中项目的详细信息。

（7）工作区域：窗口的主要部分，显示当前工作状态。

此外，对话框是一种特殊类型的窗口，它可以提出问题，允许用户选择选项来执行任务或提供信息。当程序或 Windows 系统需要与用户进行交互时，经常会看到各种各样的对话框，如图 2-12 所示。与常规窗口不同，大多数对话框无法最大化、最小化或调整大小，但是它们一般都可以移动。

2. 窗口的基本操作

窗口的基本操作包括打开窗口、移动窗口、改变窗口的大小、窗口最小化或最大化，以及关闭窗口、切换窗口、窗口排列、显示桌面、强制关闭程序（窗口）等。

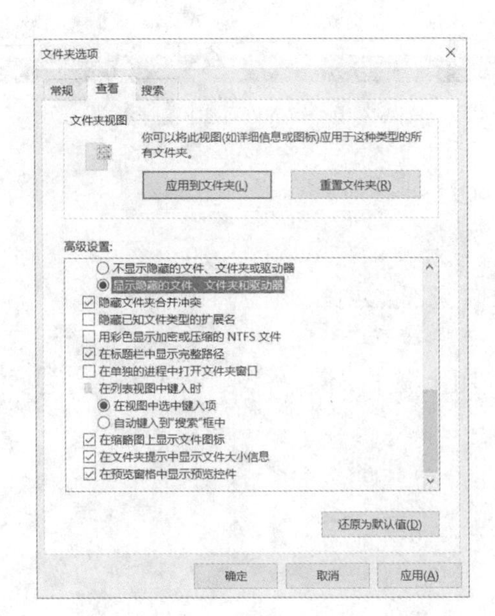

图 2-12　对话框示例

（1）打开窗口。一般使用鼠标打开一个新窗口。有如下两种常用方法：一是双击待打开的图标；二是右击待打开的图标，从弹出的快捷菜单中选择“打开”命令。

（2）移动窗口。将鼠标指针移动到窗口的标题栏上，按住鼠标左键不放并拖曳至目标处释放，就可以移动窗口的位置。

（3）改变窗口的大小。将鼠标指针移动到窗口的边框或任一个角上，待鼠标指针变成双箭头形状（图 2-13）时，按住鼠标左键不放，拖动边框或角到所需位置后释放，即可调整窗口的大小。注意，有些程序的窗口不允许调整大小。

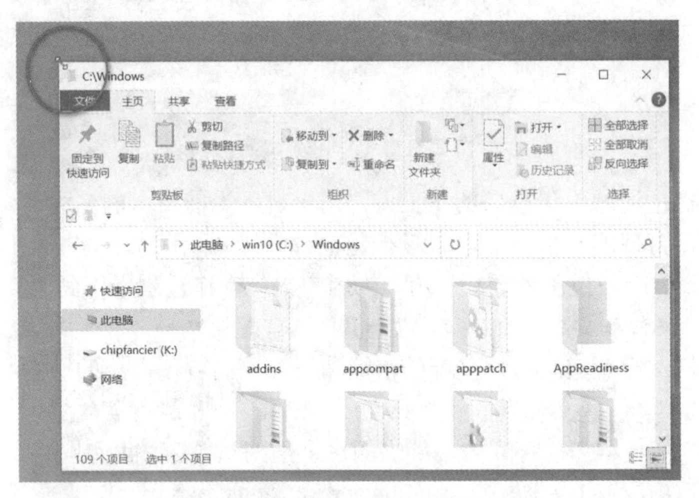

图 2-13　鼠标指针变成双箭头形状

（4）窗口最小化、最大化和关闭窗口。单击标题栏最右边的相应按钮即可。

（5）切换窗口。当打开的窗口很多时，如果要从一个窗口切换到另一个窗口，有以下三种常用方法：一是单击任务栏上的相应图标，这是最简洁的方法；二是如果窗口没有被其他窗口完全遮挡，则可直接单击要激活的窗口；三是按 Alt+Tab 组合键切换窗口预览，待切换至需要的窗口时松开按键。

（6）窗口排列。有时用户需要在同一时刻打开多个窗口，并使它们全部处于显示状态，最快的方法是使用窗口排列命令。具体方法是在任务栏非按钮区右击，在弹出的快捷菜单中选择一种窗口排列方式。窗口排列方式有三种，分别是层叠窗口、堆叠显示窗口和并排显示窗口（图 2-14）。

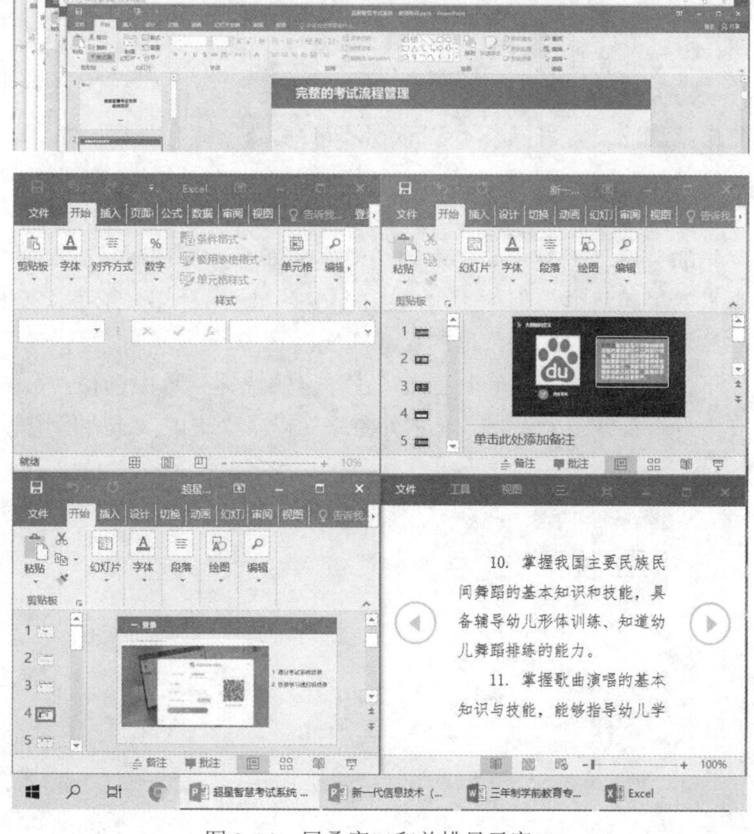

图 2-14 层叠窗口和并排显示窗口

（7）显示桌面。若要在不关闭窗口的情况下查看或使用桌面，可以单击任务栏最右侧通知区域旁的“显示桌面”按钮，立刻最小化所有窗口。另外，我们还可以使用 Win+D 组合键达到相同的目的。

（8）强制关闭程序（窗口）。在系统使用过程中，偶尔会出现应用程序无响应的现象，表现为窗口无法被关闭。此时，可以调用任务管理器来强制结束程序，从而关闭程序的窗口。任务管理器的打开方法如下：一是在任务栏空白处或“开始”菜单上右击，在弹出的快捷菜单中选择“任务管理器”选项；二是按 Ctrl+Shift+Esc 组合键，在任务管理器的“后台进程”中选择要关闭的应用程序，单击右下方的“结束任务”按钮，强制结束该应用，并同时关闭相应的窗口，如图 2-15 所示。

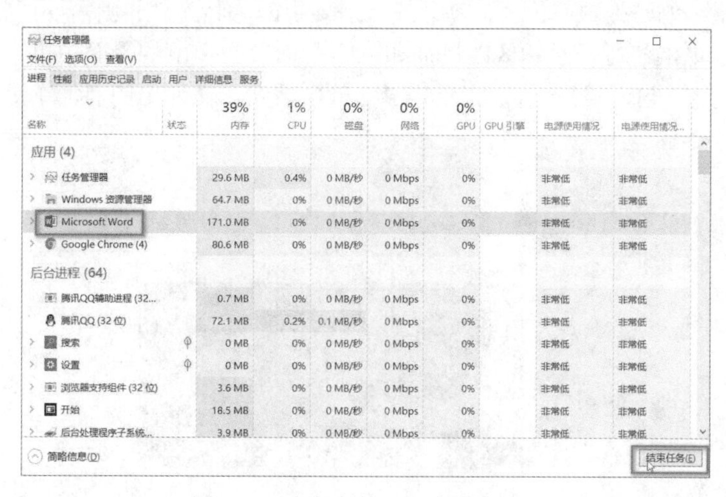

图 2-15 在任务管理器中结束程序

Windows 10 系统设置

2.3 Windows 10 系统设置

Windows 10 系统中供用户自定义的设置选项非常多，限于篇幅，下面仅列举一些比较常用的设置或操作，其他设置可以参考 Windows 帮助文档。

2.3.1 设置显示分辨率

显示分辨率指的是屏幕上显示的文本和图像的清晰度。分辨率越高（如 1920 像素×1080 像素），视觉效果越清晰，但同时屏幕上的文字、图标看起来越小，长时间观看会损害视力。因此，显示分辨率应与显示器的尺寸匹配。

设置方法如下：在“开始”菜单上右击，在弹出的快捷菜单中选择“系统”→“显示”选项，在“缩放与布局”界面中设置“显示分辨率”以及“更改文本、应用等项目的大小”（图 2-16）。

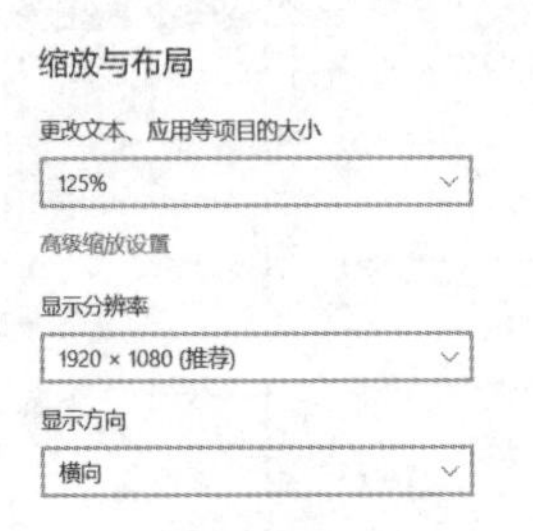

图 2-16 设置显示分辨率

2.3.2 设置系统音量

设置系统音量的方法如下：单击任务栏通知区的声音图标，上下或左右（不同声卡的界面可能不同）拖动音量值（图 2-17）。

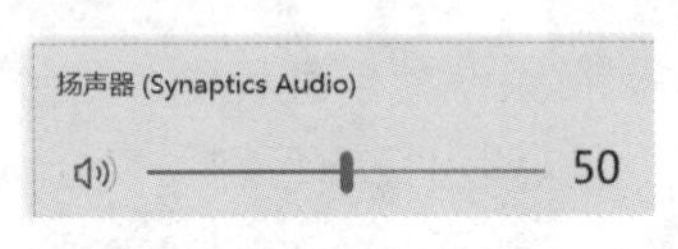

图 2-17 设置系统音量

2.3.3 设置日期和时间

如果当前系统的日期或时间不正确，或者需要更改为特定值，则需要调整日期和时间。设置方法如下：单击任务栏通知区的日期和时间图标，在弹出的界面中单击“日期和时间设置”命令，关闭“自动设置时间”，单击“更改”按钮，在弹出的界面中更改需要设置的日期和时间（图 2-18）。

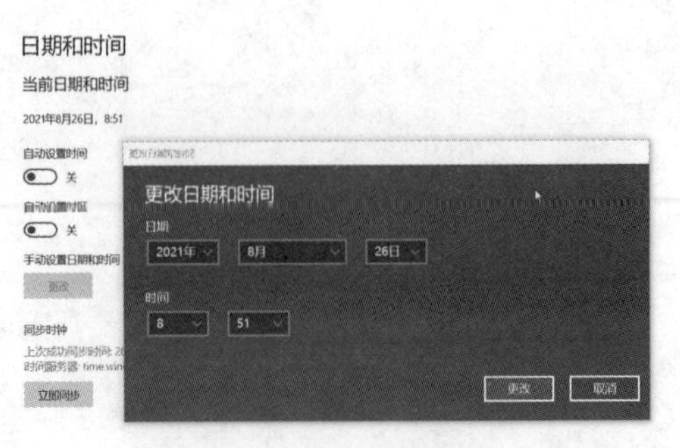

图 2-18 更改日期和时间

2.3.4　设置用户密码

Windows 10 系统提供多种登录验证方式，密码是最常见的一种安全保护措施。设置方法如下：在“开始”菜单上右击，在弹出的快捷菜单中选择“设置”→“账户”→“登录选项”→“密码”→“添加”选项，修改或设置新密码（图 2-19）。

帐户
帐户信息
电子邮件和帐户
登录选项
连接工作或学校帐户
其他用户
同步你的设置
选择一个登录选项，添加、更改或删除它。
Windows Hello 人脸
此选项当前不可用 - 单击以了解详细信息
Windows Hello 指纹
此选项当前不可用 - 单击以了解详细信息
Windows Hello PIN
此选项当前不可用 - 单击以了解详细信息
安全密钥
使用物理安全密钥登录
密码
使用你的帐户密码登录
你的帐户没有密码。你必须添加一个密码，然后才能使用其他登录选项。
更新安全问题
了解更多信息
添加
图片密码
此选项当前不可用 - 单击以了解详细信息

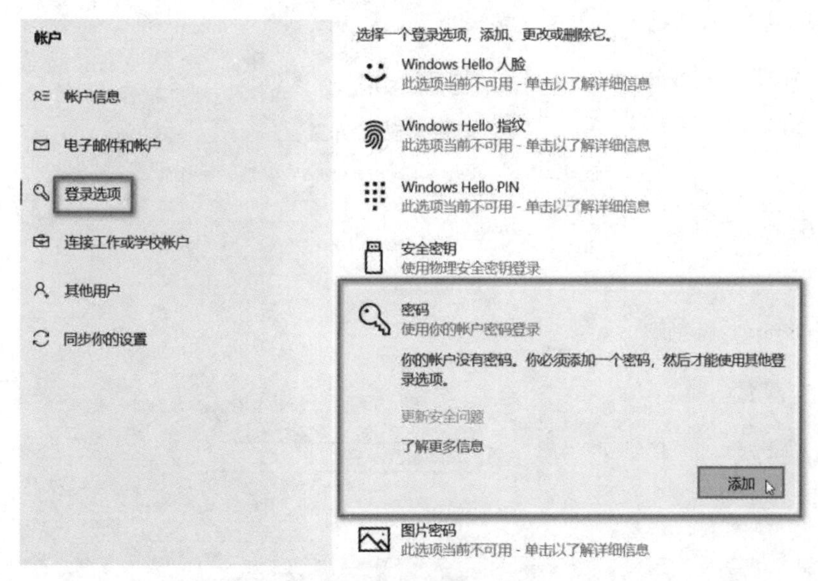

图 2-19　设置用户密码

2.3.5　开启和使用剪贴板历史记录

与之前的 Windows 系统相比，Windows 10 系统提供“剪贴板历史记录”功能，可以保留剪贴板中的内容，从而使用户在粘贴时可以有选择地粘贴，而不是每次只能粘贴剪贴板中最后一次的内容。设置方法如下：在“开始”菜单上右击，在弹出的快捷菜单中选择“系统”→“剪贴板”选项，将“剪贴板历史记录”设置为打开状态。在使用时，用户按 Win+V 组合键即可查看剪贴板中的所有内容，然后从中选择需要粘贴的内容（图 2-20）。

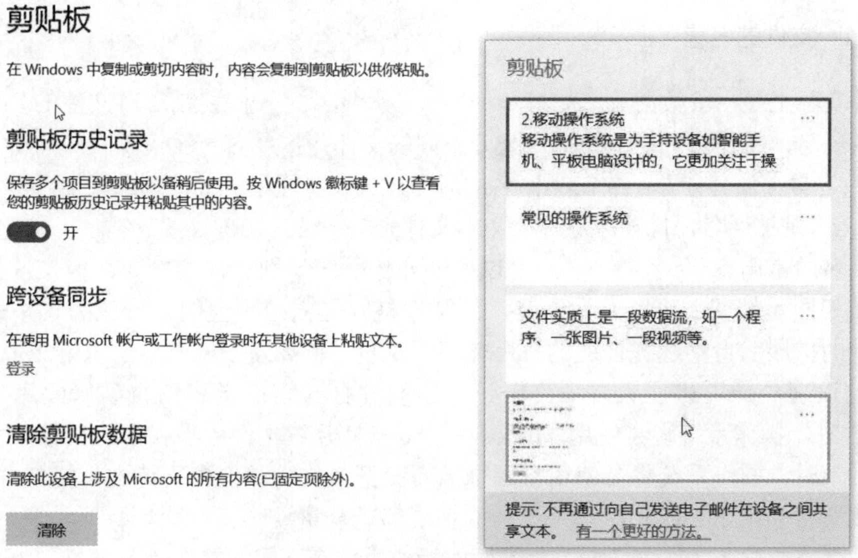

剪贴板
在 Windows 中复制或剪切内容时，内容会复制到剪贴板以供你粘贴。
剪贴板历史记录
保存多个项目到剪贴板以备稍后使用。按 Windows 徽标键 + V 以查看您的剪贴板历史记录并粘贴其中的内容。
开
跨设备同步
在使用 Microsoft 帐户或工作帐户登录时在其他设备上粘贴文本。
登录
清除剪贴板数据
清除此设备上涉及 Microsoft 的所有内容(已固定项除外)。
清除
剪贴板
2.移动操作系统
移动操作系统是为手持设备如智能手机、平板电脑设计的，它更加关注于操
常见的操作系统
文件实质上是一段数据流，如一个程序、一张图片、一段视频等。
提示: 不再通过向自己发送电子邮件在设备之间共享文本。 有一个更好的方法。

图 2-20　开启和使用剪贴板历史记录

2.3.6 卸载程序

与目前的移动操作系统完全不同的是，用户无法通过删除桌面图标的方式彻底卸载应用程序。在 Windows 10 系统中，卸载程序的推荐方法如下：在“开始”菜单上右击，在弹出的快捷菜单中选择“应用和功能”命令，在程序列表中选择要删除的应用，单击“卸载”按钮以彻底卸载程序，如图 2-21 所示。

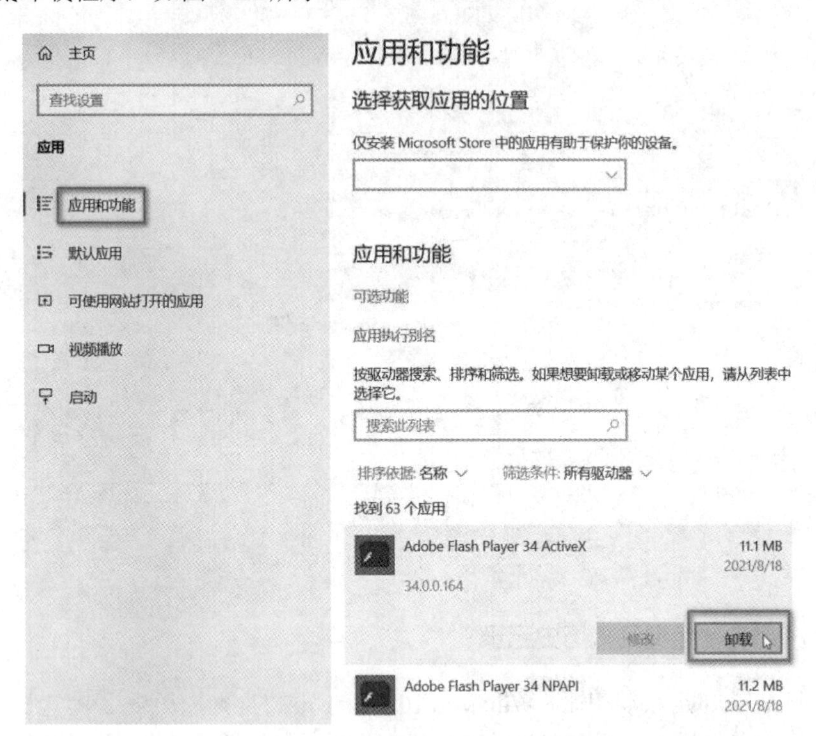

图 2-21 卸载程序

2.4 文件和文件夹的管理

文件和文件夹的管理

2.4.1 文件的名称

文件实际上是一段数据流，如一个程序、一张图片、一段视频等。文件的名称包括文件名和扩展名，文件名可以帮助用户区分不同的文件；扩展名一般代表文件的格式，通常由一个“.”与文件名分开，放在文件名的后面。如“学习笔记.txt”中，“学习笔记”是文件名，“txt”是扩展名，代表这是一个文本文件。

扩展名通常由 3 个字母组成，可以帮助操作系统识别文件的格式，但文件格式与扩展名并不相同。扩展名可以人为修改，而文件格式是固定不变的。一般来说，操作系统通过文件的扩展名自动选择合适的程序来打开文件。例如对于文件“学习笔记.txt”，操作系统通过识别“txt”扩展名自动使用记事本软件打开它；当我们将其修改为“学习笔记.docx”时，操作系统将会使用 Microsoft Word 打开该文件；当我们将其修改为“学习笔记.mp3”时，操作系统将会使用音频播放器打开该文件，但由于该文件格式并非音频，音频播放器将会报错。因此，一个正确的扩展名十分重要。

文件名需要符合文件命名规范。不同的操作系统有不同的文件命名规范，Windows 系统的文件命名规范见表 2-1。

表 2-1　Windows 系统的部分文件命名规范

文件命名规范	Windows 系统
文件名长度	255 个英文字符（DOS 下 8.3 格式），包括文件名和扩展名在内，或 127 个中文字符+1 个英文字符
是否区分大小写	不区分
是否允许空格和数字	允许，但不得以空格开头
禁止出现的字符	*\:<>| “/?
保留字（即禁止使用的文件名）	aux、com_、con、lpt_、prn、nul（禁止任何大小写组合，_代表 0～9 中的任一位数字）

2.4.2　文件的路径

在 Windows 10 系统中，每个磁盘驱动器都有一个根目录，如 C 盘的根目录是“C:\”，E 盘的根目录是“E:\”。每个根目录中可以包含若干文件和子目录，子目录还可进一步包含若干下一级的文件和子目录。这种文件组织方式称作树状结构。“树”代表了磁盘驱动器；“树干”相当于根目录；“树枝”相当于子目录，“树枝”还能分出更小的树枝代表多级子目录，“树枝”上的“叶子”代表文件，树上的每片“叶子”都有一个唯一路径。

操作系统通过路径定位一个文件。路径包含了从驱动器到文件夹再到文件的定位路线，其中文件夹和文件名间用特定的分隔符区分。如路径“C:\Windows\System32\cmd.exe”中，“C:\”代表 C 盘的根目录，第一级文件夹是“Windows”，第二级文件夹是“System32”，文件名是“cmd”，扩展名是“exe”。由此可以看出，通过文件的路径可以便捷地从海量文件中定位自己需要的文件。

2.4.3　文件和文件夹的相关操作

Windows 系统的“文件资源管理器”以树状结构显示文件，用户可以查看磁盘，对文件进行新建、重命名、删除、剪切、复制、粘贴、搜索等操作。下面以 Windows 10 系统为例，简要介绍常见的文件操作。

1. 新建文件夹

使用文件夹可以帮助我们高效、快捷地对文件进行归类管理。如需新建文件夹，可以在空白处右击，在弹出的快捷菜单中选择“新建”→“文件夹”命令，如图 2-22 所示。

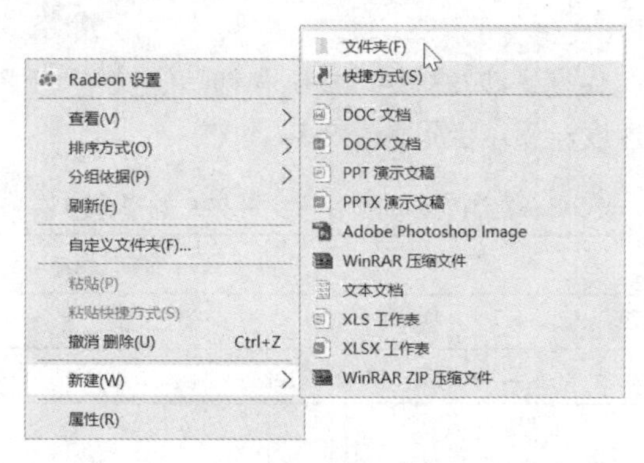

图 2-22　新建文件夹

2. 选择文件（文件夹）

文件管理时，一般先选择操作的对象，再选择操作项。当操作的对象是文件（文件夹）时，需要对文件（文件夹）进行全选或多选操作。多选还分连续多选和不连续多选。选择文件（文件夹）的操作方法见表 2-2。

表 2-2 选择文件（文件夹）的操作方法

操作需求	操作方法
全选	按 Ctrl+A 组合键，或用鼠标框选所有对象
连续多选	先用鼠标选中第一个对象，按住 Shift 键不放，再用鼠标选中最后一个对象
不连续多选	先用鼠标选中第一个对象，按住 Ctrl 键不放，再用鼠标依次选中需要选择的对象

3. 删除文件（文件夹）

当不需要某文件（文件夹）时，可以进行删除操作。选中需要删除的文件（文件夹）并右击，在弹出的快捷菜单中选择“删除”命令即可，如图 2-23 所示。被删除的文件（文件夹）会暂时存放在回收站中，如果需要恢复，可以进入回收站进行还原操作，如图 2-24 所示；如果确定此文件（文件夹）不再需要，则可以在回收站中彻底删除。需要注意的是，在 U 盘中删除文件时，文件（文件夹）会被直接删除，不会进入回收站。

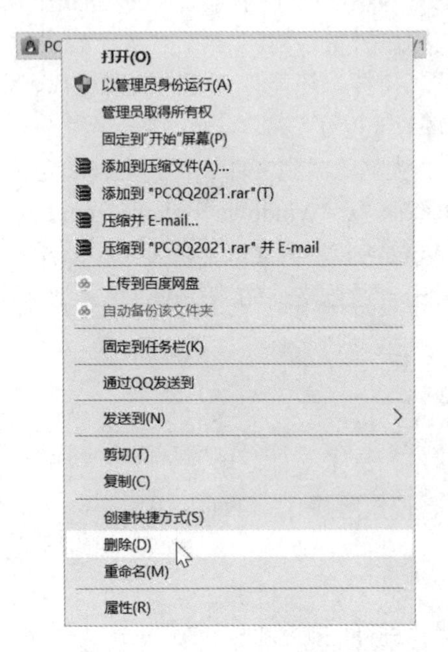

图 2-23 删除文件（文件夹）

图 2-24 从回收站还原文件（文件夹）

4. 复制或移动文件（文件夹）

复制或移动文件（文件夹）涉及剪切、复制和粘贴等操作，可以使用菜单命令，也可以使用快捷键加快操作速度，操作步骤见表 2-3。

表 2-3 复制或移动文件（文件夹）的操作步骤

操作	主要步骤（含快捷键）
复制文件（文件夹）	第一步：复制（按 Ctrl+C 组合键）；第二步：粘贴（按 Ctrl+V 组合键）
移动文件（文件夹）	第一步：剪切（按 Ctrl+X 组合键）；第二步：粘贴（按 Ctrl+V 组合键）

复制或剪切文件（文件夹）后，该文件（文件夹）内容将被存入一个称为剪贴板的内存区域。剪贴板可以存放多种信息，可以是一段文字、多张图片、一个音频、一个程序等。因此剪切或复制一次，就可以粘贴多次。剪贴板架起了一座桥梁，使得各种应用程序之间传递和共享信息成为可能。

5. 重命名文件（文件夹）

重命名文件（文件夹）是指对文件（文件夹）的名字进行修改。当然，修改后的文件（文件夹）名需要符合前述文件命名规范。另外，在同一文件夹内，多个文件（文件夹）不能有相同的名字。如果需要重命名文件（文件夹），应先选中一个对象并右击，在弹出的快捷菜单中选择“重命名”命令或按 F2 快捷键，然后输入新的文件（文件夹）名，最后按 Enter 键确认。

注意，在大多数情况下，如果一个文件正处于打开状态，那么它是无法被删除、移动或重命名的。

6. 搜索文件（文件夹）

Windows 10 系统的搜索功能可以帮助我们快速找到所需文件。在文件名类似、文件格式相同或不知道文件名等情况下，可以使用通配符搜索，即星号（*）与问号（?）。星号（*）可以代替零个或多个字符，问号（?）只能代替一个字符。以“*.exe”为例，可以搜索到指定位置所有扩展名为“.exe”的文件，如图 2-25 所示。

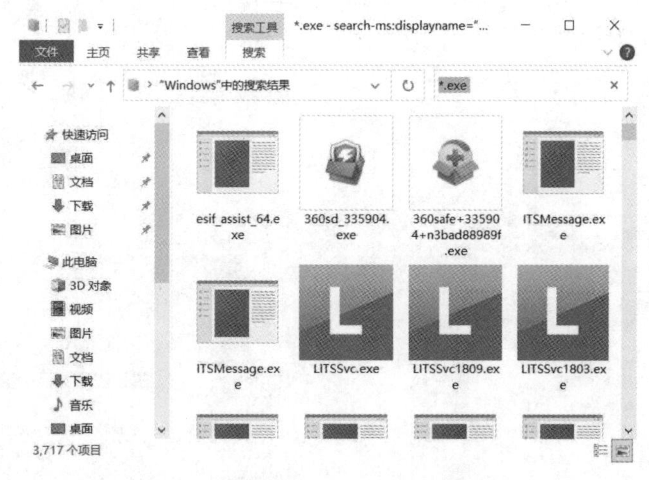

图 2-25　搜索扩展名为“.exe”的文件

7. 创建快捷方式

快捷方式是 Windows 10 系统提供的一种快速启动程序。它是应用程序的快速链接，一般其扩展名为“*.lnk”。在 Windows 10 系统中，快捷方式普遍存在。例如，桌面上的 Microsoft Word 等应用程序的图标就是快捷方式。

当我们需要打开一个隐藏得很深的文件时，如果没有快捷方式，需要我们根据记忆在众多目录下找到自己需要的目录，再一层一层地打开，从一堆文件中找到正确的文件。而有了快捷方式，你要做的只是双击桌面上的快捷图标。因此，对于一些经常需要查阅或打开的程序、文档，我们可以将其快捷方式放在桌面上，供快速打开。例如，以“C:\Windows\System32\cmd.exe”文件为例，首先找到并选中该文件；然后右击，在弹出的快捷菜单中选择“创建快捷方式”命令（图 2-26），此时会生成一个同名的快捷方式文件（图 2-27）；最后将生成的快捷方式文件移动到桌面上。今后如果要运行 cmd.exe，只需要双击桌面上的“cmd.exe”图标即可。

文件本身与其快捷方式是有明显区别的：删除了快捷方式，我们还可以通过“此电脑”找到文件本身；删除了文件本身，仅有一个快捷方式则毫无用处。由于每台计算机的计算机中文件的存放位置不尽相同，因此若将自己桌面上的快捷方式复制到他人的计算机中，一般无法正常使用。

8. 文件（文件夹）的高级管理

文件（文件夹）的高级管理包括：查看文件（文件夹）详细信息、显示/隐藏文件（文件夹）、显示/隐藏文件扩展名等操作。

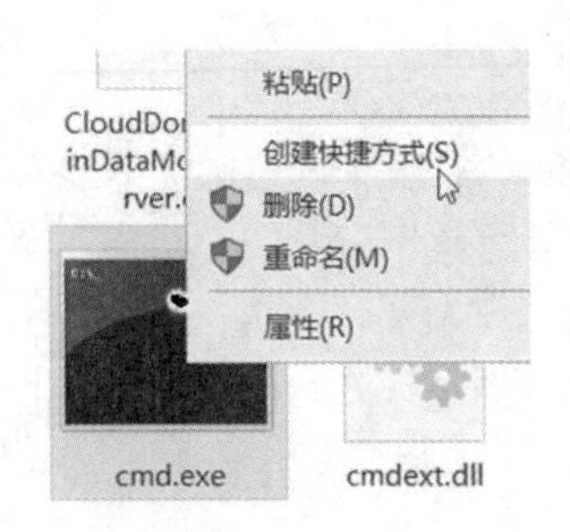

图 2-26 选择“创建快捷方式”命令

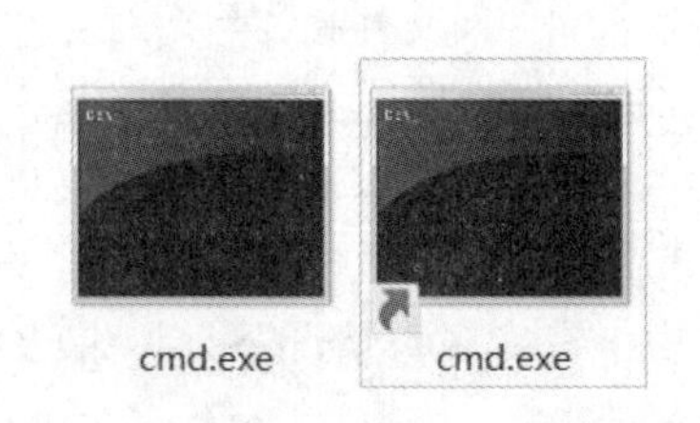

图 2-27 生成一个同名的快捷方式文件

（1）查看文件（文件夹）详细信息。在管理计算机文件的过程中，经常需要查看文件与文件夹的详细信息，以进一步了解详情。例如，对于文件，可以查看其文件类型、打开方式、存放位置、大小、占用空间、创建与修改时间、文件属性等详细信息；对于文件夹，可以查看其中包含的文件和子文件夹的数量。具体操作如下：右击要查看的文件或文件夹图标，在弹出的快捷菜单中选择“属性”命令，弹出对话框，在“常规”选项卡中查看详细属性，如图 2-28 所示。

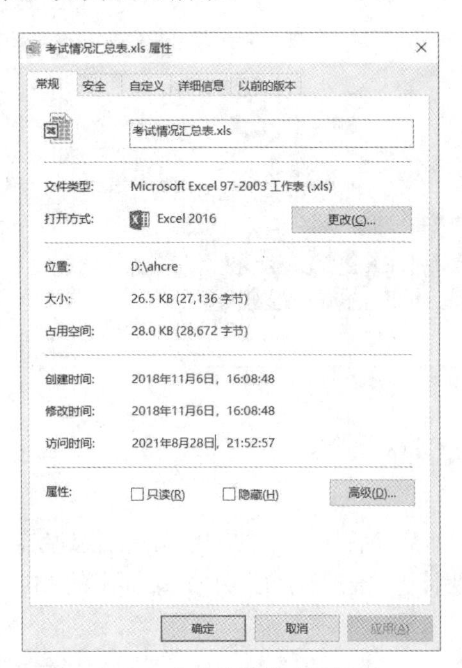

（a）文件的属性对话框

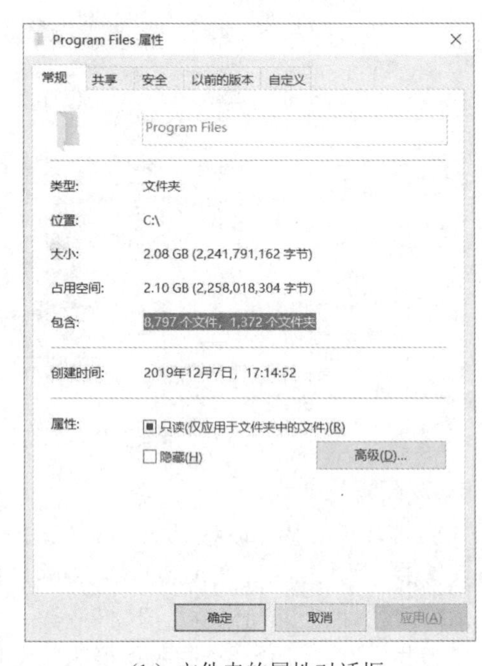

（b）文件夹的属性对话框

图 2-28 文件的属性对话框和文件夹的属性对话框

我们还可以在此对话框中设置文件（文件夹）的只读、隐藏属性。

只读：表示该文件不能被修改。如果要修改，则需要取消其只读属性。

隐藏：文件（文件夹）处于不可见状态，除非允许计算机显示隐藏文件。

（2）显示/隐藏文件（文件夹）。Windows 10 系统默认不显示隐藏的文件（文件夹）。如果需要显示被隐藏的文件（文件夹），则需要进行一些设置。具体操作如下：在任意文件夹窗口的菜单栏最右侧单击“展开功能区”按钮，在“显示/隐藏”面板中勾选“隐藏的项目”复选框即可显示隐藏文件（文件夹），如图 2-29 所示。

（3）显示/隐藏文件扩展名。Windows 10 系统默认不显示文件的扩展名，这样可防止用户误改扩展名而导致文件不可用。如果用户需要查看或修改扩展名，可以通过一些设置将文件的扩展名显示出来。具体操作为：在任意文件夹窗口中菜单栏最右侧单击“展开功能区”按钮，然后在“显示/隐藏”面板中勾选“文件扩展名”复选框，即可显示文件的扩展名，如图 2-29 所示。

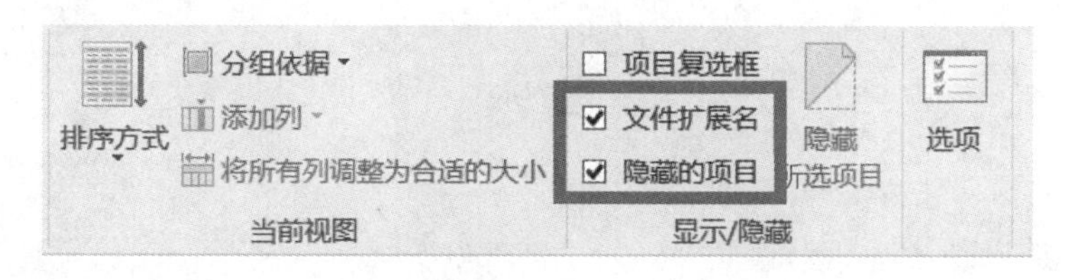

图 2-29　设置是否显示文件扩展名和隐藏的项目

2.4.4　文件管理的技巧

个人用户在使用计算机进行文件管理时，经常出现杂乱无章的问题。久而久之，文件越来越多，检索某个文件时将无从下手。因此，文件管理必须做到井然有序，以下是四个小技巧。

1. 使用合适的文件名或文件夹名

文件名或文件夹名应采用可以准确描述其内容的名称，方便对文件的浏览和理解，而不要使用不常用的缩写，比如“a”“111”等无意义的代号。

2. 将文件分类存储到文件夹中

如对于个人文件，可以分类为“生活”“学习”“兼职”“娱乐”等。将文件有序地分装在不同的文件夹中，可以在需要时按分类快速找到。

3. 使用文件夹的树形结构

多级文件夹可以方便浏览和理解，有利于进行分类与查找。如“欧美”音乐可进一步分成“摇滚”“管弦”“民歌”等，“摇滚”音乐又可进一步分成“朋克”“金属”等。

4. 定期备份

要定期备份重要文件，以减小数据丢失的可能性。

2.5　本章小结

本章介绍了计算机操作系统的概念、功能与分类，并对常见的操作系统做了简要概述；详细介绍了 Windows 10 系统的桌面、窗口；简要介绍了常用的 Windows 10 系统设置方法；详尽地介绍了文件管理相关的知识与技能。表 2-4 给出了第 2 章知识点学习达标标准，供读者自测。

表 2-4　第 2 章知识点学习达标标准自测表

序号	知识（能力）点	达标标准	自测 1 （　月　日）	自测 2 （　月　日）	自测 3 （　月　日）
1	操作系统的基本概念与功能	了解			
2	操作系统的分类	了解			
3	常见的操作系统	了解			
4	Windows 10 的界面与操作	熟练掌握			
5	Windows 10 系统设置	熟练掌握			
6	文件（文件夹）命名的规范	理解			
7	文件路径的概念	理解			
8	常见文件（文件夹）操作的方法	熟练掌握			

习题

一、单项选择题

1. 操作系统是一种对（　　）进行控制和管理的系统软件。
   A．计算机所有资源　　B．全部硬件资源
   C．全部软件资源　　D．应用程序
2. （　　）是一个开源的操作系统，用户可以免费获得源代码，并能够修改。
   A．UNIX　　B．Linux　　C．DOS　　D．Windows
3. 使用家用计算机能一边听音乐一边玩游戏，这主要体现了 Windows 的（　　）。
   A．人工智能技术　　B．自动控制技术
   C．文字处理技术　　D．多任务技术
4. 以下（　　）不是移动操作系统。
   A．UNIX　　B．iOS　　C．Android　　D．Harmony OS
5. Windows 窗口式操作是为了（　　）。
   A．方便用户　　B．提高系统可靠性
   C．提高系统的响应速度　　D．保证用户数据信息的安全
6. 多个窗口之间进行切换时，可以用键盘上的（　　）组合键。
   A．Alt+Tab　　B．Alt+Ctrl　　C．Alt+Shift　　D．Ctrl+Tab
7. 单击窗口的（　　），可以把窗口拖放到桌面的任何地方。
   A．标题栏　　B．按钮　　C．菜单栏工作区　　D．窗口边框
8. 右击文件，在弹出的快捷菜单中选择“属性”选项，（　　）信息是无法看到的。
   A．创建时间　　B．位置　　C．大小　　D．内容
9. 当文件具有（　　）属性时，通常情况下是无法显示的。
   A．只读　　B．隐藏　　C．存档　　D．常规
10. 在 Windows 中，为了查找文件名以 A 字母开头的所有文件，应当在查找名称框内输入（　　）。
   A．A　　B．A*　　C．A?　　D．A#
11. 关于 Windows 文件命名的规定，正确的是（　　）。
   A．文件名可用字符、数字和汉字命名
   B．文件名中不能有空格和扩展名的间隔符“.”
   C．文件名可用字符、数字或汉字命名，但最多 8 个字符
   D．文件名可用字符、数字、汉字和“?”“\”符号命名
12. 在 Windows 中，以下文件名不正确的是（　　）。
   A．中国．合肥　　B．中国\安徽\合肥
   C．中国安徽合肥　　D．中国?安徽?合肥
13. 在 Windows 中，要取消已经选定的多个文件或文件夹中的一个，应该按下键盘上的（　　）键，再单击要取消项。
   A．Alt　　B．Ctrl　　C．Shift　　D．Esc
14. 下列关于“剪贴板”的说法中不正确的是（　　）。
   A．它是一个在内存中开辟的一块临时存放交换信息的区域
   B．文件复制或剪切的过程中，都先将文件存放在这里
   C．可以将存放的内容多次粘贴到多处

D．只能将存放的内容粘贴一次

15．删除 Windows 桌面上的 Microsoft Word 快捷图标，意味着（　　）。

A．该应用程序连同图标一起被删除

B．只删除了该应用程序，对应的图标被隐藏

C．只删除了图标，对应的应用程序被保留

D．下次启动后图标会自动恢复

16．下列（　　）不是良好的文件管理习惯。

A．文件名使用统一的命名规范

B．不使用模糊的关键词，比如最终版本、终极版本、无敌版本等

C．对文件进行合理的分类，并将同类文件放在一起

D．重要文件只保留一份

二、操作题

在计算机的磁盘上建立图 2-30 所示的文件夹结构。

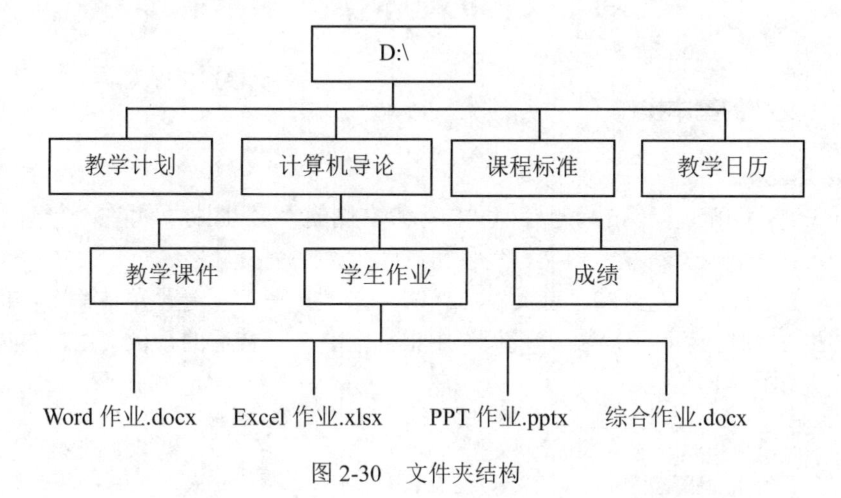

图 2-30　文件夹结构

第 3 章　WPS 文字处理

佐于天皇，偕彼朱襄。印窥俯察，近取旁观。创为文字，首著六书。

——《古先君臣图鉴》

文字处理是日常学习和办公中经常需要面对的事务。文字处理软件作为办公软件的一种，提供了编辑、排版和打印输出文字等功能。WPS Office 是由金山办公软件股份有限公司自主研发的一款办公软件套装，可以实现办公软件最常用的文字、表格、演示文稿等功能，是目前国内办公软件的首选。本章主要介绍 WPS 文字基本操作、格式设置、图文混排、表格处理和长文档排版等知识。

3.1　文档的基本操作与编辑

3.1.1　文档的基本操作

文件的新建与保存

1. 建立文档

启动 WPS Office，单击标题栏中文档标签右侧的“+”图标，并在“新建”界面选择“文字”类型，单击“新建空白文档”按钮，即可建立空白文档。

另外，单击标题栏左侧的“首页”，或单击“文件”→“新建”菜单命令，也可建立文档。在建立文档时，可以在“推荐模板”中根据需要选择合适的模板套用，再进行后续的编辑操作，如图 3-1 所示。

图 3-1　新建空白文档

2. 打开文档

双击已经存在的 WPS 文档，即可启动 WPS 并打开当前文档。

选择“文件”→“打开”菜单命令，可以选择并打开最近使用的文档或计算机中的其他文档。

3. 保存文档

在结束文档操作时，用户应注意及时保存文档，避免由误操作或其他因素导致丢失文档已编辑信息。有以下三种文档保存方法。

方法一：单击快速访问工具栏的“保存”按钮，即可保存文档。

方法二：单击“文件”→“保存”菜单命令保存文档。

方法三：使用 Ctrl+S 组合键保存文档。

首次保存文档时，WPS 会弹出“另存文件”对话框，提示用户选择保存位置并对新文档命名，如图 3-2 所示。

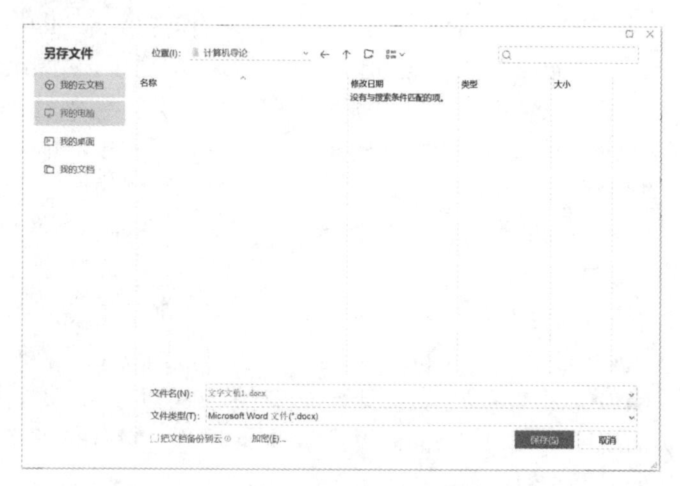

图 3-2　“另存文件”对话框

当用户已经进行过保存操作，需在其他位置另行保存当前文档，或以其他名称保存时，则选择“另存为”命令，相当于在新的位置或以新的名称保存文档。如果新文件要与原文件保存在同一个文件夹下，则需要输入不同的文件名。

另外，在退出 WPS 文档时，如果当前文档没有保存，则会提示用户是否保存文档，如图 3-3 所示。若单击“保存”按钮，则 WPS 文字完成对文档的保存后退出；若单击“不保存”按钮，则 WPS 文字不保存文档，直接退出，用户会丢失未保存的操作且不可恢复；若单击“取消”按钮，则忽略本次退出操作，恢复到操作前的状态。

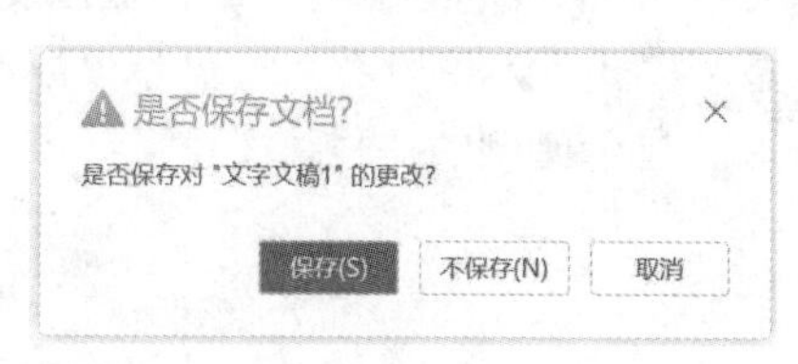

图 3-3　提示用户是否保存文档

4. 认识文档主界面

WPS 文档主界面主要由标题栏、菜单栏、功能组和命令、编辑区、状态栏组成，如图 3-4 所示。

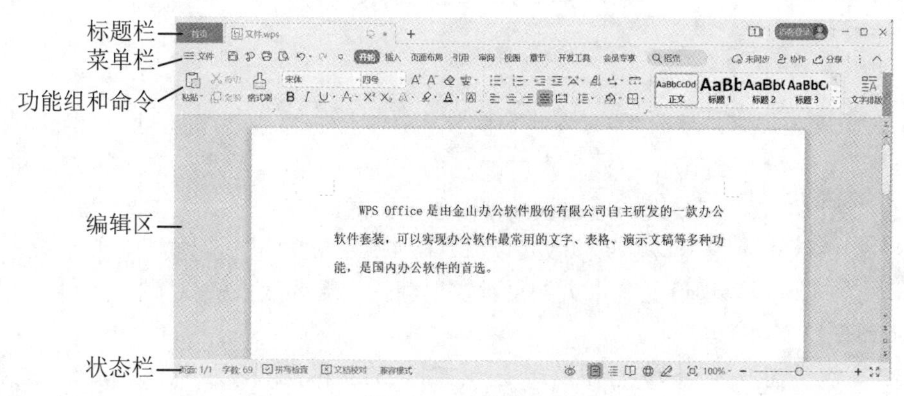

图 3-4　WPS 文档主界面

（1）标题栏。标题栏左侧的“首页”选项卡可以管理所有文档，包括最近打开的文档、计算机上的文档、云文档等。标题栏中间是标签区域，可以快速切换或排列打开的多个文档。标题栏右侧是工作区和登录入口。其中，工作区可以查看已经打开的所有文档，每个新窗口都是一个新的工作区；登录功能可以将文档保存到云端，并且支持多种登录方式。

（2）菜单栏。菜单栏主要包括“快速访问栏”和操作选项卡。其中，“快速访问栏”提供了“保存”“打印”“撤销”等快捷操作。操作选项卡集合了一组相近的命令或操作，如“插入”选项卡下集合了“表格”“图片”“形状”“页眉页脚”等元素的插入操作。

（3）功能组和命令。单击不同的操作选项卡，将在其下方显示对应的功能组和命令，如单击“开始”选项卡，则会呈现“字体”“段落”“样式”等功能组。每个功能组下包含一组命令，如“字体”功能组包含了“加粗”“倾斜”“下划线”等字体功能相关的操作命令。

（4）编辑区。编辑区用于编辑文稿内容，是窗口最主要的组成部分。

（5）状态栏。状态栏显示当前文档的一些基本信息，如页数和字数，如图 3-5 所示。单击字数可以查看当前文档详细的字数统计。状态栏右侧可以开启“护眼模式”，单击视图切换按钮，在“页面视图”“大纲”“阅读版式”“Web 版式”“写作模式”之间切换，拖动滑块可以调整文档的显示比例。

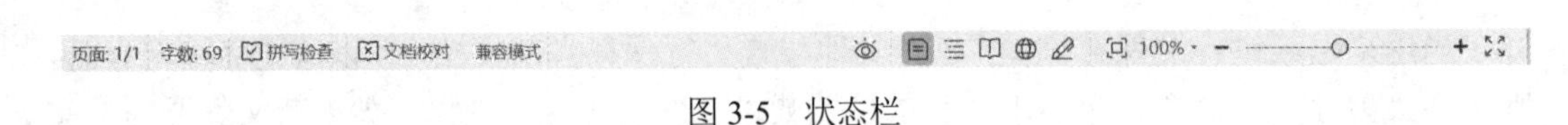

图 3-5　状态栏

5. 文档的显示

视图是指 WPS 文档的显示方式。WPS 根据不同需求提供了全屏显示、阅读版式、写作模式、页面视图、大纲视图、Web 版式视图六种视图，以适应不同需求。单击“视图”选项卡，在功能区可以看到六种视图。状态栏也提供了视图的切换按钮。

（1）全屏显示（图 3-6）。全屏显示是使用整个屏幕显示文档内容，并且功能区、状态栏和任务窗格等隐藏。全屏显示模式下，窗口右上方显示“浮动工具条”，可以通过“浮动工具条”实现布满全屏以及调整显示比例的操作。

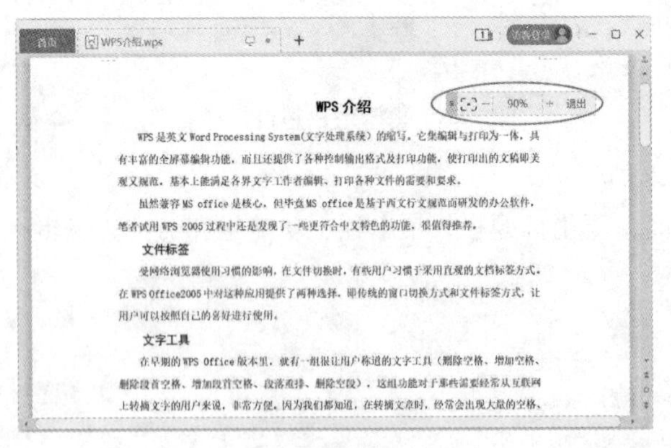

图 3-6　全屏显示

单击“退出”或按 Esc 键，返回页面视图显示方式。

（2）阅读版式（图 3-7）。阅读版式以日常翻书阅读的样式显示文档，默认显示两栏，就像打开的书本。可以通过上、下页翻页键实现翻页。阅读版式提供了目录导航、批注、突出显示和查找等功能。

（3）写作模式（图 3-8）。写作模式是一种特定的编辑模式，为用户提供一个专注于写作的环境，并提供了多种工具。

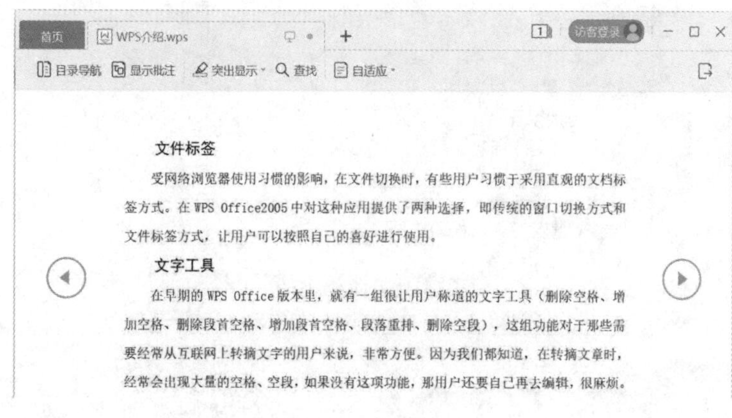

图 3-7　阅读版式

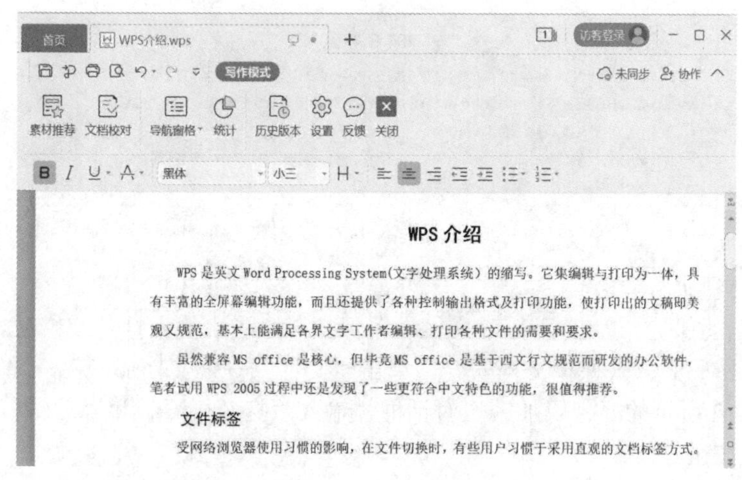

图 3-8　写作模式

（4）页面视图（图 3-9）。页面视图是新建文档时的默认视图，也是文档操作中最常用的视图，有一种所见即所得的效果，与打印时的效果非常接近。页面视图集中了操作文档时最常用的功能与命令。

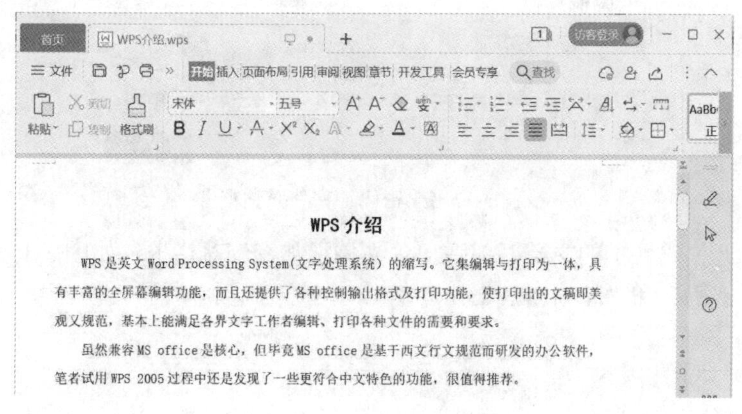

图 3-9　页面视图

（5）大纲视图（图 3-10）。在大纲视图下，可以层次清楚地分级显示文档的大纲结构。一般地，对文档每个章节标题设置级别，也就是对它赋予“章”“节”的属性，并将章节的标题提挈起来，这样，可以查看文档结构，拖动章节标题还可以对文档各层次进行有针对性的操作，例如复制、移动、文档再组织等。

（6）Web 版式视图（图 3-11）。Web 版式视图显示文档在 Web 浏览器中的外观。文本将自动换行以适应窗口大小，且文档不再分页。

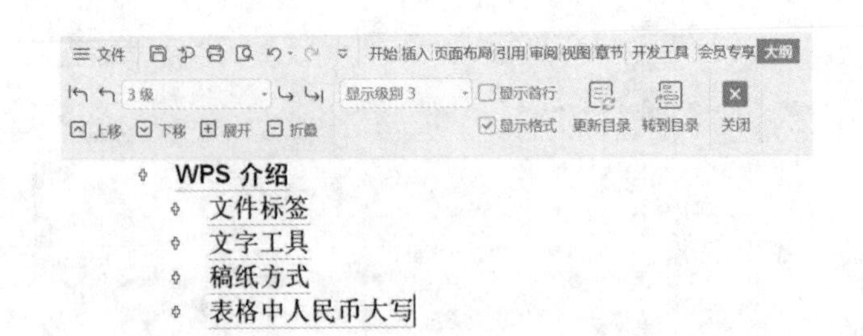

图 3-10　大纲视图

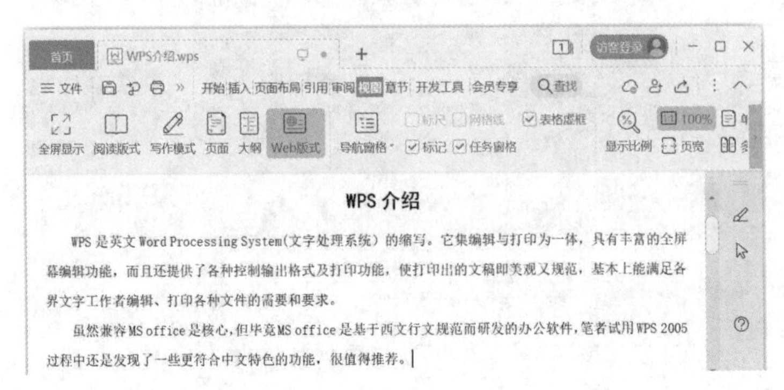

图 3-11　Web 版式视图

6. 文档的保护与输出

（1）文档的保护。WPS 可以对文档设置保护，以防止他人打开或修改。

可以采用密码的方式保护文档安全。单击“文件”→“文档加密”→“密码加密”命令，出现图 3-12 所示的“密码加密”对话框，输入“打开权限”和“编辑权限”的密码，单击“应用”按钮。

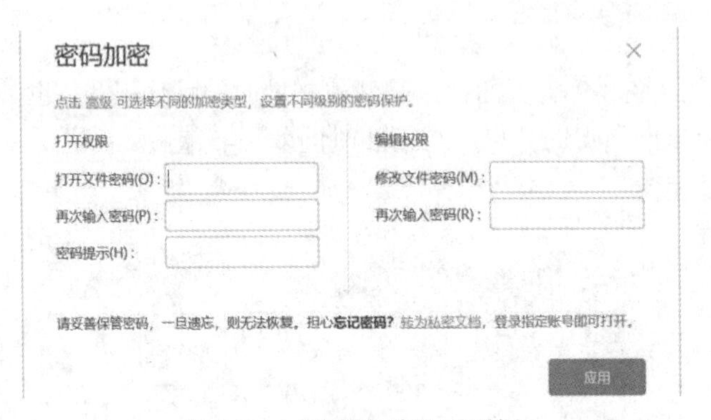

图 3-12　“密码加密”对话框

当再次打开密码保护的文档时，弹出“文档已加密”对话框，如图 3-13 所示，要求分别输入“打开密码”和“编辑密码”。

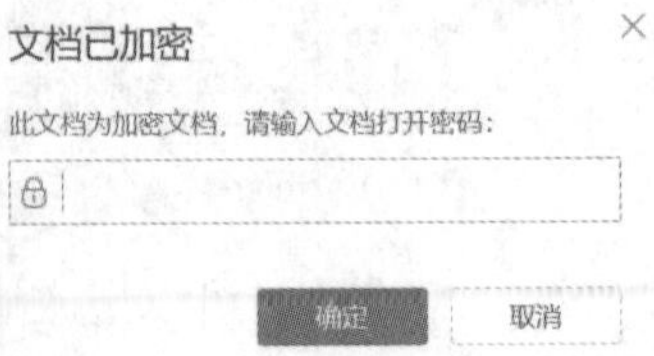

文档已加密

此文档为加密文档，请输入文档打开密码：

确定　取消

图 3-13　“文档已加密”对话框

WPS 还可以通过文档权限保护文档。开启后，文档将会转成私密模式，可以指定访问者和编辑者。单击“文件”→“文档加密”→“文档权限”菜单命令，或者单击“审阅”选项卡，再单击“文档权限”命令，出现图 3-14 所示的“文档权限”对话框，登录账户后单击开启“私密文档保护”，可以指定用户查看或编辑私密文档。

图 3-14　“文档权限”对话框

（2）文档的输出。如果只希望他人查看文档，而不能修改文档，则可以将文档输出为 PDF 格式或图片。单击“文件”→“输出为 PDF”/“输出为图片”菜单命令，如图 3-15 所示。

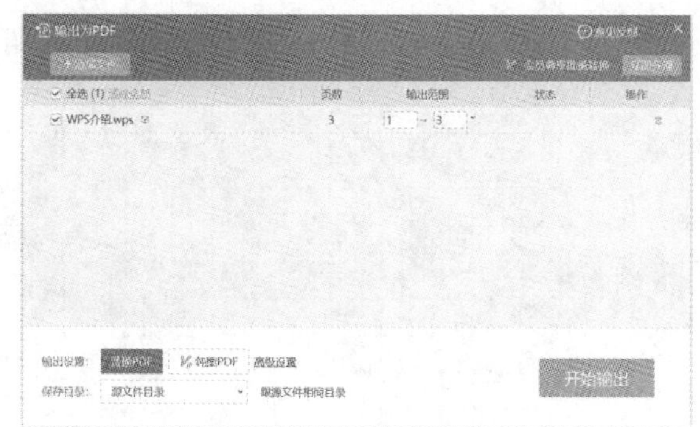

（a）文档输出为 PDF

（b）文档输出为图片

图 3-15　文档输出

3.1.2　文本的输入和删除

文本的复制和移动

在 WPS 中创建文档后，可以在文档中输入内容，包括基本字符、特殊字符和公式等。

1. 输入基本字符

用户新建空白文档后，光标在文档编辑区内不停闪动，提示用户该位置为插入点，新输入的内容将在插入点位置显示，如图 3-16 所示。

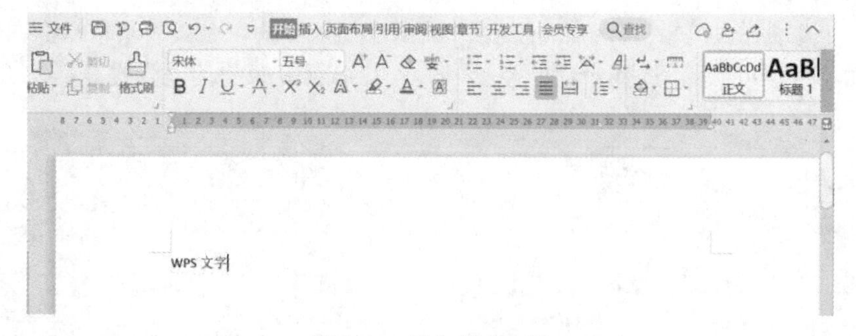

图 3-16　输入基本字符

2. 输入特殊字符

如果需要输入键盘上没有的符号或标点等，则将光标置于插入点，单击“插入”→“符号”菜单命令，弹出图 3-17 所示的“符号”对话框，双击需要的符号或特殊字符。也可以连续插入多个特殊符号，直到不需要时，单击“取消”按钮退回文档编辑窗口。

图 3-17 “符号”对话框

单击“插入”选项卡的“符号”右侧三角形按钮，可以看到图 3-18 所示的“符号大全”下拉列表。用户登录 WPS 后，可以选用相应的符号。

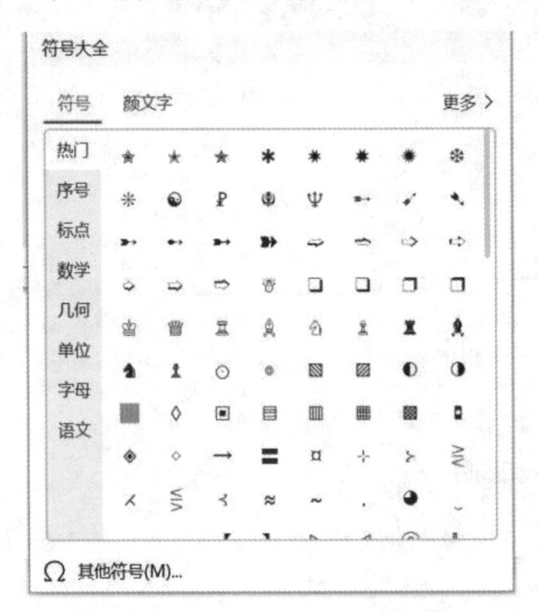

图 3-18 “符号大全”界面

3．输入公式

WPS 集成了公式编辑工具 MathType，单击“插入”→“公式”菜单命令，调出公式编辑器，如图 3-19 所示，选择合适的模板，输入并编辑复杂的数学公式。

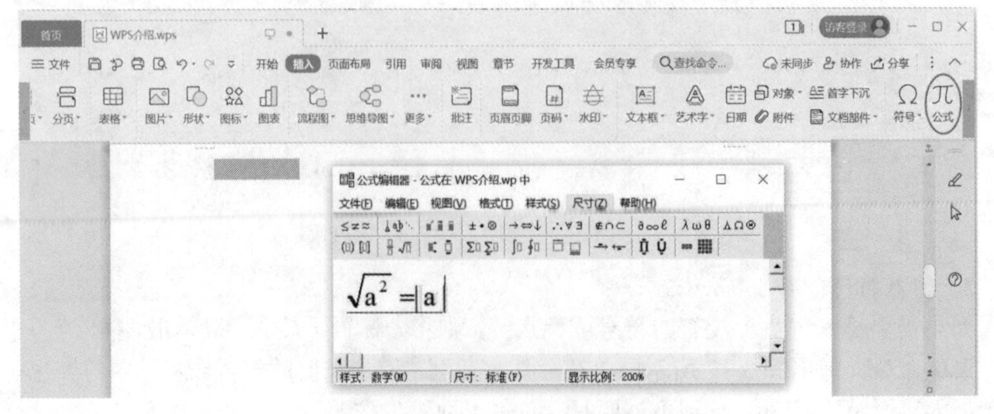

图 3-19 公式编辑器

4. 文本的删除

用户可以通过 Backspace 键或 Delete 键删除文本内容。按 Backspace 键可逐个删除光标前面的内容，按 Delete 键可逐个删除光标后面的内容。如果已经选中文本内容，按 Backspace 键或 Delete 键均可删除所选文本内容。

3.1.3 文本的复制和移动

文本复制是指将文档中的选定文本“拷贝”一份，再放到其他位置，原文本仍然原样保留在原来的位置。文本移动是将文本转移到其他位置，原位置的文本不再存在。

无论是文本复制还是文本移动，都需要先选中目标文本。选中目标文本最简单的方式如下：将鼠标移动到目标文本起点并单击，按住左键拖动鼠标直至文本终点，释放鼠标左键，此时选中的文本会以灰色底纹显示。如果选择文档所有内容，可以按住 Ctrl+A 组合键执行全选操作。

执行复制操作有如下三种方法。

方法一：单击“开始”→“复制”按钮，如图 3-20 所示。

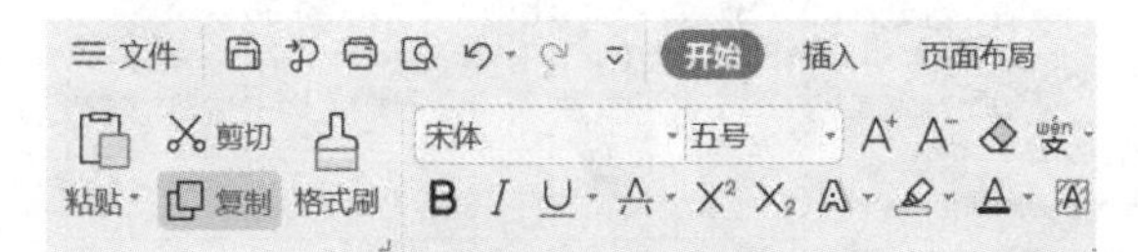

图 3-20　单击“复制”按钮

方法二：在已选中的目标文本上右击，在弹出的快捷菜单中选择“复制”命令。

方法三：按 Ctrl+C 组合键。

接下来，通过粘贴操作实现原内容的“拷贝”。粘贴操作就是把已经复制好的文本插入文档中的某个位置。具体操作如下：将光标定位在待插入点，单击“开始”→“粘贴”按钮或者按 Ctrl+V 组合键。

要实现移动文本的效果，可进行“剪切”+“粘贴”操作。执行剪切操作有如下三种方法。

方法一：单击“开始”→“剪切”按钮，如图 3-21 所示。

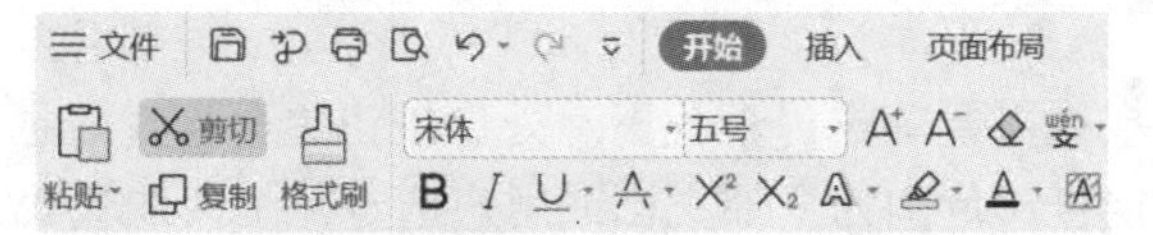

图 3-21　单击“剪切”按钮

方法二：在已选中的目标文本上右击，在弹出的快捷菜单中选择“剪切”命令。

方法三：按 Ctrl+X 组合键。

无论是复制还是剪切，在执行粘贴操作时都可以选择粘贴方式，如图 3-22 所示，即以何种形式将已经复制或剪切的内容放入插入点。

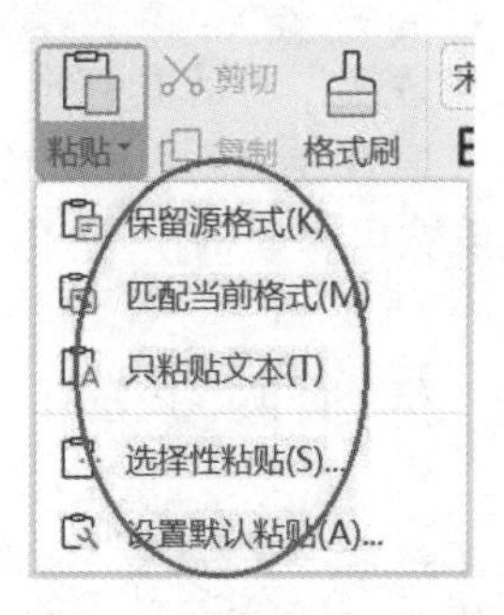

图 3-22　选择粘贴方式

- 保留源格式：保留原始文档格式粘贴进入新文档或新位置。
- 匹配当前格式：将要粘贴的内容按照新文档或新位置的字体、段落等格式显示。
- 只粘贴文本：将复制内容的格式全部去除，以默认格式粘贴在新文档或新位置。

3.1.4 文本的查找和替换

WPS 提供了文本查找和替换功能，便于快速查找所需的文本内容，以及将指定文本内容替换为新的文本内容。

1. 基本查找

基本查找操作比较简单。如查找段落中所有的“文档”，操作步骤如下。

步骤一：单击“开始”→“查找替换”按钮，或者按 Ctrl+F 组合键，弹出“查找和替换”对话框，如图 3-23 所示。

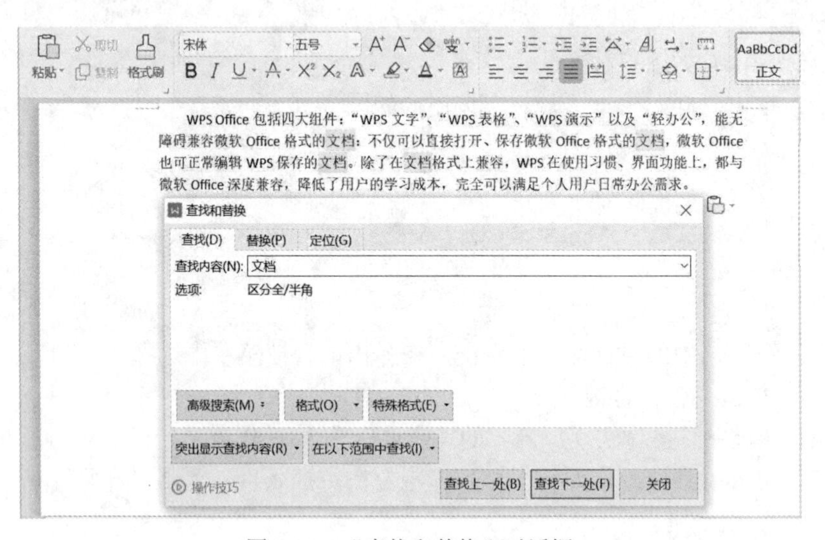

图 3-23 “查找和替换”对话框

步骤二：在“查找内容”文本框中输入待查找的文字“文档”，单击“突出显示查找内容”，在下一级子菜单中选择“全部突出显示”命令，则文档中所有满足条件的内容便以黄颜色底纹突出显示。

另外，用户可以根据需要单击“查找下一处”按钮逐个查找，也可以单击“在以下范围中查找”按钮，设定查找范围为全部文档或用户选定范围内的查找内容。

2. 查找指定格式

在“查找和替换”对话框中单击“格式”按钮，可在弹出的下一级子菜单中设置要查找的文本格式，如字体、段落、制表位等。例如，要搜索倾斜显示的“文档”一词，需要在“查找内容”文本框中输入“文档”，单击“格式”按钮，在下一级子菜单中设置字体倾斜即可，如图 3-24 所示。

3. 基本替换

如果要替换文本，单击“查找和替换”对话框中的“替换”按钮，切换到“替换”选项卡，在“查找内容”文本框中输入要查找的内容，在“替换为”文本框中输入要替换的内容，单击“全部替换”按钮实现所有内容的替换。例如将文档中的所有“office”替换为“Office”，操作结果如图 3-25 所示。

也可以通过单击“查找下一处”和“替换”按钮有选择地文本替换。

4. 替换指定格式

若要替换为带有指定格式的文本，在“替换为”文本框中输入内容后，单击“格式”按钮，设置相应的格式后，进行替换即可，如图 3-26 所示。

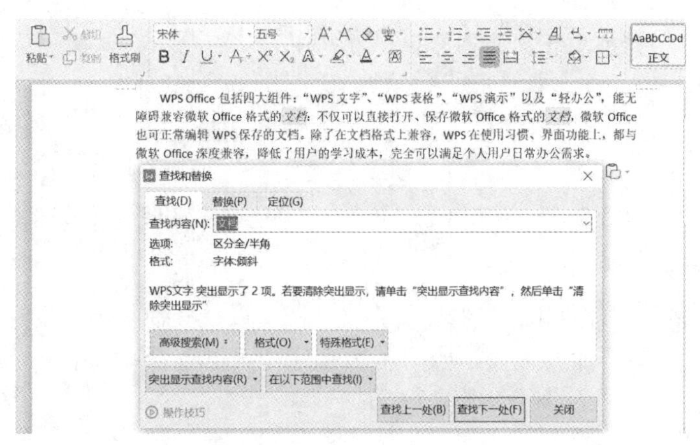

图 3-24　查找指定格式操作

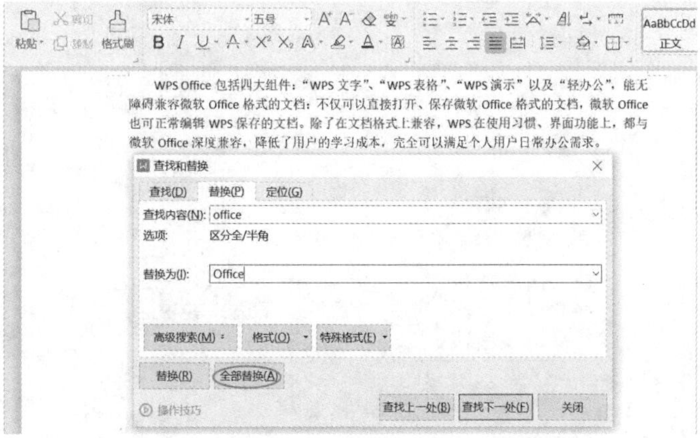

图 3-25　基本替换操作

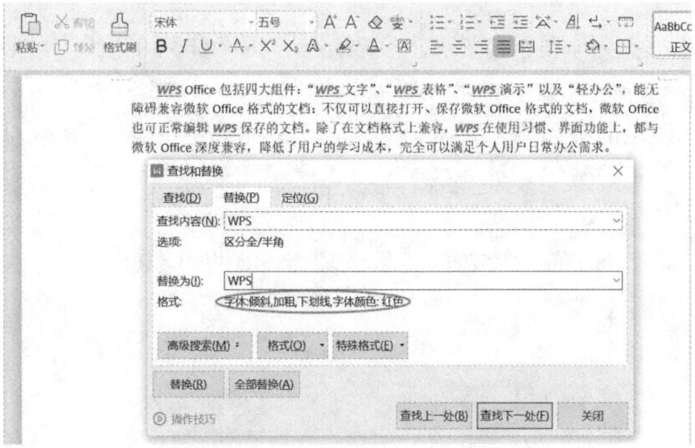

图 3-26　替换指定格式操作

3.2　文档的格式设置

3.2.1　字符格式设置

在输入所有内容后，如果不做任何设置，则文字默认显示宋体、五号、单倍行距等格式。为使文档看起来更加美观和富有层次，需要设置文本格式。可以通过"开始"选项卡下方的"字体"功能组设置常用格式，如图 3-27 所示，也可以单击"字体"功能组右下方的"对话框启动器"，打开"字体"对话框，如图 3-28 所示，进行特殊效果的格式设置。

要设置文本字体，需要先选中文本内容再执行操作。

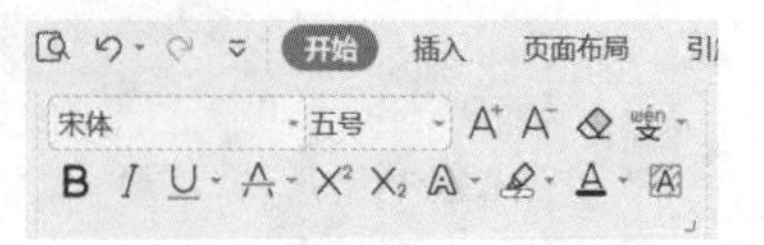

图 3-27 “字体”功能组

1. 字体与字号

WPS 提供了多种字体供用户选择，有中文、西文以及其他复杂文字的字体。单击“字体”功能组中的“字体”下拉列表，如图 3-29 所示，可以查看系统中已经安装的字体以及字体的外观显示。

图 3-28 “字体”对话框

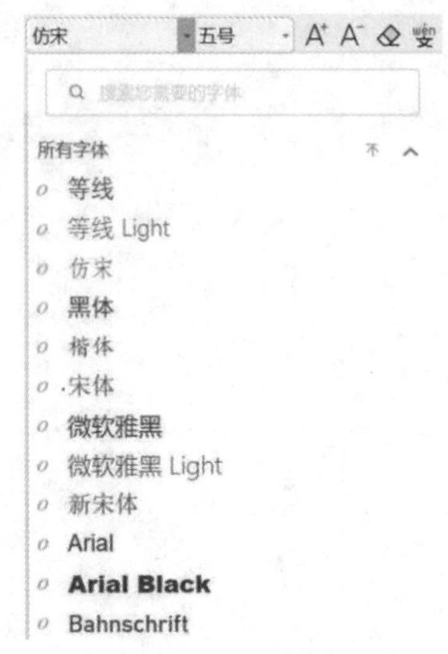

图 3-29 “字体”下拉列表

字号有汉字和数字两种表示方法。汉字表示以“号”作为单位，如“四号”“小四”等，号数越小，字符显示越大。数字表示以“磅”为单位，如“6.5”“10”等，磅值越大，字符显示越大。下拉列表框中列出的最大磅数为“72”，如需要更大的磅数，可以在“字号”文本框中直接输入相应的数字，如“100”。

2. 字符间距

单击“字体”对话框中的“字符间距”选项卡，如图 3-30 所示，可以调整字符缩放、间距及位置。

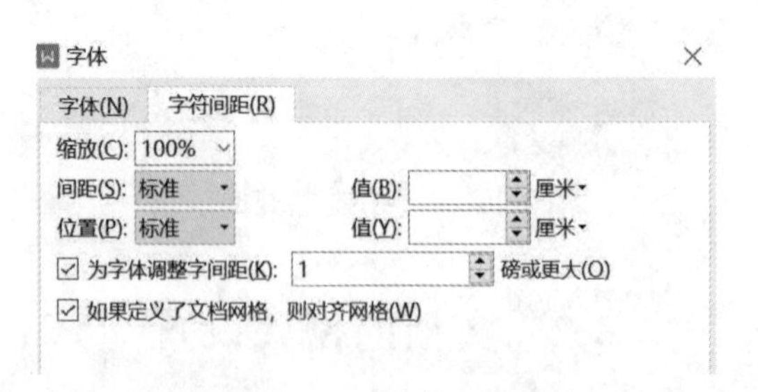

图 3-30 “字符间距”选项卡

“缩放”是指在不改变字体高度的前提下，改变字符横向显示大小，采用相对于标准字号的百分比来确定缩放程度，如图 3-31 所示。

WPS 文档（150%）　　WPS 文档（100%）　　WPS 文档（60%）

图 3-31 字号缩放设置

“字符间距”是指相邻字符间的距离，可以设置“标准”“加宽”“紧缩”三种类型，也可以直接输入数值以调整字符间的距离。图 3-32 所示分别为标准间距、加宽间距和紧缩间距的文本：

WPS 文档（标准） W P S 文 档 （ 加 宽 0.1 厘 米 ） WPS文档(紧缩0.07厘米)

图 3-32 “字符间距”设置

“位置”是指文字在上下方向上的位置，可以设置“标准”“上升”“下降”三种类型，也可以输入数值以调整升降的幅度。图 3-33 所示分别为上升、标准和下降的文本。

WPS 文档 WPS 文档 WPS 文档

图 3-33 文字“位置”设置

3. 文本设置案例

运用字体、字号、字形、颜色和着重号等操作，可实现图 3-34 所示的案例效果。

文本设置案例

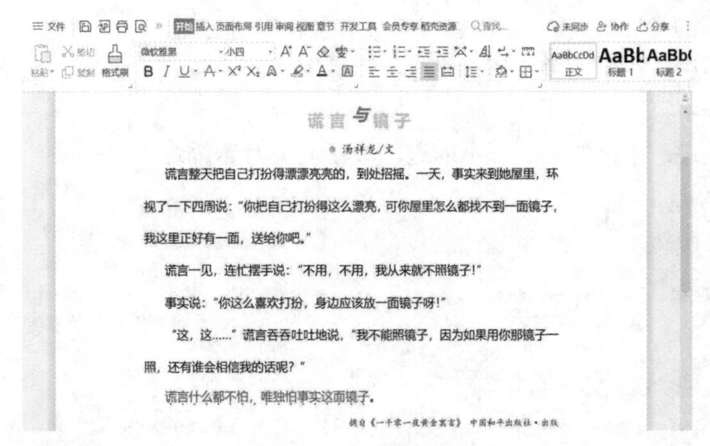

图 3-34 案例效果

3.2.2 段落格式设置

段落格式设置

设置段落格式是文档排版中十分重要的内容，可以通过“开始”选项卡的“段落”功能组进行设置，如图 3-35 所示。也可以单击“段落”功能组右下方的“对话框启动器”按钮，打开“段落”对话框（图 3-36）设置段落格式。与字体设置有所不同的是，设置某个段落的格式前，可以选中该段落；也可以先将光标插入点置于该段落内，再设置相应的段落格式。

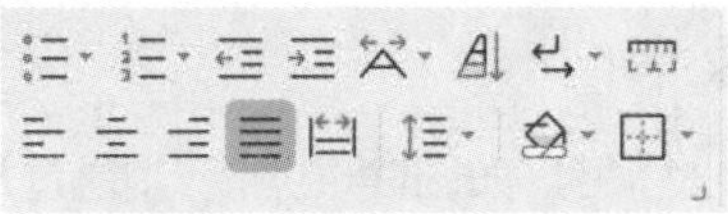

图 3-35 “段落”功能组

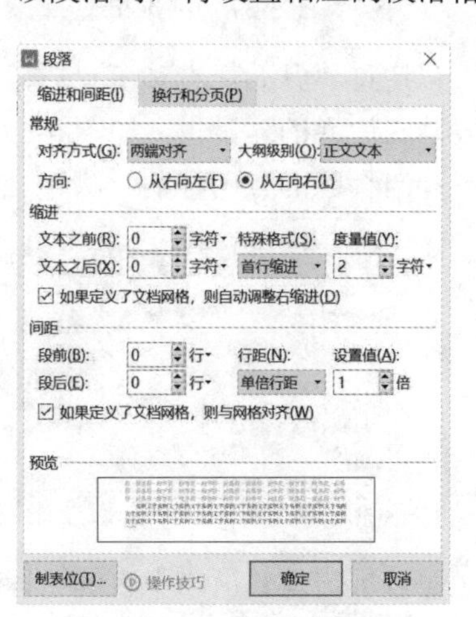

图 3-36 “段落”对话框

设置段落格式主要包括对齐方式、缩进和间距。同时，适当为段落设置边框、底纹和项目符号可以增强美观效果。

1. 对齐方式

WPS 中有五种对齐方式，分别为左对齐、居中对齐、右对齐、两端对齐和分散对齐，如图 3-37 所示，其含义分别如下。

- 左对齐：段落文本靠左端对齐。
- 居中对齐：段落文本居中排列。
- 右对齐：段落文本靠右端对齐。
- 两端对齐：同时满足左端与右端对齐，当段落最后一行文字不满一行时左对齐。
- 分散对齐：段落每行文本左右两边均对齐，但段落最后一行文字不满一行时，拉开文字间距离以均匀分布。

2. 缩进

缩进是指段落文本与页面边界之间的水平距离，如图 3-38 所示。

（1）文本之前与文本之后：分别控制段落所有行左、右缩进的距离。

（2）“特殊格式”：一般有无、首行缩进和悬挂缩进三种。

- 首行缩进：段落的首行缩进指定字符，其他行不缩进。通常情况下，中文段落缩进 2 个字符。
- 悬挂缩进：段落的第一行不缩进，段落其他行都缩进。

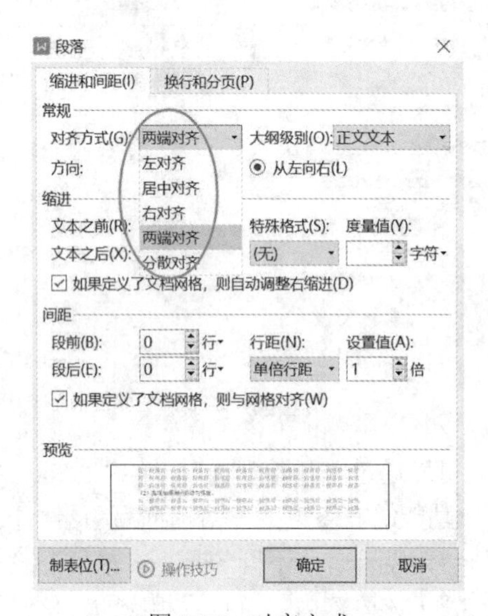

图 3-37　对齐方式

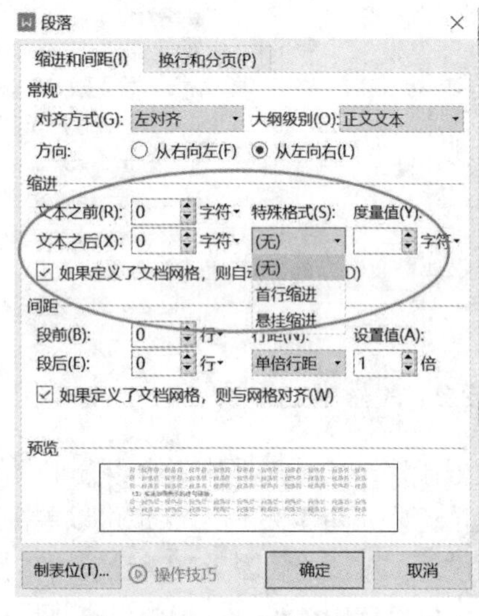

图 3-38　段落缩进

可以通过“开始”选项卡“段落”功能组中的“减少缩进量”和“增加缩进量”按钮调整段落左边界的缩进量，如图 3-39 所示。每单击一次“缩进量”按钮，光标所在段落的左边界都向相应的方向移动一次。

图 3-39　缩进量调整按钮

也可以单击编辑区右上方的“标尺”按钮，调出标尺，如图 3-40 所示，通过滑块调整段落的缩进。

图 3-40　标尺

3. 间距

设置间距包含“段前”“段后”和“行距”设置，如图 3-41 所示。

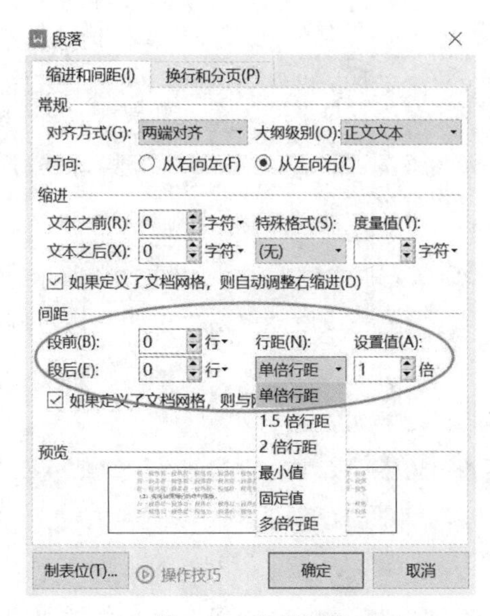

图 3-41　设置间距

“段前”和“段后”分别用来在段落前或段落后增加一些空白区域分隔段落，即设置段与段之间的距离。文档排版时，在段落之间适当地设置一些空白，可以使文档的结构更清晰且易于阅读。

行距用于控制段落内行与行之间的距离。设置适当的行距，可以使文档字里行间疏密有致。在“行距”下拉列表中有六种行距选项：“单倍行距”“1.5 倍行距”“2 倍行距”“最小值”“固定值”和“多倍行距”。其含义分别如下：

- 单倍行距：行距为该段落最大字体高度的 1 倍。
- 1.5 倍行距：行距为单倍行距的 1.5 倍。
- 2 倍行距：行距为单倍行距的 2 倍。
- 最小值：需与“设置值”配合使用，设置每行允许的最小行距，即行距显示不能小于“设置值”编辑框中的值。但行距可随字号的增大而自动增大。如果当前行距已经是系统最小值，则不调整，即便输入数值也无效。
- 固定值：需与“设置值”配合使用，“设置值”编辑框中的值就是每行的固定行距。固定行距不会因字号的大小发生变化。如有文字或图像的高度大于此固定值，则会被裁剪。
- 多倍行距：需与“设置值”配合使用，“设置值”编辑框中的值就是“单倍行距”的倍数。如在“设置值”编辑框中输入 2，表示行距设置为单倍行距的 2 倍。

4. 段落布局

WPS 中还可以使用“段落布局”工具对段落进行各种调整，操作方法如下。

单击“开始”选项卡“段落”功能组中的“显示隐藏段落布局按钮”命令，确保该选项已处于选中状态，如图 3-42 所示。

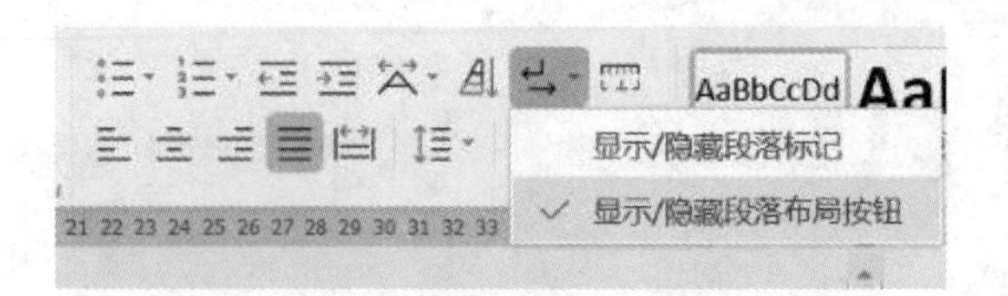

图 3-42　开启段落布局

单击段落文本左侧的“段落布局”按钮，此时段落周边出现可以调节的工具，拖动工具可以调节设置段落的缩进和间距，如图 3-43 所示。

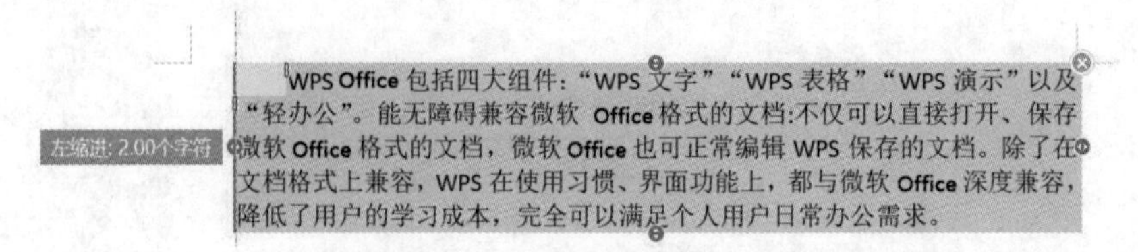

图 3-43　段落布局设置缩进和间距

同时，在菜单栏出现“段落布局”选项卡，如图 3-44 所示。单击该选项卡下方的功能按钮，可以直观地设置行距。设置完成后，单击“关闭”按钮或者按 Esc 键。

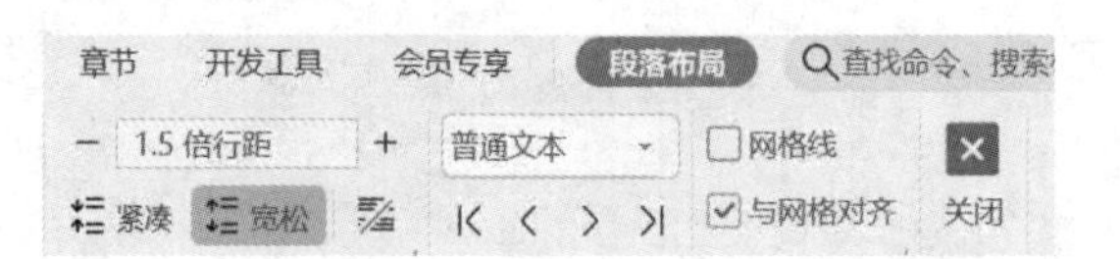

图 3-44　“段落布局”选项卡

5. 段落边框和底纹

选择需要添加边框和底纹的段落，单击“段落”功能组“边框”右侧和三角形按钮，在下拉列表中单击“边框和底纹”命令，弹出“边框和底纹”对话框，如图 3-45 所示。单击“边框”选项卡，可以设置边框的线型、颜色和宽度等。单击“底纹”选项卡，可以设置底纹的填充颜色和图案。在“应用于”下拉列表框中可以选择应用对象为段落、文字或整篇文档。

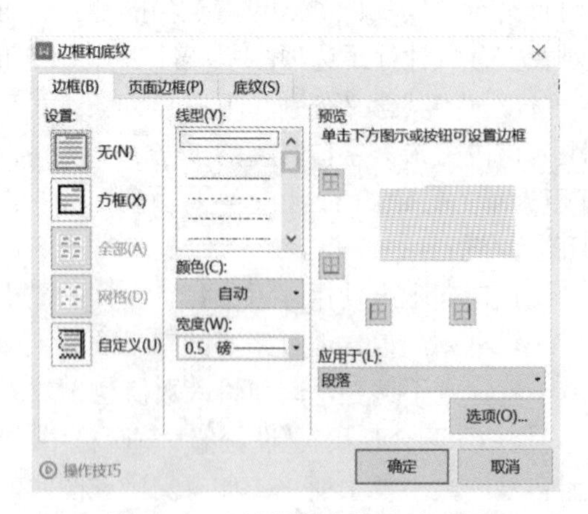

图 3-45　“边框和底纹”对话框

6. 项目符号

恰当运用段落项目符号，可以使文档内容更加条理清楚、重点突出。项目符号是指在段落前添加的用以强调显示的符号，添加项目符号的段落文本可以形成视觉并列的效果，如图 3-46 所示。

单击“段落”功能组中“项目符号”右侧的三角形按钮，显示图 3-47 所示的“预设项目符号”界面，单击任一选项添加项目符号。

工匠精神的内涵包括:
敬业。指从业者认认真真、尽职尽责的职业精神状态。
精益。指从业者对每件产品、每道工序都凝神聚力、精益求精的职业品质。
专注。指内心笃定而着眼于细节的耐心、执着、坚持的精神,
创新。指追求突破、追求革新的内蕴。

工匠精神的内涵包括:
- 敬业。指从业者认认真真、尽职尽责的职业精神状态。
- 精益。指从业者对每件产品、每道工序都凝神聚力、精益求精的职业品质。
- 专注。指内心笃定而着眼于细节的耐心、执着、坚持的精神,
- 创新。指追求突破、追求革新的内蕴。

图 3-46　添加“项目符号”前后的段落

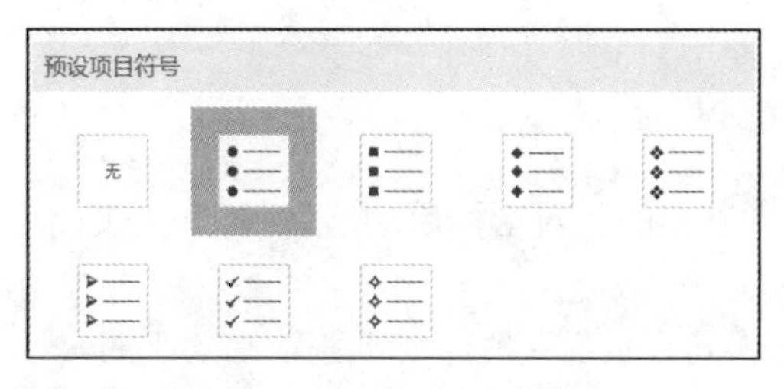

图 3-47　“预设项目符号”界面

如果预设项目符号中没有想要的样式，用户也可以自定义项目符号。单击“段落”功能组中“项目符号”右侧的三角形按钮，然后单击“自定义项目符号”按钮，弹出“项目符号和编号”对话框，如图 3-48 所示。单击任一符号，然后单击“自定义”按钮，显示图 3-49 所示的“自定义项目符号列表”对话框，单击“字符”按钮，可以在打开的“符号”对话框中选择新的项目符号，并通过左侧“字体”操作设置项目符号的显示外观。

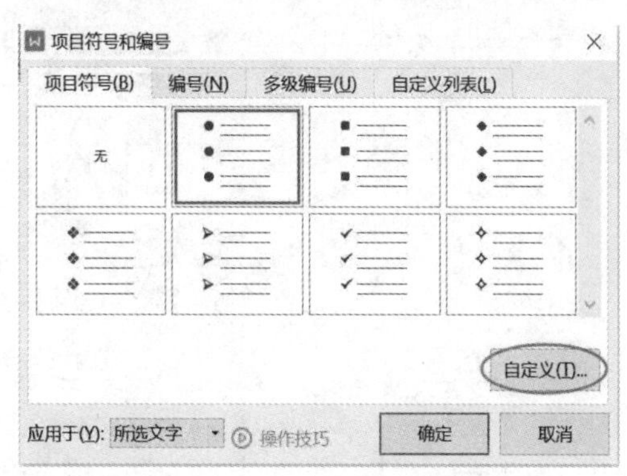

图 3-48　“项目符号和编号”对话框

7. 段落设置案例

运用段落、边框和底纹以及项目符号等知识，可实现图 3-50 所示的段落排版效果。

段落设置案例

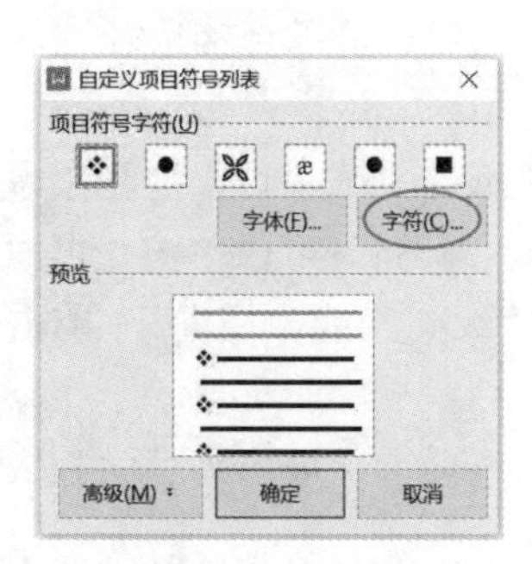

图 3-49　“自定义项目符号列表”对话框

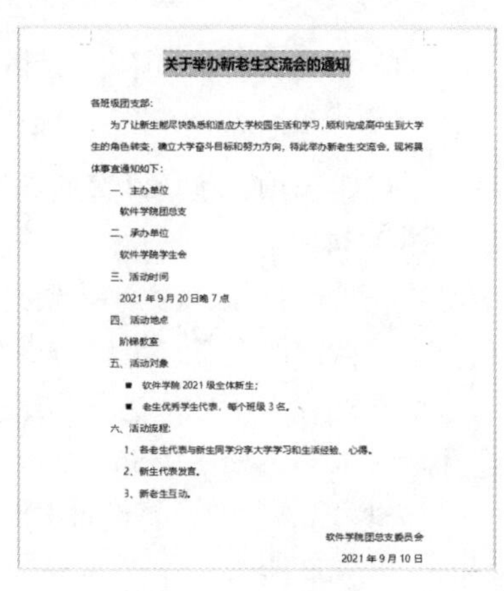

关于举办新老生交流会的通知

各班级团支部:

为了让新生能尽快熟悉和适应大学校园生活和学习，顺利完成高中生到大学生的角色转变，确立大学奋斗目标和努力方向，特此举办新老生交流会，现将具体事宜通知如下:

一、主办单位

软件学院团总支

二、承办单位

软件学院学生会

三、活动时间

2021 年 9 月 20 日晚 7 点

四、活动地点

阶梯教室

五、活动对象

- 软件学院 2021 级全体新生;
- 老生优秀学生代表，每个班级 3 名。

六、活动流程:

1、各老生代表与新生同学分享大学学习和生活经验、心得。

2、新生代表发言。

3、新老生互动。

软件学院团总支委员会

2021 年 9 月 10 日

图 3-50　段落排版效果

3.2.3 页面设置与打印

编辑完文档后，需要进行一些基本的页面设置，以实现更美观的打印效果。

1. 页面设置

页面设置主要包括页边距、纸张方向、纸张大小和分栏等，可以通过单击“页面布局”选项卡，在下方的“页面设置”功能组中设置，如图 3-51 所示。

图 3-51 “页面设置”功能组

也可以单击功能区右下侧的“对话框启动器”，打开“页面设置”对话框，如图 3-52 所示，进行相应设置。

（1）页边距。页边距是指页面正文距离纸张边缘的距离。一个页面共有四个页边距，分别是上、下页边距和左、右页边距，可以在“页面设置”功能组或“页面设置”对话框中相应的文本框中输入页边距数值，如图 3-53 所示。

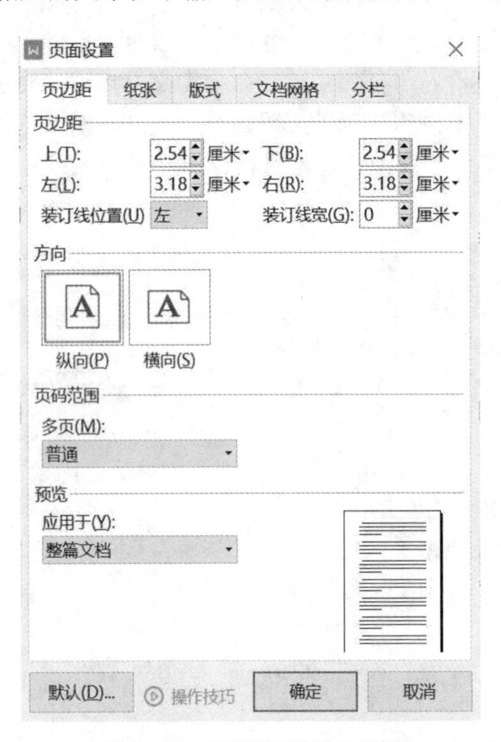

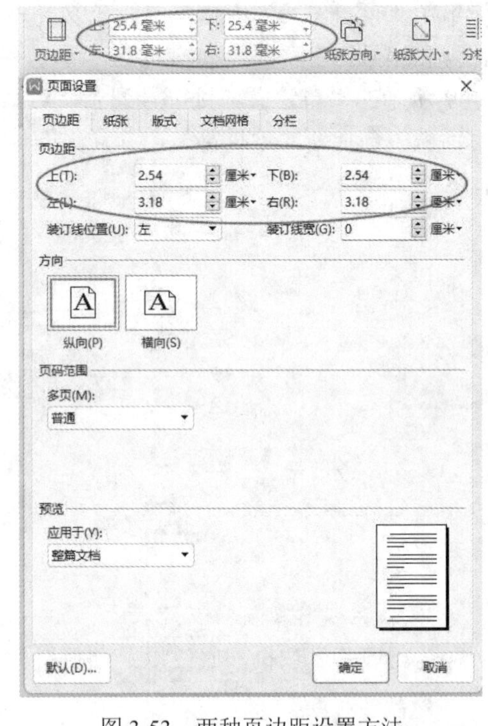

图 3-52 “页面设置”对话框　　图 3-53 两种页边距设置方法

另外，在“页面布局”选项卡中单击“页边距”下拉按钮，在弹出的选项中显示几个预设好的页边距选项，包括“普通”“窄”“适中”和“宽”，可以直接选择这些选项调整页边距，如图 3-54 所示。

（2）纸张方向和纸张大小。如果完成的文档要以纸质方式呈现，则要考虑打印纸张的方向和大小。默认情况下，纸张方向为纵向，纸张大小为 A4。可以单击“页面设置”对话框“页边距”选项卡下的“方向”，选择纸张方向为“纵向”或“横向”。单击“纸张”选项卡选择纸张大小，如图 3-55 所示。

（3）分栏。单击“页面设置”对话框的“分栏”选项卡，可以将版面分成多栏，并设置每栏的宽度和间距等，如图 3-56 所示。

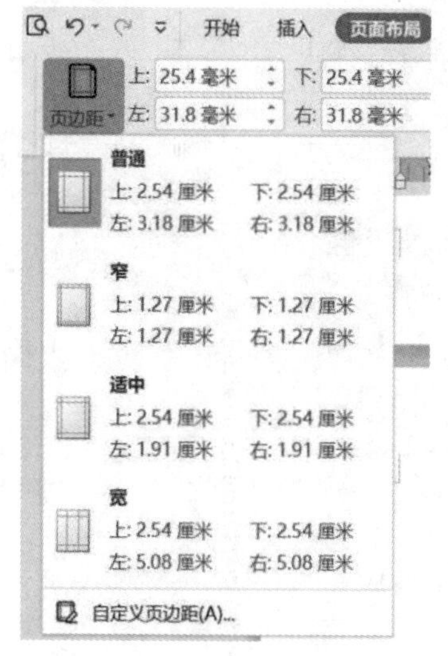

图 3-54　页边距设置

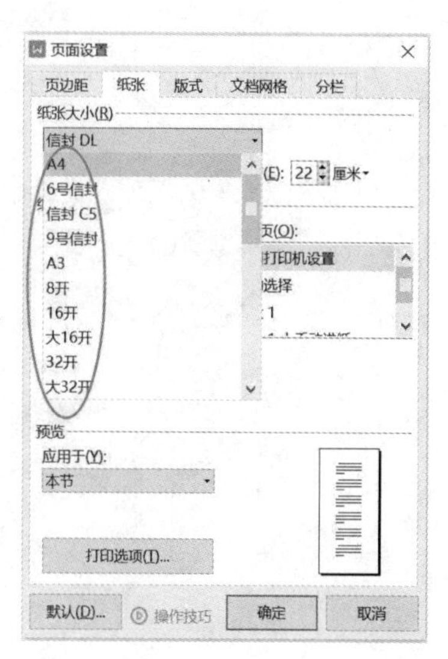

图 3-55　纸张设置

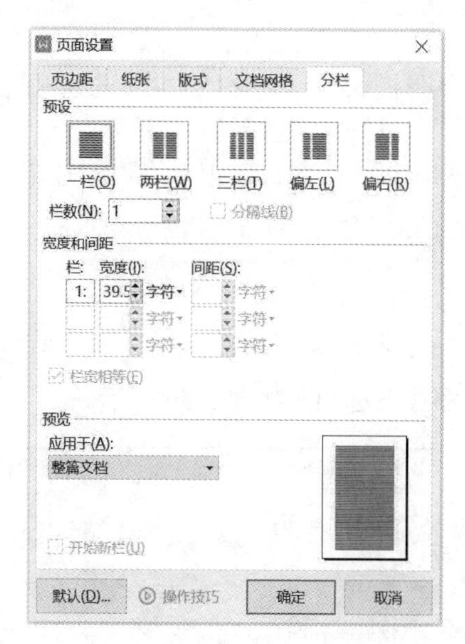

图 3-56　分栏设置

2. 打印

编辑完文档并进行基本的页面设置后，可以准备打印输出。为了避免打印出的文档与需求不符，可以通过打印预览查看打印效果。如不满意，可以返回继续修改和完善。单击“文件”→“打印”→“打印预览”菜单命令，鼠标指针变为放大镜的形状，表示文档进入预览状态。可单击“单页”按钮，在“显示比例”下拉列表框中选择预览查看比例，如图 3-57 所示。

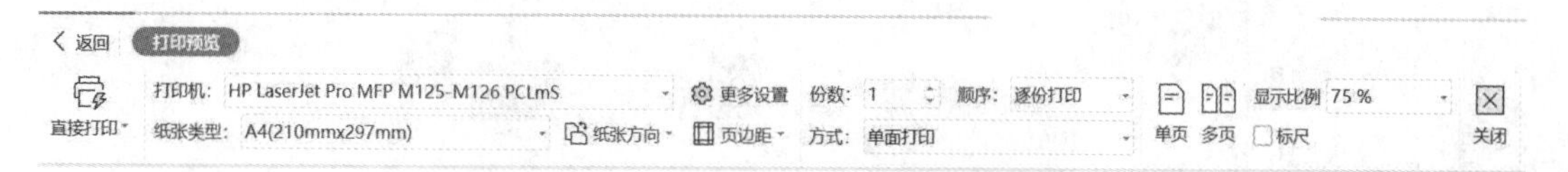

图 3-57　选择预览查看比例

打印前，应先确保计算机与打印机连接无误、打印盒内已准备足够纸张等。准备就绪后，根据需要，设置打印纸张及打印方式后，在“打印预览”选项卡下单击“直接打印”选项中的“打印”命令，或者按 Ctrl+P 组合键，弹出“打印”对话框按钮，如图 3-58 所示，单击“确定”按钮。

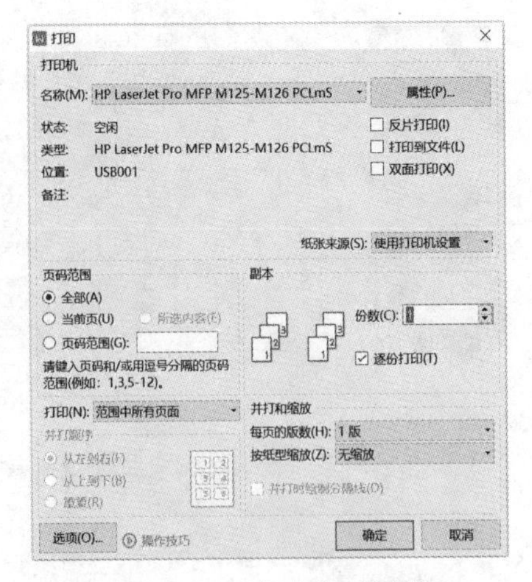

图 3-58 “打印”对话框

3.3 图文混排

在文档中经常需要插入图形图表等形象化的内容，以增强表现力、提供更多的信息。在 WPS 文字中，可以插入的图形类对象包括图片、形状、水印、素材库中的图形、图表以及文本框、艺术字等，它们都可以看作图形，很多操作都是相通的。

3.3.1 图片的插入与编辑

图片的插入与编辑

1. 图片的插入

将光标定位在需要插入图片的位置，选择“插入”选项卡，单击“图片”下拉按钮，在弹出的菜单中选择“本地图片”选项，如图 3-59 所示。

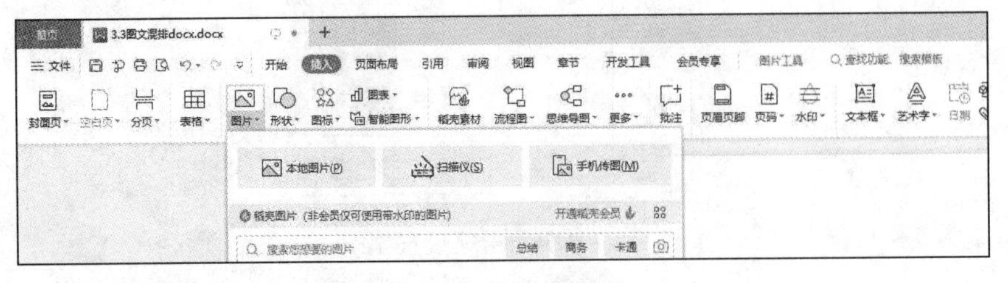

图 3-59 插入图片

弹出“插入图片”对话框，如图 3-60 所示，选中准备插入的图片，单击“打开”按钮。

图 3-60 “插入图片”对话框

此时图片已经插入文档。通过以上步骤即可完成在文档中插入计算机中的图片的操作，效果如图 3-61 所示。

2. 调整图片大小

选中图片，在“图片工具”选项卡的“高度”和“宽度”文本框中输入数值，按 Enter 键，即可完成调整图片大小的操作，如图 3-62 所示。

图 3-61　插入图片效果

图 3-62　调整图片大小

所谓的纵横比指的是图片的原始高度与宽度的比。比如，图片的原始高度为 3 厘米、宽度为 2 厘米，那么这张图片的纵横比就是 3/2=1.5。

若调整图片大小时锁定了纵横比，则在调整高度或宽度时，相应的宽度或高度也将自动随之变化，即不能单独调整高度或宽度。比如将高度设置为 6 厘米，宽度自动调整为 4 厘米（6/1.5=4）。

3. 设置图片的环绕方式

在文档中直接插入图片后，如果要调整图片的位置，则应先设置图片的环绕方式，再进行图片的调整操作。

选中图片，在“图片工具”选项卡中单击“环绕”下拉按钮，选择“四周型环绕”选项，如图 3-63 所示。然后将图片拖到合适位置，如图 3-64 所示。

图 3-63　设置图片环绕方式

图 3-64　将图片拖到合适位置

图片的环绕方式有如下七种。

- 嵌入型：在文档插入图片后，默认为嵌入型，图片根据光标位置，指定嵌入文字层。此时可以拖动图形，但只能从一个段落标记移动到另一个段落标记处。
- 四周型环绕：在文档插入图片后，单击“图片工具”→“环绕”命令可以将环绕方式设置为四周型环绕。文字会环绕在图形周围，使文字和图形之间产生有规则形状的间隙，还可以将图形拖动到文档中的任意位置。
- 紧密型环绕：它与“四周型环绕”方式相同，都可以将文字环绕到图形周围。但它会使文字和图形之间产生不规则形状的间隙，使文字和图片十分紧密。
- 衬于文字下方：它会将图片置于文本底层，可用这种方式在文档中插入图片水印或者文档背景。
- 浮于文字上方：它会将图片置于文本顶层，可用这种方式遮盖文档中的文本内容。
- 上下型环绕：它可以将图片置于两行文字的中间，且两旁没有文字环绕。
- 穿越型环绕：它可以将文字围绕着图形的环绕顶点。

3.3.2 形状的插入与编辑

形状的插入与编辑

使用 WPS 提供的绘制图形功能，用户可以绘制出各种各样的形状，如线条、椭圆和旗帜等。在制作文档的过程中，适当地插入一些形状，既能使文档简洁，又能使文档内容更加丰富、形象，用户还可以编辑绘制的形状，以满足文档设计的需要。

1. 插入形状

新建空白文档，选择“插入”选项卡，单击“形状”下拉按钮，在弹出的形状库中选择一种形状，如图 3-65 所示。

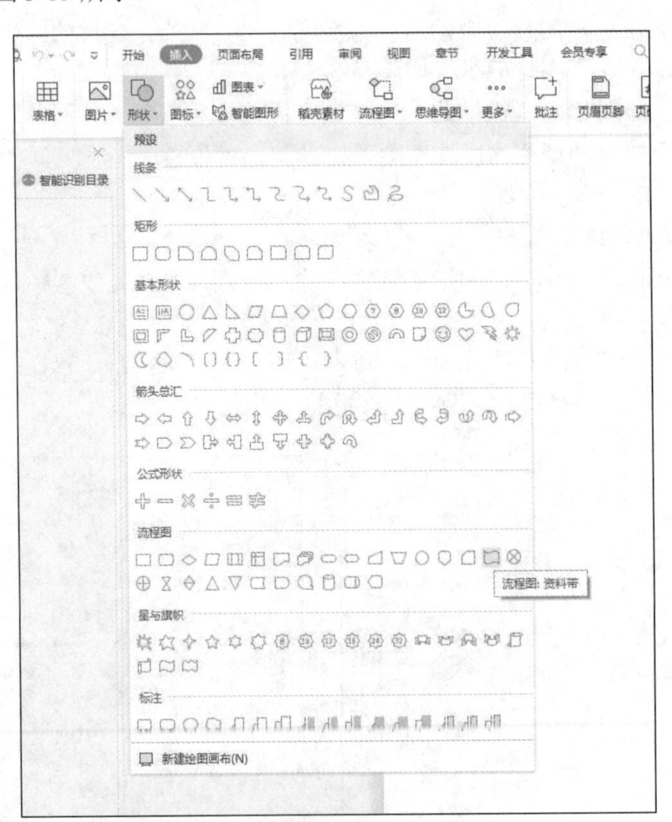

图 3-65 选择形状

当鼠标指针变为十字形状时，在文档中单击并拖动指针绘制形状，至适当位置释放鼠标，如图 3-66 所示。

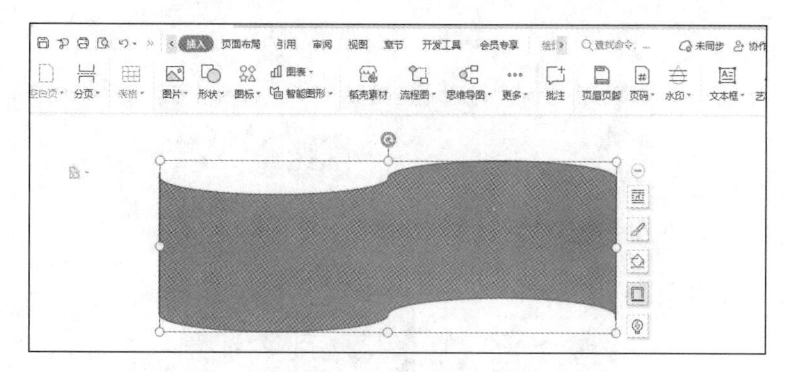

图 3-66　插入形状

2. 更改形状

插入形状后，如果对形状不满意，还可以进行更改。选中形状，在“绘图工具”选项卡下单击“编辑形状”下拉按钮，选择“更改形状”选项，在形状库中重新选择一种形状，如图 3-67 所示。

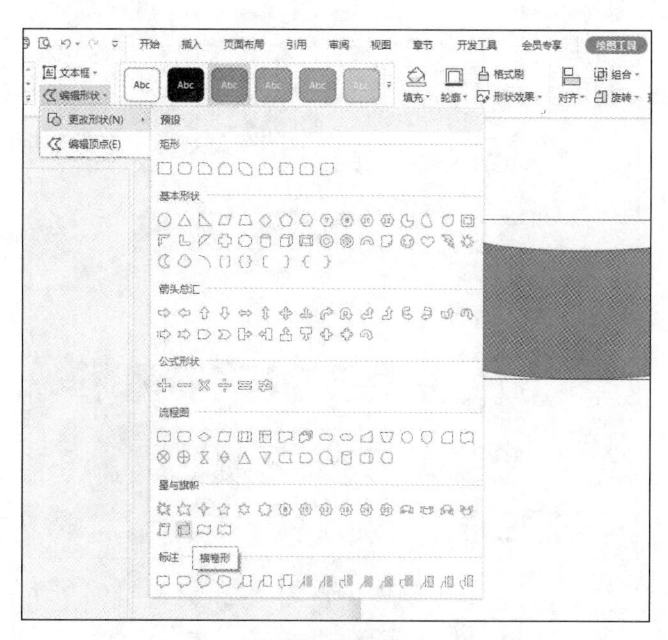

图 3-67　更改形状

3. 添加文字

右击形状，在弹出的快捷菜单中选择“添加文字”选项，如图 3-68 所示。

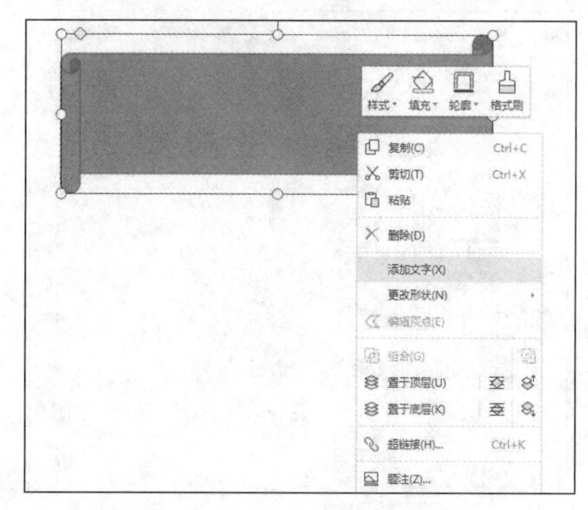

图 3-68　选择“添加文字”选项

出现光标后输入文字，效果如图 3-69 所示。

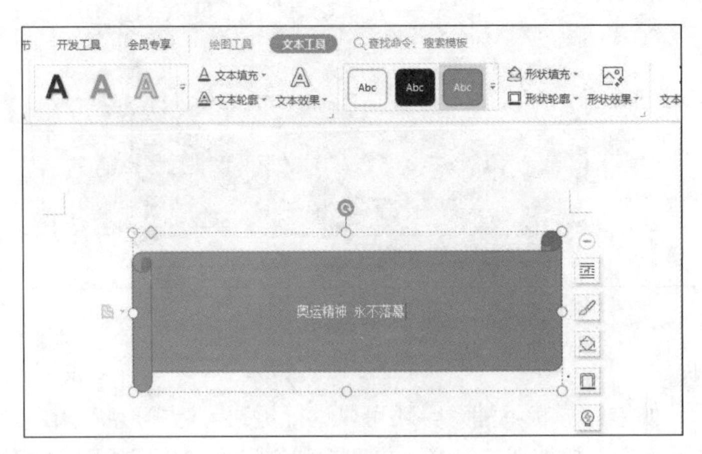

图 3-69 输入文字

4. 设置形状轮廓

选中形状，在“绘图工具”选项卡下单击“轮廓”下拉按钮，可以在弹出的下拉列表中设置轮廓的颜色、线型、虚实等样式，如图 3-70 所示。

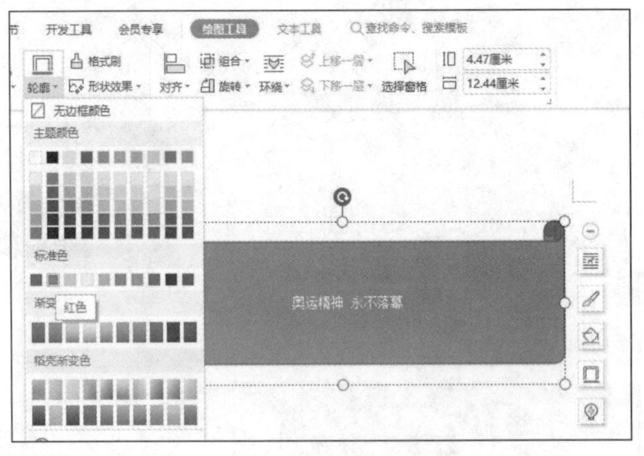

图 3-70 设置形状轮廓

5. 设置形状填充

选中形状，在“绘图工具”选项卡下单击“填充”下拉按钮，如图 3-71 所示。形状填充是指利用颜色、图片、渐变和纹理填充形状的内部。

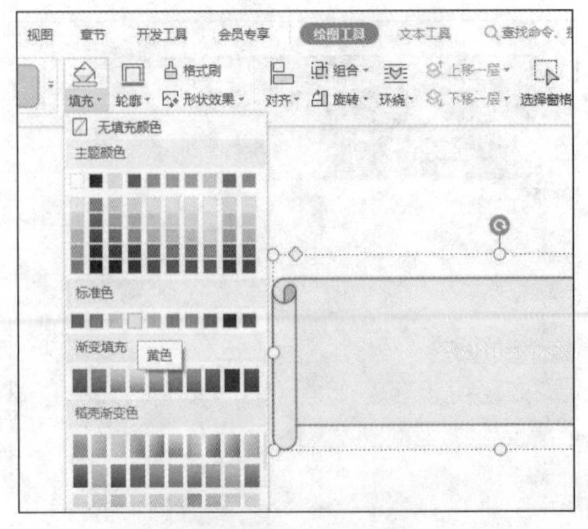

图 3-71 设置形状填充

6. 形状中的文字设置

选中形状中的文字，在“文本工具”选项卡下单击“预设样式”下拉按钮，如图 3-72 所示。

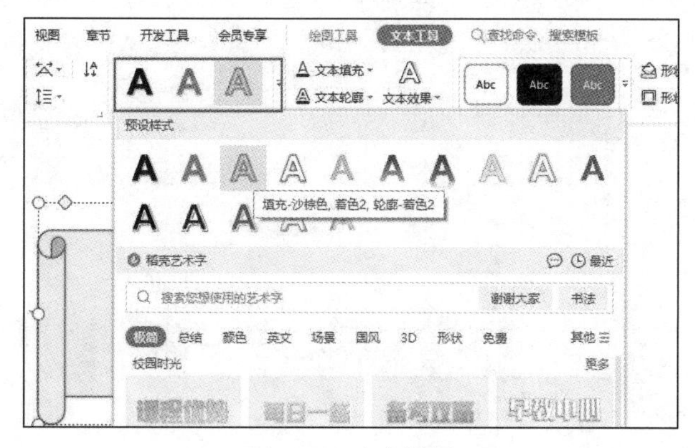

图 3-72 文字设置

选择合适的样式，并调整文字大小和间距，最终效果如图 3-73 所示。

图 3-73 最终效果

3.3.3 艺术字的插入与编辑

艺术字的插入与编辑

在文档中插入艺术字可有效地提高文档的可读性，WPS 提供了多种艺术字样式，用户可以根据实际情况选择合适的样式来美化文档。

1. 插入艺术字

新建空白文档，选择“插入”选项卡，单击“艺术字”下拉按钮，如图 3-74 所示。

图 3-74 插入艺术字

2. 输入文字内容

选择合适的样式，就出现了文本输入框，输入文字内容即可，如图 3-75 所示。

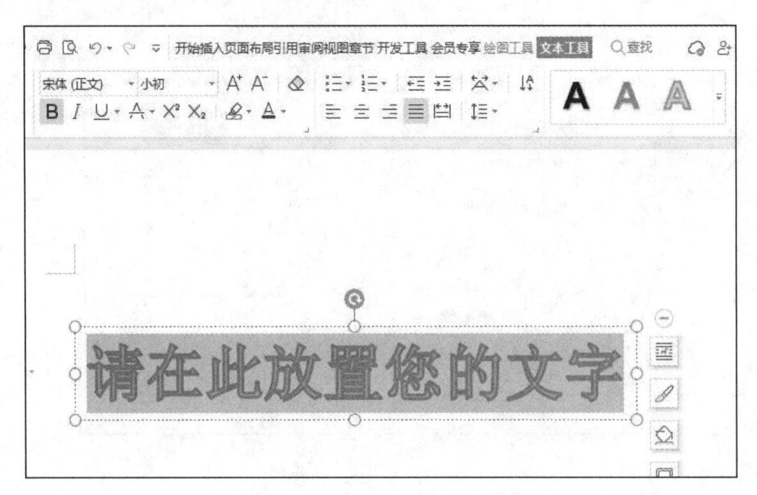

图 3-75 输入文字内容

3. 编辑艺术字

单击艺术字，在“绘图工具”选项卡下可以进行填充和轮廓、形状效果等设置。图 3-76 所示设置了轮廓，图 3-77 所示设置了发光效果。

图 3-76 设置轮廓

图 3-77 设置发光效果

插入图表

3.3.4 插入图表

WPS 为用户提供了各种图表以丰富文档内容，提高文档的阅读性。用户可以在文档中插入关系图、思维导图和流程图等图表。下面以制作“流程图”为例进行讲解。

流程图便于用户整理和优化组织结构，学会制作流程图对工作帮助很大。

新建文档，单击“插入”→“流程图”选项（如果没有登录 WPS，会弹出登录界面），如图 3-78 所示。

图文混排案例

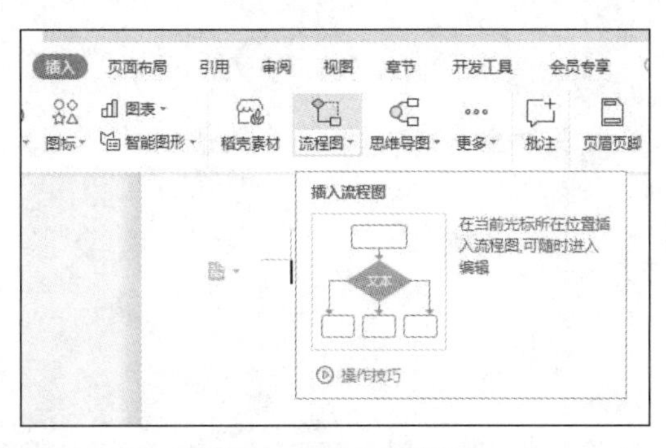

图 3-78　插入流程图

此处提供了多种流程图模板，如图 3-79 所示，如果没有找到自己想要的模板，也可以自行设计。

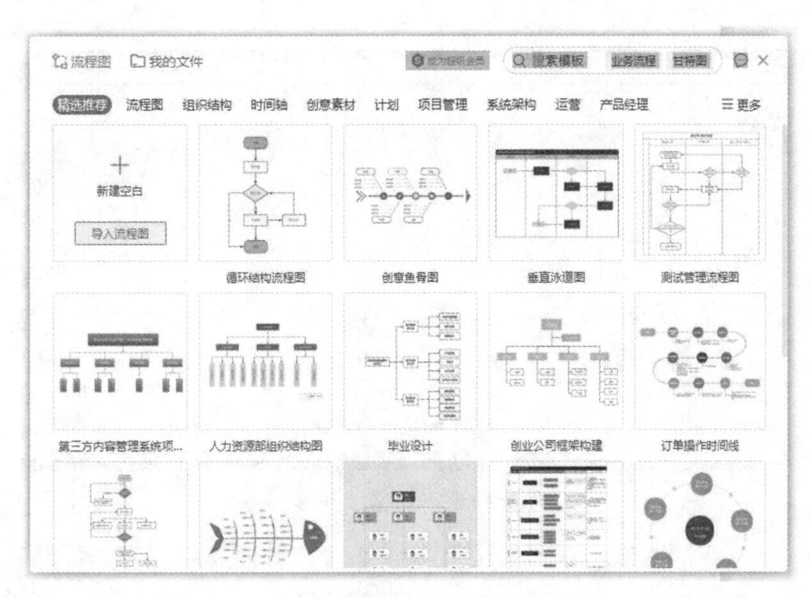

图 3-79　流程图模板

单击“新建空白”图标，进入流程图编辑模式，如图 3-80 所示。

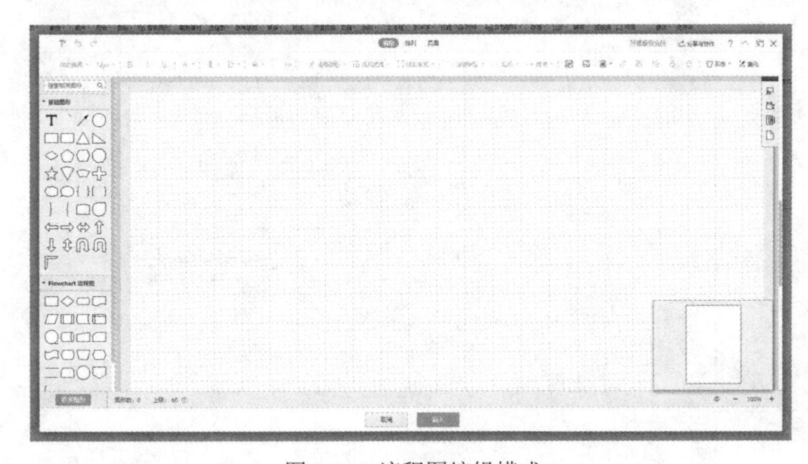

图 3-80　流程图编辑模式

在流程图上方有编辑栏、排列栏和页面栏，首先拖动左侧流程图中的“开始/结束”图形到编辑窗内，在图形中双击可输入文字，如图 3-81 所示。

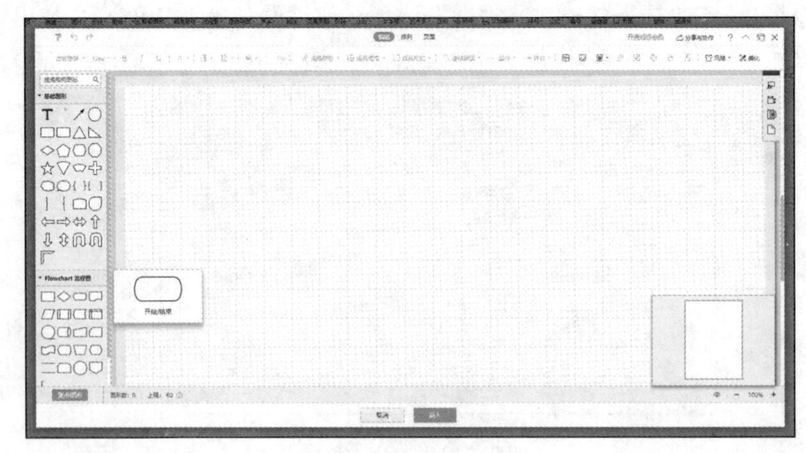

图 3-81 绘制流程图

将光标放在图形边框下方，当光标呈十字形状时，下拉光标到所需位置，形成箭头连线，如图 3-82 所示。

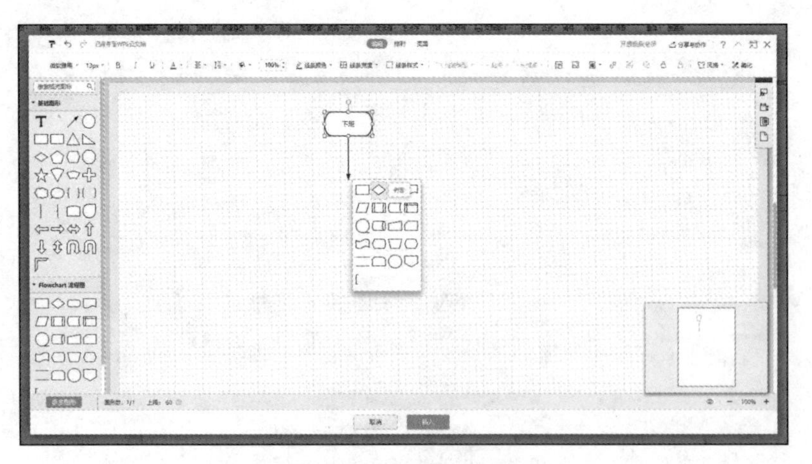

图 3-82 形成箭头连线

选择下一步所需的图形，调整大小后，输入文字，如图 3-83 所示。

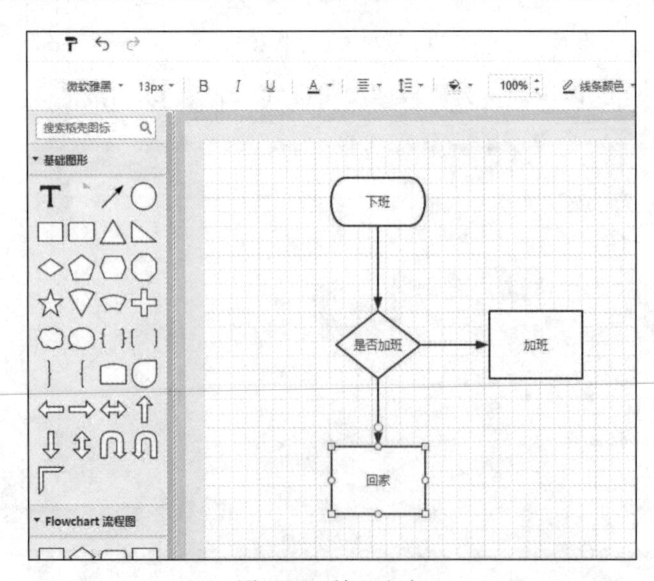

图 3-83 输入文字

拖动基础图形中的“T”到合适位置，如图 3-84 所示。

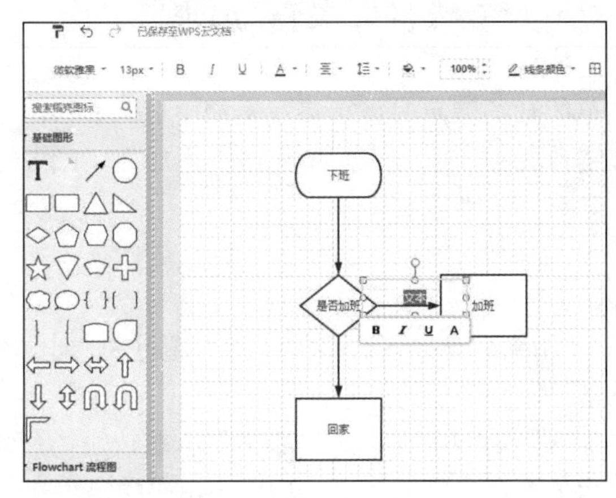

图 3-84　拖动“T”到合适位置

输入文字后，单击“插入”按钮，如图 3-85 所示。

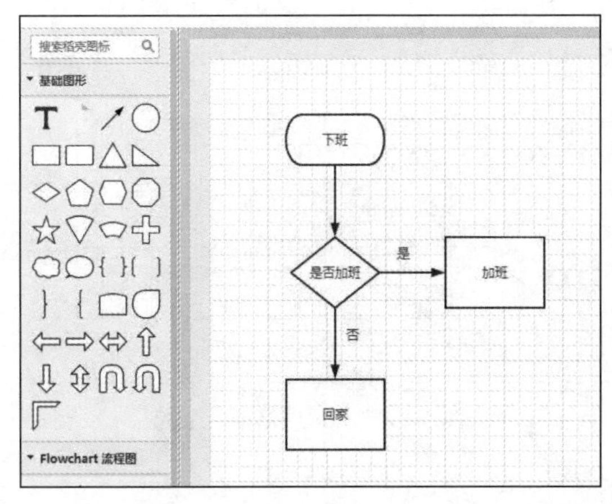

图 3-85　单击“插入”按钮

插入效果如图 3-86 所示，双击流程图可以再次编辑。

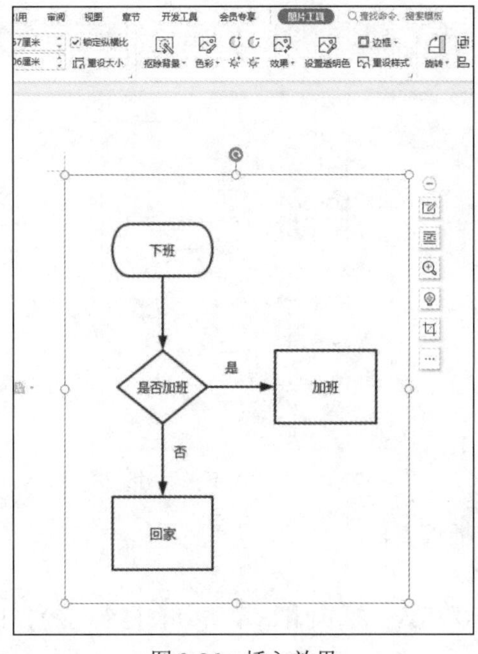

图 3-86　插入效果

3.4 表格处理

当需要处理一些简单的数据信息时，可以在文档中插入表格。表格由多个行或列的单元格组成，用户可以在编辑文档的过程中向单元格中添加文字或图片来丰富文档内容。

3.4.1 插入表格

插入表格

1. 用示意表格插入表格

在制作 WPS 文档时，如果需要插入表格的行数不超过 8，列数不超过 17，那么可以利用示意表格快速插入表格。

新建文档，选择“插入”选项卡，单击“表格”下拉按钮，在弹出的列表中利用鼠标指针在示意表格中拖出一个 5 行 5 列的表格，如图 3-87 所示。

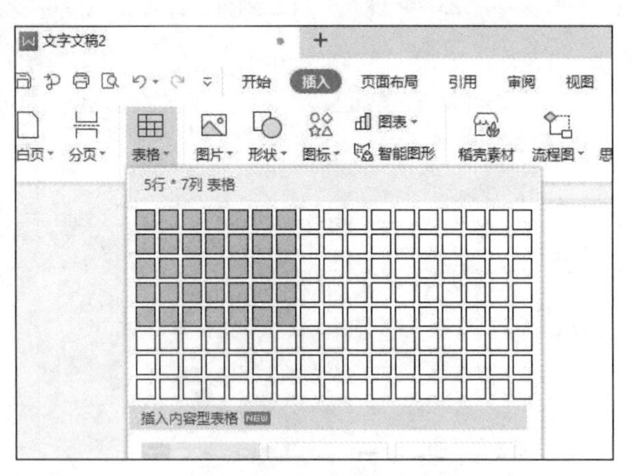

图 3-87 示意表格插入表格

松开鼠标即可插入表格。

2. 通过对话框插入表格

新建空白文档，选择“插入”选项卡，单击“表格”下拉按钮，在弹出的选项中选择“插入表格”选项。

弹出“插入表格”对话框，如图 3-88 所示，在“列数”和“行数”编辑框中输入数值，单击“确定”按钮。

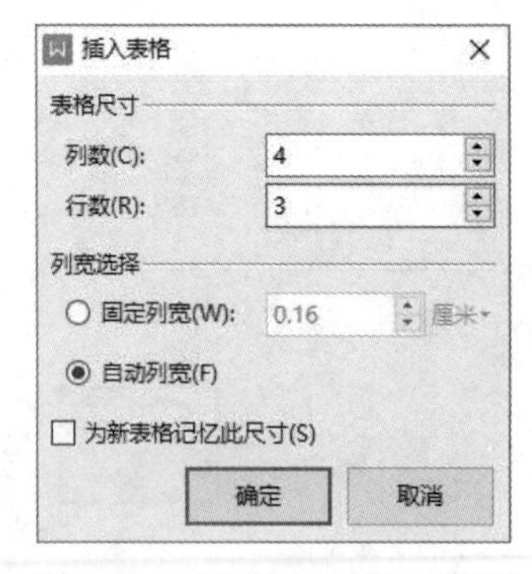

图 3-88 “插入表格”对话框

单击“确定”按钮，插入表格。

3. 手动绘制表格

新建空白文档，选择“插入”选项卡，单击“表格”下拉按钮，在弹出的选项中选择“绘制表格”选项。

当光标变为铅笔样式时，按住鼠标左键不放，在文档的合适位置绘制一个 11 行 7 列的表格，如图 3-89 所示。

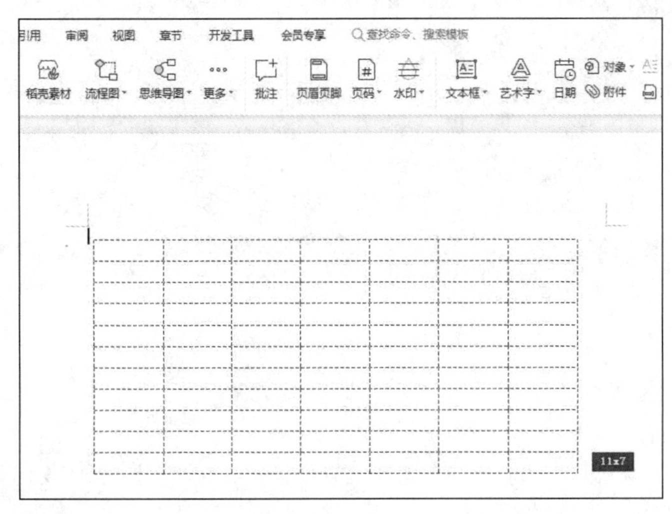

图 3-89　绘制一个 11 行 7 列的表格

松开鼠标，完成表格的绘制。

如果需要删除多余的表格，可以单击“擦除”按钮，如图 3-90 所示。

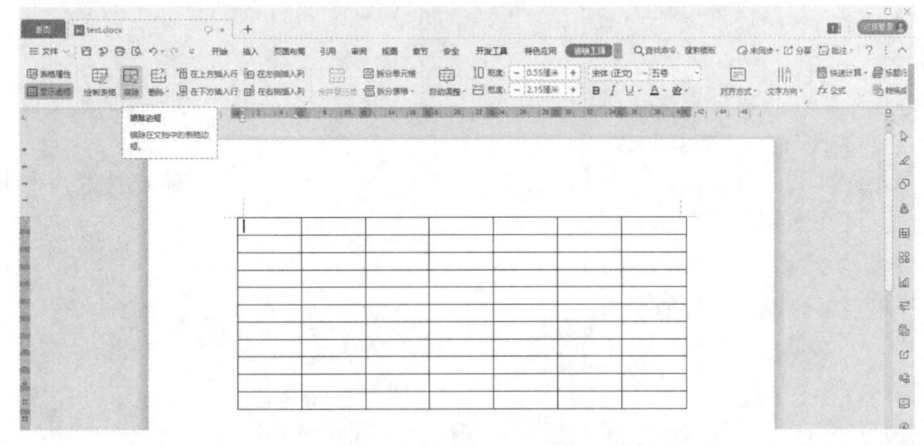

图 3-90　擦除表格

此时光标变为橡皮擦状，按住鼠标左键，框选需要删除的单元格即可；也可以单击“删除”按钮，在弹出的下拉菜单中选择删除单元格种类。

3.4.2　选择表格对象

选择表格对象

要操作表格内的行、列或单元格，通常需要先选中这些对象。因此，熟练掌握选择表格元素的方法是很有必要的。

1. 选择整个表格

要删除表格内的所有内容而只保留表格，或删除整个表格，或为整个表格设置一种统一性的格式，都需要先选中整个表格。将鼠标移动到表格上方，在表格的左上角看到标记，单击该标记即可选择整个表格，如图 3-91 所示。

2. 选择行

选择行分为以下三种情况。

选择一行：将鼠标置于选定栏中，当鼠标变为形状时单击，可选中与鼠标在同一水平位置的一行。

时间段	节数	时间	星期一	星期二	星期三	星期四	星期五
上午	早读						
	第一节						
	第二节						
	第三节						
	第四节						
	午休						
下午	第一节						
	第二节						
	第三节						
	第四节						

图 3-91　选择整个表格

选择连续行：将鼠标置于选定栏中，当鼠标变为↗时按住鼠标左键向下或向上拖动，可选中多个连续的行。

选择不连续行：将鼠标置于选定栏中，当鼠标变为↗形状时按住 Ctrl 键，单击多个行的左侧，可选中多个不连续的行。

提示：上文所说的选定栏就是页面左边居中的空白位置。

3. 选择列

与选择行类似，选择列也分为以下三种情况。

选择一列：将鼠标置于某列的上方，当鼠标变为⬇形状时单击，可选中鼠标下方对应的一列。

选择连续列：将鼠标置于某列的上方，当鼠标变为⬇形状时，按住鼠标左键向左或向右拖动，可选中多个连续的列。

选择不连续列：将鼠标置于某列的上方，当鼠标变为⬇形状时按住 Ctrl 健，单击多个列的上方，可选中多个不连续的列。

4. 选择单元格

选择单元格有以下三种情况。

选择一个单元格：将鼠标置于单元格内的左边缘，当鼠标变为⬈形状时单击，可选中该单元格。

选择连续单元格：单击某个单元格，按住鼠标左键并向上、下、左、右拖动，可选中鼠标经过的所有单元格。

选择不连续单元格：首先选择一个单元格，然后按住 Ctrl 键并依次单击其他单元格，可选择多个不连续的单元格。

3.4.3 表格的编辑

在文档中插入表格后，用户还可以对表格中的行、列和单元格等对象进行插入或删除操作，以制作出满足需要的表格。表格的基本操作包括插入或删除行与列、插入或删除单元格、合并单元格、拆分单元格、拆分单元、调整表格行高和列宽等。

插入或删除行与列

1. 插入或删除行与列

在编辑表格时，使用最多的操作之一就是添加行/列或删除行/列。添加行/列通常是为了在已有数据中的某个位置插入一些数据，删除行/列就是删除无用的行。

在已有的表格中，选定行或列（可以多行或多列），在“表格工具”选项卡下单击相关按钮，可以实现插入或删除，如图 3-92 所示。

（1）单击“在上方插入”或“在下方插入”按钮：在当前行（或选定的行）的上面或下面插入与选定行数相等的行。

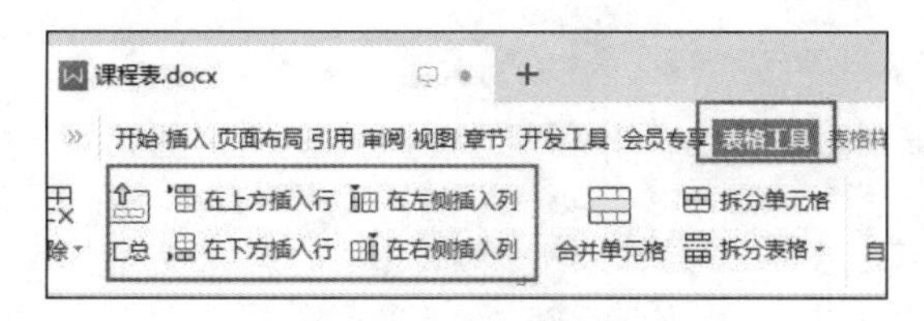

图 3-92　插入行与列

（2）单击“在左侧插入”或“在右侧插入”按钮：在当前列（或选定的列）的左侧或右侧插入与选定列数相等的列。

提示：要快捷地插入行，可以单击表格最右边的边框外，按 Enter 键，在当前行的下面插入一行；或光标定位在最后一行最右一列单元格中，按 Tab 键追加一行。

（3）删除行或列的方法：首先选择要删除的行或列（一行或多行），然后右击选区，在弹出的快捷菜单中选择“删除行”或“删除列”命令，可删除所有选中行或列。

2. 插入或删除单元格

插入或删除单元格

选定一个或多个单元格，在“表格工具”选项卡下单击“行和列”功能组右下角的箭头按钮，弹出“插入单元格”对话框，如图 3-93 所示。

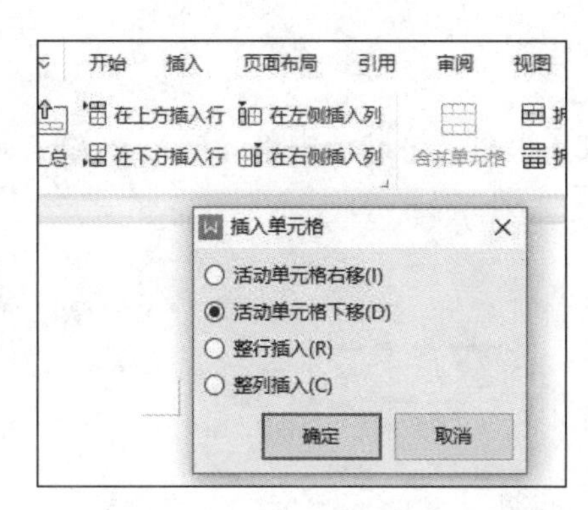

图 3-93　“插入单元格”对话框

选择下列操作之一。

（1）活动单元格右移：在选定单元格的左侧插入新的单元格，新插入的单元格数与选定的单元格数相等。

（2）活动单元格下移：在选定单元格的上方插入新的单元格，新插入的单元格数与选定的单元格数相等。

（3）选定要删除的单元格：首先选择要删除的行或列（一行或多行），然后右击选区，在弹出的快捷菜单中选择“删除单元格”命令，弹出“删除单元格”对话框，按图 3-94 所示操作即可。

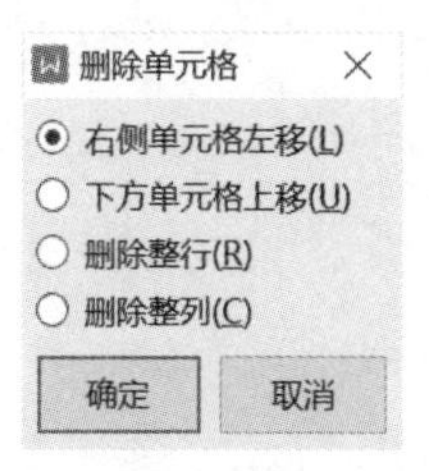

图 3-94　“删除单元格”对话框

3. 合并单元格

若需要在表头或者其他位置合并单元格，则选中需要合并的单元格，依次单击“表格工具”→“合并单元格”命令，如图 3-95 所示。

合并单元格效果如图 3-96 所示。

单元格的合并与拆分

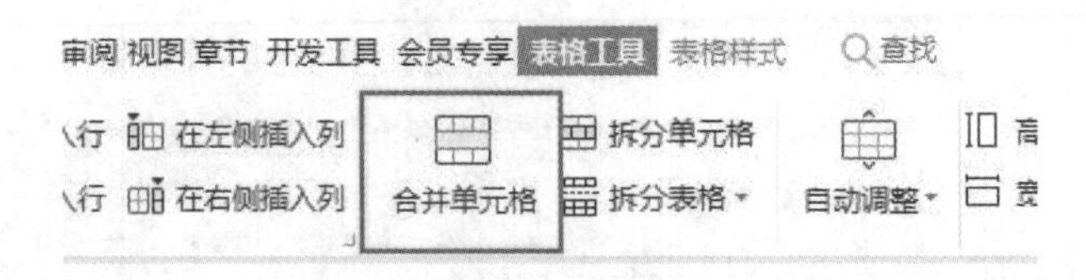

图 3-95　合并单元格

节数	时间	星
早读		
第一节		
第二节		
第三节		
第四节		
午休		

节数	时间	
早读		
第一节		
第二节		
第三节		
第四节		
午休		

图 3-96　合并单元格效果

4. 拆分单元格

若需要将单元格拆分成多个单元格，选中单元格，依次单击“表格工具”→“拆分单元格”命令，如图 3-97 所示。

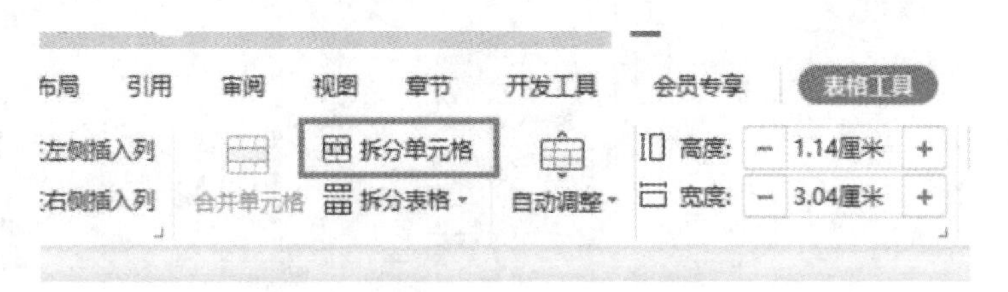

图 3-97　拆分单元格

弹出“拆分单元格”对话框，如图 3-98 所示，设置列数与行数。

单击“确定”按钮，效果如图 3-99 所示。

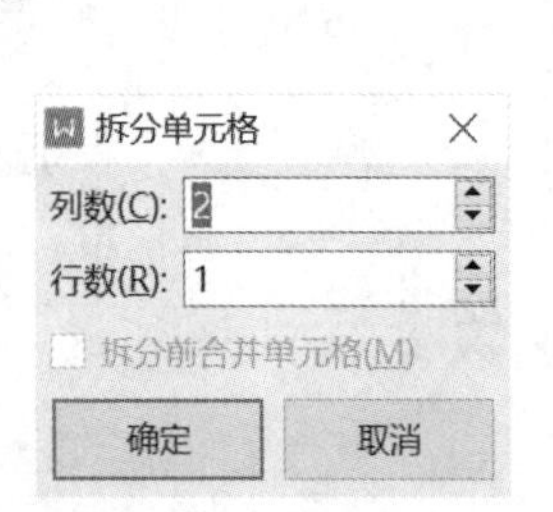

图 3-98　“拆分单元格”对话框

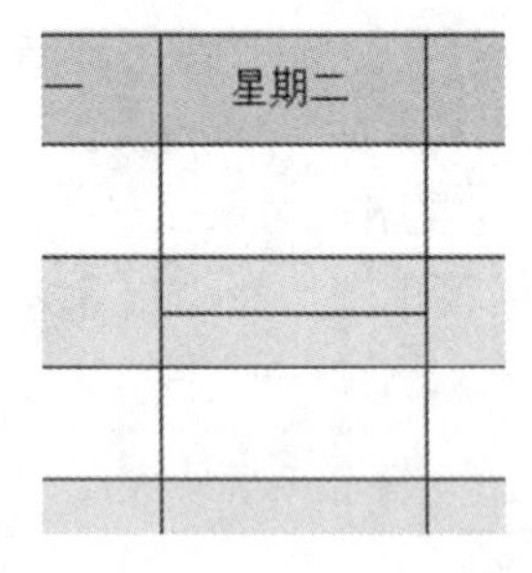

图 3-99　拆分单元格效果

5. 拆分表格

若需要拆分整个表格，则将光标定位到准备拆分的单元格内，依次单击“表格工具”→“拆分表格”命令，如图 3-100 所示。

在“拆分表格”下拉列表框中选择按行拆分或按列拆分，一张表格就分成了两个表格，效果如图 3-101 所示。

调整表格行高和列宽

6. 调整表格行高和列宽

（1）拖动鼠标修改表格的行高和列宽。调整行高和列宽的方法类似，下面以调整列宽为例。

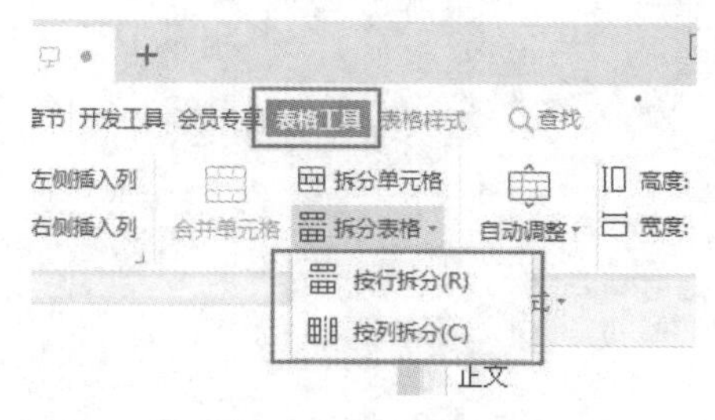

图 3-100　拆分表格

时间段	节数	时间	星期一	星期二
上午	早读			
	第一节			
	第二节			
	第三节			
	第四节			
	午休			

下午	第一节			
	第二节			
	第三节			
	第四节			

图 3-101　拆分表格效果

将鼠标指针移到表格列的竖线上，当指针变成⫲时，按住鼠标左键，此时出现一条上下垂直的虚线，向左或右拖动该虚线，同时改变左列和右列的列宽（垂直虚线两端的列宽度总和不变），直到宽度合适时松开鼠标左键。拖动鼠标的同时按住 Alt 键，可以平滑拖动表格列竖线，并在水平标尺上显示列宽值。如果按 Shift 键的同时拖动鼠标，则只调整左列的列宽，右列的宽度保持不变。

将插入点移到表格中，此时水平标尺上出现表格的列标记▦，当鼠标指针指向列标记时会变成水平的双向箭头⇔，按住鼠标左键并拖动列标记也可改变列宽。

（2）用“表格属性”对话框改变列宽。在“表格属性”对话框中可以设置包括行高或列宽在内的许多表格的属性。这种方法可以精确设定行高和列宽的尺寸。

操作方法如下：选定要修改列宽的一列或多列；单击“表格工具”选项卡下的“表格属性”按钮，如图 3-102 所示。

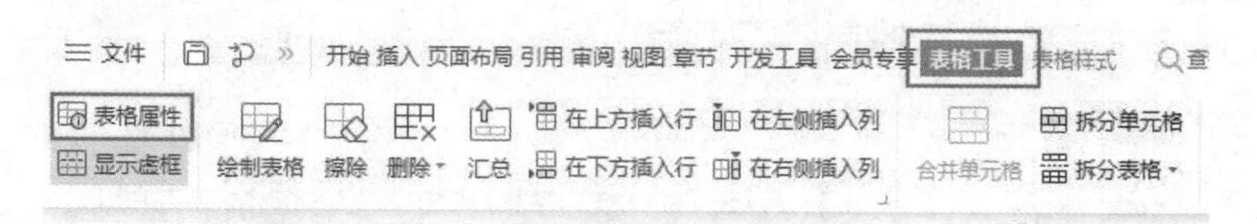

图 3-102　单击“表格属性”按钮

弹出“表格属性”对话框，如图 3-103 所示，选择“列”选项卡；选中“指定宽度”复选框，在数值框中输入列宽的数值；在度量单位下拉列表框中选定单位，其中“百分比”是指本列占全表中的百分比；单击“前一列”或“后一列”按钮，可在不关闭对话框的情况下设置相邻的列宽；单击“确定”按钮。

（3）用“表格属性”对话框改变行高。选定需要改变高度的一行或多行，单击“表格工具”选项卡下的“表格属性”按钮，弹出“表格属性”对话框，选择“行”选项卡，如图 3-104 所示。

图 3-103 “表格属性”对话框

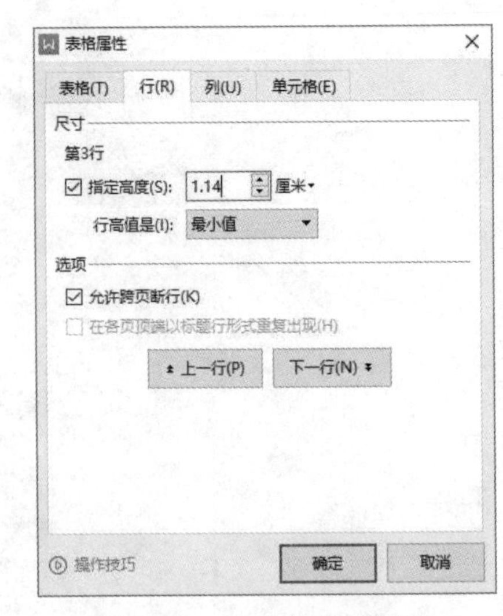

图 3-104 选择“行”选项卡

选中“指定高度”复选框（否则行高默认为自动设置），在文本框中输入行高的数值，并在“行高值是”下拉列表框中选定“最小值”或“固定值”选项。若选择“最小值”选项，则当单元格内容超过指定行高时，调整行高以适应文本或图片；若选择“固定值”选项，则当单元格内容超过行高时，超出部分不显示。

3.4.4 表格的格式

在 WPS 文档中插入表格后，用户还可以对表格应用样式、设置表格中文字的对齐方式、调整文字的方向、设置表格的底纹和边框。

1. 表格自动套用格式

表格自动套用格式

创建表格后，可以使用“表格样式”选项卡功能组内置的表格样式对表格进行排版。该功能可修改表格样式，且预定义了许多表格的格式、字体、边框、底纹、颜色，使表格排版变得轻松、容易。

操作方法如下：将插入点移到要排版的表格内；在“表格样式”选项卡功能组中，单击表格样式列表框，如图 3-105 所示，选定所需的表格样式。

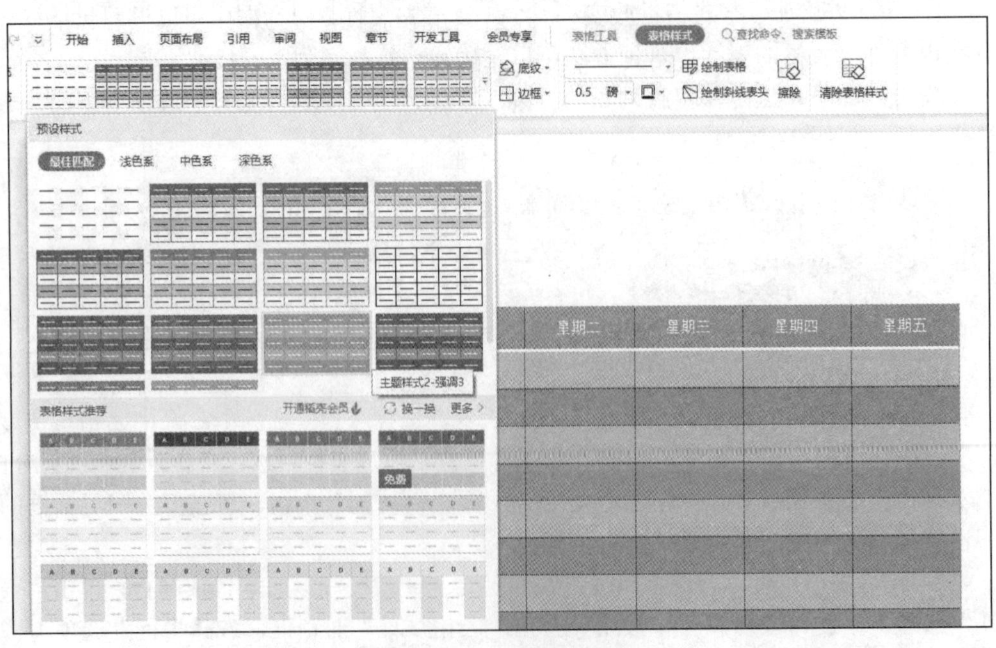

图 3-105 表格样式列表框

2. 设置表格的边框与底纹

设置表格的边框与底纹

除表格样式外，还可以使用“表格样式”功能组的“底纹”和“边框”按钮设置表格边框线的线型、粗细和颜色、底纹颜色、单元格中文本的对齐方式等。

选择表格、行、列或单元格，单击“底纹”按钮右侧的下拉按钮，打开底纹颜色列表，如图 3-106 所示，选择所需的底纹颜色。

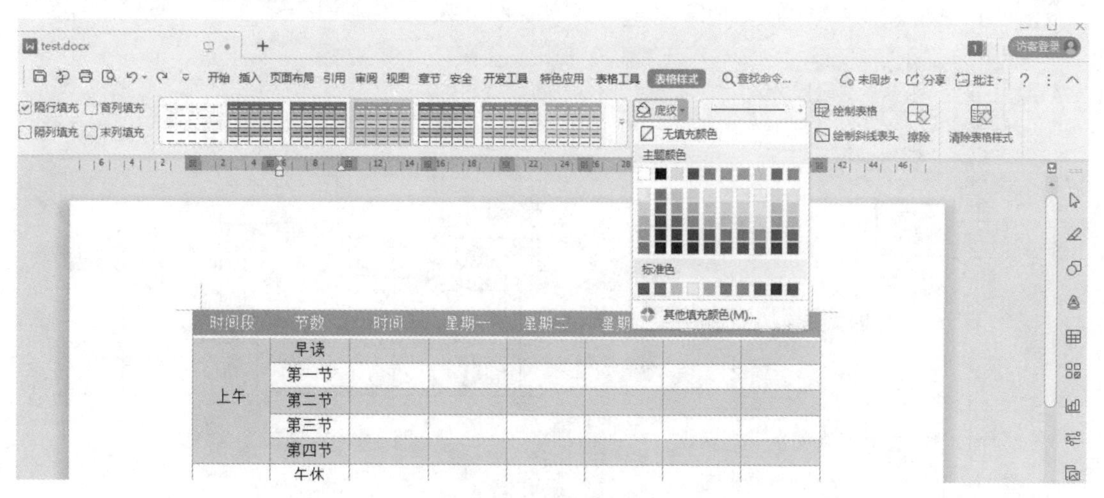

图 3-106　底纹颜色列表

选择表格、行、列或单元格，单击“边框”按钮右侧的下拉按钮，打开“边框”列表，如图 3-107 所示，设置所需的边框以及单元格中的斜线。

选择列表中的“边框和底纹”选项，弹出“边框和底纹”对话框，如图 3-108 所示，可以设置线型、颜色和宽度等。

图 3-107　“边框”列表

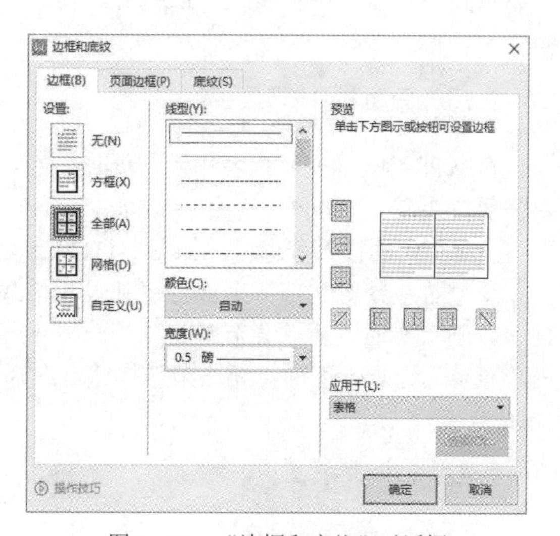

图 3-108　“边框和底纹”对话框

3. 设置表格在页面中的位置

设置表格在页面中的位置

将插入点移至表格任意单元格内；单击“表格工具”选项卡下的“表格属性”按钮，弹出“表格属性”对话框，如图 3-109 所示，选择“表格”选项卡。

在“尺寸”功能区中选择“指定宽度”复选框，可以设定具体的表格宽度；在“对齐方式”功能区中选择表格对齐方式；在“文字环绕”功能区中选择“环绕”图标；单击“确定”按钮。

4. 设置表格中文字的文本格式

设置表格中文字的文本格式

表格中的文字可以用文档文本排版的方法设置字体、字号、字形、颜色和左、中、右对齐方式等。此外，在“表格工具”选项卡下，单击“对齐方式”按钮，选择一种对齐方式（可选择九种对齐方式），如图 3-110 所示。

计算表格数据（文档）

计算表格数据（视频）

表格处理案例（文档）

表格处理案例（视频）

图 3-109　“表格属性”对话框

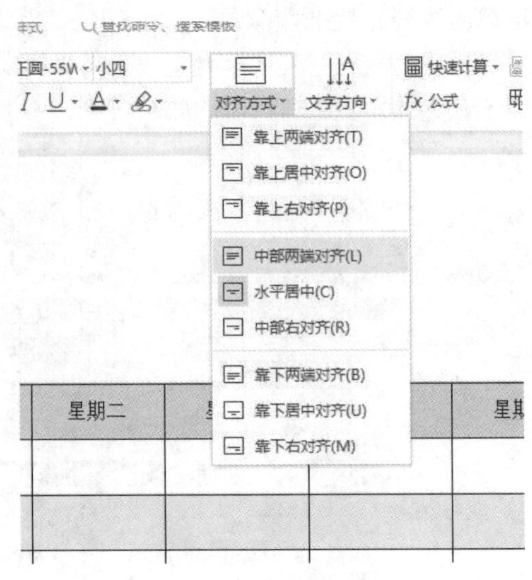

图 3-110　设置文本格式

3.5　长文档排版

长文档一般是指篇幅较长、内容较多、结构也相对复杂的文档，如调查报告、活动策划、毕业论文等。与一般文档相比，其格式多且排版复杂，需要利用好分节、样式、目录、页眉页脚等功能，以使文档排版整齐、美观。下面介绍长文档排版的相关知识及方法、步骤。

3.5.1　分页与分节

分页操作

在 WPS 中，当文档内容填满一页时，文档中会插入一个自动分页符开始新的一页。如果需要在特定位置分页，需要手动插入分页符。单击“插入”选项卡下方的“分页”按钮，即可在光标后面插入分页符，如图 3-111 所示。

分节操作

如果希望针对文档每个部分单独设置格式，如分别设置不同的页眉和页脚、纸张方向等，则需要通过插入分节符将文档分成不同的模块，再对不同的节分别设置格式。单击“章节”选项卡下的“新增节”按钮，选择“下一页分节符”选项，即可插入新增节，如图 3-112 所示。

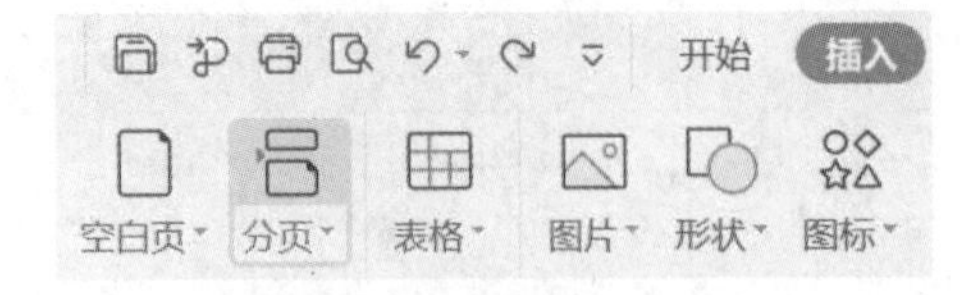

图 3-111　插入分页

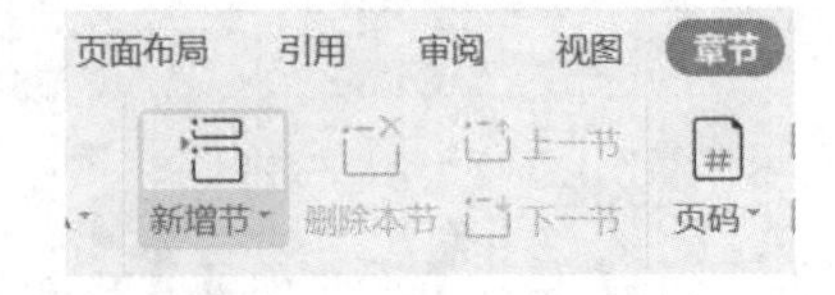

图 3-112　插入新增节

3.5.2　使用样式

使用样式

样式是指一组已经命名的字符和段落格式，它规定了字符、段落、标题、正文等文档元素的格式，这些格式可应用到选定的文档元素。使用样式统一文档格式，避免了长文档在排版上的重复操作。

样式按照类型可分为字符样式和段落样式。WPS 提供了内置样式和新样式，内置样式为系统自带样式，可以修改，不可以删除；新样式为用户新建的样式，可以删除。

1. 查看样式

单击“开始”选项卡下方“样式组”右下角的三角形按钮，可以看到图 3-113 所示的“预设样式”“新建样式”“清除格式”和“显示更多样式”选项。

单击“显示更多样式”选项，在打开的样式窗格中选择最下方“显示”右侧的“所有样式”选项，可以看到文档中可以使用的所有内置样式，如图 3-114 所示。

图 3-113　查看样式

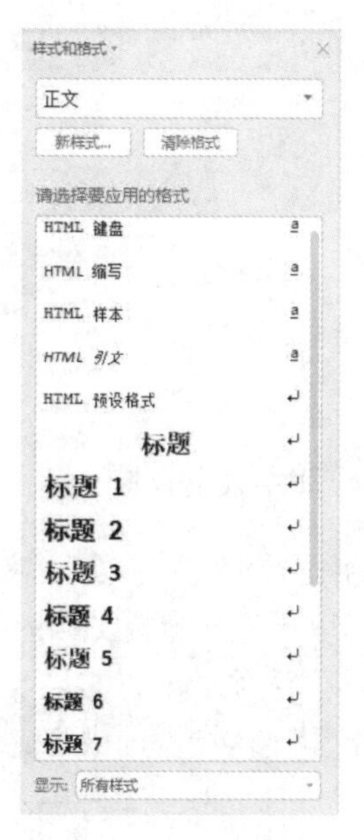

图 3-114　内置样式

2. 应用内置样式

使用“样式”组中的预设样式或打开“样式”窗格，都可以应用样式。若要对文本应用样式，需先选定要套用样式的文本块，再选择字符样式。若要对段落应用样式，先将光标定位到段落中或选中多个段落，再应用段落样式。

3. 修改样式

如果内置样式不能完全满足要求，则可以修改内置样式。选中“样式”组或“样式窗格”中的某个样式并右击，在弹出的快捷菜单中选择“修改”选项，弹出图 3-115 所示的“修改样式”对话框，可以修改“格式”下的各种属性，单击“确定”按钮。

图 3-115　“修改样式”对话框

4. 新建样式

单击“开始”选项卡下方“样式组”右下角的三角形按钮，选择“新建样式”选项，弹出“新建样式”对话框，如图 3-116 所示，输入名称，选择样式类型，并进行相应的格式设置。其中“样式基于”下拉列表框中提供了内置样式，可以作为新建样式的基准样式。

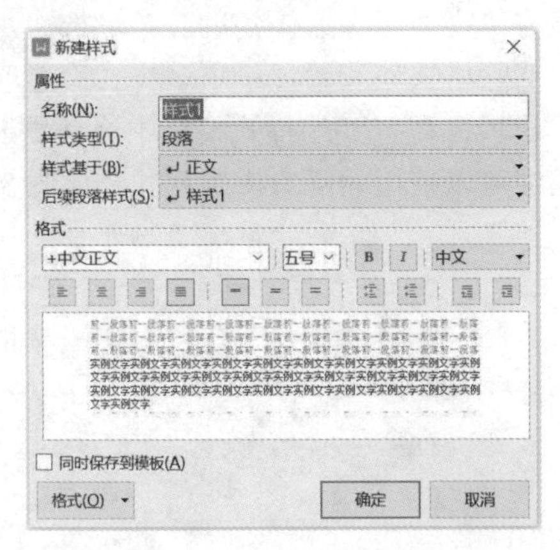

图 3-116 “新建样式”对话框

3.5.3 使用大纲视图

使用大纲视图

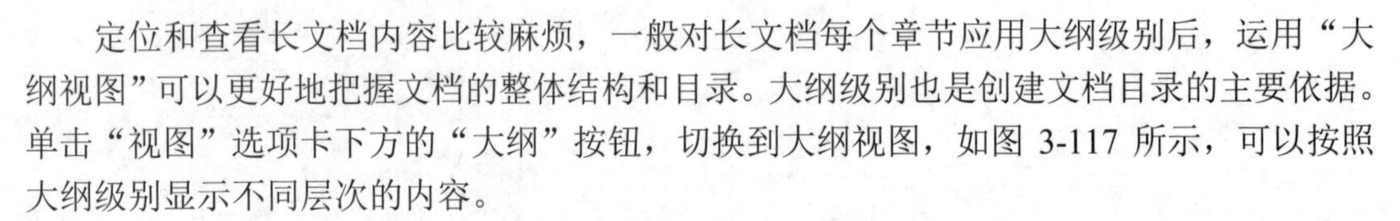

定位和查看长文档内容比较麻烦，一般对长文档每个章节应用大纲级别后，运用“大纲视图”可以更好地把握文档的整体结构和目录。大纲级别也是创建文档目录的主要依据。单击“视图”选项卡下方的“大纲”按钮，切换到大纲视图，如图 3-117 所示，可以按照大纲级别显示不同层次的内容。

设置大纲级别

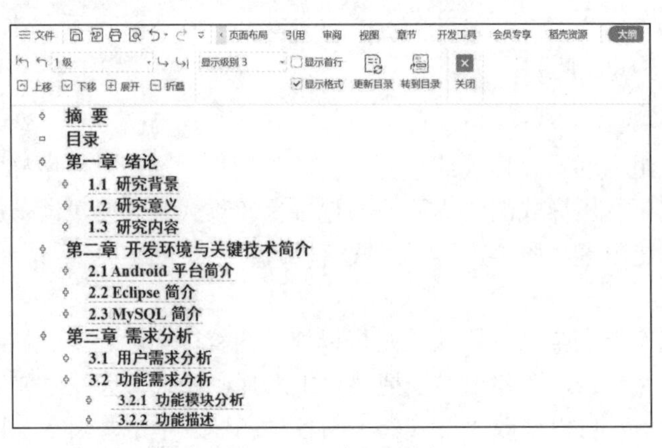

图 3-117 大纲视图

选中某级目录标题后，单击目录上方的“展开”或“折叠”按钮，可以对该目录下的标题或内容按层次展开或折叠；单击“上移”或“下移”按钮，可以整体移动标题及其下属内容。

3.5.4 页眉和页脚

设置页眉和页脚

页眉是每个页面页边距的顶部区域，通常显示文件名、文档标题等信息。页脚是每个页面页边距的底部区域，通常显示文档的页码、日期等信息。

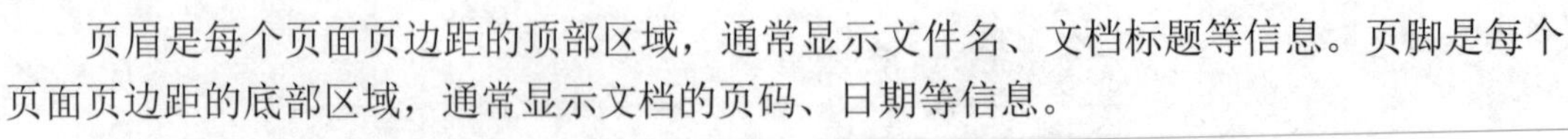

单击“插入”选项卡的“页眉页脚”命令，激活“页眉页脚”选项卡，单击该选项卡，显示“页眉页脚”功能区，且页眉处于编辑状态，如图 3-118 所示。为方便读者查看，用椭圆形状标出了常用页眉页脚命令。

在页眉、页脚区可以插入文字、日期和时间、图片、页码等。单击“页眉页脚”切换命令，实现页眉和页脚的切换。单击“显示前一项”“显示后一项”按钮实现切换到前一节或后一节的页眉页脚区。单击“页眉页脚选项”按钮可以设置奇偶页页眉页脚显示。

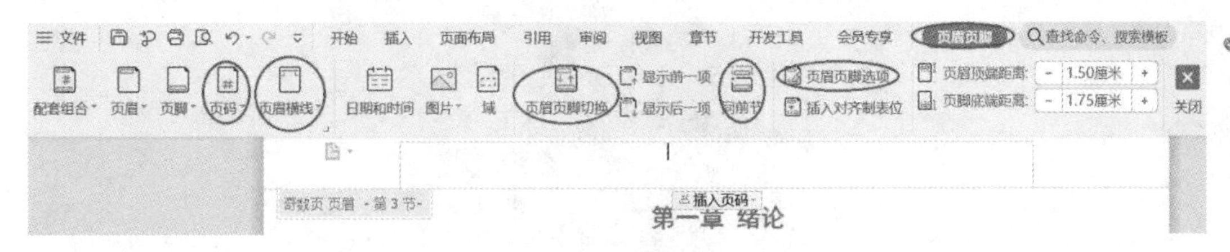

图 3-118　“页眉页脚”功能区

3.5.5　目录的创建

智能目录

自动目录

目录是长文档中不可缺少的组成部分，它不仅可以帮助读者了解文档的结构内容，而且可以让读者快速定位到文档标题内容。WPS 提供了智能目录和自动目录。智能目录可以根据文档中的样式、大纲级别或文档中带序列编号的段落智能识别目录。自动目录可以根据文档中的样式、大纲级别生成目录。用户还可以根据需要自己定义目录的显示。单击“引用”选项卡，单击“目录”命令，可以看到图 3-119 所示的目录选项，单击“自动目录”选项建立目录。

如果文档中的标题或页码发生变化，则可以单击目录区，然后单击目录区上方的“更新目录”命令，弹出“更新目录”对话框，如图 3-120 所示，选择“只更新页码”或“更新整个目录”单选项。

图 3-119　目录选项

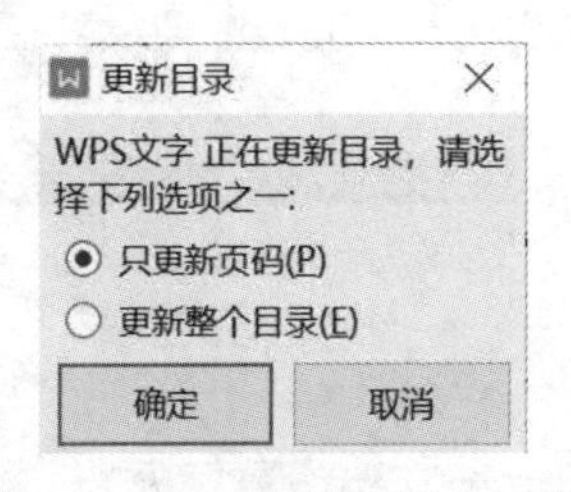

图 3-120　“更新目录”对话框

目录中包含文档标题和相应的页码，将光标置于目录中的任一标题行，按住 Ctrl 键的同时单击，可以迅速跳转到相应的位置。如需要删除目录，则单击目录区上方的“目录设置”按钮，选择“删除目录”命令即可。

3.5.6　插入题注

插入题注

题注是一种可以为文档中的图片和表格等添加的编号标签，一般位于图片或表格的上方或下方，用于说明图片或表格的功能。题注常以“图”或“表”等文字开始，后面跟着数字或一些文字说明。

如果在编辑文档的过程中对题注进行了添加、删除或移动操作，则可以更新所有的题注编号，从而提高编辑效率和准确性。

在要显示题注的图片或表格上右击，在弹出的快捷菜单选择“题注”选项，或者单击“引用”选项卡，然后单击“题注”按钮，弹出“题注”对话框，如图 3-121 所示。可以在“标签”下拉列表框中选择“图”“表”“图表”或“公式”选项。如标签选项中均不满足要求，则可以单击“新建标签”按钮添加新标签，还可以单击“编号”按钮设置题注编号格式。

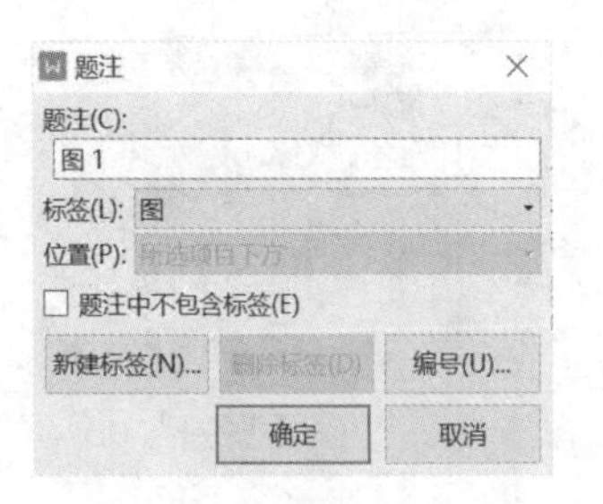

图 3-121 “题注”对话框

3.5.7 插入脚注和尾注

脚注和尾注一般用于在文档中显示引用资料的来源，输入说明性或补充性信息。如在论文中，需要对文中有关内容进行解释或说明，则可以采用脚注的方式，在文字下方或当前页面下方显示说明内容。文末的参考文献可以采用“尾注”的方式制作。

例如要在文中某处的中括号内插入脚注，则单击“引用”选项卡下的“插入脚注”命令，光标将跳转到页脚处闪烁，输入脚注内容“[1]李刚．疯狂 Android 讲义[M]．北京：电子工业出版社”，如图 3-122（a）所示。然后选中中括号及括号内的数字编号，设置字体为“上角标”显示。脚注设置完毕后，当鼠标悬停在脚注上方时，将显示出脚注内容，如图 3-122（b）所示。双击脚注编号，可以跳转到脚注内容部分进行编辑。

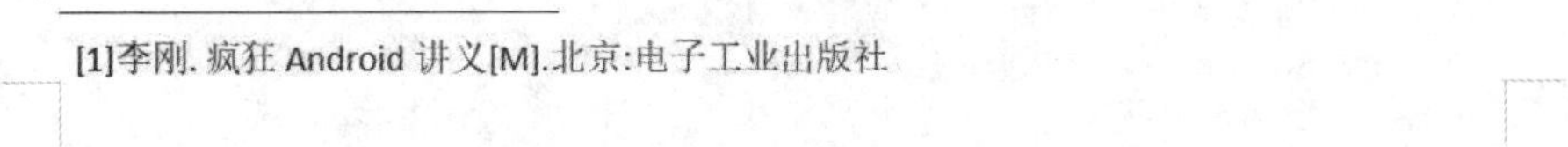

[1]李刚. 疯狂 Android 讲义[M]..北京:电子工业出版社

（a）脚注内容

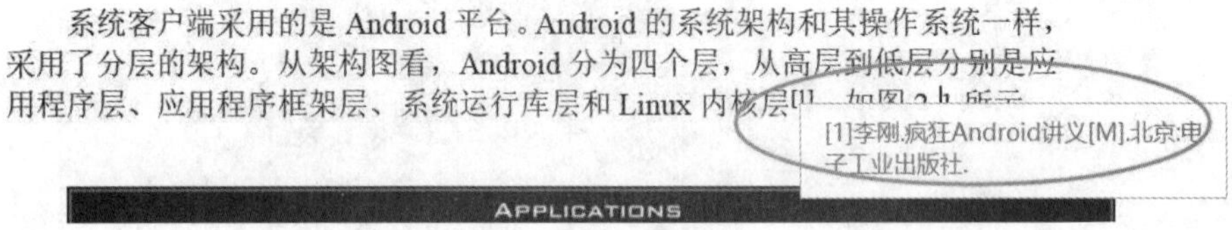

系统客户端采用的是 Android 平台。Android 的系统架构和其操作系统一样，采用了分层的架构。从架构图看，Android 分为四个层，从高层到低层分别是应用程序层、应用程序框架层、系统运行库层和 Linux 内核层[1]

[1]李刚.疯狂Android讲义[M].北京:电子工业出版社.

APPLICATIONS

（b）显示脚注内容

图 3-122

3.5.8 长文档设置案例

长文档排版案例

本案例主要通过运用分页与分节、样式、大纲视图、题注、目录等知识，实现长文档的排版效果。最终效果如图 3-123 所示。

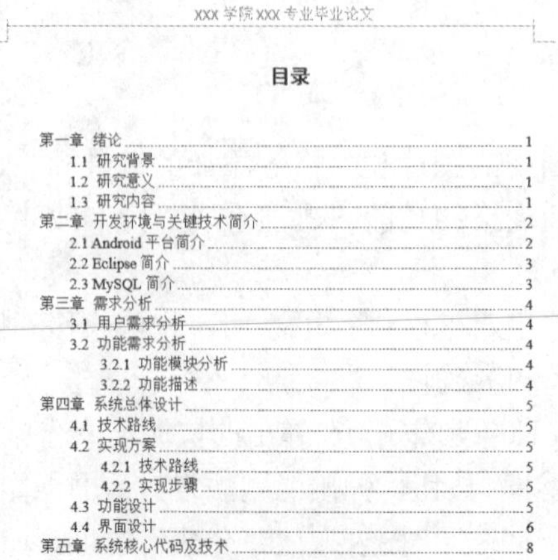

XXX 学院 XXX 专业毕业论文

目录

图 3-123 最终效果

3.6　本章小结

本章围绕 WPS 文字处理软件，介绍了文档的基本操作（如打开、建立和保存），文本的插入和编辑；结合案例，详细介绍了文本和段落的格式化，由浅入深地介绍了图片、图形、艺术字等对象的插入、编辑和美化，表格的插入、编辑和数据处理，以及处理长文档时涉及的分页分节、页眉页脚、样式、目录等知识和操作方法。这些都是在我们的学习和工作中经常接触到的 WPS 文字的基本操作。读者需要勤加练习和总结，灵活应用，以提高实际操作技能。

除了 WPS 文字处理软件以外，Microsoft Word 也是当前使用中占有巨大优势的一款文字处理软件，其常用功能与 WPS 的基本相同；Typora 安装包小，页面简洁明了，能根据当前文档的标题层级，自动生成并显示大纲；EditPlus 是一款小巧但功能强大的可处理文本编辑器，拥有无限制的撤销与重做、英文拼写检查、自动换行、搜寻取代等功能。大多文字处理软件的界面或操作均有类似之处，读者可以根据需要选择安装并体验其用法。

表 3-1 给出了第 3 章知识点学习达标标准，供读者自测。

表 3-1　第 3 章知识点学习达标标准自测表

序号	知识（能力）点	达标标准	自测 1（　月　日）	自测 2（　月　日）	自测 3（　月　日）
1	文档的基本编辑（建立、打开、保存）	掌握			
2	文档的不同视图	熟悉			
3	文本编辑（输入、删除、复制、剪切）	掌握			
4	文本查找和替换	掌握			
5	文本格式设置	掌握			
6	段落格式设置	掌握			
7	页面设置	掌握			
8	图片、图形、艺术字的插入、编辑和美化	掌握			
9	表格的插入、编辑、美化和数据处理	掌握			
10	分页符和分节符的插入	熟悉			
11	页眉、页脚和页码的插入	掌握			
12	样式的创建与使用	掌握			
13	目录的创建与编辑	掌握			
14	多人协同编辑文档	了解			
15	其他文字处理软件	了解			

习题

一、单项选择题

1. 下列关于 WPS 文档中“保存”与“另存为”命令的叙述，正确的是（　　）。
   A. 在任何情况下，“保存”与“另存为”命令没有区别
   B. 保存新文档时，“保存”与“另存为”命令的作用相同

C．保存旧文档时，“保存”与“另存为”命令的作用相同

D．“保存”命令只能保存新文档，“另存为”命令只能保存旧文档

2．在 WPS 的文档编辑状态，下列可以按照文章的标题级别显示结构和内容的视图是（　　）。

A．全屏显示　　B．页面视图　　C．大纲视图　　D．阅读版式

3．在 WPS 中，下列关于查找和替换功能的叙述，正确的是（　　）。

A．不可以指定查找文字的格式，但可以指定替换文字的格式

B．不可以指定查找文字的格式，也不可以指定替换文字的格式

C．可以指定查找文字的格式，但不可以指定替换文字的格式

D．可以指定查找文字的格式，也可以指定替换文字的格式

4．WPS“复制”命令的功能是将选定的文本或图形（　　）。

A．复制到剪贴板　　B．由剪贴板复制到插入点

C．复制到文件的插入点位置　　D．复制到另一个文件的插入点位置

5．若在 WPS 的编辑状态打开文档 ABC，修改后另存为 ABD，则文档 ABC（　　）。

A．被文档 ABD 覆盖　　B．被修改未关闭

C．被修改并关闭　　D．未修改被关闭

6．在 WPS 中，要将正在编辑的文档以新文件名保存应（　　）。

A．执行“另存为”菜单命令　　B．执行“保存”菜单命令

C．单击“保存”工具按钮　　D．新建文件后重新输入

7．执行复制操作的第一步是（　　）。

A．光标定位　　B．选定复制对象

C．按 Ctrl+C 组合键　　D．按 Ctrl+V 组合键

8．在 WPS 中，选定文本后，（　　）拖动鼠标到目标位置，可以实现文本的复制。

A．按 Ctrl 键的同时　　B．按 Shift 键的同时

C．按 Alt 键的同时　　D．不按任何键

9．在 WPS 中，若想用格式刷进行某个格式的一次复制多次应用，则可以（　　）。

A．双击格式刷　　B．拖动格式刷

C．单击格式刷　　D．右击格式刷

10．下列（　　）字号显示的文字最大。

A．小三　　B．三号　　C．小四　　D．四号

11．在 WPS 文档编辑中，按（　　）键删除插入点前的字符。

A．Del　　B．Backspace

C．Ctrl+Del 组合　　D．Ctrl+Backspace 组合

12．在 WPS 中，每个段落以（　　）为结束符。

A．空格键　　B．Enter 键　　C．Tab 键　　D．Shift 键

13．在 WPS 文档中，如果要求上下两段之间留有较大间隔，最好的解决方法是（　　）。

A．在每两行之间按 Enter 键添加空行

B．在每两段之间按 Enter 键添加空行

C．通过段落格式设定来增大“段前”或“段后”间距

D．用字符格式设定来增大间距

14．WPS 文字具有分栏功能，下列关于分栏的说法中，正确的是（　　）。

A．最多可以设四栏　　B．各栏的宽度必须相等

C．各栏的宽度可以不同　　D．各栏之间的间距是固定的

15．WPS 中，如果用户选中一段文字后，不小心按下 Enter 键，则大段文字将被一个

空格所代替，此时可用（　　）操作还原到原先的状态。

A．替换　　B．粘贴　　C．撤销　　D．恢复

16．在 WPS 中编辑文本时，为了使文字绕着插入的图片排列，可以（　　）。

A．插入图片，设置环绕方式　　B．插入图片，调整图形比例

C．插入图片，设置文本框位置　　D．插入图片，设置叠放次序

17．（　　）可以使图片按比例缩放。

A．拖动图片边框线中间的控点　　B．拖动图片四角的控点

C．拖动图片边框线　　D．拖动图片边框线的控点

18．在 WPS 中，选中表格并按下 Delete 键后，（　　）。

A．表格中的内容全部删除，但表格还存在

B．表格和内容全部删除

C．表格删除，但表格中的内容未删除

D．表格中的内容和表格都没有删除

19．在 WPS 中编辑表格时，当光标在某个单元格内时，按（　　）键可以将光标移到下一个单元格。

A．Ctrl　　B．Shift　　C．Alt　　D．Tab

20．在 WPS 中，以下关于艺术字的说法正确的是（　　）。

A．在编辑区右击后，在显示的菜单中选择“艺术字”命令可以完成艺术字的插入

B．插入文本区中的艺术字不可以再更改文字内容

C．艺术字可以像图片一样设置与文字的环绕关系

D．在“艺术字”对话框中设置的线条色是指艺术字四周的矩形框颜色

二、操作题

1．在 WPS 中制作图 3-124 所示的文档排版效果。

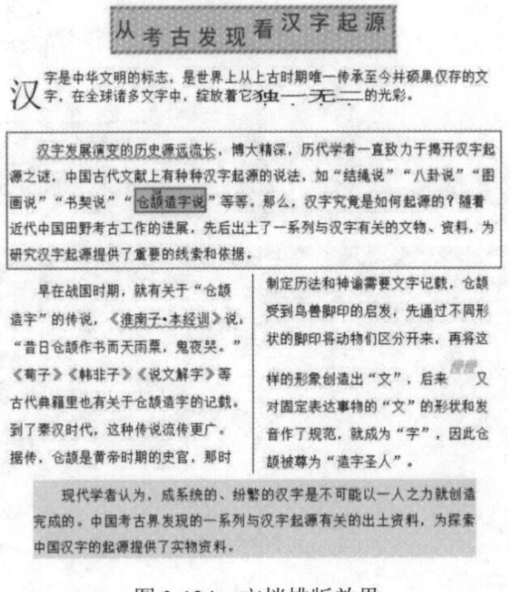

从考古发现看汉字起源

汉字是中华文明的标志，是世界上从上古时期唯一传承至今并硕果仅存的文字，在全球诸多文字中，绽放着它独一无二的光彩。

汉字发展演变的历史源远流长，博大精深，历代学者一直致力于揭开汉字起源之谜，中国古代文献上有种种汉字起源的说法，如“结绳说”“八卦说”“图画说”“书契说”“仓颉造字说”等等。那么，汉字究竟是如何起源的？随着近代中国田野考古工作的进展，先后出土了一系列与汉字有关的文物、资料，为研究汉字起源提供了重要的线索和依据。

早在战国时期，就有关于“仓颉造字”的传说，《淮南子·本经训》说，“昔日仓颉作书而天雨粟，鬼夜哭。”《荀子》《韩非子》《说文解字》等古代典籍里也有关于仓颉造字的记载。到了秦汉时代，这种传说流传更广。据传，仓颉是黄帝时期的史官，那时制定历法和神谕需要文字记载，仓颉受到鸟兽脚印的启发，先通过不同形状的脚印将动物们区分开来，再将这样的形象创造出“文”，后来又对固定表达事物的“文”的形状和发音作了规范，就成为“字”，因此仓颉被尊为“造字圣人”。

现代学者认为，成系统的、纷繁的汉字是不可能以一人之力就创造完成的。中国考古界发现的一系列与汉字起源有关的出土资料，为探索中国汉字的起源提供了实物资料。

图 3-124　文档排版效果

要求如下。

（1）标题：黑体，小二号；居中对齐，单倍行距，段前、段后间距均为 1 行；3 磅、浅蓝色、斜纹边框，应用于文字；底纹填充为培安紫，图案为 10%，颜色为白色，应用于

文字；字符间距为加宽 6 磅；“考古发现”位置下降 6 磅，“汉字起源”位置上升 6 磅。

（2）第一段：单倍行距，段前 0.5 行，段后 1 行；首字下沉 2 行；“独一无二”字符缩放 200%，加着重号。

（3）第二段：首行缩进 2 字符，单倍行距，段前 1.5 行，段后 0.5 行；0.5 磅单实线边框，应用于段落；文字“仓颉造字说”，1.5 磅绿色边框，底纹填充为印度红，应用于文字；“颉”上方显示拼音。

（4）第三段：首行缩进 2 字符，1.5 倍行距，段前、段后间距均 1 行；段落文字分两栏显示，栏宽相等，加分隔线；文字“慢慢”加粗、倾斜、橙色，位置上升 10 磅。

（5）第四段：使用段落布局工具调整段落文本缩进之前、之后均为 2 字符，段前、段后间距均为 2 行；首行缩进 2 字符，行距为固定值 22 磅；底纹填充为印度红、图案样式 5%，颜色为白色。

（6）设置页边距上、下均为 2 厘米、左、右均为 3 厘米；纸张大小为“大 16 开”。查看打印预览效果。

2．思考并实现图 3-125 所示的诗句排版效果。

暮 江 吟

白居易

一道残阳[①]铺水中，半江瑟瑟(sè sè)[②]半江红。

可怜[③]九月初三夜，露似真珠[④]月似弓[⑤]。

【注释】:

①残阳:落山的太阳光。

②瑟瑟:碧绿色。

③怜:爱。

④真珠:即珍珠。

⑤月似弓:农历九月初三，上弦月，其弯如弓。

图 3-125 诗句排版效果

3．在 WPS 中制作图 3-126 所示的图文混排效果。

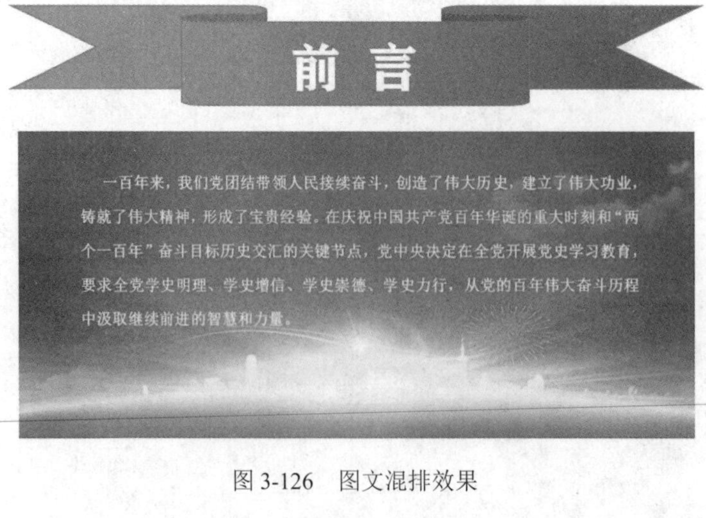

前 言

一百年来，我们党团结带领人民接续奋斗，创造了伟大历史，建立了伟大功业，铸就了伟大精神，形成了宝贵经验。在庆祝中国共产党百年华诞的重大时刻和“两个一百年”奋斗目标历史交汇的关键节点，党中央决定在全党开展党史学习教育，要求全党学史明理、学史增信、学史崇德、学史力行，从党的百年伟大奋斗历程中汲取继续前进的智慧和力量。

图 3-126 图文混排效果

要求如下。

（1）页面布局的纸张方向设置为“横向”，输入正文内容。

（2）插入“形状”中“星与旗帜”的“前凸带形”，将形状的填充颜色改成“橙红色-

褐色渐变”。

（3）在形状中添加文字“前言”，并设置字体、字号和颜色。

（4）设置形状的环绕方式为“上下型环绕”，将形状拖放到文档的最上面。

（5）插入图片，将图片的环绕方式设置为“衬于文字下方”，并为图片设置发光效果。

（6）设置正文的段落缩进，将文字放到图片的合适位置。

4．在 WPS 中制作图 3-127 所示的表格效果。

需求规划说明书

项目管理	文件编号		
	文件名称		
版本号		编制日期	
项目编号		项目名称	
项目经理		立项日期	
修订历史记录			
日期	版本号	作者	说明

图 3-127　表格效果

5．在 WPS 中实现调查报告的排版，正文排版要求如图 3-128 所示。

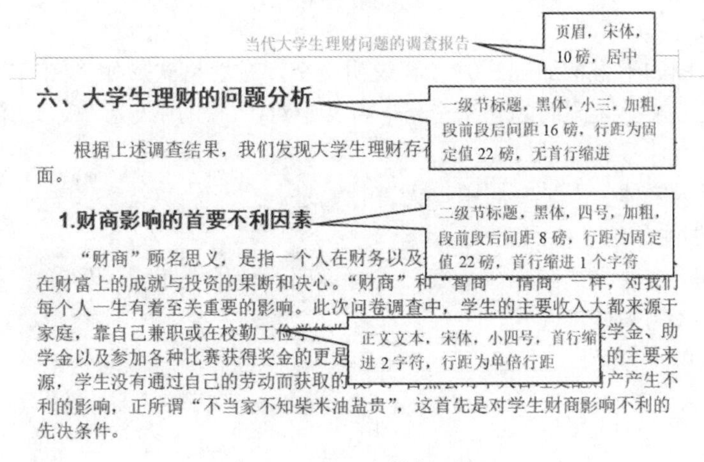

图 3-128　正文排版要求

具体要求如下。

（1）分节处理。根据报告内容和排版要求，对封面、摘要和正文三个部分建立分节。

（2）页面总体设置。

- 纸张大小为 A4、纵向。
- 页边距：上、下各 2.5 厘米，左、右各 3.1 厘米。
- 正文文字：宋体，12 磅，单倍行距。

- 正文段落：左对齐，首行缩进 2 字符，单倍行距。

（3）封面设计。自主设计封面。单击“插入”→“封面页”菜单命令，选择合适的封面页，并输入主题文字；也可以通过插入图形、图片、艺术字等方式完成封面元素的插入和编辑。

（4）“摘要”格式化。

- “摘要”标题二字：黑体，小三号，加粗，字符间距加宽 6 磅；居中对齐，段前、段后间距 0.5 行，单倍行距，无首行缩进。
- 摘要正文：宋体，小四号，1.5 倍行距。
- 摘要关键词：宋体，小四号，加粗，段前、段后间距为 0.5 行。

（5）正文格式化。

- 正文文本：宋体，小四号，首行缩进 2 个字符，行距为单倍行距。
- 一级标题：黑体，小三号，加粗，段前、段后间距 16 磅，行距为固定值 22 磅，无首行缩进。
- 二级标题：黑体，四号，加粗，段前、段后间距 8 磅，行距为固定值 22 磅，首行缩进 1 个字符。

（6）设置页眉和页脚、插入页码。

- 封面、摘要、目录页无页眉页脚。
- 论文正文页眉：页眉内容为“当代大学生理财问题的调查报告”，格式为宋体，10 磅，居中。
- 论文正文页脚：页脚处插入页码，页码从第 1 页（奇数页）开始连续编号。其中，奇数页页脚右对齐，偶数页页脚左对齐。

（7）目录生成及目录格式化。

- 在摘要与正文之间生成目录，目录样式为“自动目录 1”。
- “目录”标题二字：黑体，小三号，加粗，字符间距加宽 6 磅；居中对齐，段前、段后间距 0.5 行，单倍行距，无首行缩进。
- 目录内容：宋体，小四号，行距为固定值 22 磅，左对齐。

（8）插入题注。

- 在文中图的下方增加题注编号和说明文字，题注格式形如“图 1 调查对象”，编号与说明文字之间间隔一个空格。将文中对图的引用改为“交叉引用”，引用内容为“只有标签和编号”。
- 题注设为宋体、五号，居中，无首行缩进。

（9）插入脚注。

- 注释采用脚注方式在本页最底部进行说明，使用上角标（如①，②……）方式实现，字体为宋体、五号。

（10）更新整个目录。

第 4 章　WPS 表格

昔在庖犧氏始画八卦，以通神明之德，以类万物之情，作九九之数，以合六爻之变。

——《九章》

4.1　WPS 表格的基本操作

WPS 表格是 WPS Office 套装软件中的一个重要部分，是一个灵活高效的电子表格制作工具，不仅具有强大的数据组织、计算、分析和统计功能，还可以把相关数据用各种统计图的形式表示出来。WPS 表格广泛应用于财经、金融、统计、管理等领域，也普遍应用于我们的日常生活和工作中。

4.1.1　WPS 表格的启动和退出

WPS 表格启动退出及工作界面

1. 启动 WPS 表格

常用以下两种方法启动 WPS 表格。

（1）双击桌面已创建的 WPS 表格快捷图标。

（2）单击“开始”→“所有程序”→“WPS Office”→“WPS 表格”菜单命令，启动 WPS 表格。

2. 退出 WPS 表格

打开 WPS 表格之后，常用以下方法退出 WPS 表格：

（1）单击 WPS 表格窗口标题栏右侧的“关闭”按钮 × 。

（2）按 Alt+F4 组合键。

（3）单击“文件”选项卡中的“退出”按钮。

在退出 WPS 表格时，如果还没保存当前的工作表，会出现一个提示对话框，询问是否保存修改。

如果用户想保存文件后退出，则单击“是”按钮；如果不保存，则单击“否”按钮；如果不想退出 WPS 表格的编辑窗口，则单击“取消”按钮。

4.1.2　WPS 表格的工作界面

1. 窗口的组成

用户成功启动 WPS 表格后，显示 WPS 表格的工作界面，如图 4-1 所示。

工作簿标签：单击工作簿标签可以在打开的多个工作簿之间进行切换，单击工作簿标签右侧的“新建”按钮 +，可以建立新的工作簿。

快速访问工具栏：WPS 表格中的常用命令按钮位于此处，如“保存”“撤销”和“恢复”等。快速访问工具栏的末尾是一个下拉菜单，可以添加其他常用命令。

选项卡：WPS 表格将用于文档的各种操作分为“开始”“插入”“页面布局”“公式”“数据”“审阅”“视图”“安全”“开发工具”和“特色应用”等默认选项卡，每个选项卡分别包含相应的功能组和命令按钮。

功能区：单击选项卡名称，可以看到该选项卡下对应的功能区。功能区是在选项卡大类下面的功能分组，每个功能区中又包含若干命令按钮。

对话框启动器：单击对话框启动器，则打开相应的对话框。有些命令需要通过窗口对话的方式实现。

名称栏：显示当前被激活的单元格的名称。

公式编辑栏：可编辑选定单元格的计算公式或函数。

工作表区：显示正在编辑的工作表，可以对当前工作表进行各种编辑操作。

工作表标签：单击工作表标签可以在打开的多个工作表之间进行切换，单击工作表标签右侧的“新建”按钮 + ，可以建立新的工作表。

状态栏：显示正在编辑的工作表的相关信息。

“视图”按钮：用于切换正在编辑的工作表的显示模式。

缩放滑块：用于调整正在编辑的工作表的显示比例。

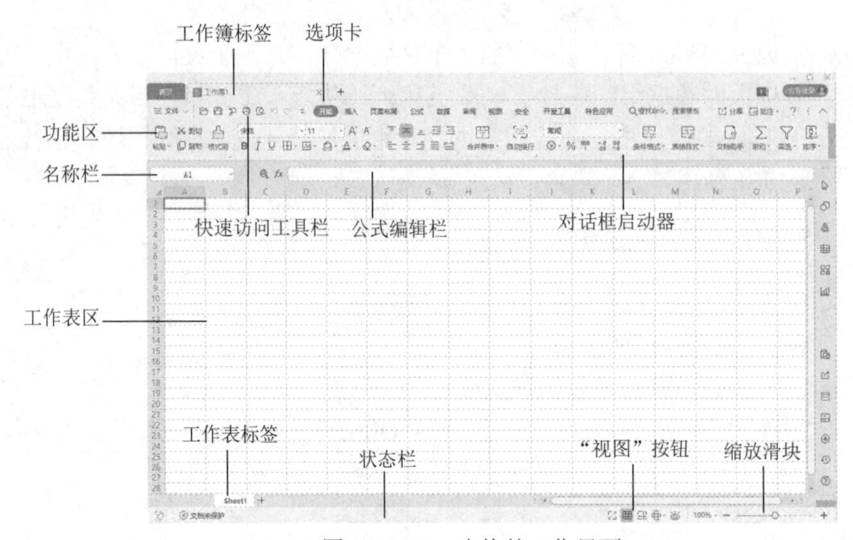

图 4-1 WPS 表格的工作界面

2. WPS 表格的工作簿、工作表与单元格

（1）工作簿。工作簿是用来存储和运算数据的 WPS 表格文件。一个工作簿就是一个 WPS 表格文件，其默认的文件类型为“*.et”。默认情况下，每个工作簿包含一张工作表，并以 Sheet1 命名。用户可以根据需要在工作簿中新建、重命名或删除工作表。

（2）工作表。工作表又称电子表格，是 WPS 表格完成一项工作的基本单位，用于对数据进行组织和分析。每个工作表最多由 16384 列和 1048576 行组成。行由上到下用 1～1048576 编号；列由左到右，用字母 A～Z、AA～ZZ、BA～BZ、AAA～XFD 编号。

如果将工作簿比作一本账簿，则一张工作表就相当于账簿中的一页。

WPS 表格中的工作表类似于数据库中的“表”，我们把表中的每行称作一个“记录”，每列称作一个“字段”，列标题作为表中的字段名，用它所在的行数表示第几个记录。

（3）单元格。工作表中行、列交汇处的方格称为单元格，是存储数据的基本单位。在工作表中，每个单元格都有自己唯一的地址，这就是单元格的名称。单元格的地址由单元格所在的列号和行号组成，例如单元格名称为 E5，表示该单元格在第 E 列的第 5 行。

单击任一个单元格，该单元格的四周就会被粗线条包围起来，成为活动单元格，表示用户当前正在操作的单元格。活动单元格的地址显示在名称栏中，使用单元格地址可以很清楚地表示当前正在编辑的单元格，用户也可以通过地址引用单元格的数据。

由于一个工作簿文件中可能有多个工作表，因此为了区分不同工作表的单元格，可在单元格地址前面增加工作表名称，工作表与单元格地址之间用“!”分开。例如 Sheet2 工作表中的 C3 单元格可表示为“Sheet2!C3”。

有时不同工作簿文件中的单元格之间要建立链接公式，公式前还需要加上工作簿的名称，例如“学生信息表”工作簿中的 Sheet1 工作表中的 B3 单元格可表示为“[学生信息表]Sheet1!B3”。

4.1.3　工作簿的操作

1. 新建工作簿

每次启动 WPS 表格时，首先打开的是“推荐模板”窗口，用户可以根据自己的需要建立新文档。

（1）若要建立基于模板的新文档，则可以单击选择的模板，登录 WPS Office 账户后，在打开的在线模板中单击“立即下载”按钮，在新建窗口中打开模板文件，用户可以直接编辑。

（2）若要建立空白文档，则可以单击工作簿标签下的“新建空白文档”按钮，创建新的空白文档。

新建一个 WPS 表格文件即新建一个工作簿，默认包含一张工作表。

2. 保存工作簿

为避免丢失造成不必要的损失，要养成随时保存文件的习惯。

单击“快速访问工具栏”中的“保存”按钮，或单击“文件”选项卡中的“保存”按钮，或按 F12 键（某些型号的计算机需配合 Fn 键使用）或 Ctrl+S 组合键，弹出“另存为”对话框，选择保存文件的位置，并在“文件名”文本框中输入新的文件名，单击“保存”按钮即可。

对于已经保存过的工作簿，如果需要保存修改后的结果，单击“快速访问工具栏”中的“保存”按钮即可；如果希望保存当前结果且不替换原来的内容，或需要保存为其他类型文件，就要用到“另存为”命令了。

在一个工作簿文件中，无论有多少个工作表，在使用“保存”命令时都将全部保存在一个工作簿文件中，而不是一个一个地保存工作表。

3. 打开工作簿

（1）打开已经存在的工作簿常用以下两种方法：①单击“快速访问工具栏”中的“打开”按钮，单击“取消”按钮放弃打开文件；②双击工作簿文件名。

（2）同时显示多个工作簿的操作：依次打开多个工作簿，单击“视图”选项卡中的“重排窗口”按钮，在弹出的“重排窗口”下拉菜单中选择排列方式（水平平铺、垂直平铺、重叠）。打开多个工作簿后，可以在不同工作簿中切换，同时对多个工作簿操作。单击某个工作簿区域，该工作簿成为当前工作簿。

（3）并排比较。在有些情况下，需要在两个同时显示的窗口中并排比较两个工作表，并要求两个窗口中的内容能够同时滚动浏览，可以用到“并排比较”功能。“并排比较”是一种特殊的重排窗口方式，选定需要对比的某个工作簿窗口，单击“视图”选项卡中的“并排比较”按钮，在其中选择需要对比的目标工作簿，单击“确定”按钮，即可将两个工作簿窗口并排显示在 WPS 窗口中。当只有两个工作簿时，直接显示“并排比较”后的状态。

4. 关闭工作簿

单击要关闭的工作簿标签右侧的“关闭”按钮 × 或单击“文件”选项卡中的“退出”按钮，或使用 Alt+F4 组合键都可以关闭工作簿窗口。

如果工作簿经过修改还没有保存，那么 WPS 表格在关闭工作簿之前会弹出对话框提示是否保存现有的修改。

5. 保护工作簿

打开已经存在的工作簿，单击功能区的“审阅”选项卡，如图 4-2 所示。单击“保护工作簿”按钮，在弹出的对话框中输入密码，单击“确定”按钮。在弹出的“确认密码”对话框中重新输入密码，单击“确认”按钮即可。

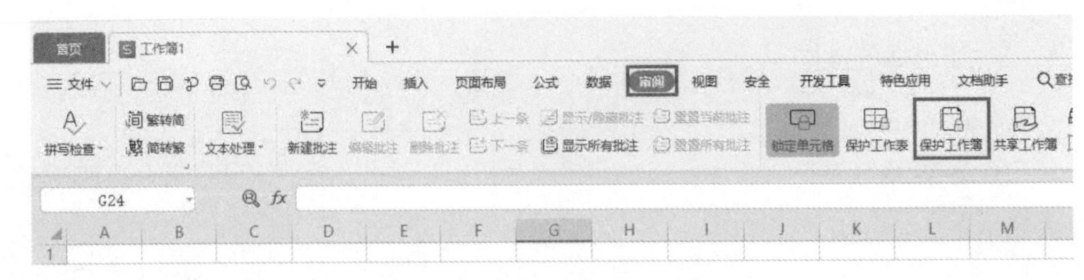

图 4-2 单击“审阅”选项卡

4.1.4 工作表的操作

工作表的操作

1. 工作表之间的切换、选择

由于每个工作簿可以包含多张工作表，且不能同时显示在一个屏幕上，因此可能要经常在多张工作表之间切换完成不同的工作。在 WPS 表格中，可以通过单击工作表标签快速方便地在不同的工作表之间切换。

如果建立了一组工作表，而在这些工作表中某些单元格区域需要进行相同操作（输入数据、制表、画图等），则需要同时选择多个工作表。

同时选择一组工作表的方法如下。

（1）选择相邻的一组工作表：选定第一个工作表，按住 Shift 键并单击本组工作表的最后一个表标签。

（2）选择不相邻的一组工作表：按住 Ctrl 键，依次单击要选择的工作表标签。

（3）选择全部工作表：右击工作表标签，在弹出的快捷菜单中选择“选定全部工作表”选项。选择全部工作表后，对任一个工作表进行操作，本组其他工作表也得到相同的结果。因此，可以对一组工作表中的相同部分进行操作，提高工作效率。

单击工作表组以外的表标签或单击表标签快捷菜单中的“取消成组工作表”选项，均可以取消工作组的设置。

2. 新建工作表

默认状态下，新建的工作簿只包含一张工作表，用户可以根据需要增加工作表。单击工作表标签中的“新建工作表”按钮＋，每单击一次，可新建一张工作表。

3. 重命名工作表

由于工作表命名要做到见名知意，因此用户通常需要为默认的工作表重新命名。

重命名的常用方法如下：

（1）双击需要重命名的工作表标签，在工作表标签中输入新的工作表名称。

（2）右击需要重命名的工作表标签，在弹出的快捷菜单中选择“重命名”选项，输入新的工作表名称后，按 Enter 键。

4. 移动、复制工作表

在工作表标签中选定工作表，可以用鼠标直接拖动到当前工作簿的某个工作表之后（前）；若在移动时按住 Ctrl 键，则可将该工作表复制到其他工作表之后（前）。同理，可以将选定的工作表移动或复制到其他的工作簿中。

5. 删除工作表

如果觉得某张工作表没用了，可以将它删除，但删除的工作表将无法还原，具体删除工作表的操作方法如下：

（1）选定一个或多个工作表，在选定的工作表标签上右击，在弹出的快捷菜单中单击“删除”命令。

（2）在“开始”选项卡中单击“工作表”，在弹出的快捷菜单中单击“删除工作表”命令。

6. 插入工作表

单击“开始”选项卡中的“工作表”，在弹出的快捷菜单中单击“插入工作表”命令，可以在当前工作表前插入一个新的工作表。

7. 隐藏和取消隐藏工作表

隐藏工作表：单击“开始”选项卡中的“工作表”，在弹出的快捷菜单中单击“隐藏与取消隐藏”→“隐藏工作表”命令。

取消隐藏工作表：单击“开始”选项卡中的“工作表”，在弹出的快捷菜单中单击“隐藏与取消隐藏”→“取消隐藏工作表”命令，在弹出的“取消隐藏”对话框中选择要取消隐藏的工作表，单击“确定”按钮。

8. 工作表的保护

保护工作表的操作方法如下：

（1）打开一个要保护的工作表，切换到“审阅”选项卡，单击“保护工作表”按钮。

（2）弹出“保护工作表”对话框，如图 4-3 所示。在“密码（可选）”文本框中输入密码，并选中“允许此工作表的所有用户进行”列表框中的“选定锁定单元格”和“选定未锁定单元格”复选框。

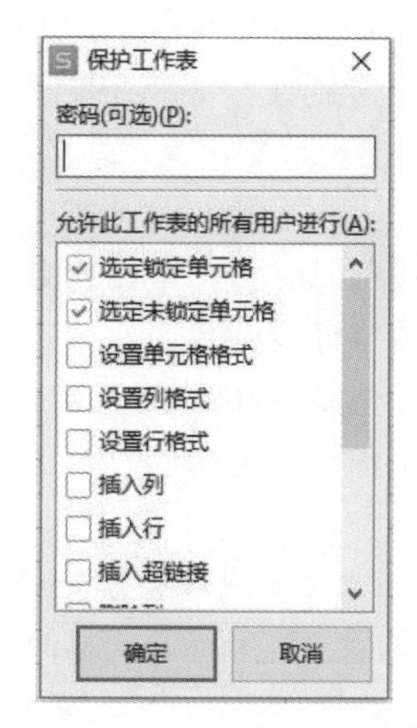

图 4-3　“保护工作表”对话框

（3）单击“确定”按钮，弹出“确认密码”对话框，在“重新输入密码”文本框中输入刚刚设置的密码，单击“确定”按钮。

（4）当用户需要编辑该工作表时，系统会弹出提示对话框，单击“确定”按钮关闭该对话框。

（5）单击“撤销工作表保护”按钮，弹出“撤销工作表保护”对话框，在“密码”文本框中输入保护的密码，单击“确定”按钮即可编辑该工作表。

9. 冻结窗格

在用 WPS 表格编辑表格的过程中，如果表格太大，行、列较多，向下（向右）滚屏，则上面（或左边）的标题行也会跟着滚动，这样在处理数据时往往难以分清各行（各列）数据对应的标题，此时可以采用 WPS 表格的“冻结窗口”功能。这样在滚屏时，被冻结的标题行（列）固定显示在表格的最顶端（或最左侧），大大增强了表格编辑的直观性。冻结窗格的操作方法如下：

（1）将鼠标定位在需要冻结的标题行（一行或多行）的下一行和标题列（一列或多列）的下一列所在的单元格。

（2）单击“开始”选项卡中的“冻结窗格”按钮。

如果窗格已被冻结，单击“取消冻结”按钮即可取消冻结。

10. 拆分窗口

把当前工作簿窗口拆分成多个窗格，每个窗格都可以滚动显示工作表的各个部分。拆分窗口可以在一个文档窗口中查看工作表的不同部分。

（1）选定活动单元格（拆分的分割点），在“视图”选项卡中单击“拆分窗口”按钮，工作表在活动单元格处被拆分为4个独立的窗格。

（2）在水平滚动条的右端和垂直滚动条的顶端有一个小方块，称为拆分框。拖动拆分框要拆分的工作表分隔处，可以将窗口拆分为4个独立的窗格。

在“视图”选项卡中单击“拆分窗口”按钮，或双击分隔条，可恢复窗口原来的形状。

4.1.5 单元格的操作

单元格的操作

工作表的编辑主要是针对单元格、行、列以及整个工作表进行的撤销、恢复、复制、粘贴、移动、插入、删除、查找和替换等操作。

1. 选定单元格

对单元格进行操作时，首先要选定单元格。熟练掌握选择不同范围内单元格的方法，可以加快编辑速度。

（1）选定一个单元格。选定单元格最简单的方法就是单击所需编辑的单元格。当选定了某个单元格后，该单元格名称将会显示在名称栏内。

（2）选定多个相邻的单元格。单击起始单元格，按住鼠标左键并拖动鼠标至需连续选定单元格的终点。

（3）选定不相邻的单元格。按住 Ctrl 键，单击选择相应的单元格。

（4）选定整行。单击行首的数字编号即可。

（5）选定整列。单击列首的字母编号即可。

（6）选定整个工作表。单击工作表左上角的“全选”按钮即可。

2. 插入/删除行、列、单元格

在编辑工作表的过程中，有时需要插入或删除行、列、单元格。插入单元格后，原有的单元格将后移，给新的单元格让出位置。当删除单元格时，周围的单元格会移动填充空格。

（1）插入行、列、单元格。

1）选定单元格。

2）右击，在弹出的快捷菜单中选择“插入”命令，打开“插入”对话框。

3）选择“活动单元格右移”或“活动单元格下移”单选项。单击“确定”按钮，即可插入单元格。

如果选择了“整行”或“整列”命令，则会在所选单元格上方插入一行或在所选单元格左侧插入一列。

要插入整行或整列，也可在行或列编号上右击，从弹出的快捷菜单中选择“插入”命令。

（2）删除行、列、单元格。

1）选定要删除的单元格、行或列所在的任一单元格。

2）右击，在弹出的快捷菜单中选择“删除”命令，打开“删除”对话框。

3）选定相应的“右侧单元格下移”“下方单元格上移”“整行”“整列”选项，单击“确定”按钮，完成单元格、行或列的删除。

要删除整行或整列，也可在行或列编号上右击，从弹出的快捷菜单中选择“删除”命令。

3. 调整行高和列宽

系统默认的行高和列宽有时并不能满足用户的需求，这时可以调整行高和列宽。

（1）用鼠标拖动调整行高或列宽。

1）将鼠标放到两个行标号或列标号之间，鼠标变成双向箭头形状↔↕。

2）按下鼠标左键并拖动，即可调整行高或列宽。

（2）精确设置行高或列宽。

1）选定要改变行高或列宽的行或列。

2）在选定的行或列的编号上右击，从弹出的快捷菜单中选择“行高”或“列宽”命令。

3）在弹出的对话框中输入数值，单击“确定”按钮。

（3）批量设置行高或列宽。

1）鼠标移动到整个工作表的左上角全选快捷键◢，选中整个表格。

2）将鼠标移动到第一行的线框位置，将鼠标拖到自己需要的高度。

3）将鼠标移动到第一列的位置，将鼠标拖动到自己需要的列宽，如图 4-4 所示。

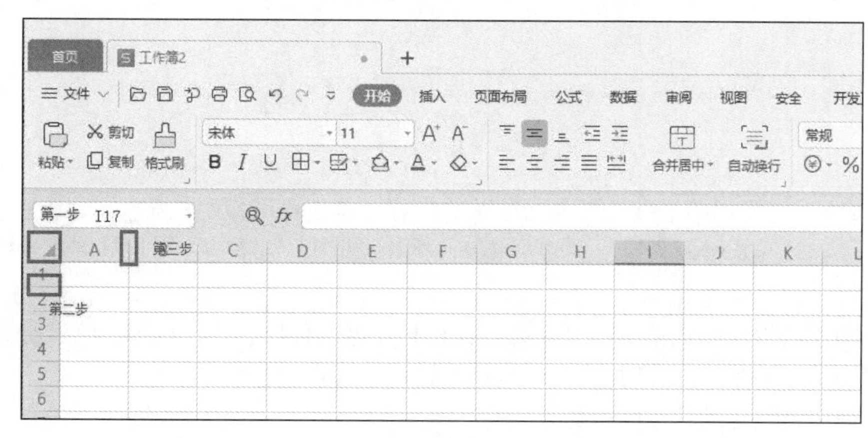

图 4-4　批量设置行高和列宽

4. 合并、拆分单元格

在使用 WPS 表格的过程中，有时需要将两个或多个相邻的单元格合并成一个跨多行或多行显示的大单元格，或将一个大的单元格拆分恢复为原来的两个或多个单元格。

（1）合并单元格。

1）选择两个或多个要合并的相邻单元格。

2）单击“开始”选项卡中的“合并居中”下拉按钮，从弹出的列表中选择“合并居中”“合并单元格”“合并内容”“按行合并”或“跨行居中”等命令完成单元格的合并。

（2）拆分合并的单元格。

1）选择已合并的单元格。

2）单击“开始”选项卡中的“合并居中”下拉按钮，从弹出的列表中选择“取消合并单元格”命令。合并单元格的内容将出现在拆分单元格区域左上角的单元格中。

5. 移动和复制单元格的内容

（1）用剪贴板操作。若在文档中进行两次以上的剪切或复制操作，则在“剪贴板”任务窗格单击所需要的内容即可。如果要将剪贴板的内容全部粘贴下来，则可以单击“全部粘贴”按钮；如果要将剪贴板中的内容全部清除，则可以单击“全部清空”按钮。

在“开始”选项卡“剪贴板”功能区单击右下方的向下按钮，可以打开“剪贴板”任务窗格。

（2）用“选择性粘贴”复制单元格数据。用“选择性粘贴”功能可以有选择地复制单元格数据。例如，只复制公式、数字、格式等，将一行数据复制到一列中，或将一列数据复制到一行中。操作方法如下：

1）选定要复制的单元格区域，在“开始”选项卡中单击“复制”按钮。

2）选定准备粘贴数据的区域，在“开始”选项卡中单击“粘贴”按钮，在列表中选择“选择性粘贴”命令，弹出“选择性粘贴”对话框，如图 4-5 所示。

选择性粘贴

粘贴

◉ 全部(A)　○ 所有使用源主题的单元(H)
○ 公式(F)　○ 边框除外(X)
○ 数值(V)　○ 列宽(W)
○ 格式(T)　○ 公式和数字格式(R)
○ 批注(C)　○ 值和数字格式(U)
○ 有效性验证(N)

运算

◉ 无(O)　○ 乘(M)
○ 加(D)　○ 除(I)
○ 减(S)

☐ 跳过空单元(B)　☐ 转置(E)

粘贴链接(L)　确定　取消

图 4-5　“选择性粘贴”对话框

3）按照对话框中的选项选择需要粘贴的内容，单击“确定”按钮。

若在“运算”区域中选择了“加”“减”“乘”“除”单选按钮，则对复制单元格中的公式或数值进行相应的运算。

若选中“转置”复选框，则可完成对行、列数据的位置转置。例如，把一行数据转换成工作表中的一列数据。此时，复制区域顶端行的数据出现在粘贴区域左列处；复制区域列数据出现在粘贴区域的顶端行处。

若选择“跳过空单元”复选框，则可以使粘贴目标单元格区域的数值被复制区域的空白单元格覆盖。

“选择性粘贴”只能将用“复制”命令定义的数值、格式、公式或附注粘贴到当前选定的单元格区域；用“剪切”命令定义的选定区域不起作用。

（3）用拖动鼠标的方法复制和移动单元格的内容。

1）选择需要复制或移动的活动单元格。

2）鼠标指针指向活动单元格的底部。位置正确时，鼠标指针变为指向左上方的箭头。

3）按住鼠标左键（复制时，同时按住 Ctrl 键）并拖动到目标单元格。

4）释放鼠标左键完成移动（或复制），源单元格中的数据被移动（或复制）到目标单元格中。

4.1.6　输入数据

单元格数据的输入

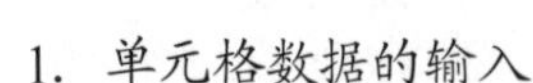

1. 单元格数据的输入

当用户选定要输入的单元格，使其变成活动单元格时即可在单元格中输入数据。

（1）文本。文本型数据是由字母、汉字和其他字符开头的数据，如表格中的标题、名称等。默认情况下，文本型数据沿单元格左对齐。有些数据虽全部由数字组成，如学号、身份证号等，其形式表现为数值，但这些数字无需参加任何运算，WPS 表格可将其作为文本型数据处理，输入时应在数据前输入半角单引号“'”（如“'20210212”），或者选定需要改变为文本的数据区域，将其改变成文本格式，再输入数字。

（2）数值。在 WPS 表格中，数值型数据使用得最多，它由数字 0～9、正号、负号、小数点等组成。输入数值型数据时，WPS 表格自动将其沿单元格右对齐。输入数字时需要注意如下两点：

1）输入分数（如 2/5）时，为避免将分数视为日期，应先输入 0 和一个空格，如输入“0　2/5”。

2）输入的数值超过 10 位时，数值自动转换为文本形式显示；若已规定列宽，输入的数据无法完整显示，则显示“####”，用户可以通过调整列宽以完整显示。

3）带括号的数字被认为是负数。

（3）日期和时间。输入时间时，要用斜杠（/）或连接符（-）隔开年、月、日，如 2021/8/4 或 2021-8-4。输入时间时，要用冒号“:”隔开时、分、秒，如“8:20am”和“8:20pm”（am 代表上午，pm 代表下午。am 可以省略不写）。

在 WPS 表格中，时间分为 12 小时制和 24 小时制两种表示方式，如果要基于 12 小时制输入时间，首先在时间后输入一个空格，然后输入 am 或 pm（也可以是 a 或 p）表示上午或下午；否则，WPS 表格将默认以 24 小时制计算时间。

默认情况下，日期和时间在单元格中右对齐。

输入日期和时间时需要注意以下两点。

1）按“Ctrl+;”组合键可以输入当前日期。

2）按“Ctrl+Shift+;”组合键可以输入当前时间。

WPS 表格提供了多种日期格式，右击单元格，在弹出的快捷菜单中选择“设置单元格格式”选项，在弹出的“单元格格式”对话框中可以设置日期的具体格式，如图 4-6 所示。

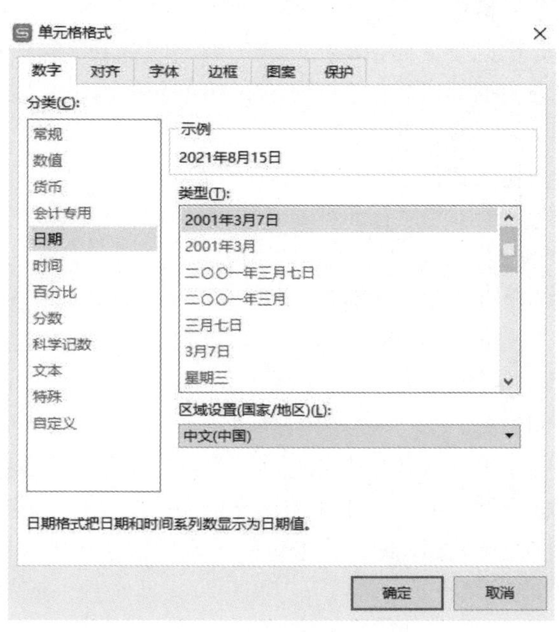

图 4-6　“单元格格式”对话框

（4）逻辑值。逻辑值只有 TRUE（真）和 FALSE（假），一般是在比较运算中产生的结果，多用于进行逻辑判断。默认情况下，逻辑值在单元格中居中对齐。

2. 智能填充数据

当在行或列相邻单元格中输入按规律变化的数据时，WPS 表格提供的智能填充功能可以实现数据的快速输入。智能填充功能通过“填充柄”实现。

智能填充数据

填充柄是位于选定区域右下角的小方块。当鼠标指向填充柄时，鼠标的指针变为十字形状＋，这时按下鼠标左键拖动，即可在相应单元格进行自动填充。使用填充柄自动填充数据后，在最后一个单元格下方显示“自动填充选项”按钮，单击该按钮会弹出自动填充选项列表，如图 4-7 所示，填充数据不同，该列表的内容会不同，可根据需要选择合适的填充选项。

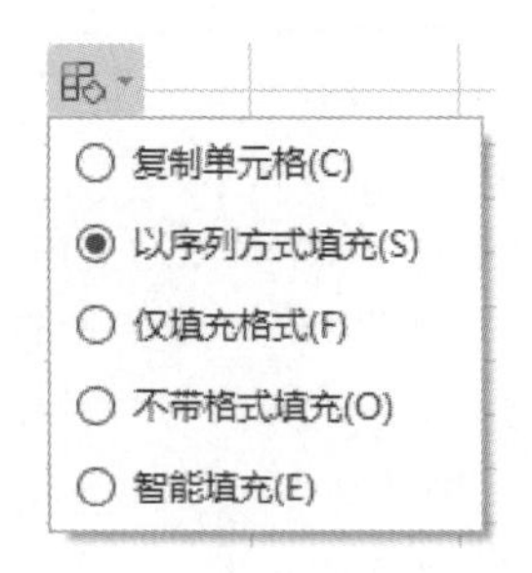

图 4-7 自动填充选项列表

（1）步长为 1 的自动填充。

1）在选定的单元格中输入数值，如“1”。

2）将鼠标指针指向选定单元格右下角的填充柄，此时指针变成十字形状。

3）按行或列的方向拖动鼠标，即可在拖过的单元格内生成依次递增的数值（步长为 1）。

（2）按等差数列自动填充。

1）在连续的两个单元格中分别输入数值，如“1”和“3”。

2）选定这两个单元格，将鼠标指针指向选定单元格右下角的填充柄。

3）按填充数据的方向拖动鼠标，即可在拖过的单元格内生成按等差数列产生的数值。

（3）按等比数列自动填充。

1）在连续的三个单元格中分别输入数值，如“2”“4”“8”。

2）选定这三个单元格，将鼠标指针指向选定单元格右下角的填充柄。

3）按填充数据的方向拖动鼠标，即可在拖过的单元格内生成按等比数列产生的数值。

（4）利用“序列”对话框自动填充。

1）在选定单元格内输入数值，如“0”。

2）单击“开始”选项卡中的“行和列”下拉按钮，打开级联子菜单，选择“填充”→“序列”命令，弹出“序列”对话框。

3）在对话框中指定序列产生在“列”，类型为“等差数列”，在“步长值”文本框中输入等差序列的差值“2”，输入终止值“50”，单击“确定”按钮，序列中产生从 0 开始到 50 结束、步长 2 的等差序列。

（5）按日期、时间填充。

1）在选定的单元格中输入具体日期或时间，如“2021/8/29”。

2）将鼠标指针指向选定单元格右下角的填充柄，此时指针变成十字形状。

3）按行或列的方向拖动鼠标，即可在拖过的单元格内生成依次递增的数值，在最后一个单元格下方将显示“自动填充选项”按钮，可根据需要选择合适的填充选项。

4.1.7 单元格格式设置

单元和格式设置

在 WPS 表格中，对工作表中的不同单元格数据，可以根据需要设置不同的格式，如设置单元格的数据类型、文本的对齐方式、字体以及单元格的边框和底纹等。

在要设置格式的单元格上右击，在弹出的快捷菜单中选择“设置单元格格式”命令，弹出“单元格格式”对话框，如图 4-8 所示。在此对话框中，用户可以根据需要设置单元格的格式。

1. 对齐方式的设置

（1）利用功能区的“对齐方式”组设置。在功能区“开始”选项卡中的“对齐方式”组中有 12 个对齐方式按钮，用于快速设置对齐格式，如图 4-9 所示。

1）“顶端对齐”按钮、“垂直居中”按钮、“底端对齐”按钮，使单元格数据沿单元格垂直方向的顶端对齐、上下居中或底端对齐。

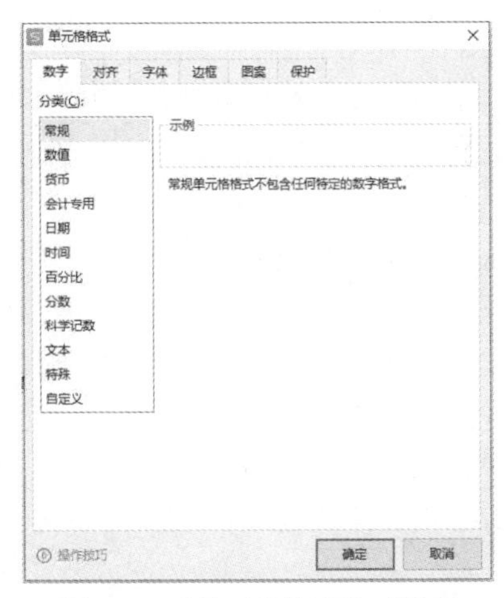

图 4-8 “单元格格式”对话框

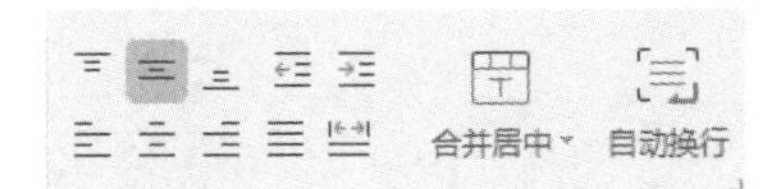

图 4-9 对齐方式按钮

2）“文本左对齐”按钮、“文本居中”按钮、“文本右对齐”按钮、“两端对齐”按钮、“分散对齐”按钮，使所选单元格、区域、文字框或图表文字中的内容在水平方向上向左对齐、居中对齐、向右对齐、两端对齐或分散对齐。

3）“减小缩进量”按钮和“增大缩进量”按钮，减小或增大边框与单元格文字之间的边距。

4）“自动换行”按钮，通过多行显示，使单元格中的所有内容都可见。

5）“合并居中”按钮，将选中的多个连续单元格区域合并成一个“大”的单元格，合并后的单元格只保留选中区域左上角单元格中的数据并居中对齐。该按钮尤其适用于标题。

（2）使用“单元格格式”对话框设置。在要设置格式的单元格上右击，在弹出的快捷菜单中选择“设置单元格格式”命令，弹出“单元格格式”对话框，选择“对齐”选项卡，如图 4-10 所示，可设置“文本对齐方式”“方向”“文本控制”。

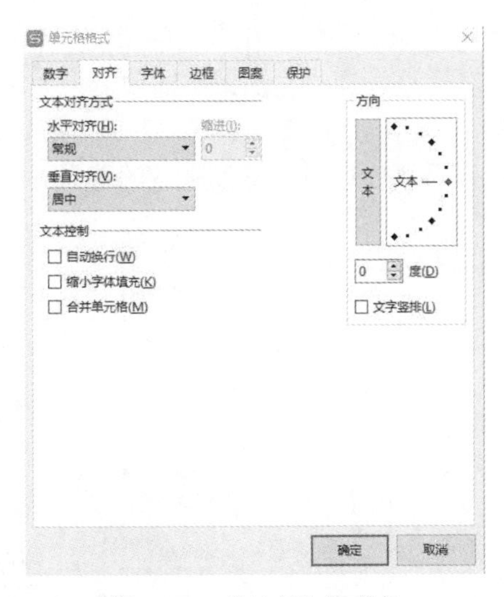

图 4-10 “对齐”选项卡

2. 文本字体格式的设置

字体格式用来设置单元格中数据的字体、字形、字号、颜色和效果。它可以对整个单元格中的数据进行设置，选中相应单元格即可；也可对单元格中的部分数据进行设置，在编辑框中选定进行设置即可。

在需要设置格式的单元格上右击，在弹出的快捷菜单中选择“设置单元格格式”命令，选择“字体”选项卡，如图 4-11 所示，即可设置单元格或区域的字体格式。

3. 边框设置

设置表格的边框可以明确划分单元格区域，突出显示工作表数据，从而美化工作表。边框线可以增加在单元格的上、下或左、右，也可以增加在四周。

在需要设置格式的单元格区域上右击，在弹出的快捷菜单中选择“设置单元格格式”命令，弹出“单元格格式”对话框，选择“边框”选项卡，如图 4-12 所示。也可在功能区“开始”选项卡中“字体”组中的“边框”按钮下拉列表添加边框，单击“所有框线”按钮右侧的下拉按钮时，弹出边框列表，选择合适的边框即可。

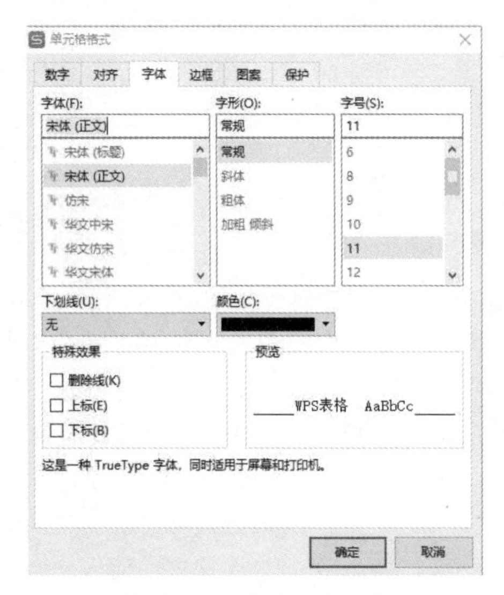

图 4-11 “字体”选项卡

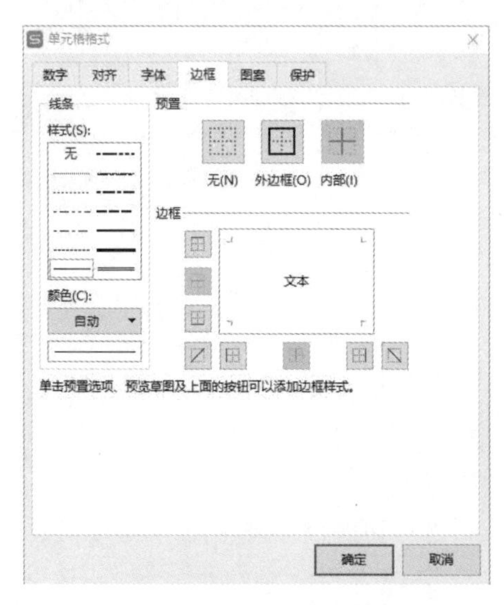

图 4-12 “边框”选项卡

4. 底纹设置

在 WPS 表格中，除了可以为单元格或区域设置纯色的背景色，还可以设置渐变色、图案。

在需要设置格式的单元格区域上右击，在弹出的快捷菜单中选择“设置单元格格式”命令，弹出“单元格格式”对话框，选择“图案”选项卡，如图 4-13 所示。单击“填充效果”按钮，弹出“填充效果”对话框，如图 4-14 所示，可以选择形成渐变效果的颜色及底纹样式，单击“确定”按钮，设置所选单元格或区域的背景。

图 4-13 “图案”选项卡

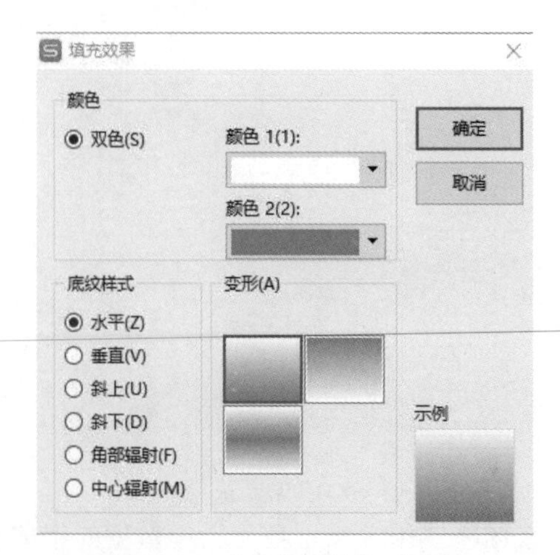

图 4-14 “填充效果”对话框

“图案”指的是在某种颜色中掺入一些特定的花纹构成的特殊背景色。在“单元格格式”对话框的“图案”选项卡下，可在“图案颜色”下拉列表框中选择某种颜色，再在“图案样式”下拉列表框中选择掺杂方式，单击“确定”按钮。

4.1.8　单元格数据的查找、替换和定位

其他表格设置

利用 WPS 的查找和替换功能可快速定位到满足查找条件的单元格，并能方便地将单元格中的数据替换为需要的数据。查找和替换数据的方法如下：

（1）在需要查找数据的工作表单击“开始”→“编辑”→“查找”按钮。

（2）在“查找”下拉菜单中选择“查找”“替换”或“定位”选项。

（3）弹出“查找”对话框，如图 4-15 所示，在“查找内容”文本框中输入要查找的内容，单击“查找下一个”按钮进行查找，查找到的内容所在单元格会处于选中状态。

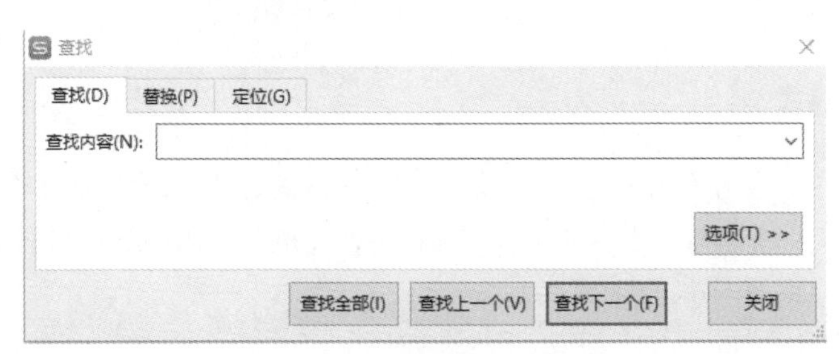

图 4-15　“查找”对话框

（4）弹出“替换”对话框，如图 4-16 所示，在“替换为”文本框中输入替换后的内容，单击“全部替换”按钮，即可将查到的数据全部替换。单击“关闭”按钮，返回工作表，可看到替换后的效果。

进行替换操作时还可以进行带格式替换，在“替换”对话框中单击“选项”按钮，可以显示查找功能的高级模式，在“替换”对话框的高级模式中，可以根据需要设置查找模式，如图 4-17 所示。在“范围”下拉列表框中可以设置搜索范围为工作簿或工作表；在“搜索”下拉列表框中可以设置搜索方式为按行或按列；在“查找范围”下拉列表框中可以设置查找范围，如公式、值和批注等。

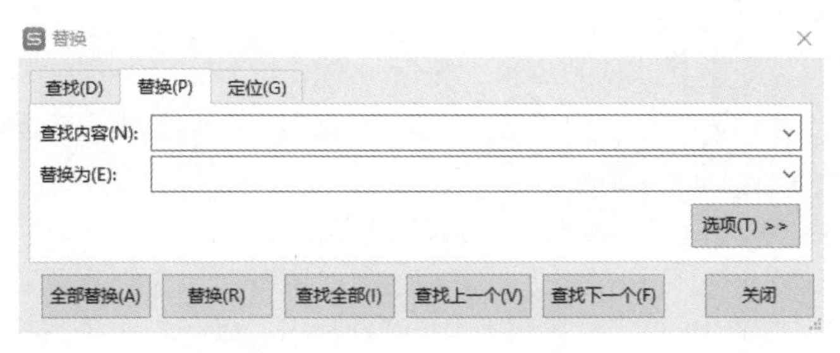

图 4-16　“替换”对话框

图 4-17　“替换”对话框的高级模式

（5）弹出“定位”对话框，如图 4-18 所示，单击需要定位的条件，单击“定位”按钮，即可快速定位到满足查找条件的单元格。

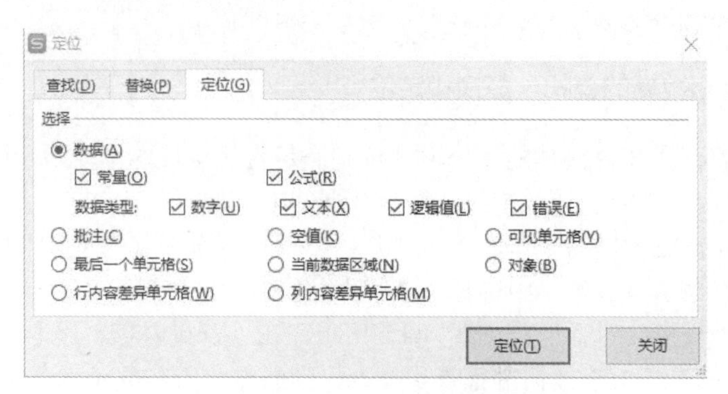

图 4-18 “定位”对话框

4.1.9 条件格式

所谓条件格式，是指当单元格内容满足给定条件时，自动应用制定条件的对应格式，例如文字颜色或单元格底纹。如果想突出显示所关注的单元格或单元格区域，可通过使用 WPS 表格提供的“条件格式”功能实现。

1. 设置条件格式

（1）选择数据单元格区域。

（2）单击“开始”选项卡中的“格式”下拉按钮，在下拉列表中选择“条件格式”命令，弹出“条件格式”对话框。

（3）在对话框中选定条件。

（4）单击“格式”按钮，在弹出的“单元格格式”对话框中设定满足条件的单元格的格式，如设置文本格式为“加粗，倾斜”。

（5）如果用户还要添加其他条件，可单击“添加”按钮，然后第（3）步和第（4）步。WPS 表格允许添加三个条件。

（6）单击“确定”按钮，完成条件格式的设置。

2. 清除条件格式

（1）选择已设置条件格式的数据单元格区域。

（2）单击“开始”选项卡中的“格式”下拉列表，在下拉列表中选择“条件格式”命令，重新弹出“条件格式”对话框。

（3）单击“删除”按钮，完成条件格式的删除。

例如，可以在“公司员工信息表”中将所选区域所有员工工资大于或等于 3500 元的采用“↑”图标显示，小于 3000 元的采用“↓”图标显示，以便直观地显示员工的工资情况，效果如图 4-19 所示。

表格样式是 WPS 表格内置的表格格式方案，方案中已经对表格中的各个组成部分定义了特定的格式，如单元格的字体、字号、边框、底纹等。表格样式用于快速修饰表格外观，将制作的表格格式化，产生美观、规范的表格，同时节省许多时间。

（1）选择要套用表格样式的单元格区域。

（2）单击“表格样式”选项卡，弹出表格样式功能区。

（3）选择一种样式套用到当前选定的单元格区域。

（4）单击“确定”按钮，完成套用表格格式。

在“表格样式”选项卡中，用户可以根据需要选中“首行填充”“首列填充”“末行填充”“末列填充”“隔行填充”或“隔列填充”复选框。

××公司员工其他信息表				
			填表日期：2021-08-15	
编号	姓名	基本工资	联系电话	QQ号
001	廖航	¥3,685.00	1330555xxxx	244468xxx
002	陈清雪	¥3,200.00	1330555xxxx	1235468xxx
003	陈芳	¥3,385.00	1535546xxxx	365469xxx
004	邓辉	¥2,988.00	1776598xxxx	206816xxx
005	刘志宏	¥4,685.50	1386659xxxx	1023569xxx
006	侯冰	¥4,150.00	1395569xxxx	263397xxx
007	李月辉	¥3,613.00	1805559xxxx	201699xxx
008	杨林	¥2,758.00	1815569xxxx	36975xxx

图 4-19　条件格式效果

如果对设置的样式不满意，可以重新选择样式，也可以单击“格式”→“清除”→“格式”按钮清除已应用的表格样式。

【案例 4-1】员工信息表。

图 4-20 和图 4-21 所示分别是××公司员工基本信息和其他信息。要求在同一工作簿中创建两张工作表，并完成在工作表中输入原始数据、格式化工作表等操作。

案例 4-1 操作

××公司员工基本信息				
			填表日期：2021-08-15	
编号	姓名	性别	身份证号	学历
001	陈清雪	女	45235620011023xxxx	本科
002	陈芳	女	31540719940505xxxx	研究生
003	邓辉	男	34052320010912xxxx	本科
004	刘志宏	男	34012219980115xxxx	本科
005	侯冰	女	34061119961212xxxx	研究生
006	李月辉	女	34071119991019xxxx	本科
007	杨林	男	34050319950228xxxx	本科

图 4-20　××公司员工基本信息

××公司员工其他信息表				
			填表日期：2021-08-15	
编号	姓名	基本工资	联系电话	QQ号
001	陈清雪	¥3,200.00	1330555xxxx	1235468xxx
002	陈芳	¥3,385.00	1535546xxxx	365469xxx
003	邓辉	¥2,988.00	1776598xxxx	206816xxx
004	刘志宏	¥4,685.50	1386659xxxx	1023569xxx
005	侯冰	¥4,150.00	1395569xxxx	263397xxx
006	李月辉	¥3,613.00	1805559xxxx	201699xxx
007	杨林	¥2,758.00	1815569xxxx	36975xxx

图 4-21　××公司员工其他信息

操作要求如下。

（1）在工作表 Sheet1 中完成以下任务。

1）录入图 4-20 所示数据，并将单元格内的字体改为宋体。

2）设置表格标题行的高度为 30 磅，其余各行高度均为 18 磅，各列宽度根据需要调整。

3）将单元格 A1:E1 合并后居中，并将单元格内字号改为 18 磅。

4）将所有非空单元格的内容居中。

5）在“陈清雪”之前添加下列新记录并重新编号：

001　　廖航　　男　　34051220001010××××　　本科

6）设置表格线：内边框为细实线，外边框为粗实线，表头下方为双细线。

7）将工作表 Sheet1 重命名为“公司员工基本信息表”。

（2）在工作表 Sheet2 中完成以下任务。

1）录入图表中数据并格式化工作表（文本、数字居中，日期居右）。

2）在陈清雪之前添加下列新记录并重新编号：

廖航　¥3685.00　1330555××××　244468×××

3）利用“条件格式”将基本工资小于 3000.00 的用红色×标注，基本工资大于或等于 3500.00 分的用绿色√标注。

4）为表格套用格式样式“表样式中等深浅 2”。

5）将工作表 Sheet2 重命名为“公司员工其他信息表”。

（3）将该工作簿命名为“班级+姓名”并保存。

4.2　WPS 表格的基础应用

4.2.1　公式

公式

公式与函数是 WPS 表格的核心。公式就是对工作表中的数值进行计算的等式，它可以对工作表中的数据进行加、减、乘、除等运算。公式可以由数值、单元格引用、函数及运算符组成，可以引用同一个工作表中的其他单元格、同一个工作簿不同工作表中的单元格及不同工作簿的工作表中的单元格。

1. 输入与编辑公式

输入公式的操作类似于输入文本。不同之处在于，输入公式时必须以等号“=”开头。引用公式中包含的单元格或单元格区域，可以直接用鼠标拖动进行选定，也可单击要引用的单元格并输入引用单元格标志或名称，如“=A5+B5+C5”表示对 A5、B5、C5 单元格的数值求和，并把结果放入当前单元格。

使用公式有助于分析工作表中的数据。当改变工作表内与公式有关的数据时，WPS 表格会自动更新计算结果。

输入公式的步骤如下：

（1）选定要输入公式的单元格。

（2）在单元格或公式编辑框内输入“=”。

（3）输入所需的公式。

（4）按 Enter 键。

2. 公式中的运算符

运算符用于对公式中的元素进行特定类型的运算。常用运算符有算术运算符、字符连接符和关系运算符三种类型。算术运算符是最常见的运算符。运算符具有优先权，比如“先乘除，后加减”。表 4-1 列出了公式中的常用运算符。

表 4-1　公式中的常用运算符

运算符	功能	示例
=、<、>、>=、<=、<>	比较运算符	A1=B1、A1>B1、A1<=B1
+、-	加、减	3+4、5-1
*、/	乘、除	3*5、4/4
^	乘方	2^3（即 2^3）
-	负号	-6，-B6
%	百分号	30%
&	文本串联符	“Nor” & “th” 等于 “North”

3. 公式的复制

公式是可以复制的。例如在学生成绩表中，只要使用公式计算出第一位学生的总成绩，其余学生的总成绩就可以使用填充柄复制公式，自动计算出结果。

（1）使用公式计算出第一个需要计算的单元格数值。

（2）将鼠标指针移动到已经计算出结果的单元格右下角的填充柄，此时指针变成十字形状，按下鼠标左键。

（3）按行或列的方向拖动鼠标，即可在拖过的单元格内自动计算出其他单元格的结果。

4. 单元格引用

单元格引用是标识工作表的一个或一组单元格，它告诉 WPS 表格公式使用哪些单元格的值。引用可以在一个公式中使用工作表不同部分的数据，或者在多个公式中使用同一单元格的数值。同样，可以引用工作簿的其他工作表中的单元格，甚至引用其他工作簿的数据。

单元格的引用可分为相对地址引用、绝对地址引用和混合地址引用。

相对地址引用：直接引用单元格的区域名。例如，公式“=A1+B1+C1”中的 A1、B1、C1 都是相对引用。使用相对引用后，系统记住建立公式的单元格和被引用单元格的相对位置。复制公式时，新的公式单元格与被引用单元格之间仍保持这种相对位置关系。

绝对地址引用：绝对引用的单元格名中，列标、行号前都有“$”符号。例如，上述公式改为绝对引用后，单元格中输入的公式应为“=$A$1+$B$1+$C$1”。使用绝对引用后，被引用的单元格与引用公式所在单元格之间的位置关系是绝对的，无论这个公式复制到哪个单元格，公式引用的单元格都不变，因而引用的数据不变。

混合地址引用：在公式中使用混合引用时，只有在纵向复制公式时$A1 的行号会改变，如将 C1 中的“=$A1”复制到 C2，公式改变为“=$A2”，而复制到 D1 仍然是“=$A1”。也就是说，形如$A1、$A2 的混合引用“纵变行号，横不变”。而 B$2 恰巧相反，在公式复制中，“横变列号，纵不变”。

三种引用示意如图 4-22 所示。

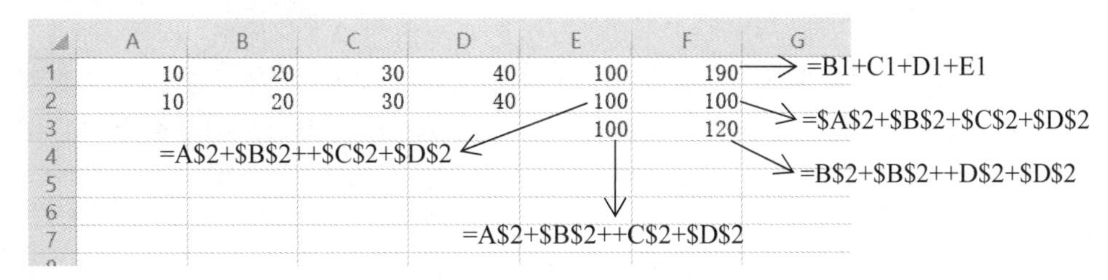

图 4-22　三种引用示意

5. 公式返回错误值及产生原因

使用公式时，出现错误将返回错误值。公式返回的错误值及其产生的原因见表 4-2。

表 4-2 公式返回的错误值及其产生的原因

返回的错误值	产生的原因
#####!	公式计算的结果太长，单元格宽度不够，增大单元格的列宽可以解决
#DIV/0!	除数为 0
#N/A	公式中使用不存在的名称，以及名称拼写错误
#NAME?	删除了公式中使用或不存在的名称，以及名称的拼写错误
#NULL!	使用了不正确的区域运算或不正确的单元格
#NUM!	在需要数字参数的函数中使用了不能接受的参数；或者公式计算结果的数字太大或太小，WPS 无法表示
#REF!	删除了其他公式引起的单元格，或将移动单元格粘贴到其他公式引用的单元格中
#VALUE!	需要数字或逻辑值时输入了文本

6. 中文公式的使用

在复制、使用函数以及修改工作中的某些内容时，涉及单元格或单元格区域。为简化操作，WPS 表格允许对单元格或单元格区域命名，从而可以直接使用单元格或单元格区域的名称来规定操作对象的范围。

为单元格或单元格区域命名是给工作表中的某个单元格或单元格区域取一个名字，在以后的操作中，当涉及已命名的单元格或单元格区域时，只要使用名字即可操作，就不需要进行单元格或单元格区域的选定操作。

（1）定义名称。单击“公式”→“名称管理器”→“新建”按钮，弹出“新建名称”对话框，可以为单元格、单元格区域、常量或数值表达建立名称，如图 4-23 所示。新建名称后，可以直接用来引用单元格、单元格区域、常量或数值表达式；可以更改或删除已定义的名称，也可以预先为以后要常用的常量或计算的数值定义名称。当选定一个命名单元格或已命名的整个区域时，名称会出现在编辑栏的引用区域。

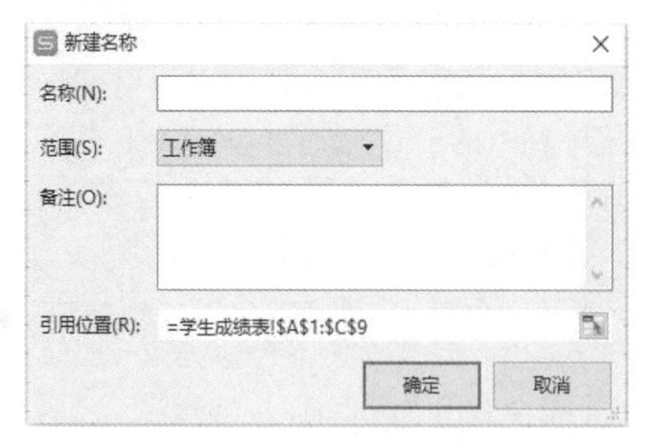

图 4-23 “新建名称”对话框

在编辑栏中单击名称框向下的箭头，打开当前工作表单元格区域名称的列表。移动光标或引用时，可以在名称列表中选择名称，直接选择或引用单元格区域。

（2）粘贴名称。可以将选定的名称插入当前单元格或编辑栏的公式中。若当前正在编辑栏中编辑公式，则选定的名称粘贴在插入点；若编辑栏没有激活，则将选定的名称粘贴到活动单元格光标处，并在名字前加上“=”号，同时激活编辑栏。

4.2.2 函数及其应用

1. 函数

函数是预定义的内置公式。它有特定的格式与用法，通常由一个函数名和相应的参数组成。函数名是定义函数功能的名称，参数位于函数名的右侧并用括号括起来，它是一个函数用以生成新值或进行运算的信息，大多数参数的数据类型都是确定的，其具体值由用户提供。

在 WPS 表格中，函数按功能可分为财务、日期与时间、数学与三角函数、统计、查找与引用、数据库、文本、逻辑、信息以及工程十大类，共计 300 多个函数。常用函数见表 4-3。

表 4-3　常用函数表

函数	格式	功能
求和函数	=SUM(number1,number2,…)	计算单元格区域中所有数值的和
条件求和函数	=SUMIF(rang,criteria,sum_range)	对单元格区域中满足条件的数值求和
平均值函数	=AVERAGE(number1,number2,…)	计算单元格区域中所有数值的平均值
条件平均值函数	=AVERAGEIF(rang,criteria,average_range)	对单元格区域中满足条件的数值求平均值
计数函数	=COUNT(value1,value2,…)	计算区域中包含数字的单元格数
条件计数函数	=COUNTIF(rang,criteria)	计算区域中满足给定条件的单元格数
条件函数	=IF(logical_test,value_if_true,value_if_false)	判断是否满足某个条件，满足时返回一个值，不满足时返回另一个值
最大值函数	=MAX(number1,number2,…)	求出并显示一组参数的最大值
最小值函数	=MIN(number1,number2,…)	求出并显示一组参数的最小值
日期函数	=TODAY()	返回当前日期
绝对值函数	=ABS(number)	求绝对值函数
四舍五入函数	=ROUND(number,num_digits)	四舍五入函数
纵向区域查找函数	=VLOOKUP(lookup_value,table_array,col_index_Num,[rang_lookup])	按列查找，最终返回该列所需查询列序对应的值
提取指定符函数	=RIGHT(string, length)	用来提取所需字符串的区域，从右边往左数提取的字符串长度
	=LEFT(string, n)	用来提取所需字符串的区域，从左边往右数提取的字符串长度
	=MID(text, start_num, num_chars)	用来提取所需字符串的区域

2. 函数应用

在 WPS 表格中，函数可以直接输入，也可以用“插入函数”的方法输入。

若用户对函数非常熟悉，可采用直接输入法。首先单击要输入函数的单元格，然后依次输入等号、函数名、具体参数（要带左右括号），最后按 Enter 键确认。

若用户对函数不太熟悉，可利用“插入函数”的方法输入函数，并按照提示输入或选择参数。下面以求 B10 到 B13 单元格条件“<2000”的数量为例，使用函数操作步骤如下：

（1）选定要输入函数的单元格。

（2）单击“开始”选项卡中的“求和”下拉按钮，在弹出的下拉列表中，如果已有所需函数，则直接选择使用；如果没有，则选择“其他函数”选项，弹出“插入函数”对话框，如图 4-24 所示。

（3）选定所需函数并单击“确定”按钮，弹出“函数参数”对话框，如图 4-25 所示，在对话框中确定该函数需要的参数。图中的函数是计算满足条件的单元格数，需要确定该函数引用的区域和计算该函数时所需的条件。单击“区域”右侧的文本框，在工作表中用鼠标拖动选择区域，单击“条件”右侧的文本框，在其中输入条件“<2000”，单击“确定”按钮，计算出该函数的值。

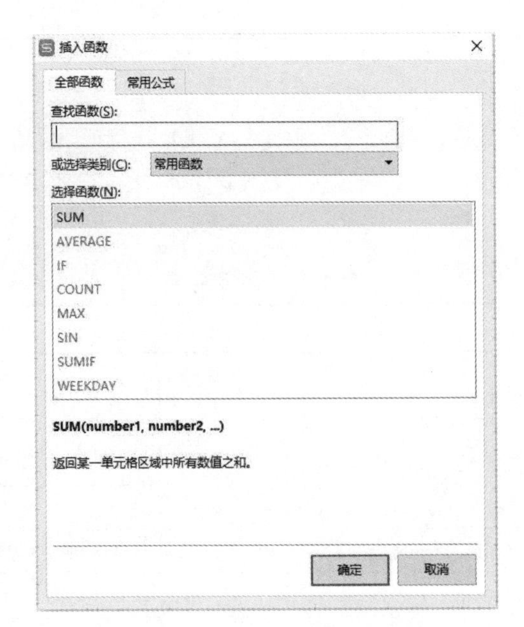

图 4-24 “插入函数”对话框

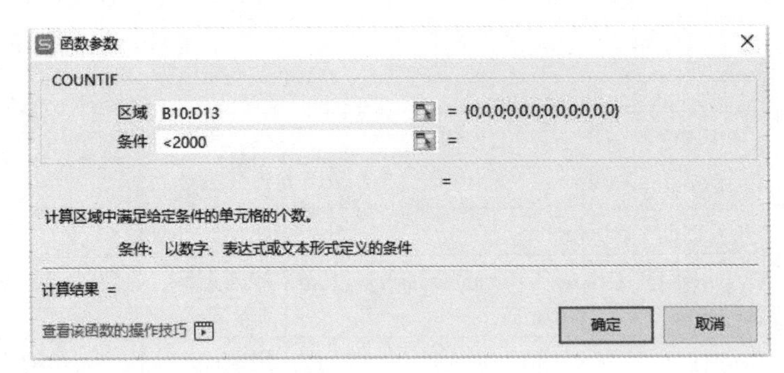

图 4-25 “函数参数”对话框

4.2.3 数据排序

数据排序与筛选

数据排序是指以一个或多个关键字为依据，按一定顺序重新排列工作表中的数据。排序后的工作表成为按指定关键字排列的有序工作表，便于浏览、查询和统计相关的数据。

排序有快速排序和自定义排序两种。如果按单列字段进行排序，则采用快速排序方法；如果按多列字段进行排序，则采用自定义排序方法。

1. 快速排序

（1）单击要排序的字段所在列的任一非空单元格。

（2）单击“开始”选项卡中的“排序”下拉按钮，从下拉列表中选择“升序排序”或“降序排序”命令，按选定的关键字排序。

2. 自定义排序

（1）单击工作表中任一单元格或选中整张数据清单（若标题行是合并的单元格，则选择的数据区域不能包含标题行）。

（2）单击“开始”选项卡中的“排序”下拉按钮，从下拉列表中选择“自定义排序”命令，打开图 4-26 所示的“排序”对话框。

（3）选择“主要关键字”，并选择“排序依据”和“次序”。

（4）单击“添加条件”按钮，选择“次要关键字”，并选择“排序依据”和“次序”。

（5）根据所选区域有无表头，选中或取消选中“数据包含标题”复选框。

（6）单击“确定”按钮完成排序。

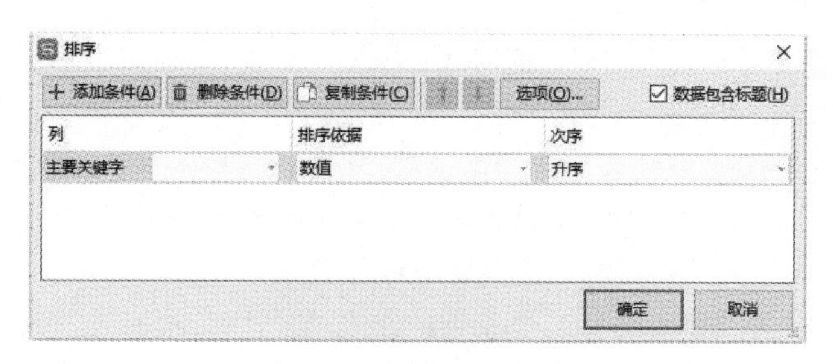

图 4-26　“排序”对话框

4.2.4　数据筛选

数据筛选是指在工作表中快速提取出满足指定条件的记录。筛选后的数据清单中只包含符合条件的记录，便于浏览和查询。不符合条件的记录暂时被隐藏起来，而不会被删除。

可以使用筛选和高级筛选两种方法进行数据筛选。

1. 筛选

当筛选条件仅涉及一个字段时，通过“筛选”命令可快速筛选出满足条件的记录。

（1）单击数据清单中任一单元格或选中整张数据清单（若标题行是合并的单元格，则选择的数据区域不能包含标题行）。

（2）单击“开始”选项卡中的“筛选”下拉按钮，从下拉列表中选择“筛选”命令。此时可以看到，在工作表中的每个字段名右侧都会出现一个下拉按钮，如图 4-27 所示。

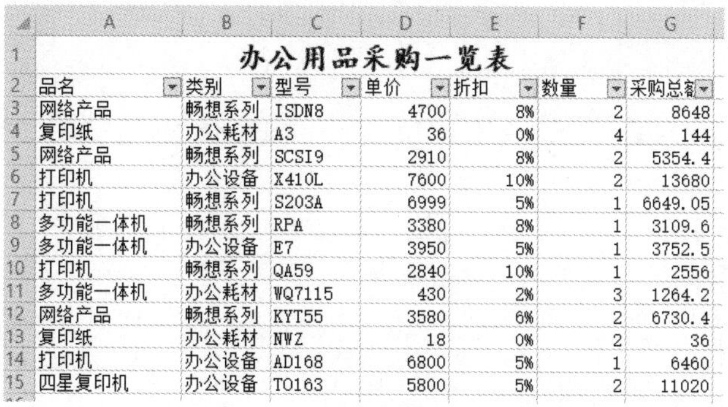

	A	B	C	D	E	F	G
1	办公用品采购一览表						
2	品名	类别	型号	单价	折扣	数量	采购总额
3	网络产品	畅想系列	ISDN8	4700	8%	2	8648
4	复印纸	办公耗材	A3	36	0%	4	144
5	网络产品	畅想系列	SCSI9	2910	8%	2	5354.4
6	打印机	办公设备	X410L	7600	10%	2	13680
7	打印机	畅想系列	S203A	6999	5%	1	6649.05
8	多功能一体机	畅想系列	RPA	3380	8%	1	3109.6
9	多功能一体机	办公设备	E7	3950	5%	1	3752.5
10	打印机	畅想系列	QA59	2840	10%	1	2556
11	多功能一体机	办公耗材	WQ7115	430	2%	3	1264.2
12	网络产品	畅想系列	KYT55	3580	6%	2	6730.4
13	复印纸	办公耗材	NWZ	18	0%	2	36
14	打印机	办公设备	AD168	6800	5%	1	6460
15	四星复印机	办公设备	T0163	5800	5%	2	11020

图 4-27　“自动筛选”控制按钮

（3）单击要筛选列项的下拉按钮，如“折扣”，则出现图 4-28 所示的下拉列表。在“数字筛选”子项下拉列表框中，根据单元格数据类型显示与该类型相关的可选条件项，例如数值类型，显示等于、大于、全部、10 个最大的值、自定义筛选等。

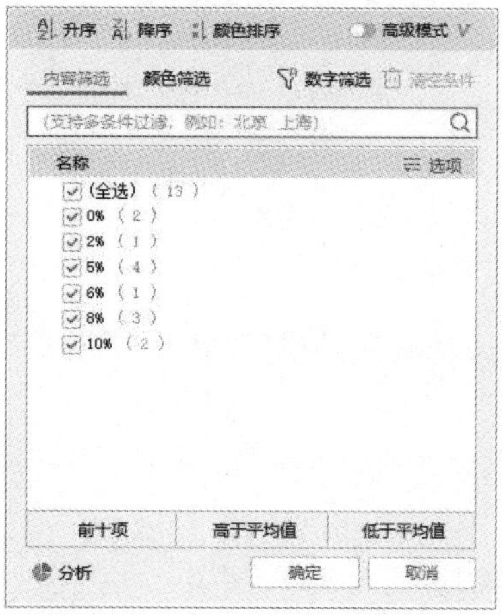

图 4-28　“自动筛选”下拉列表

（4）单击“高于平均值”按钮，此时工作表中仅显示折扣高于平均值的记录，若要显示全部记录，再次单击“折扣”下拉按钮，在弹出的对话框中单击“清空条件”按钮，原来的数据将再次完整显示。

单击“筛选”对话框的“数字筛选”按钮，在弹出的列表中选择“自定义”命令，弹出“自定义自动筛选方式”对话框，如图4-29所示，可以为一个字段设置两个筛选条件，再按照两个条件的组合进行筛选。两个条件的组合有“与”和“或”两种方式，前者表示筛选出同时满足两个条件的数据，后者表示筛选出满足任一个条件的数据。如果要退出筛选状态，则再次单击“数据”选项卡中的“筛选”按钮，取消自动筛选，字段名右侧的下拉按钮同时消失。

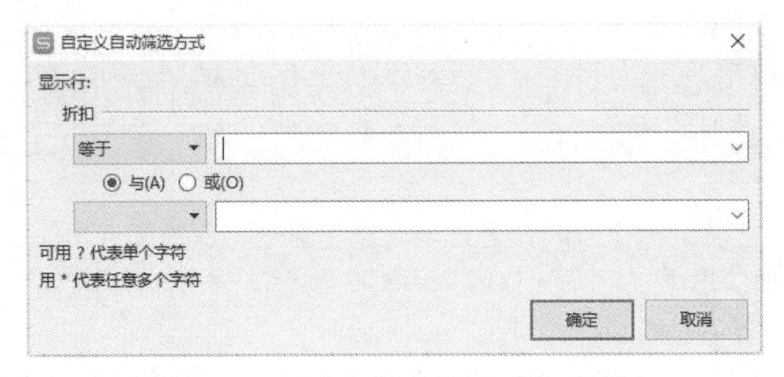

图4-29 “自定义自动筛选方式”对话框

2. 高级筛选

一般来说，当筛选条件仅涉及一个字段时，通过“筛选”命令即可完成筛选操作；当筛选条件涉及多个字段时，通常需要通过“高级筛选”命令完成筛选操作。

（1）将表头字段名复制到工作表数据区域中距原有数据区域至少空出一行或一列的位置。

（2）在新复制的表头下方对应位置输入筛选条件，属于“并且”关系的条件要放在同一行，属于“或者”关系的条件要放在不同行。

（3）单击“开始”选项卡中的“筛选”下拉按钮，从下拉列表中选择“高级筛选”命令，弹出“高级筛选”对话框，如图4-30所示。

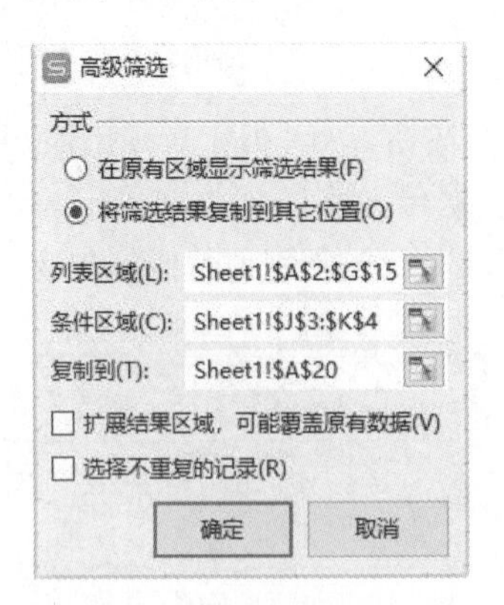

图4-30 “高级筛选”对话框

（4）如在“方式”中单击“将筛选结果复制到其它位置”单选项，则下方的“复制到”变为可用。

（5）定义源数据区域。单击“列表区域”右侧的输入框，在工作表中选择要筛选的源数据区域。

（6）定义条件区域。单击“条件区域”右侧的输入框，在工作表中选择已输入的条件区域。

（7）定义筛选结果区域。单击“复制到”右侧的输入框，在工作表中条件区域下方单击选择放置筛选结果的开始单元格。

（8）单击“确定”按钮，在定义好放置筛选结果的区域将出现筛选结果。

4.2.5　数据的有效性

数据的有效性

在工作表中输入数据时，为了获得正确的计算结果，确保输入有效的数据也是一项重要的任务。设置数据的有效性可以将输入的数据限制在某个范围。如果用户输入了无效数据，系统会自动提示用户核对输入的数据并清除相应无效的数据。

例如，一般学生成绩范围为 0～100。

（1）打开学生成绩表，选择工作表中需要输入成绩的单元格或区域。

（2）单击“数据”选项卡中的“数据有效性”按钮，弹出“数据有效性”对话框，如图 4-31 所示。

（3）单击“设置”选项卡，在“允许”下拉列表框中选择“整数”选项，在“数据”下拉列表框中选择“介于”选项，在“最小值”和“最大值”文本框中分别输入 0 和 100。

（4）单击“输入信息”选项卡，在“标题”文本框中输入“请输入有效数字”，在“输入信息”文本框中输入“请输入 0 到 100 之间的整数”，如图 4-32 所示。

图 4-31　“数据有效性”对话框

图 4-32　设置提示信息

（5）单击“出错警告”选项卡，在“样式”下拉列表框中选择“警告”选项，在“标题”文本框中输入“错误数字”，在“错误信息”文本框中输入“你输入的数字不在设置范围内，请重新输入!”，如图 4-33 所示。

图 4-33　设置出错警告信息

案例 4-2 操作

【案例 4-2】学生成绩表。

统计学生的学习成绩是常见的工作。图 4-34 所示是××班级学生成绩表，根据所学知识，计算每名学生的总分、平均分、名次，计算各学科的平均分及最高分，统计各学科的不及格人数，以及筛选出符合条件的记录等。

	A	B	C	D	E	F	G	H	I
1	××班级学生成绩表								
2									填表日期：2021-08-15
3	学号	姓名	思修道德修养与法律基础	大学数学	信息技术	总分	平均分	名次	等级
4	20210701	廖航	65	58	82				
5	20210801	陈清雪	77	78	86				
6	20210802	陈芳	75	90	81				
7	20210803	邓辉	69	68	75				
8	20210804	刘志宏	59	65	55				
9	20210805	侯冰	87	90	81				
10	20210806	李月辉	89	92	88				
11	20210807	杨林	64	75	80				
12	学科平均分								
13	学科最高分								
14	总人数								
15	各科不及格人数								

图 4-34　××班级学生成绩表

操作要求如下。

（1）用函数计算出每名学生的总分和平均分（平均分保留两位小数）。

（2）用函数计算出各学科的平均分（平均分保留两位小数）和最高分。

（3）用函数统计总人数及各学科不及格人数。

（4）保持学号顺序不变的情况下，按总分由高到低（总分相同时，按信息技术的成绩由高到低）排出名次。

（5）用函数给“等级”赋值：平均分在 85 分及以上者为“优秀”，60 分及以上者为“合格”，60 分以下者为“不合格”。

（6）新建四张工作表 Sheet2～Sheet5，将工作表 Sheet1 中 A3:I11 单元格的数据分别复制到工作表 Sheet2～Sheet5 中的 A1 单元格开始的区域。

（7）在工作表 Sheet2 中筛选出信息技术成绩大于 85 分或小于 60 分的学生成绩。

（8）在工作表 Sheet3 中筛选出全部姓“陈”的学生。

（9）在工作表 Sheet4 中筛选出总分大于 240 分且信息技术成绩大于 85 分的学生成绩并放在 A18 单元格开始的区域内。

（10）在工作表 Sheet5 中筛选出总分大于 240 分或信息技术成绩大于 85 分的学生成绩并放在 A18 单元格开始的区域内。

4.3　WPS 表格的高级应用

4.3.1　分类汇总

分类汇总

分类汇总就是把工作表中的数据按指定的字段进行分类后进行统计，便于对数据进行分析管理。进行分类汇总后，WPS 表格直接在数据区域中插入汇总行，可以同时看到数据明细和汇总，还可以分级显示列表，以便为每个分类汇总项显示或隐藏明细数据行。

1. 仅对一列分类汇总

（1）选定汇总列，对数据按汇总列字段进行排序，如按部门排序。

（2）选择要进行分类汇总的数据区域。

（3）单击“数据”选项卡中的“分类汇总”按钮，弹出“分类汇总”对话框，如图 4-35 所示。

图 4-35　“分类汇总”对话框

（4）在“分类字段”下拉列表框中，选择需要用来分类汇总的字段名（如型号）。选定的字段名应与步骤（1）中排序的字段名相同。

（5）在“汇总方式”下拉列表框中，选择所需的用于计算分类汇总的函数（如求和）。

（6）在“选定汇总项”列表框中，选定需要对其汇总计算的字段名对应的复选框。

（7）单击“确定”按钮，生成分类汇总。

2. 嵌套分类汇总

有时需要在一组数据中按多列字段进行分组汇总。例如需要对每月每类物品进行分类汇总，这种情况就是嵌套分类汇总，需要使用两次分类汇总命令。

（1）对数据按需要分类汇总的多列进行排序，即进行多关键字排序。

（2）按主要关键字进行分类汇总，其余的设定都按默认即可。

（3）按次要关键字进行分类汇总，需要取消选中“替换当前分类汇总”复选框。

3. 删除插入的分类汇总

当不需要分类汇总结果时，可以删除分类汇总。删除分类汇总后，WPS 表格也将清除分级显示和插入分类汇总时产生的所有自动分页符。

（1）在含有分类汇总结果的工作表中，单击任一非空单元格。

（2）单击“数据”选项卡中的“分类汇总”按钮，弹出“分类汇总”对话框。

（3）单击 “全部删除”按钮，删除完成。

【案例 4-3】员工工资表。

如图 4-36 所示，在工作表中输入数据，并按要求完成对工作表的操作，操作要求如下。

（1）在工作表 Sheet1 的第一行前添加新行，在 A1 单元格中输入内容“利源公司工资表”。

（2）将 A1:G1 单元格区域合并后居中，设置字体为黑体，字号为 18。

（3）用红色标出基本工资小于 2000 的表格，用蓝色标出大于 2500 的表格。

（4）使用函数计算每位员工的应发工资，并填入 G 列对应单元格中。

（5）为 A2:G15 单元格区域添加双实线外边框、单实线内部边框。

（6）对 A2:G15 单元格区域的数据根据“部门”列数值降序排序。

	A	B	C	D	E	F	G
1	姓名	部门	职称	基本工资	奖金	津贴	应发工资
2	赵伟伟	设计部	工程师	2980	700	800	
3	李勇	工程部	工程师	2980	600	800	
4	司心惠	工程部	助理工程师	2000	600	600	
5	李波	工程部	工程师	2700	580	800	
6	许海	设计部	工程师	2700	622	800	
7	谭华	设计部	助理工程师	2000	590	600	
8	赵刚	后勤部	技术员	2200	630	600	
9	涂敏	工程部	助理工程师	2000	570	600	
10	周建华	工程部	工程师	2860	570	800	
11	周丽	后勤部	技术员	2200	600	600	
12	吴波	设计部	技术员	1900	600	400	
13	王辉杰	后勤部	技术员	1900	600	400	
14	韩宇	后勤部	技术员	1900	570	400	

图 4-36　员工工资表

（7）使用分类汇总统计不同部门员工的应发工资平均值（替换与显示复选框保持默认选项），分级显示选择分级 2，隐藏第 19 行。

4.3.2　合并计算

合并计算、数据透视表

若要对多张工作表进行跨表计算，即将多张工作表的数据汇总到一张目标工作表中，则需要用到“合并计算”命令。这些源工作表可以与目标工作表在同一工作簿中，也可以位于不同的工作簿中。合并计算的方法有两种：按位置合并计算和按分类合并计算。

按位置合并计算数据时，要求在所有源区域中的数据被同样排列，也就是每个工作表中的记录名称和字段名称均在相同的位置上；如果记录名称不相同，所放位置也不一定相同，则应使用按分类合并计算数据。

下面通过分类合并计算介绍“合并计算”命令的使用方法。

（1）若需合并的单元格不在同一工作簿中，则首先将其复制到同一个工作簿中。

（2）把光标定位到合并区域的第一个单元格。

（3）单击“数据”选项卡中的“合并计算”按钮 ，弹出“合并计算”对话框，如图 4-37 所示。

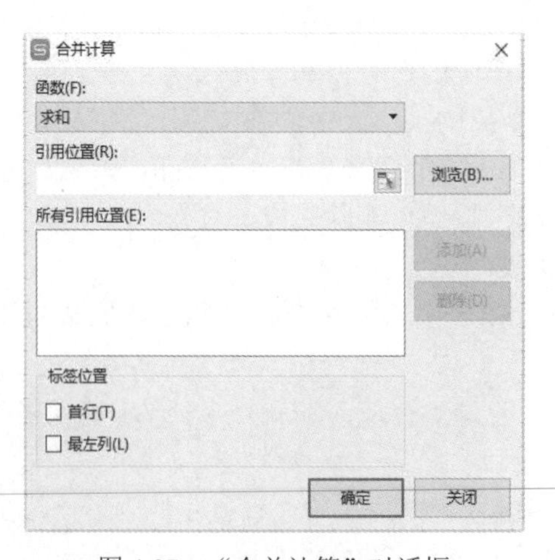

图 4-37　“合并计算”对话框

（4）在“函数”下拉列表框中，选定希望用来合并计算数据的汇总函数，默认是求和函数（SUM）。

（5）在“引用位置”文本框中输入希望进行合并计算的源区域的定义，或单击“引用位置”框中按钮，然后在工作表选项卡上单击 Sheet1，在工作表中选定源区域，该区域的单元格引用将出现在“引用位置”文本框中。

（6）单击“添加”按钮，对要进行合并计算的三个源区域重复上述步骤，添加到“所有引用位置”。单击“确定”按钮，可以看到合并计算结果。

再次进行合并计算时，必须“删除”原有的引用位置后重新引用位置。

4.3.3 数据透视表

数据透视表是一种可以快速汇总大量数据的交互式方法。使用数据透视表可以深入分析数值数据，帮助用户理解这些数据所表达的深层次含义。也可以将数据透视表看成一种动态的工作表，它提供了一种以不同角度查看数据的简便方法。

数据透视图是数据透视表的一种直观表示方法，以图表的方法直观地表示出数据透视表所要表达的信息。

例如，案例4-3中公司员工工资表创建数据透视表及使用方法如下。

（1）单击“插入”选项卡中的“数据透视表”按钮，弹出“创建数据透视表”对话框，如图4-38所示。创建数据透视表所需的数据源可以是WPS表格的工作表或工作表的一个区域，也可以是来自外部的数据链接。

（2）单击对话框中“请选择单元格区域”栏右侧的折叠对话框按钮，在工作表中选择包括列标题栏在内的区域。

（3）单击展开对话框按钮，返回“创建数据透视表”对话框。在“选择放置数据透视表的位置”选项栏中可以选择将数据透视表放置在新工作表中，也可以选择放置在当前工作表的指定位置上。设置完毕后，单击“确定”按钮。

（4）在新创建的工作表中显示图4-39所示的数据透视表占位区，以及图4-40所示的“数据透视表”字段列表。将所需字段拖放到各栏，拖放完成后，在数据透视表占位区将显示图4-41所示的数据透视表。

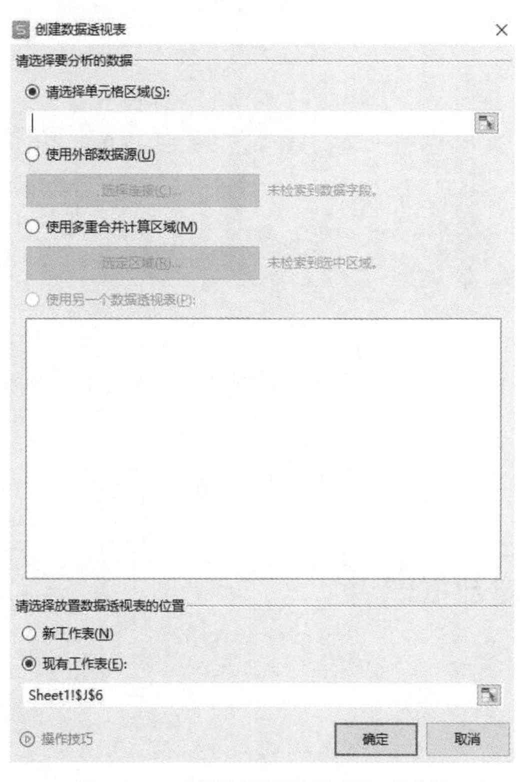

图4-38 “创建数据透视表”对话框

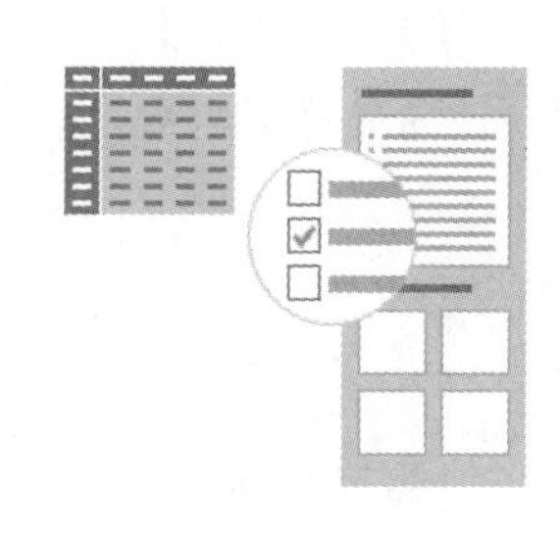

图4-39 数据透视表占位区

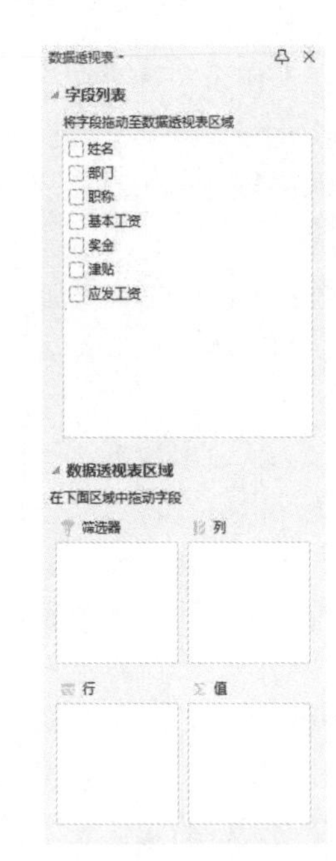

图 4-40 “数据透视表”字段列表

部门	(全部)
姓名	求和项:应发工资
韩宇	2870
李波	4080
李勇	4380
司心惠	3200
谭华	3190
涂敏	3170
王辉杰	2900
吴波	2900
许海	4122
赵刚	3430
赵伟伟	4480
周建华	4230
周丽	3400
总计	46352

图 4-41 数据透视表

【案例 4-4】门店销售表。

案例 4-4 操作

图 4-42 显示了三张将要进行合并计算的工作表 Sheet1、Sheet2、Sheet3，这三张工作表显示了某商店的三家分店的产品销售情况，它们没有按相同的次序排序，甚至销售的产品也不完全相同。利用 WPS 表格进行合并计算。

	A	B	C	D	E
1	一分店销售表				
2	商品名称	一季度	二季度	三季度	四季度
3	电动车	62	45	60	54
4	冰箱	49	51	59	52
5	洗衣机	70	75	72	69
6	电视机	67	79	80	85
7	烤箱	45	62	53	51

	A	B	C	D	E
1	二分店销售表				
2	商品名称	一季度	二季度	三季度	四季度
3	空调	72	91	82	59
4	冰箱	51	53	52	61
5	洗衣机	63	72	75	63
6	电视机	63	72	76	75
7	烤箱	43	53	62	69
8	电磁炉	72	71	62	77

	A	B	C	D	E
1	三分店销售表				
2	商品名称	一季度	二季度	三季度	四季度
3	电动车	63	52	53	61
4	空调	61	74	72	63
5	微波炉	55	59	61	63
6	电视机	67	79	80	85
7	烤箱	45	62	53	51

图 4-42 待“合并计算”的三张工作表

操作要求如下。

（1）在工作表 Sheet1、Sheet2、Sheet3 中分别录入三家分店的原始数据，并分别重命名为一分店、二分店、三分店。

（2）新建工作表 Sheet4，重命名为销售总表，并用“合并计算”命名计算三家分店的每季度每种商品总销售数量。

4.4 创建数据图表

创建数据图表

4.4.1 图表简介

1. 图表与工作表的关系

图表是工作表的直观表现形式，是以工作表中的数据为依据创建的，所以要想建立图表，就必须先建立好工作表。图表与工作表中的数据链接，并随工作表中数据的变化而自动调整。图表使表格中的数据关系更形象直观，使数据的比较或趋势变得一目了然，从而更容易表达观点。创建图表可以更加清楚地了解各数据之间的关系和数据之间的变化情况，方便对数据进行对比和分析。

WPS 表格提供了九种类型的图表，每类图表又有若干子类。在这些图表中，最常用的是柱形图、折线图和饼图。

柱形图用于直观展示各项之间的差异，比如表示对不同对象的投票情况；折线图用于强调数值随时间变化的趋势，比如表示一星期内的天气变化情况；饼图用于直观显示各部分在项目总和中所占的比例，比如表示公司年度各产品的销售额分别占总销售额的比例情况。

2. 图表的组成元素

图 4-43 所示是建立完成的柱形图，从图中可以看出，图表的基本组成元素如下。

图表标题：一般情况下，一个图表应该有一个文本标题，它可以自动与坐标轴对齐或在图表顶端居中。

坐标轴：由两部分组成，即分类轴和数值轴，分类轴即 X 轴、数值轴即 Y 轴。

轴标题：用于标示坐标轴所代表的字段变量。

网格线：图表中从坐标轴刻度线延伸并贯穿整个绘图区的可选线条系列。

数据标签：根据不同的图表类型，数据标签可以表示数值、数据系列名称、百分比等。

图例：是图例项和图例项标示的方框，用于标示图表中的数据系列。

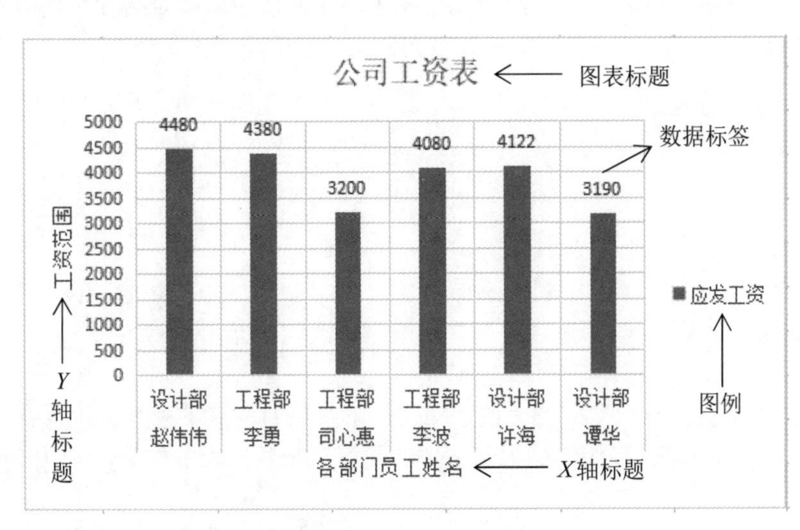

图 4-43　建立完成的柱形图

4.4.2　创建图表

在 WPS 表格中，创建数据图表的步骤如下：

（1）选定要创建图表的数据区域。

（2）单击“插入”选项卡中的“图表”按钮，弹出“插入图表”对话框，如图 4-44 所示。

（3）在对话框左侧选择图表类型，右侧会出现该类型的图表。还可以在对话框右侧上方选择该类型图表的子类型。单击“确定”按钮，将该图表插入工作表。

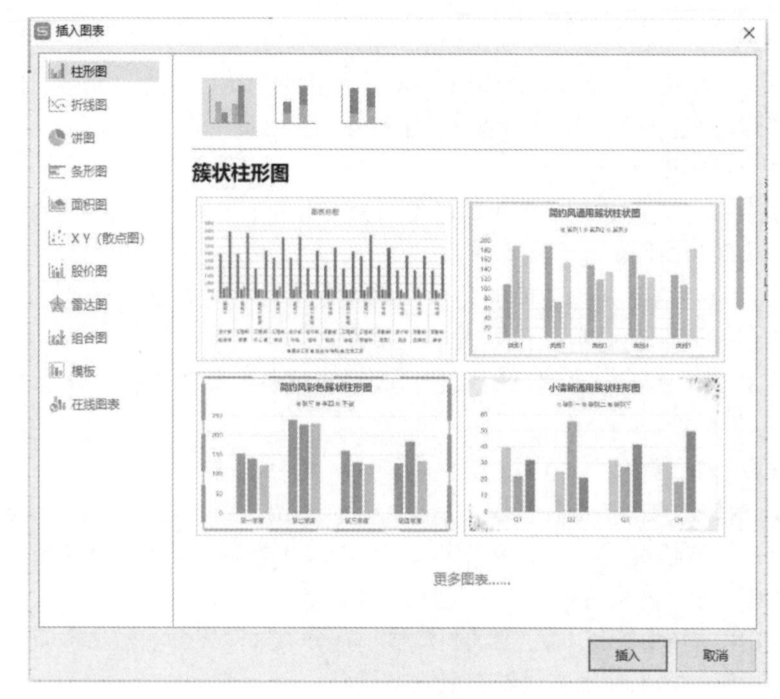

图 4-44 “插入图表”对话框

4.4.3 编辑图表

选择生成的图表，图表右侧会出现编辑图表的属性按钮，同时会弹出新的选项卡“图表工具”，如图 4-45 所示，可以使用这些按钮和工具编辑生成的图表。

图 4-45 “图表工具”选项卡

1. 添加元素

单击“图表工具”选项卡中的“添加元素”下拉按钮，从下拉列表中选择需要添加或删除的图表元素，如图 4-46 所示，并可在图表中修改相应元素。

2. 快速布局

单击“图表工具”选项卡中的“快速布局”下拉按钮，从下拉列表中选择一种布局方式，如图 4-47 所示，可选择图例的显示位置、是否显示数据表等信息。

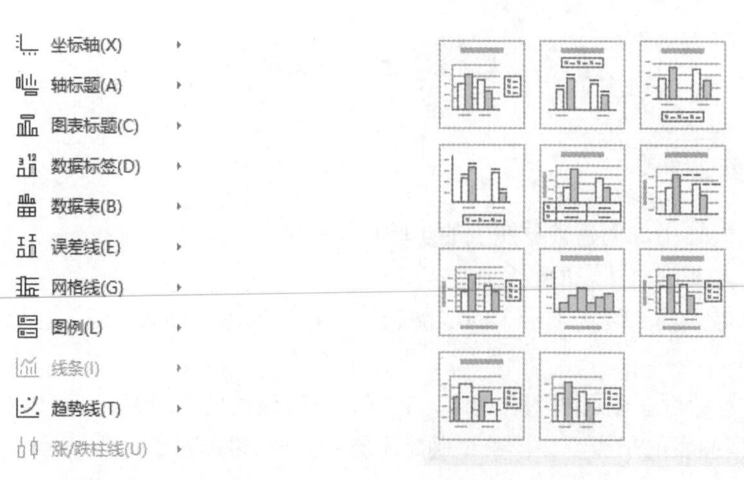

图 4-46 “添加元素”下拉列表　　图 4-47 “快速布局”下拉列表

3. 切换行列

默认状态下生成的图表为按行生成图表。单击“图表工具”选项卡中的“切换行列”按钮，可以在按行生成的数据图表和按列生成的数据图表间切换。

4. 更改图表类型

单击“图表工具”选项卡中的“更改类型”按钮，打开“更改表类型”对话框，选择合适的图表类型后，单击“确定”按钮。

5. 设置图表元素格式

单击“图表工具”选项卡中的“设置格式”按钮，在窗口右侧弹出“属性”任务窗格，如图 4-48 所示，可以调整所选图表元素的格式。

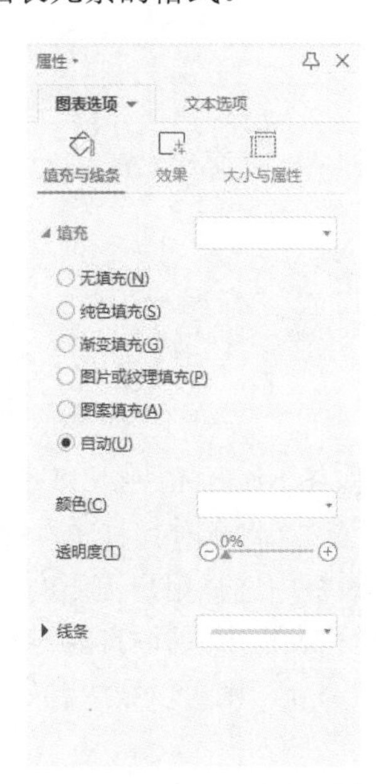

图 4-48　“属性”任务窗格

【案例 4-5】分别为“销售统计表”中的三家分店工作表创建图表，具体操作要求如下。

案例 4-5 操作

在案例 4-4 中，图 4-42 中显示了三家分店的三张统计表，对一分店按列生成柱形图，对二分店按行生成折线图，对三分店生成每个季度销售的各种商品总量分别占所有商品总销售的比例。

4.5　页面设置与打印

页面设置与打印

应用 WPS 表格制作完成数据报表后，首先要设置页面，经预览达到理想的页面效果后再进行打印设置，最后打印报表。

4.5.1　页面设置

在打印工作表之前，首先要进行页面设置，对纸张大小和方向、页边距、页眉和页脚、工作表等进行相关设定，以达到用户的要求。

单击“页面布局”选项卡中的第一个对话框启动器按钮，弹出“页面设置”对话框，如图 4-49 所示，可以设置页面、页边距、页眉/页脚和工作表。也可以在图 4-50 所示的“页面布局”选项卡下设置页边距、纸张方向和大小、打印区域。

1. 页面

选择“页面设置”对话框中的“页面”选项卡，用户可以将打印“方向”调整为纵向或横向。

图 4-49 “页面设置”对话框

图 4-50 “页面布局”选项卡

调整打印的“缩放比例”：可选择 10%～400%尺寸缩放效果打印，100%为正常尺寸；或调整为“将整个工作表打印在一页”“将所有列打印在一页”或“将所有行打印在一页”。

设置“纸张大小”：从下拉列表框中选择用户需要的打印纸张类型。

用户可以从“打印质量”下拉列表框中选择打印分辨率。

如果用户只打印某页码之后的部分，则可以在“起始页码”文本框中设定。

2. 页边距

切换到“页边距”选项卡，如图 4-51 所示，分别在“上”“下”“左”“右”编辑框中设置页边距，在“页眉”“页脚”编辑框中设置页眉、页脚的位置；在“居中方式”选项区中，可选“水平”或“垂直”复选框。

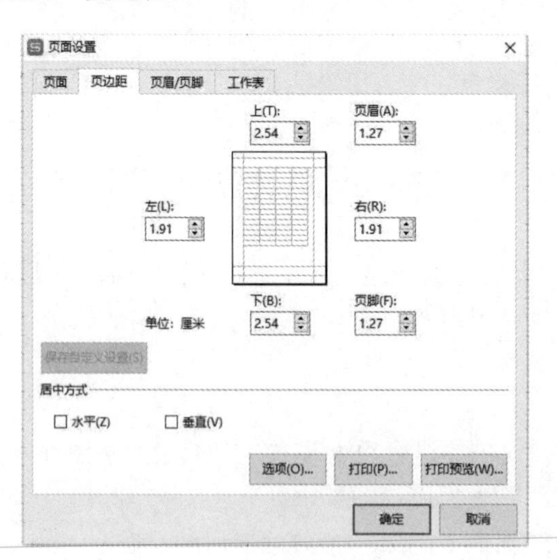

图 4-51 “页边距”选项卡

3. 页眉/页脚

切换到“页眉/页脚”选项卡，如图 4-52 所示。可以“页眉”或“页脚”下拉列表框选定一些系统定义的页眉或页脚。

（1）单击“自定义页眉”按钮，弹出“页眉”对话框，如图 4-53 所示。

图 4-52 “页眉/页脚”选项卡

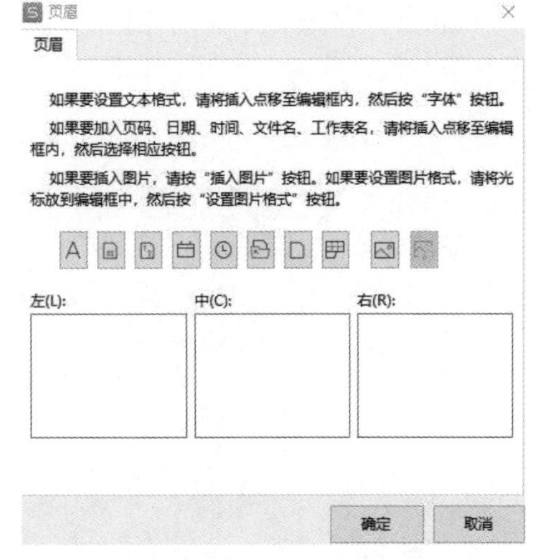

图 4-53 “页眉”对话框

（2）如果要插入页码、日期、时间、文件名、工作表名，则将插入点移动到“左”“中”“右”三个文本框内，选择相应的按钮；也可以在“左”“中”“右”三个文本框中输入自己想要的页眉、页脚。

（3）单击“自定义页脚”按钮，弹出“页脚”对话框，按相同方法定义页脚。

4. 工作表

切换到“工作表”选项卡，如图 4-54 所示。

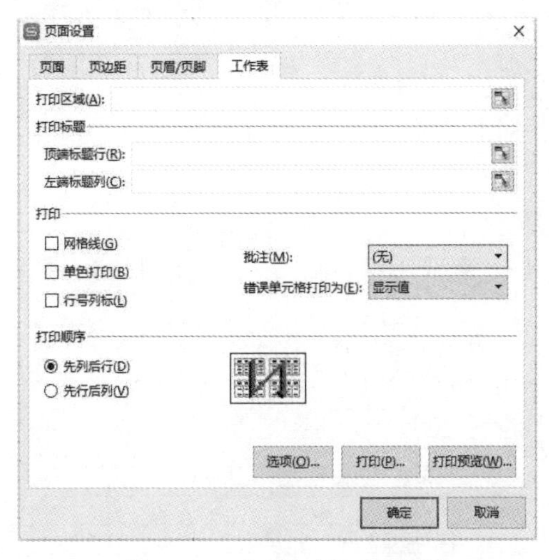

图 4-54 “工作表”选项卡

如果要打印某个区域，则单击“打印区域”后的按钮，在工作表中用鼠标选定要打印的区域；如果打印的内容较长，要打印在多张纸上，要求每页上具有与第一页相同的行标题和列标题，可单击“打印标题”选项区中的“顶端标题行”和“左端标题列”右侧的按钮，在工作表中用鼠标选定要打印的行和列的区域。

用户还可以指定是否打印网格线与行号列表，确定打印顺序。

4.5.2 打印预览

在打印之前，一般先进行打印预览，查看工作表的打印效果，若预览结果不满意，则可以及时修改，防止由于没有设置好报表的外观造成浪费。

单击“快速访问工具栏”中的“打印预览”按钮，切换“打印预览”视图，同时激活新的选项卡“打印预览”。

可根据选定的区域，在右侧直观地显示打印预览效果。

预览结束，单击“关闭”按钮，返回原工作表。

4.5.3 打印输出

若对预览结果满意，则单击“快速访问工具栏”中的“打印”按钮，弹出“打印”对话框，如图 4-55 所示。

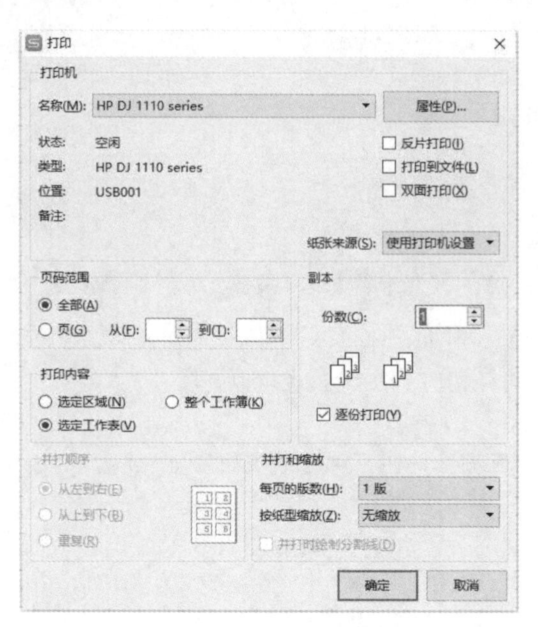

图 4-55 “打印”对话框

用户可以在对话框中选择打印机，指定打印的“页码范围”，确定“打印内容”和“并打顺序”等。

【案例 4-6】页面设置后打印，具体操作要求如下。

案例 4-6 操作

在案例 4-3 中，如图 4-56 所示，已完成对员工按“部门”分类汇总，继续进行如下设置：

	A	B	C	D	E	F	G
1	利源公司工资表						
2	姓名	部门	职称	基本工资	奖金	津贴	应发工资
3	赵伟伟	设计部	工程师	2980	700	800	4480
4	许海	设计部	工程师	2700	622	800	4122
5	谭华	设计部	助理工程师	2000	590	600	3190
6	吴波	设计部	技术员	1900	600	400	2900
7		设计部 平均值					3673
8	赵刚	后勤部	技术员	2200	630	600	3430
9	周丽	后勤部	技术员	2200	600	600	3400
10	王辉杰	后勤部	技术员	1900	600	400	2900
11	韩宇	后勤部	技术员	1900	570	400	2870
12		后勤部 平均值					3150
13	李勇	工程部	工程师	2980	600	800	4380
14	司心惠	工程部	助理工程师	2000	600	600	3200
15	李波	工程部	工程师	2700	580	800	4080
16	涂敏	工程部	助理工程师	2000	570	600	3170
17	周建华	工程部	工程师	2860	570	800	4230
18		工程部 平均值					3812
19		总平均值					3565.5385

图 4-56 员工按“部门”分类汇总后工资表

（1）纸张大小为 A4，方向为“纵向”，文档打印时水平居中，上、下页边距均为 3 厘米。

（2）页眉为“分类汇总表”，居中；页脚为当前日期，居右。

（3）打印预览，调整各列宽度，使表格宽度不超过纸张宽度。

4.6　本章小结

本章介绍了 WPS Office 中重要的组件——电子表格软件，介绍了 WPS 表格的基础知识和基本操作，通过案例介绍了电子表格的操作流程。比较流行的电子表格软件还有 Excel，其功能与 WPS 表格的相似。

Smartbi 电子表格是企业报表平台的解决方案专家，它基于 Excel 创新实现报表设计，可以满足各种格式的行业监管报表、内部管理报表的需求。Snapman 是 Windows 的一款易用的电子表格软件，采用 C/S 架构，数据存储在服务端，是专门用于多人协同工作的表格工具。

腾讯、百度都推出了相应的在线文档软件，支持多人同时在线进行电子表格操作。Simple Spreadsheet 是一个基于 Web 的电子表格软件，Linux 用户用得比较多。

表 4-4 给出了第 4 章知识点学习达标标准，供读者自测。

表 4-4　第 4 章知识点学习达标标准自测表

序号	知识（能力）点	达标标准	自测 1（　月　日）	自测 2（　月　日）	自测 3（　月　日）
1	电子表格的应用场景，熟悉相关工具的功能和操作界面	了解			
2	新建、保存、打开和关闭工作簿，切换、插入、删除、重命名、移动、复制、冻结、显示及隐藏工作表等操作	掌握			
3	单元格、行和列的相关操作	掌握			
4	使用控制句柄、设置数据有效性	掌握			
5	设置单元格格式的方法	理解			
6	数据录入的技巧，如快速输入特殊数据、使用自定义序列填充单元格、快速填充和导入数据	掌握			
7	格式刷、边框、对齐等常用格式设置	掌握			
8	工作簿的保护、撤销保护和共享，工作表的保护、撤销保护，工作表的背景、样式、主题设定	了解			
9	单元格绝对地址、相对地址的概念和区别	理解			
10	相对引用、绝对引用、混合引用及工作表外单元格的引用方法	掌握			
11	公式和函数的使用	掌握			
12	平均值、最大值/最小值、求和、计数等常见函数的使用方法	掌握			
13	常用图表类型及电子表格处理工具提供的图表类型	了解			
14	利用表格数据制作常用图表的方法	掌握			
15	自动筛选、自定义筛选、高级筛选、排序和分类汇总等操作	掌握			
16	数据透视表的概念	理解			
17	创建数据透视表、更新数据、添加和删除字段、查看明细数据等操作	掌握			
18	利用数据透视表创建数据透视图	综合运用			
19	页面布局、打印预览和打印操作的相关设置	掌握			

习题

一、单项选择题

1. 下列关于工作簿的说法正确的是（　　）。

A. 一个工作簿最多含有3张工作表

B. 一个工作簿可以含有多张工作表，且每张工作表都有一个工作表标签

C. 一个工作簿内最多有65536×26个单元格

D. 对于已经打开的多个工作簿，只能逐个关闭

2. WPS表格的主要功能不包括（　　）。

A. 表格处理　　B. 数据处理　　C. 图表处理　　D. 文字处理

3. 某区域由A4、A5、A6和B4、B5、B6组成，下列不能表示该区域的是（　　）。

A. A4:B6　　B. A4:B4　　C. B6:A4　　D. A6:B4

4. 在WPS表格中，每个单元格的默认格式为（　　）。

A. 常规　　B. 数字　　C. 文本　　D. 日期

5. 在WPS表格中，（　　）是文本运算符。

A. $　　B. @　　C. &　　D. *

6. 在WPS表格中，如果单元格内容显示为"######"，则意味着（　　）。

A. 输入的数字有误　　B. 某些内容拼写错误

C. 单元格不够宽　　D. 公式错误

7. 已知单元格A1、B1、C1、A2、B2、C2中分别存放数值1、2、3、4、5、6，单元格D1中存放着公式"=A1+$B$1+C1"，此时将单元格D1复制到D2，D2中的结果为（　　）。

A. 6　　B. 12　　C. 15　　D. #REF

8. 当向WPS表格的工作表单元格输入公式时，使用单元格地址D$2引用D列2行单元格，该单元格的引用称为（　　）。

A. 绝对地址引用　B. 相对地址引用　C. 交叉地址引用　D. 混合地址引用

9. WPS表格函数中各参数间的分隔符号一般用（　　）。

A. 空格　　B. 句号　　C. 分号　　D. 逗号

10. 下列数据中，WPS表格默认（　　）为文本型数据。

A. '103　　B. 2600　　C. 28　　D. 1455

11. 在WPS表格中，设定A1单元格的数字格式为整数，当输入33.51时，显示为（　　）。

A. 33.51　　B. 33　　C. 34　　D. ERROR

12. 单元格区域B10:E16中共有（　　）个单元格。

A. 24　　B. 30　　C. 28　　D. 20

13. 在将单元格A1设置成整数格式后，在其中输入34.45，显示为（　　）。

A. 34.52　　B. 34　　C. 35　　D. ERROR

14. 在WPS表格中，选中第3行至第5行，在选中区域右击，从弹出的快捷菜单中选择"插入"命令，下面表述正确的是（　　）。

A. 在行号2和行号3之间插入6个空行

B. 在行号3和行号4之间插入6个空行

C. 在行号2和行号3之间插入3个空行

D．在行号 3 和行号 4 之间插入 3 个空行

15．下列 WPS 表格运算符的优先级最高的是（　　）。

A．^　　B．*　　C．/　　D．+

16．如果为单元格 B4 赋值 8，为单元格 B6 赋值 4，单元格 B8 为公式“=IF(B4/3>B6 , "VALID" , "INVALID")”，则赋给 B8 的值应当是（　　）。

A．VALID　　B．INVALID

C．#REF　　D．以上三个选项都不是

17．在 WPS 表格工作表的单元格 D1 中输入公式“=SUM(A1:C3)”，其结果为（　　）。

A．A1 与 A3 两个单元格之和

B．A1,A2,A3,C1,C2,C3 等 6 个单元格之和

C．A1,B1,C1,A3,B3,C3 等 6 个单元格之和

D．A1,A2,A3,B1,B2,B3,C1,C2,C3 等 9 个单元格之和

18．在 WPS 表格中，进行分类汇总时，能统计（　　）数据类型。

A．一个　　B．两个　　C．任意　　D．三个

19．在 WPS 表格中，A1 单元格的值是 1，B1 单元格为空，C1 单元格为文字，D1 单元格为 10，则函数 COUNT(A1:D1)的返回值是（　　）。

A．2　　B．11　　C．3　　D．4

20．在 WPS 表格中，函数 MAX(10,7,12,0)的返回值是（　　）。

A．10　　B．12　　C．0　　D．7

二、操作题

根据下列要求完成各种表格操作。

（1）使用 WPS 表格建立工作簿，以“考生成绩表”命名并另存为到桌面，修改工作表名“Sheet1”为“第一学期成绩表”。

（2）在成绩表中建立图 4-57 所示的表格。

	A	B	C	D	E	F	G	H	I	J
1	学号	姓名	性别	大学数学	信息技术	C语言	大学英语	总成绩	平均成绩	年级排名
2	1810110119	刘思贤	女	95	92	90	88			
3	1810110113	宋星	女	93	80	83	80			
4	1810110118	赵法勇	女	92	85	89	61			
5	1810110128	陈一帅	男	68	58	75	61			
6	1810110111	柏一凯	女	80	84	79	87			
7	1810110114	李冰	男	79	68	83	77			
8	1810110123	赵武	女	65	56	72	77			
9	1810110126	杨小旭	男	68	59	53	75			
10	不及格科目人数									
11	各科平均分									

图 4-57　学生成绩表

（3）在数据表的上方增加一行并设置行高为 30，在 A1 单元格中输入标题“软件专业学生成绩总表”，并将标题合并后居中，标题为楷体，18 磅。

（4）对工作表“第一学期成绩”中的数据列表进行格式化操作：将第一列“学号”列设为文本；将所有成绩列设为保留两位小数的数值；给整个数据区域添加外双实线、内单实线的边框。

（5）利用“条件格式”功能新建规则，用红色（标准色）显示“信息技术”中低于

60 分的成绩。

（6）用函数计算每名学生的总成绩和平均分（保留两位小数）；利用 Rank 函数计算总成绩的年级排名；利用条件计数函数计算每名学生的不及格科目数。

（7）新建工作表 Sheet2，将成绩表中数据复制到 Sheet2 中，建立筛选，筛选出所有有不及格课程的学生的记录，并将该表改名为筛选表。

（8）根据每科目的平均分，用簇状柱形图建立图表分析，图表标题为“各科平均分分析图”，柱形图显示各科的平均分值。

（9）设置第一张工作表纸张大小为 A4；方向为“纵向”；页眉为“××大学学生成绩表”，居中；页脚位置添加页码“第 1 页”，居中。调整每张工作表的宽度，使其不超过所设置纸张的宽度。

第 5 章　WPS 演示文稿

百闻不如一见。兵难隃度，臣愿驰至金城，图上方略。

——《汉书》

5.1　WPS 演示的基本知识介绍

WPS 演示是目前较专业的演示文稿制作软件之一，可以制作出图文并茂、表现力和感染力极强的演示文稿，并可通过计算机屏幕、幻灯片、投影仪或 Internet 发布。

5.1.1　启动与退出

WPS 演示启动、退出、保存

1. *启动*

常用以下方式启动 WPS。

（1）双击桌面上的快捷方式。

（2）按下 WIN+R 组合键并输入 WPS，单击“确定”按钮。

2. *退出*

成功打开 WPS 演示文稿之后，常用以下方式退出 WPS 演示文稿。

（1）单击程序主界面右上角的“关闭”按钮。

（2）单击 WPS 演示窗口左上角的“文件”→“退出”菜单命令。

3. *保存*

常用以下方式保存 WPS 演示文稿。

（1）单击“文件”→“保存”菜单命令，按照指定路径保存。

（2）在快捷工具栏中单击“保存”按钮，按照指定路径保存。

（3）按 Ctrl+S 组合键，保存到原文件路径下。

5.1.2　界面介绍

界面介绍

启动 WPS 后，新建 WPS 演示文稿，进入演示界面，如图 5-1 所示。

图 5-1　WPS 演示界面

熟悉 WPS 演示界面各组成部分是制作演示文稿的基础，其由标题栏、快速访问工具栏、菜单栏、功能选项卡、功能区、大纲窗格、编辑区、状态栏等部分组成，如图 5-2 所示。

图 5-2 WPS 演示界面的组成

WPS 演示界面的重要组成部分介绍如下。

（1）标题栏：位于界面的右上角，用于显示演示文稿名称和程序名称，最右侧的三个按钮分别用于对窗口执行最小化、最大化和关闭等操作。

（2）快速访问工具栏：提供了最常用的“保存”按钮、“撤销”按钮和“恢复”按钮，单击对应的按钮可执行相应的操作。如需在快速访问工具栏中添加其他按钮，单击其后的按钮，在弹出的菜单中选择所需的命令即可。

（3）菜单栏：用于执行 WPS 演示文稿的新建、打开、保存和退出等基本操作，其右侧列出了用户经常使用的演示文档名称。

（4）功能选项卡：相当于菜单命令，将 WPS 的所有命令集成在几个功能选项卡中，选择某个功能选项卡可切换到相应的功能区。

（5）功能区：其中有许多自动适应窗口大小的工具栏，不同的工具栏中又放置了相关的命令按钮或列表框。

（6）大纲窗格：用于显示演示文稿的幻灯片数量及位置，可更加方便地掌握整个演示文稿的结构。在“幻灯片”窗格下，显示了整个演示文稿中幻灯片的编号及缩略图；在“大纲”窗格下列出了当前演示文稿中各张幻灯片的文本内容。

（7）编辑区：是整个工作界面的核心区域，用于显示和编辑幻灯片，可在其中输入文字内容、插入图片和设置动画效果等，是使用 WPS 制作演示文稿的操作平台。

（8）状态栏：位于工作界面最下方，用于显示演示文稿中所选的当前幻灯片以及幻灯片总张数、幻灯片采用的模板类型、视图切换按钮以及页面显示比例等。

5.1.3 概念介绍

概念介绍

1. 视图

为满足用户的不同需求，WPS 演示提供了多种视图模式以编辑、查看幻灯片，在工作界面下方单击视图切换按钮中的任一个按钮，即可切换到相应的视图模式。下面介绍各视图。

（1）普通视图：默认情况下显示普通视图，在该视图中可以同时显示幻灯片编辑区、“幻灯片/大纲”窗格以及备注窗格。它主要用于调整演示文稿的结构及编辑单张幻灯片中的内容，如图 5-2 所示。

（2）幻灯片浏览视图（图 5-3）：在幻灯片浏览视图模式下，可浏览幻灯片在演示文稿中的整体结构和效果；还可以改变幻灯片的版式和结构，如更换演示文稿的背景、移动或复制幻灯片等，但不能编辑单张幻灯片的具体内容。

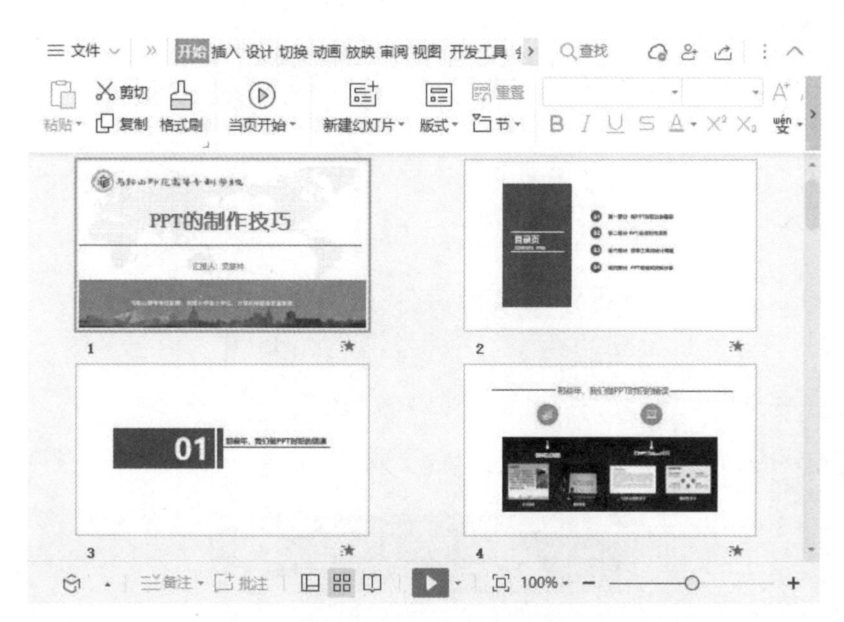

图 5-3　幻灯片浏览视图

（3）阅读视图（图 5-4）：该视图仅显示标题栏、阅读区和状态栏，主要用于浏览幻灯片的内容。在该模式下，演示文稿中的幻灯片将以窗口大小进行放映。

图 5-4　阅读视图

2. 基本概念

（1）演示（Presentation）：一个 WPS 演示的全部幻灯片保存在单独的演示文件中（扩展名为.pptx）。

（2）幻灯片（Slide）：一个 WPS 演示中的单独一页。

（3）演示大纲（Outines）：显示 WPS 演示的主要内容和提纲，允许用户修改或打印。

（4）模板（Template）：WPS 演示提供了多种精心设计的模板，模板就是运用文本、图片、表格、多媒体素材等设计成的标准文档，通过套用这种标准的文档，快速简单修改一些内容即可直接使用。比如下载求职简历模板、会计表格模板后，只需输入个人信息就可以直接使用。

（5）配色方案：定义各种特定形式的对象以什么颜色显示。比如强调色（要强调的对象文字的颜色）、背景色、超链接和打开的超链接颜色等。

（6）幻灯片母版：利用母版制作演示文件，可以使整个演示具有统一格式，将在 5.2.2 中详细介绍。

3. 三种选中状态

（1）文本选中状态如图 5-5 所示。

图 5-5 文本选中状态

（2）文本框选中状态如图 5-6 所示。

图 5-6 文本框选中状态

（3）模块选中状态如图 5-7 所示。

图 5-7 模块选中状态

5.2 WPS 演示的基本操作介绍

5.2.1 新建与版式设计

空白版式及版式设计

1. 创建空白演示文稿

启动 WPS 后，单击首页中的“新建”按钮，系统进入“新建”界面，在菜单栏中，单击“新建演示”→“新建空白演示”即可，如图 5-8 所示。

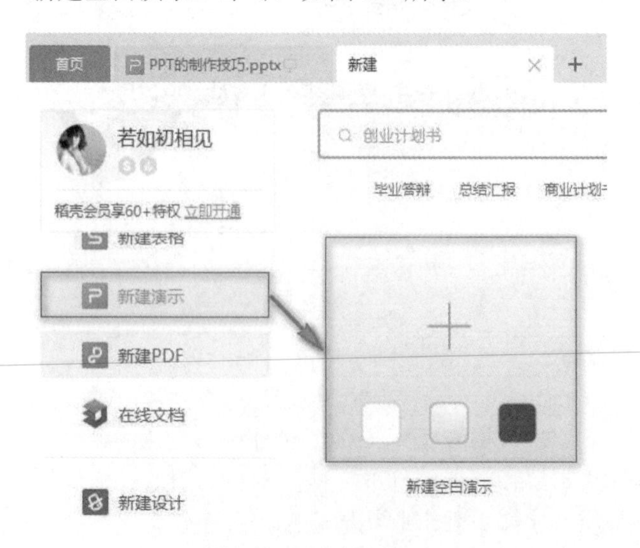

图 5-8 新建空白演示

2. 版式设计

所谓版式，是指幻灯片上标题和副标题文本、列表、图片、表格、图表、自选图形和视频等元素的排列方式，即幻灯片内容的布局。版式设计是幻灯片制作中的重要一环。布局新颖的版式能更好地体现创作者的意图，吸引观众的注意力。新建幻灯片时，除空白的自动版式外的任一种自动版式，都会在打开的幻灯片上有相应的提示，用户只需按提示操作即可。通常，版式由若干文本框组成，文本框中的占位符可以放置幻灯片的具体内容，如文字、表格、图片等。

WPS 提供了多种预先定义的幻灯片版式，可以满足大多数实际应用的需要。应用幻灯片版式可使幻灯片的编辑工作更简单、更容易。下面以一个空白文档为例，讲解 WPS 中的版式操作。

（1）打开一张幻灯片。

（2）右击，在弹出的快捷菜单中选择“版式”命令，如图 5-9 所示，在配套版式中选中适合主题的“版式”样式。

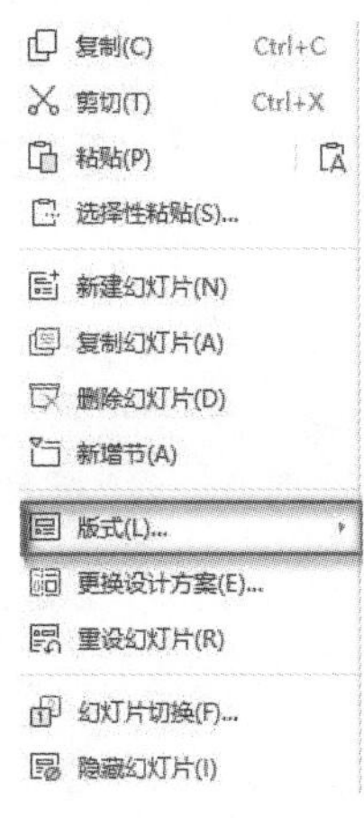

图 5-9　选择版式

可以看到，WPS 演示文稿中的第三张幻灯片应用版式设计后的效果如图 5-10 所示。

图 5-10　应用版式设计的效果

5.2.2　母版设置

1. WPS 演示母版

母版是 WPS 演示文稿中所有幻灯片的底板，存储应用的设计模板信息的幻灯片，包括字形、占位符的大小及位置、背景设计、配色方案等。

在母版中设置的文本、对象和格式将添加到演示文稿的所有幻灯片中，设置母版可以控制演示文稿的整体外观。母版分为三类：幻灯片母版、讲义母版和备注母版。其中最常用的是幻灯片母版。

用户在设计演示文稿时，可以修改幻灯片母版、备注母版和讲义母版，使制作出来的演示文稿具有统一的风格或更能适合用户的特殊需要，如在所有幻灯片的同一位置加入公司的徽标、学校的名称、制作者的信息等。

单击“视图”菜单，其下有“幻灯片母版”“讲义母版”和“备注母版”三个按钮，如图 5-11 所示。

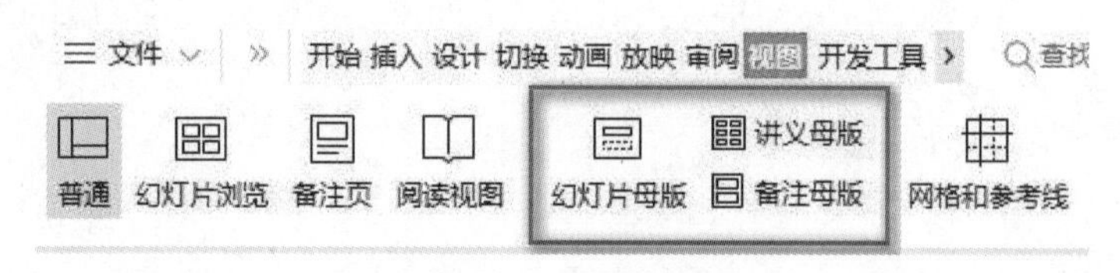

图 5-11 三个母版按钮

（1）幻灯片母版（图 5-12）。在幻灯片母版中可以更改文本格式，插入图形，插入超链接，设置页眉、页脚的格式，设置幻灯片编号的格式等，在母版编辑页面即可编辑相应的样式。

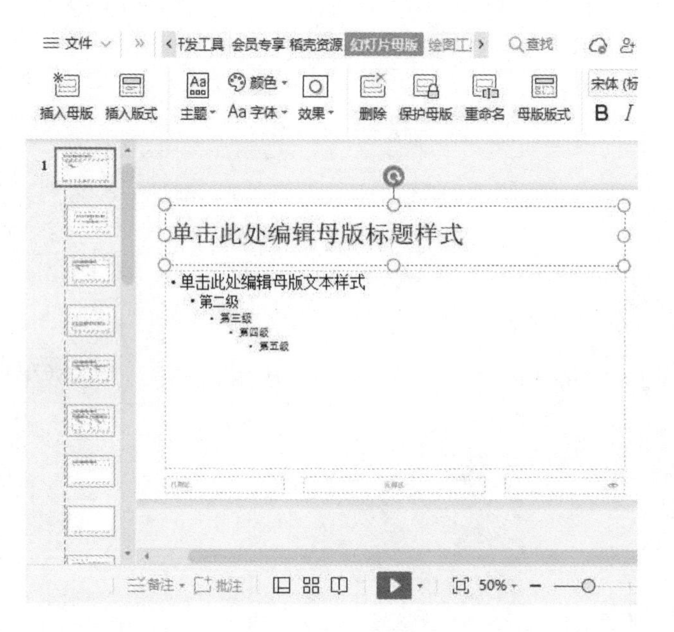

图 5-12 幻灯片母版

（2）讲义母版。讲义是将演示文稿的页面按一定的组合方式打印出来的材料，在讲义母版中可以设置幻灯片的方向（横向或纵向），设置幻灯片的比例模式（16:9 或者 4:3），以及打印时每页打印的幻灯片数量，如图 5-13 所示。页眉/页脚的内容也可在讲义母版中设置。

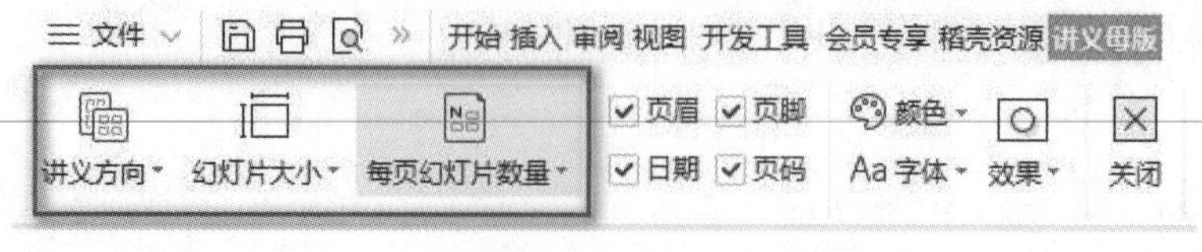

图 5-13 讲义母版

（3）备注母版。备注是演示文稿播放过程中，提供给演讲者查看的内容。在播放演示文稿时，可以给演讲者相应的提示。

2. WPS 演示主题

主题是指一组统一的设计元素，使用颜色、字体和图形设置文档的外观以及幻灯片使用的背景。

（1）主题颜色简介。主题颜色是由背景颜色、线条、文本颜色及其他颜色搭配组成的。我们可以把主题颜色理解成每个演示文稿包含的一套颜色设置。这些颜色分别应用到幻灯片上的对象中。例如，填充图形的颜色、文本和线条的颜色，设置超链接后文本的颜色等。

（2）主题颜色设置。如果对预设的主题颜色不满意，需要更改其中的颜色配置，可以单击“设计”→“配色方案”按钮，重新配置主题色，如图 5-14 所示。

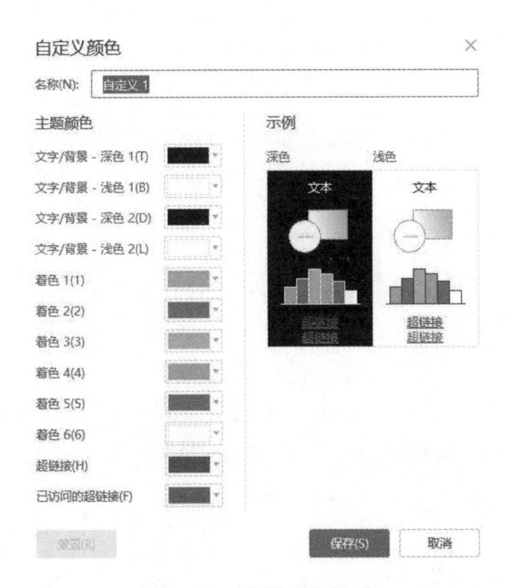

图 5-14　设置配色方案

5.2.3　幻灯片内容的编排

幻灯片内容的编排（文本）

1. 文本编排

向幻灯片中输入文本有两种方式：占位符中添加文本和文本框中添加文本。

（1）占位符中添加文本。占位符是一种带有虚线或阴影线边缘的框，绝大部分幻灯片版式中都有这种框，在这些框内可以放置标题及正文或者图表等对象。

需要向幻灯片标题和文本的占位符里添加标题、文本时，只需在要输入的区域单击即可。当鼠标放在占位符的边框线上并拖动鼠标时，可调整占位符的位置；当鼠标放在边框线的小圆点上按住并拖动时，可以调整占位符的尺寸。如图 5-15 所示，在①处单击虚线处即可输入并编辑“标题”的文本内容，在②处单击图像占位符可插入相应的图像，在③处单击虚线处可输入编辑正文的文本内容。

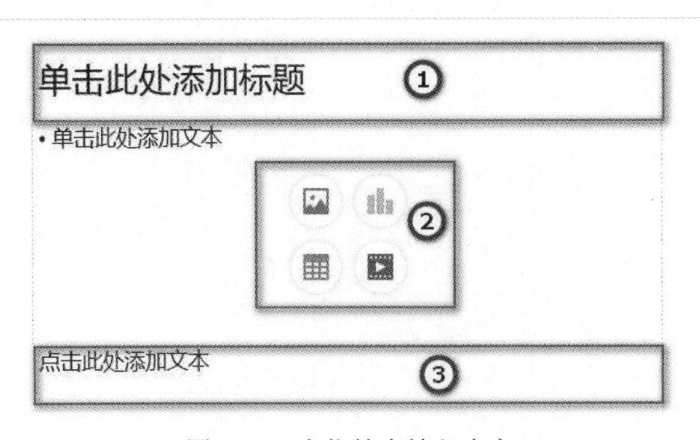

图 5-15　占位符中输入内容

（2）文本框中添加文本。如果希望自己设置幻灯片的布局，在创建新幻灯片时选择空白演示文档即可。如果要在占位符之外添加文本，可以使用文本框添加文本。通过文本框向幻灯片添加文本的方法如下：选择“插入”菜单下的文本框工具，文本框分为横向文本框和竖向文本框，默认为横向文本框。此时鼠标将变为针状，在幻灯片内按下鼠标并拖动即可插入文本框，输入文本信息。

（3）设置字体。字体的设置包含字体名称、字号、样式等设置，可以通过“开始”菜单下的“常用文字”或“文本工具”设置；也可点选文本框出现文本工具，再做相应的文字设置。“文本工具”界面如图 5-16 所示。

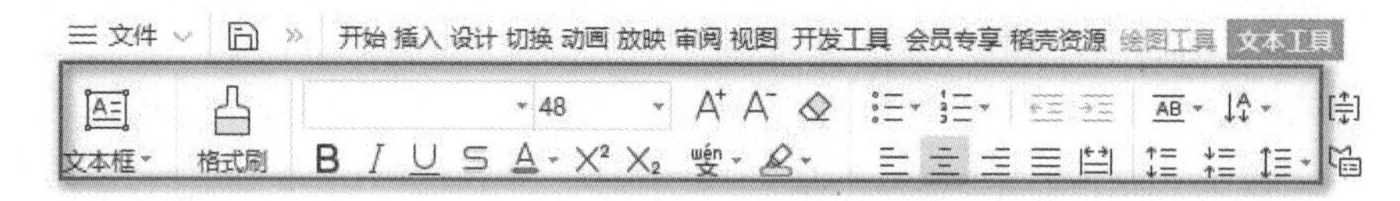

图 5-16 “文本工具”界面

2. 图形、图片的编排

幻灯片内容的编排（图片）

用户可以方便地插入各种来源的图片文件，如利用其他图形图像软件制作的图片、从 Internet 上下载的或通过扫描仪及数码相机输入的图片等。简单来说，幻灯片中的图片主要来源有剪贴画、计算机中已有的图片文件、使用“绘图”工具加工的各种图形、屏幕截图等。

（1）插入图片。单击“插入”菜单，在插入菜单的工具栏中找到插入“图片”工具，如图 5-17 所示，①处表示图片的来源，②处表示 WPS 演示系统中自带的图片。单击选中的图片即可插入图片。

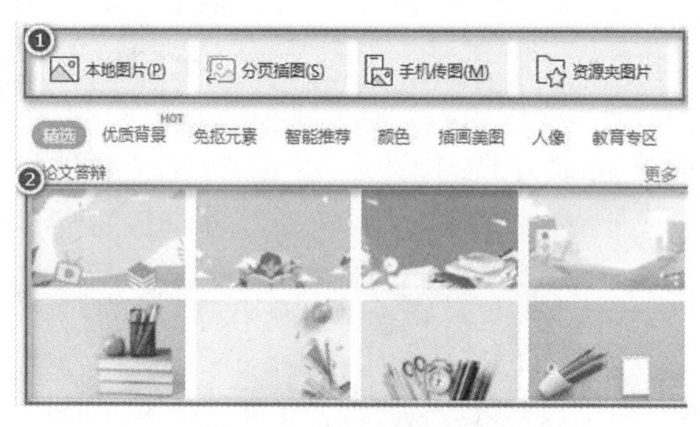

图 5-17 插入图片工具

（2）编辑图片。WPS 演示提供了强大的图片编辑功能，在幻灯片中插入图片后，选中图像即可打开“图片工具”选项卡编辑图片，如图 5-18 所示，可对图片对象进行高级设置，如填充与线条等。

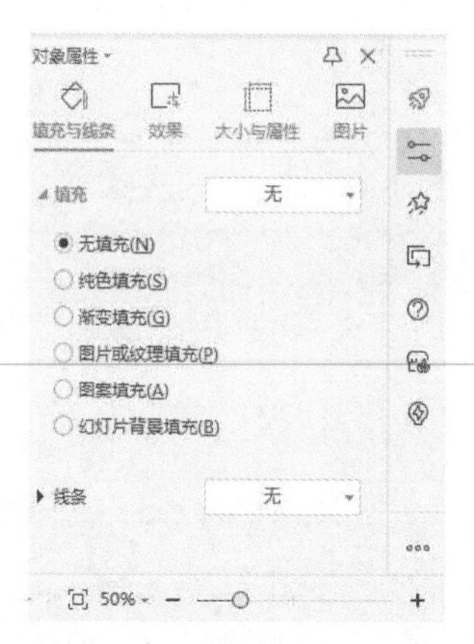

图 5-18 “图片工具”界面

3. 音频的编排

在正确安装解码器的情况下，WPS 演示支持多种格式的声音文件，如 WAV、MID、WMA 等，WAV 文件为标准数字音频文件，MID 文件表示 MIDI 电子音乐，WMA 文件是微软公司推出的新的音频格式。

幻灯片内容的编排（音频、视频）

（1）插入音频文件。单击“插入”菜单，在其工具栏中找到插入“音频”工具，如图 5-19 所示，单击①处即可打开插入“音频”工具框。

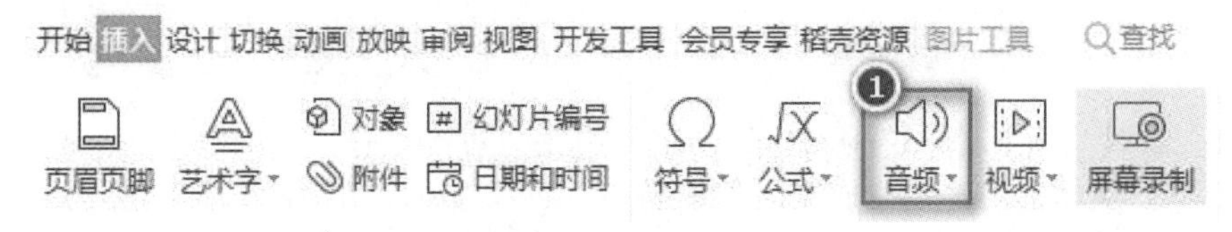

图 5-19 插入音频

在“音频”工作框中，可以嵌入“本地”音频文件，如图 5-20 中的①处所示；也可以嵌入系统提供的音频文件，如图 5-20 的②处所示，此时插入的“音频”文件可以在当前幻灯片中播放，也可以作为背景音乐应用于全部幻灯片。

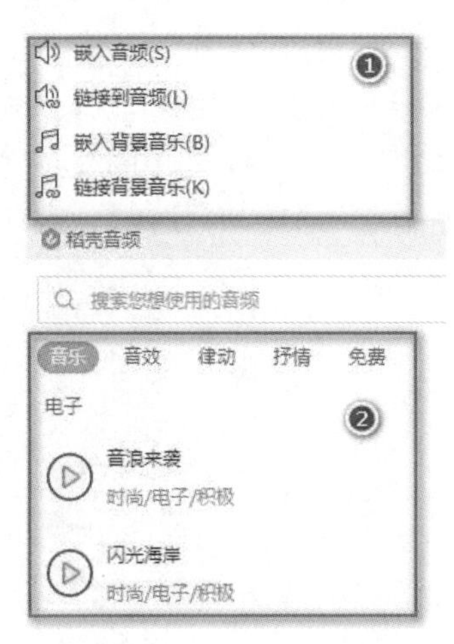

图 5-20 音频工具框

（2）控制声音对象。音频文件插入幻灯片后，功能选项卡中会多出一个“音频工具”选项卡，如图 5-21 所示。

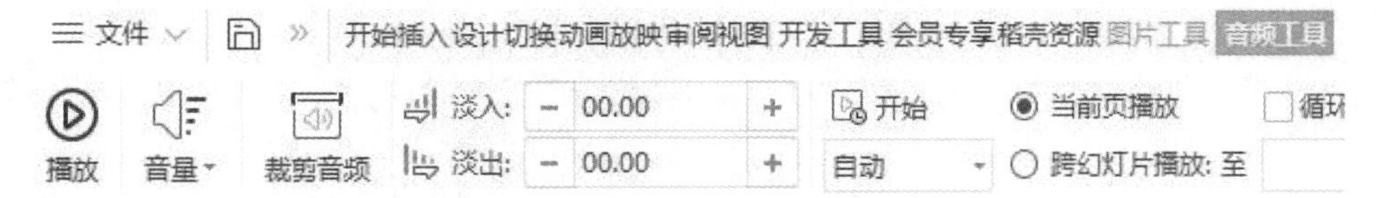

图 5-21 “音频工具”选项卡

控制声音播放：通过“播放”选项卡的“音频工具”面板可以设置播放声音文件的时间，单击“开始”→“自动”菜单命令，表示在放映幻灯片时自动播放该声音文件；选择“单击时”命令，则在放映幻灯片时，只有用户单击声音图标才播放插入的声音。选择“自动”命令，当幻灯片播放时音频文件一同播放；选择“跨幻灯片播放”命令，则当切换到下一张幻灯片时，当前幻灯片中插入的声音可以持续播放。值得注意的是，音频文件和演示文稿文件要放在同一路径下。

编辑声音对象：通过“播放”选项卡可以编辑声音对象，音频编辑组如图 5-22 所示，单击“剪裁音频”按钮，弹出“裁剪音频”对话框，如图 5-23 所示。

图 5-22　音频编辑组

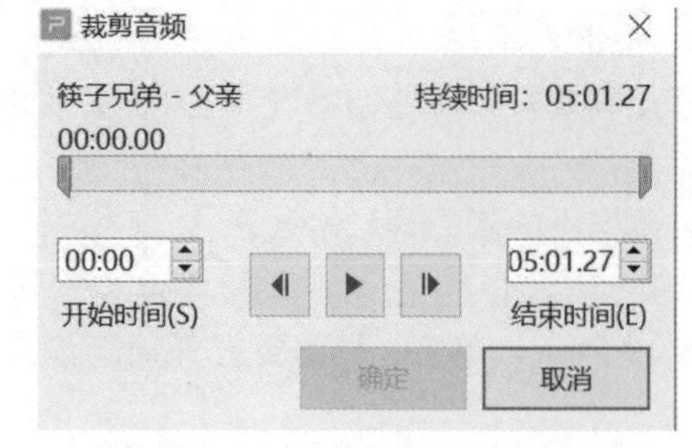

图 5-23　“裁剪音频”对话框

滑动“裁剪音频”对话框中的红色和绿色滑竿，可以设置声音文件的“开始时间”和“结束时间”，从而准确地完成声音文件的剪裁。在音频编辑组中，还可以通过设置声音文件的“淡入”和“淡出”时间，为声音文件制作淡化效果。

4. 视频与动画的编排

用户可以在幻灯片中插入十几种视频格式，如 AVI、MOV、MPG、DAT 等，可以直接插入的动画主要是 GIF 动画。用户的计算机上安装了新的媒体播放器后，WPS 演示支持的影片格式也会随之增加。

由于视频文件容量较大，因此通常以压缩的方式存储，不同的压缩/解压算法生成了不同的视频文件格式。例如 AVI 是采用 Intel 公司的有损压缩技术生成的视频文件；MPEG 是一种全屏幕运动视频标准文件；DAT 是 VCD 专用的视频文件格式。如果想让带有视频文件的演示文稿在其他人的计算机上成功播放，首选的视频文件格式是 AVI 格式。

（1）插入视频，如图 5-24 所示。

图 5-24　插入视频

1）单击功能区中的“插入”→“视频”按钮。

2）选择“嵌入本地视频”命令，打开“插入视频文件”对话框，在对话框中的文件列表中单击要插入的视频，再单击“插入”按钮，即可将视频文件插入幻灯片。

3）成功插入视频文件后，幻灯片上会显示视频及播放控制按钮，如图 5-25 所示。

图 5-25　视频及播放控制按钮

4）插入“网络视频”与“嵌入本地视频”的方法类似，请读者自行测试。

（2）控制视频对象。

视频文件的控制与音频文件的控制类似，可参照上文的音频控制设置。视频文件还可被当作图片进行外观（如形状、大小等）设置。视频工具如图 5-26 所示。

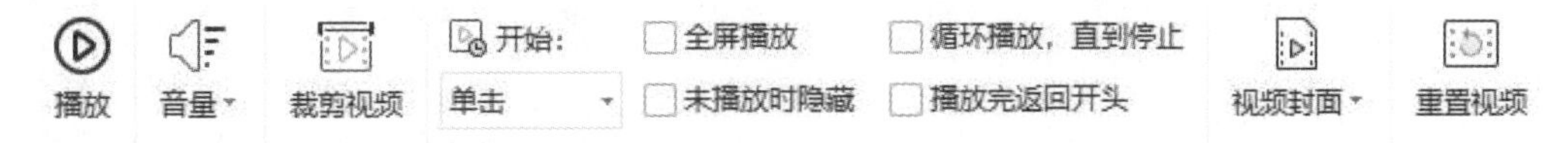

图 5-26　视频工具

5. 其他元素对象的编排

在 WPS 演示中，除了可以编辑文本、图形图像、音频视频文件对象外，还可以编辑表格、形状、图表、思维导图、艺术字等对象，如图 5-27 所示。

图 5-27　其他对象

（1）表格。

1）添加表格。在“插入”选项卡下的“表格”组中单击“表格”移动指针，以选择所需的行数和列数，再单击；或单击“插入表格”按钮，再在“列数”和“行数”列表中输入数字。

2）绘制表格。在“插入”选项卡下的“表格”组中单击“表格”，再单击“绘制表格”，指针会变为铅笔状。选择需要自定义表格的位置，水平、垂直或沿对角线方向拖动增加线条。

3）擦除单元格、行或列中的线条。在“表格工具”下，在“设计”选项卡下的“绘图边框”组中单击“橡皮擦”按钮或按住 Shift 键，指针会变为橡皮擦，单击要擦除的线条即可。

4）插入 WPS 表格。在“插入”选项卡下的“表格”组中，单击“表格”按钮，再单击“WPS 电子表格”。

5）表格设计。当选择一张表格时，在功能区中会多出一个“设计”工具栏，通过该工具栏可以设置表格的多种效果。

（2）形状对象：可参照 WPS 文字处理中的形状对象进行处理。

（3）图表对象：可参照 WPS 表格处理中的图表对象进行处理。

（4）艺术字对象。艺术字是以作者输入的普通文字为基础，通过添加阴影、设置字体形状、改变字体颜色和字号，突出和美化这些文字。艺术字是一种特殊的图形文字，它既具有普通文字的属性，如用户可设置字体字号、加粗、倾斜等效果，又可以像图形对象一样设置边框、填充等属性，还可以任意进行尺寸调整、旋转或添加阴影、三维效果等操作。在幻灯片中插入艺术字的步骤如下。

1）选中一张要插入艺术字的幻灯片。

2）单击功能区中的“插入”→“艺术字”按钮，选择一种艺术字样式，如图 5-28 所示；艺术字样式分为“预设样式”和“稻壳艺术字”样式。

3）为艺术字选择样式后，将在幻灯片中显示艺术字效果，如图 5-29 所示，选择“艺术字”对象后，还可设置艺术字的“填充”“轮廓”“3D”等样式。

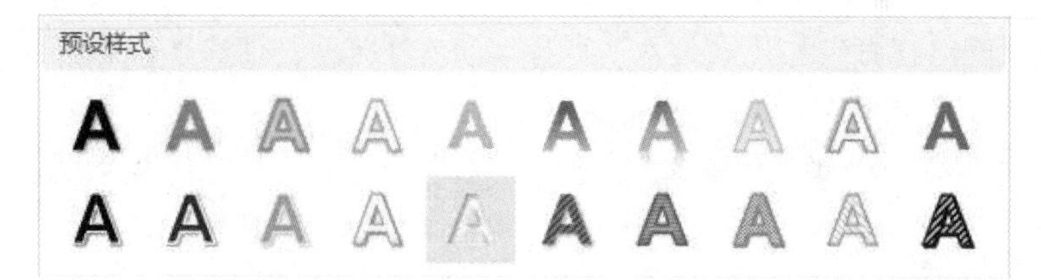

图 5-28　选择一种艺术字样式

图 5-29　艺术字效果

5.2.4　幻灯片的编辑

幻灯片的编辑

1. 幻灯片的选择

编辑幻灯片之前，首先要选择相应的幻灯片。根据实际情况不同，选择幻灯片的方法也有所区别，主要有以下四种。

（1）选择单张幻灯片：在“幻灯片”大纲窗格（图 5-30）或幻灯片浏览视图中，单击某张幻灯片缩略图，可选择单张幻灯片。

图 5-30　大纲窗格

（2）选择多张连续的幻灯片：在“幻灯片”大纲窗格或幻灯片浏览视图，单击要连续选择的第一张幻灯片，按住 Shift 键不放，再单击需选择的最后一张幻灯片，释放 Shift 键后即可选中两张幻灯片之间的全部幻灯片。

（3）选择多张不连续的幻灯片：在“幻灯片”大纲窗格或幻灯片浏览视图中，单击要选择的第一张幻灯片，按住 Ctrl 键不放，再依次单击需选择的幻灯片，即可选中这几张不连续的幻灯片。

（4）选择全部幻灯片：在“幻灯片”大纲窗格或幻灯片浏览视图中，按 Ctrl+A 组合键即可选择当前演示文稿中的所有幻灯片。

此外，若在选择的多张幻灯片中选择了不需要的幻灯片，可在不取消其他幻灯片的情况下，取消选择不需要的幻灯片，方法是选择多张幻灯片后，按住 Ctrl 键不放，单击需要取消选择的幻灯片。

2. 幻灯片的移动和复制

演示文稿可根据需要调整各幻灯片的顺序。在制作演示文稿的过程中，若制作的幻灯片与某张幻灯片非常相似，可复制该幻灯片后编辑，这样可以有效地提高工作效率。移动和复制幻灯片的方法如下。

（1）通过鼠标拖动移动和复制幻灯片：选择需移动的幻灯片，按住鼠标左键不放，拖动到目标位置后释放鼠标，完成移动操作。选择幻灯片后，按住 Ctrl 键的同时，拖动幻灯片到目标位置可实现幻灯片的复制。

（2）通过菜单命令移动和复制幻灯片：选择需移动或复制的幻灯片并右击，在弹出的快捷菜单中选择“剪切”或“复制”命令，然后将鼠标定位到目标位置右击，在弹出的快捷菜单中选择“粘贴”命令，完成幻灯片的移动或复制。

（3）通过快捷键移动和复制幻灯片：选择需要移动或复制的幻灯片，按 Ctrl+X（剪切）或 Ctrl+C（复制）组合键，然后在目标位置按 Ctrl+V（粘贴）组合键，完成幻灯片的移动或复制。

3. 幻灯片的删除

在“幻灯片”大纲窗格或幻灯片浏览视图中，可删除演示文稿中的多余幻灯片。删除幻灯片的方法有以下两种。

（1）通过 Delete 键删除。选择需要删除的幻灯片后，按 Delete 键删除幻灯片。

（2）通过快捷菜单删除。选择需要删除的幻灯片并右击，在弹出的快捷菜单中选择“删除幻灯片”命令删除幻灯片。

4. 幻灯片的隐藏

右击幻灯片，在弹出的快捷菜单中选择“隐藏幻灯片”命令隐藏幻灯片，隐藏的幻灯片不会播放，但可以被编辑。

5. 幻灯片的排序

在幻灯片的制作过程中，如果要调整幻灯片的位置次序，选中幻灯片，按住鼠标左键不放，将需要调整的幻灯片拖放到相应的位置即可调整幻灯片顺序。

5.3 WPS 演示的动画设置

在制作演示文稿的过程中，除了精心组织内容、合理安排布局，还需要应用动画效果控制幻灯片中的文本、声音、图像以及其他对象的进入方式和顺序，以便突出重点，控制信息播放的流程，提高演示文稿的趣味性。

WPS 动画效果分为“幻灯片切换”和“对象动画”两种。

5.3.1 对象动画的设置

WPS 演示对象动画（也称自定义动画）是指赋予 WPS 演示文稿中的文本、图片、形状、表格、SmartArt 图形和其他对象进入、退出、大小或颜色变化甚至移动等特殊视觉效果。在 WPS 演示文稿中，选中要设置自定义动画的对象，就会在功能选项卡中出现“动画”选项，如图 5-31 所示，①处显示了常见的动画效果选项，单击②处可打开“自定义动画”窗格，如④处所示。单击③处可设置智能动画。

WPS 演示对象动画（进入）

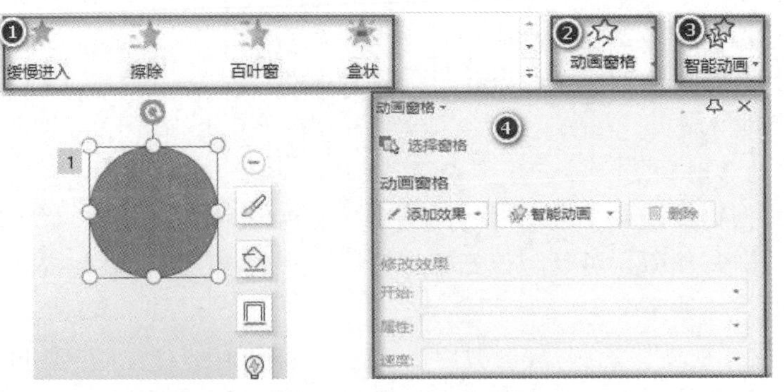

图 5-31 “自定义动画”功能选项卡

WPS 演示对象动画（强调）

单击“自定义动画”窗格中的“添加动画”按钮，在弹出的下拉列表中显示了五种动画效果：进入、强调、退出、动作路径、绘制自定义路径（图 5-32）。

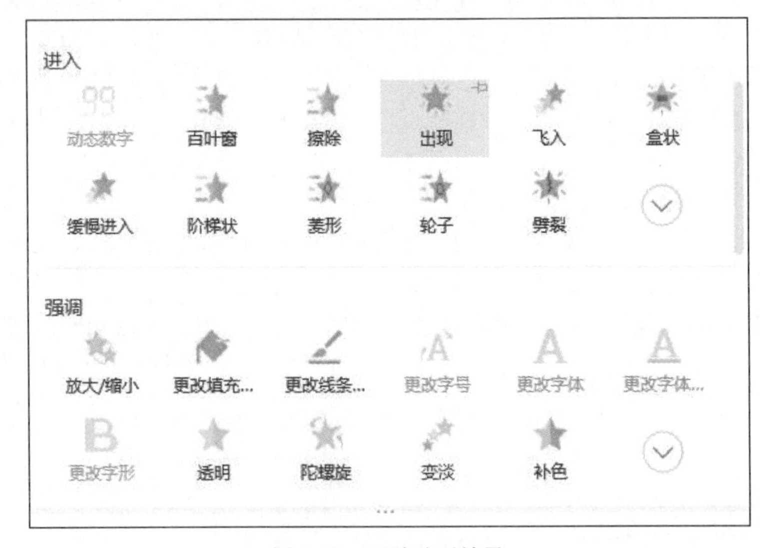

图 5-32 五种动画效果

WPS 演示对象动画（退出）

（1）“进入”效果：可以使对象逐渐淡入焦点、从边缘飞入幻灯片或者跳入视图中。

（2）“强调”效果：可以使对象缩小或放大、更改颜色或沿着其中心旋转。

（3）“退出”效果：与“进入”效果相反，它自定义对象退出时所表现的动画形式，如让对象飞出幻灯片、从视图中消失或从幻灯片旋出。

（4）“动作路径”效果：根据形状或者直线、曲线的路径展示对象游走的路径，可以使对象上下移动、左右移动或者沿着星形或圆形路径移动。

（5）“绘制自定义路径”效果：使相关内容放映时按用户指定的任意轨迹运动。

以上五种自定义动画可以单独使用一种效果，也可以将多种效果组合在一起使用。

WPS 演示对象动画（动作路径、绘制路径）

5.3.2 切换动画的设置

WPS 演示切换动画

幻灯片的切换动画（又称幻灯片的切换效果）是指演示文稿播放过程中幻灯片进入和离开屏幕时产生的视觉效果，也就是让幻灯片以动画方式放映的特殊效果。幻灯片切换可以使演示文稿中的幻灯片以各种方式显示和退出屏幕，使幻灯片显得生动、有趣、更具吸引力。

1．设置幻灯片切换效果

（1）打开要设置切换效果的演示文稿。

（2）在菜单栏中单击“切换”→“预览效果”按钮，选择要设置的切换效果，如图 5-33 中的①处所示。

（3）假定第（2）步选中的切换效果是“抽出”，则第（3）步就是对“效果选项”的具体设置，如图 5-33 中的②处所示。需要注意的是“效果选项”的具体设置依赖第（2）步中的“切换效果”。

（4）WPS 演示默认的切换方式为手动，即单击切换幻灯片，如图 5-33 中的③处所示。

（5）WPS 演示默认的切换效果只作用于当前选片，如果要作用于全部幻灯片，则要单击图 5-33 中的④处的“应用到全部”按钮。

图 5-33　幻灯片切换动画

2. 设置幻灯片切换效果的“自动换片”

幻灯片自动切换即在幻灯片播放的过程中，幻灯片的切换将不再依赖鼠标或键盘等，就能自动切换到下一页。“自动换片”设置如图 5-33 中③处所示，勾选“自动换片”复选框，并设置相应的换片时间（时间格式 xx:yy，x 表示分，y 表示秒），并取消勾选“单击鼠标时换片”复选框。

设置“幻灯片切换效果”如图 5-33 所示，“速度”栏和“自动换片”复选框都以时间为单位，两者的含义分别如下：“速度”栏设置的是切换动画播放的快慢，时间越短速度越快，反之则反；“自动换片”复选框设置一张幻灯片自动放映多长时间后，自动切换到下一张。

可以为幻灯片统一设置相同的切换效果或者切换方式，也可以为每张幻灯片设置与其他幻灯片不同的切换效果和切换方式。

5.3.3　超链接与动作按钮的设置

在播放演示文稿中实现应用内容的即时展现和跳转有两种方法：一种方法是设置超链接，不但可以从一张幻灯片跳转到另一个幻灯片，还可以跳转到其他类型的文件，如其他演示文稿、文字文档、电子表格、公司内部网或电子邮件地址等；另一种方法是设置动作按钮，其特点是使用便捷，但是只能在本演示文稿中跳转。

1. 设置超链接

幻灯片中的文本或对象都可以设置为超链接点，作为超链接点的文本通常带有下划线。超链接不能在创建时激活，在播放演示文稿时会自动激活，当鼠标指针指向超链接，鼠标指针变成手形时，单击即会跳转到所链接的目标幻灯片或其他对象。

用户可以通过以下步骤在演示文稿的内容之间建立超链接：选择要进行超链接的文本或图形，单击功能区中的“插入”→“超链接”按钮，如图 5-34 所示，或者右击，在弹出的快捷菜单中选择“超链接”选项，打开“插入超链接”对话框，如图 5-35 所示。

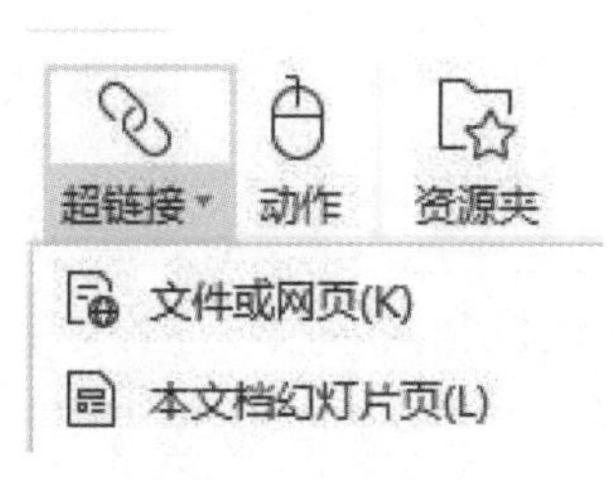

图 5-34　超链接按钮

WPS 演示超链接与动作按钮（超链接）

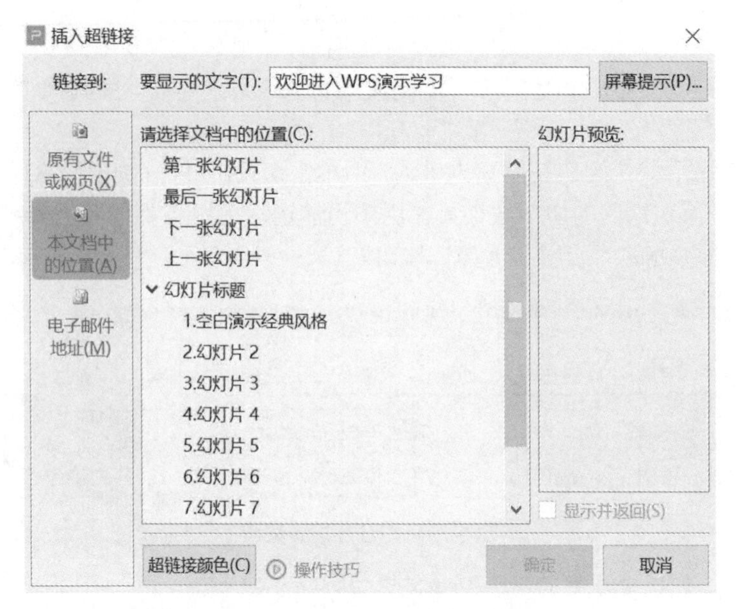

图 5-35　链接到本文档中的位置

在“链接到”选项组中，选择“本文档中的位置”选项（若要链接到的目标在本演示文稿之外，则选择“原有文件或网页”选项），在“请选择文档中的位置”列表框中选择一张要链接到的幻灯片（如最后一张幻灯片），单击“确定”按钮，超链接设置完毕。

超链接设置完毕后，在普通视图下无法使用超链接，用户可单击 WPS 演示主窗口右下角的“幻灯片放映”按钮，在该幻灯片中，将鼠标指针指向设置超链接的文本或对象，鼠标变成手形时，单击即跳转到目标幻灯片或对象。

2. 编辑或删除超链接

（1）编辑超链接。右击，在弹出的快捷菜单中选择“超链接”→“编辑超链接”选项，如图 5-36 所示，打开“编辑超链接”对话框，可以重新设置超链接的对象。

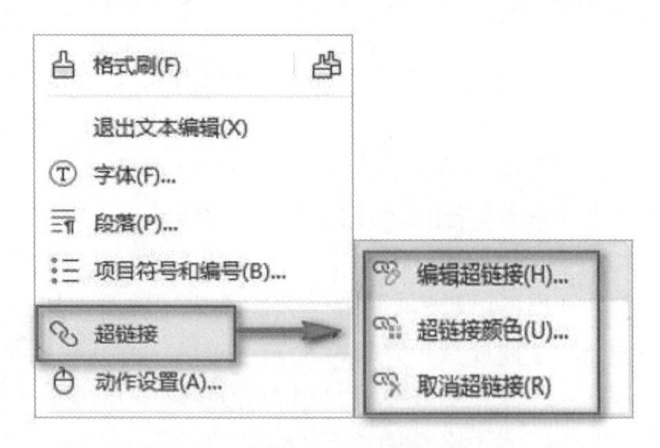

图 5-36　选择“编辑超链接”选项

（2）删除超链接。右击，在弹出的快捷菜单中选择“取消超链接”命令，删除超链接。

3. 设置动作按钮

动作按钮是具有超链接功能的图形按钮。在页面中加入一些由 WPS 演示预置好基本功能的命令按钮，如前进、后退等，就可以根据演讲者的演讲进程等情况决定下一张页面，使得页面操作更加灵活自如。设置动作按钮的方法如下：

WPS 演示超链接与动作按钮（动作按钮）

（1）在演示文稿中找到要加入控制按钮的页面，使其为当前显示页面。

（2）单击功能区中的“插入”→“形状”按钮，在弹出的“最近使用的形状”面板中选择“动作按钮”，如图 5-37 所示。

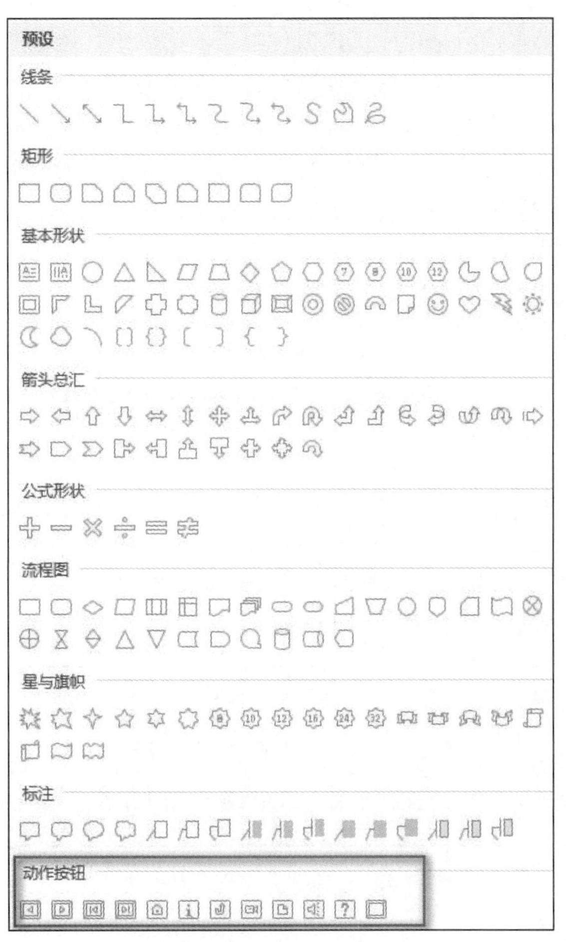

图 5-37　选择“动作按钮”

（3）当鼠标变成十字时，在页面的适当位置按下鼠标左键并拖动画出按钮的形状，插入一个按钮。

（4）释放鼠标后，屏幕上立刻弹出图 5-38 所示的“动作设置”对话框，达到真正控制页面内容的目的。

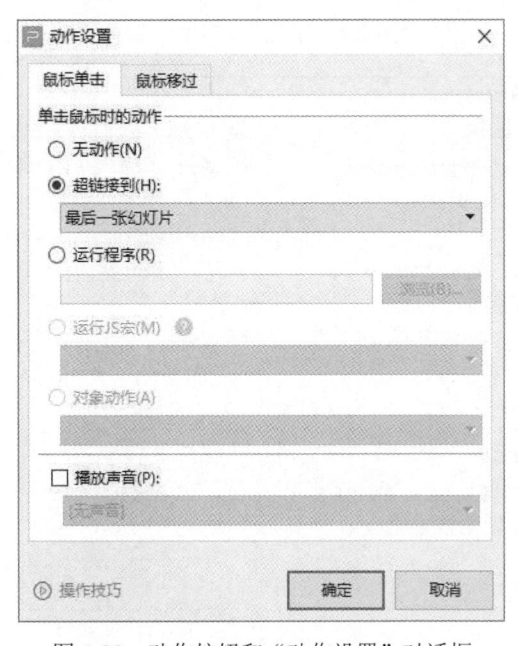

图 5-38　动作按钮和“动作设置”对话框

（5）单击“动作设置”对话框中的“鼠标单击”选项卡，选中“超链接到”单选按钮，并在下面的下拉列表框中选中单击这个控制按钮时所要触发的事件，也就是单击按钮后，屏幕切换的内容。设置完毕后，单击“确定”按钮，完成“动作按钮”超链接的插入设置。

（6）设置动作按钮的格式：右击创建的自定义动作按钮，在弹出的快捷菜单中选择“设置形状格式”命令，在打开的“设置形状格式”对话框中可以设置动作按钮的格式。

（7）向动作按钮添加文字：右击创建的动作按钮，在弹出的快捷菜单中选择“编辑文字”命令，插入点自动置于动作按钮内，输入文字即可。

5.4 WPS 演示的放映与导出

5.4.1 放映类型与设置

放映类型与设置

要放映创建好的演示文稿，首先要打开编辑好的演示文稿，然后单击“放映”选项卡，展开“幻灯片放映”功能区，如图 5-39 所示。

图 5-39 “幻灯片放映”功能区

1. 放映类型及设置

（1）“演讲者放映”是指演讲者看到的内容是和观众不同的，演讲者常会在幻灯片中添加一些备注内容，以便在演讲时查看，观众是无法看到这些备注的，此时选择“演讲者放映”单选项，帮助演讲者完成演讲。

（2）“展台自动循环放映”就是指演讲者播放的内容和观众看到的内容是一致的。

（3）单击图 5-39 所示的“放映设置”按钮，弹出“设置放映方式”对话框，如图 5-40 所示，可详细设置“放映类型”“放映幻灯片”“换片方式”“多显示器”等属性。

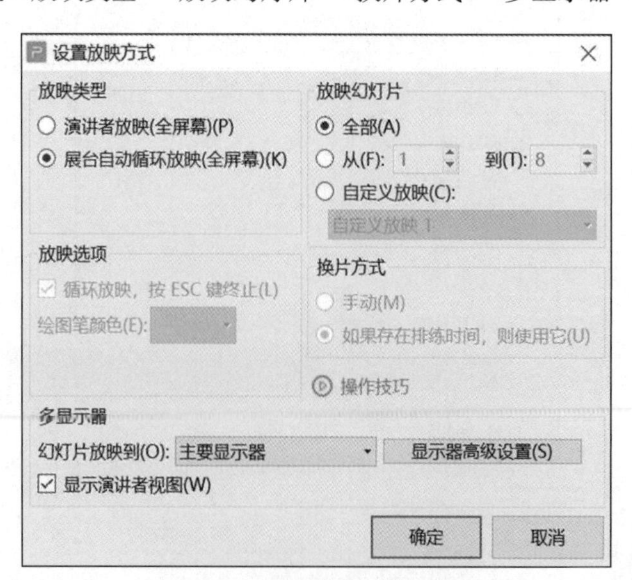

图 5-40 “设置放映方式”对话框

2. 其他放映参数的设置

无论选择哪种放映类型，在放映的过程中都要设置如下放映命令。

（1）“从头开始”命令：从第一张幻灯片开始放映，依次播放，单击 F5 快捷键。

（2）“当页开始”命令：从当前选定页开始放映，依次播放，快捷键为 Shift+F5。

（3）“自定义放映”命令：从演示文稿中选择若干张幻灯片播放，播放的次序、数量等可在图 5-41 所示的“定义自定义放映”对话框中设置。

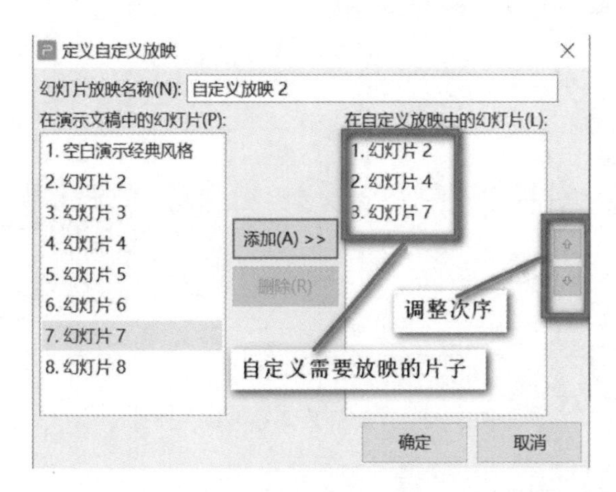

图 5-41 “定义自定义放映”对话框

5.4.2 排练计时

在放映演示文稿的过程中，过快或过慢都会影响演示文稿的放映效果以及演讲者的演说效果，可通过设置幻灯片“排练计时”预先演练好幻灯片的放映时间。

单击图 5-39 所示的“排练计时”命令，打开图 5-42 所示的“排练计时”按钮，“排练全部”表示整个演示文稿中需要放映的幻灯片都参与计时排练；“排练当前页”表示只有当前选定的页面参与计时排练。

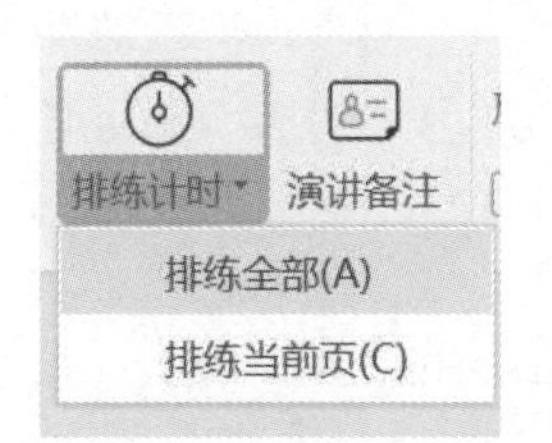

图 5-42 “排练计时”按钮

假定选择“排练全部”命令，在播放幻灯片的同时，在幻灯片的左上角出现图 5-43 所示的排练计时器，其中第一个时间表示当前幻灯片播放时间，第二个时间表示当前所有幻灯片播放的累计计时。假定第一张幻灯片的最佳播放时间是 12 秒，单击图 5-43 所示的左侧下三角按钮，完成第一张幻灯片的排练计时，同时进行下一张幻灯片的计时排练，直至结束。

图 5-43 排练计时器

所有幻灯片“排练计时”结束后，自动进入“幻灯片浏览”视图模式，如图 5-44 所示，可以清晰地看到“排练计时”时间及播放顺序等，可以根据实际需要选择是否保存本次“排练计时”，以备实际演讲时使用。

图 5-44 “幻灯片浏览”视图模式

5.4.3 WPS 演示的导出

WPS 演示的导出

有时我们需要将 WPS 演示文稿导出为其他格式的文件，常见导出文件类型有 PDF 文件、图片文件、视频文件等。

1. 导出为 PDF 文件

在打开的 WPS 演示文件中，单击“文件”→“输出为 PDF”菜单命令，如图 5-45 所示，弹出图 5-46 所示的“输出为 PDF”对话框，具体内容如下。

（1）继续“添加文件”按钮：表示不仅可以将当前 WPS 演示文档导出为 PDF 文件，而且可以将其他文件一起合并导出为 PDF 文件。

（2）“操作”选项卡下的“删除”图标：单击此图标，可删除不想输出的文件。

（3）“状态”选项卡：表示当前文档输出的实时状态，直至输出结束。

（4）“保存位置”命令：导出后的 PDF 文件的位置，默认为源目录，用户在此处可以设置自定义目录。

导出结束后，可在“保存位置”指定的目录下查看导出的 PDF 文件。

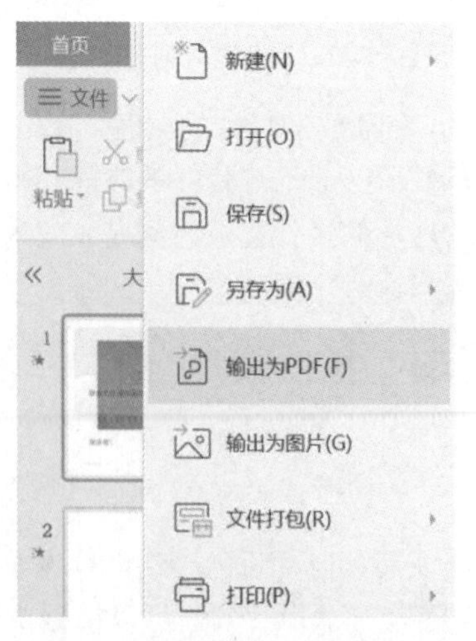

图 5-45 单击“输出为 PDF”命令

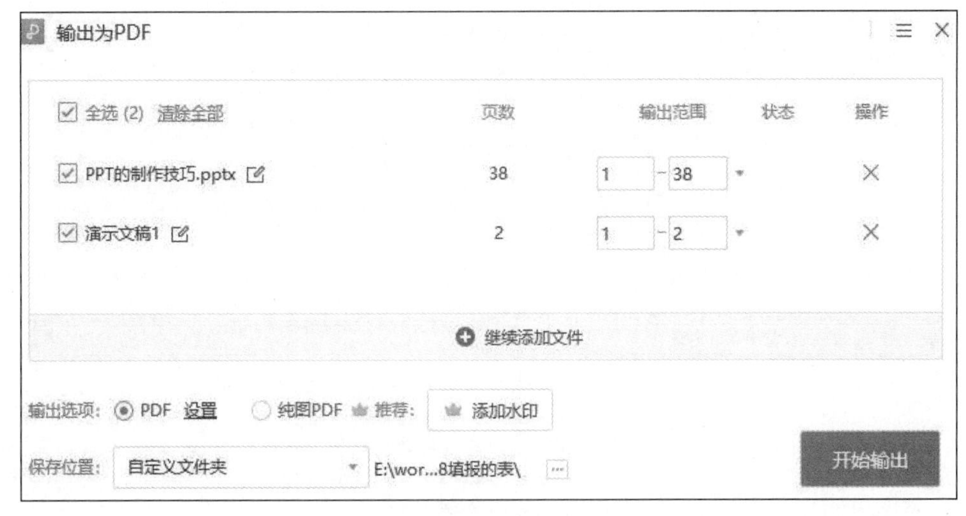

图 5-46 “输出为 PDF”对话框

2. 导出为图片文件

在打开的 WPS 演示文件中，单击“文件”→“输出为图片”菜单命令，弹出图 5-47 所示的“输出为图片”对话框，具体内容如下。

（1）“输出方式”：“逐页输出”表示一张幻灯片作为一张图片文件，“合成长图”表示所有幻灯片合并成一张图片输出。

（2）“水印设置”：选择“自定义水印”→“编辑水印”图标，即可完成自定义水印的设置。

（3）“输出页数”：可以输出所有合成的图片，也可以选择输出。

图 5-47 “输出为图片”对话框

3. 导出为视频文件

在打开的 WPS 演示文件中，单击“文件”→“另存为”→“输出为视频”菜单命令，如图 5-48 所示。

单击“输出为视频”命令后，选中保存文件的目录，弹出图 5-49 所示的“正在输出视频格式”对话框。输出视频格式结束后，即可在指定的目录中找到视频文件，如图 5-50 所示，在输出视频文件的同时，还输出一个视频播放教程文档。

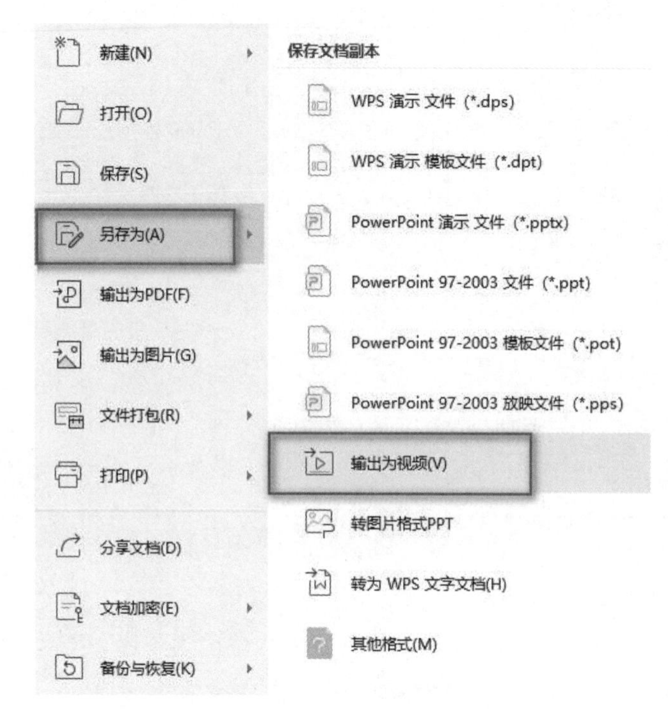

图 5-48 单击“输出为视频”命令

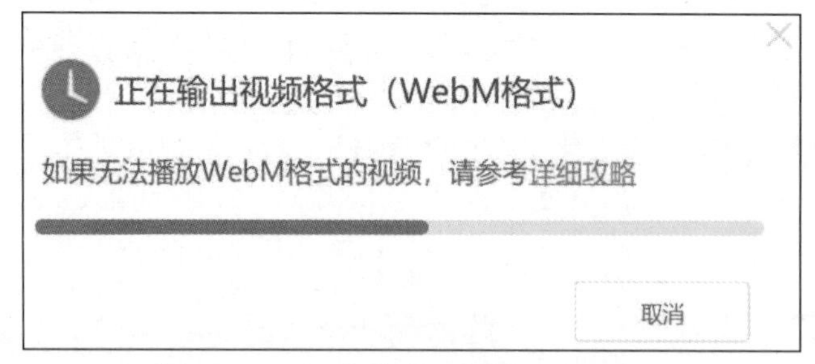

图 5-49 “正在输出视频格式”对话框

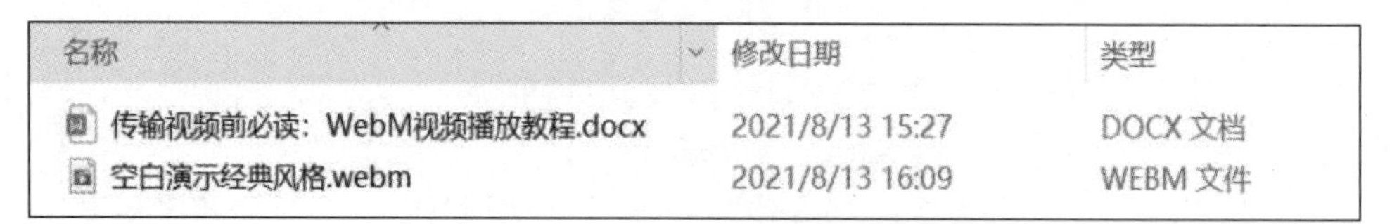

图 5-50 输出视频文件目录

打包演示文稿有如下两种方法：

（1）将演示文稿打包成文件夹。

（2）将演示文稿打包成压缩文件。

本章小结

演示文稿制作流程

5.5 本章小结

本章介绍了 WPS Office 中重要的组件——演示文稿软件，介绍了 WPS 演示的基础知识和基本操作，左侧二维码讲解了演示文稿的制作流程。比较流行的演示文稿软件还有 Office PowerPoint，其功能与 WPS 演示的相似。

另外，Focusky 多媒体演示制作大师也是一款新型的演示文稿制作软件，其简单、易操作的软件设计特点让用户能更快地制作出有多媒体元素的动画演示文稿，与 WPS 演示和 PowerPoint 的单线条演示相比，Focusky 采用系统性的方式演示。

表 5-1 给出了第 5 章知识点学习达标标准，供读者自测。

表 5-1　第 5 章知识点学习达标标准自测表

序号	知识（能力）点	达标标准	自测 1（　月　日）	自测 2（　月　日）	自测 3（　月　日）
1	演示文稿的应用场景	了解			
2	演示文稿工具的功能、操作界面和制作流程	熟悉			
3	演示文稿的创建、打开、保存、退出等基本操作	掌握			
4	演示文稿不同视图方式的应用	熟悉			
5	幻灯片的创建、复制、删除、移动等基本操作	掌握			
6	幻灯片的设计及布局原则	理解			
7	在幻灯片中插入各类对象的方法	掌握			
8	幻灯片母版的概念	理解			
9	幻灯片母版、备注母版的编辑及应用方法	掌握			
10	幻灯片切换动画、对象动画的设置方法及超链接、动作按钮的应用方法	掌握			
11	幻灯片的放映类型	了解			
12	使用排练计时放映	掌握			
13	幻灯片不同格式的导出方法	掌握			

习题

一、单项选择题

1．创建新的 WPS 演示文稿一般使用（　　）。

A．内容提示向导　　B．设计模版

C．空演示文稿　　D．打开已有的演示文稿

2．在 WPS 演示中，幻灯片上可以插入（　　）多媒体信息。

A．音乐、图片、Word 文档　　B．声音和超链接

C．声音和动画　　D．剪贴画、图片、声音和影片

3．在 WPS 演示中，（　　）可以添加动画效果。

A．文字　　B．图片　　C．文本框　　D．以上都可以

4．下列视图中不属于 WPS 演示视图的是（　　）。

A．幻灯片视图　　B．页面视图　　C．大纲视图　　D．备注页视图

5．若要在“幻灯片浏览”视图中选择多个幻灯片，应先按住（　　）键。

A．Alt　　B．Ctrl　　C．F4　　D．Shift+F5 组合

6．在 WPS 演示中，要同时选择第 1、2、5 三张幻灯片，应该在（　　）视图下操作。

A．普通　　B．大纲　　C．幻灯片浏览　　D．备注

7. 如果打印 WPS 演示文稿的第 1、3、4、5、7 张，则在“打印”对话框的“幻灯片”文本框中输入（　　）。

A. 1-3-4-5-7　　B. 1,3,4,5,7　　C. 1-3,4,5-7　　D. 1-3,4-5,7

8. 要在 WPS 演示文稿中插入表格、图片、艺术字、视频、音频等元素，应在（　　）选项卡中操作。

A. 文件　　B. 开始　　C. 插入　　D. 设计

9. 要设置 WPS 演示文稿中对象的动画效果以及动画的出现方式，应在（　　）选项卡中操作。

A. 切换　　B. 动画　　C. 设计　　D. 审阅

10. 在 WPS 演示中，快速复制一张相同幻灯片需按（　　）组合键。

A. Ctrl+X　　B. Ctrl+V　　C. Ctrl+D　　D. Ctrl+C

11. 在 WPS 演示中，关于母版的描述错误的是（　　）。

A. 更改第一页母版的标题字体后，后续母版的标题字体会随之更改

B. 更改第一页母版的项目符号后，选择该母版的幻灯片的项目符号会随之更改

C. 将后续母版中插入图片后，第一页母版也会被插入图片

D. 母版的类型包括幻灯片母版、讲义母版和备注母版

12. 在 WPS 演示文稿中，文本框的默认背景为（　　）。

A. 白色的　　B. 与幻灯片背景的颜色相同

C. 透明的　　D. 以上描述都不正确

13. 下列关于演示文稿放映的说法，不正确的是（　　）。

A. 在放映演示文稿时，用户可以放映全部幻灯片，但不可以隐藏部分幻灯片或定义若干幻灯片的组合

B. 用户可以自定义幻灯片的放映顺序

C. 将演示文稿保存为“PowerPoint 放映”文件，可以在不启动 WPS 演示的情况下激活演示文稿的放映方式

D. 在没有安装 WPS 演示文稿的计算机上放映演示文稿，需打包演示文稿

14. 若想在放映 WPS 演示文稿时，一首歌曲从第一页幻灯片播放到最后一页幻灯片，选中音频文件后，应设置（　　）。

A. 自动播放　　B. 跨幻灯片播放

C. 放映时隐藏　　D. 单击播放

15. 以下关于 WPS 演示文稿中自定义动画的说法，不正确的是（　　）。

A. 同一张幻灯片中的每个对象可能使用不同的动画效果

B. 可以按照需要自由调整幻灯片中各对象的动画出现顺序

C. 可以用自定义动画与自定义放映两种方式添加动画效果

D. 每张幻灯片可以使用不同的、自由曲线的动画出现路径

16. 在 WPS 演示文稿中，如果要从第三张幻灯片跳转到第八张幻灯片，需要在第三张幻灯片上设置（　　）。

A. 动作按钮　　B. 预设动画　　C. 幻灯片切换　　D. 自定义动画

17. 在 WPS 演示文稿中，要进行幻灯片页面设置、主题选择，可以在（　　）选项卡中操作。

A. 开始　　B. 插入　　C. 视图　　D. 设计

18. 在 WPS 演示文稿中，要在幻灯片中插入表格、图片、艺术字、视频、音频等元素，应在（　　）选项卡中操作。

A. 文件　　B. 开始　　C. 插入　　D. 设计

19．在 WPS 演示文稿中能添加（　　）对象。

A．Excel 图表　B．电影和声音　C．Flash 动画　D．以上都对

20．WPS 演示文稿幻灯片中占位符的作用是（　　）。

A．表示文本的长度　B．限制插入对象的数量

C．表示图形的大小　D．为文本、图形预留位置

21．关于 WPS 演示文稿的母版，以下说法中错误的是（　　）。

A．可以自定义幻灯片母版的版式

B．可以对母版进行主题编辑

C．可以对母版进行背景设置

D．在母版中插入图片对象后，在幻灯片中可以根据需要进行编辑

22．在幻灯片视图窗格中，要删除选中的幻灯片，不能实现的操作是（　　）。

A．按下键盘上的 Delete 键

B．按下键盘上的 BackSpace 键

C．右键菜单中的“隐藏幻灯片”命令

D．右键菜单中的“删除幻灯片”命令

23．关于 WPS 演示文稿的自定义动画功能，以下说法错误的是（　　）。

A．各种对象均可设置动画　B．动画设置后，先后顺序不可改变

C．同时还可配置声音　D．可将对象设置成播放后隐藏

24．在 WPS 演示文稿中，某一文字对象设置了超链接后，不正确的说法是（　　）。

A．在演示该页幻灯片时，当鼠标指针移到文字对象上会变成手形

B．在幻灯片视图窗格中，当鼠标指针移到文字对象上会变成手形

C．该文字对象的颜色会以默认的主题效果显示

D．可以改变文字的超链接颜色

25．在 WPS 演示文稿中，在大纲视图窗格中输入演示文稿的标题时，执行下列（　　）操作，可以在幻灯片的大标题后面输入小标题。

A．右键“升级”　B．右键“降级”

C．右键“上移”　D．右键“下移”

二、操作题

1．制作演示文稿母版，具体内容如下。

（1）建立母版。

（2）设置母版的背景、字体、项目符号、页眉、页脚。

（3）制作动作按钮。

（4）保存模板。

2．设置幻灯片切换及动画效果，具体内容如下。

（1）制作一张含有表格、图形等对象的幻灯片。

（2）制作一张含有音频、视频对象的幻灯片。

（3）设置任一张幻灯片的切换效果，单击时有风铃声。

（4）设置任一张幻灯片中对象的进入、强调、退出动画效果。

（5）保存、播放幻灯片。

（6）导出演示文稿。

第 6 章　计算机网络基础

朗朗神洲，祚传千载；漫漫丝路，泽遗百代。

——《丝绸之路赋》

6.1　初步认识计算机网络

初步认识计算机网络

6.1.1　计算机网络的发展

计算机网络涉及计算机和通信两个领域，始于 20 世纪 60 年代末，是计算机技术和通信技术紧密结合的产物。计算机技术和通信技术的结合主要表现在两个方面：一方面，通信网络为计算机之间的数据传输和交换提供了必要手段；另一方面，计算机技术的发展渗透到通信技术中，提高了通信网络的各种性能。

所谓计算机网络，就是把分布在不同地理位置的计算机、终端，通过通信设备和线路连接起来，以功能完善的网络软件（网络通信协议、信息交换方式及网络操作系统等），实现相互通信及网络资源共享的系统。IEEE 高级委员会坦尼鲍姆博士的定义：“计算机网络是一组自治计算机互联的集合。”自治（或自主）是指每台计算机都有自主权，不受他人控制；互联是指使用传输介质将计算机连接起来。

计算机网络的发展大致经历了以下四个阶段：

（1）远程终端联机阶段。将计算机的远程终端通过通信线路与主机连接，构成以单个主机为中心的远程通信系统，系统中除一台中心计算机外，其他终端没有信息处理能力，整个网络系统只是完成中心计算机和各终端之间的通信，各终端之间的通信只能通过中心计算机，又称“面向终端的计算机网络”，如图 6-1 所示。

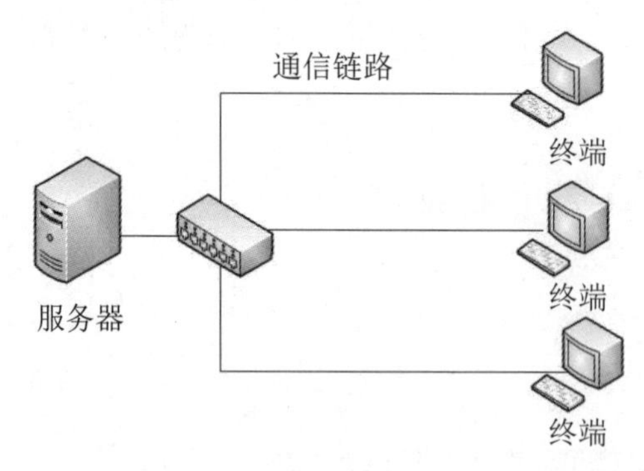

图 6-1　面向终端的计算机网络

（2）计算机网络阶段。用高速传输线路将不同地点的计算机系统连接起来，系统中每台计算机都有自主处理能力，不存在主从关系。在这个阶段中，出现了局域网（LAN）、城域网（MAN）、广域网（WAN）等网络，如图 6-2 所示。

（3）网络互连阶段。不同网络之间互连互通需要有一个共同遵守的标准，国际标准化组织于 1984 年颁布了开放系统互连参考模型（OSI/RM），它已经被许多厂商接受，成为指导网络发展方向的标准。“开放系统互连”的含义是任何两个不同的网络系统，只要遵循 OSI 标准，就可以进行互连。OSI/RM 只给出了计算机网络系统的一些原则性说明，并不是一个具体的网络。OSI 模型将计算机网络分成七个层次，如图 6-3 所示。

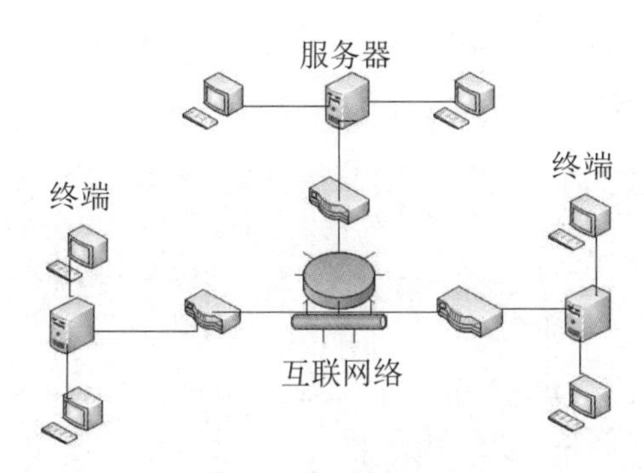

图 6-2　计算机网络

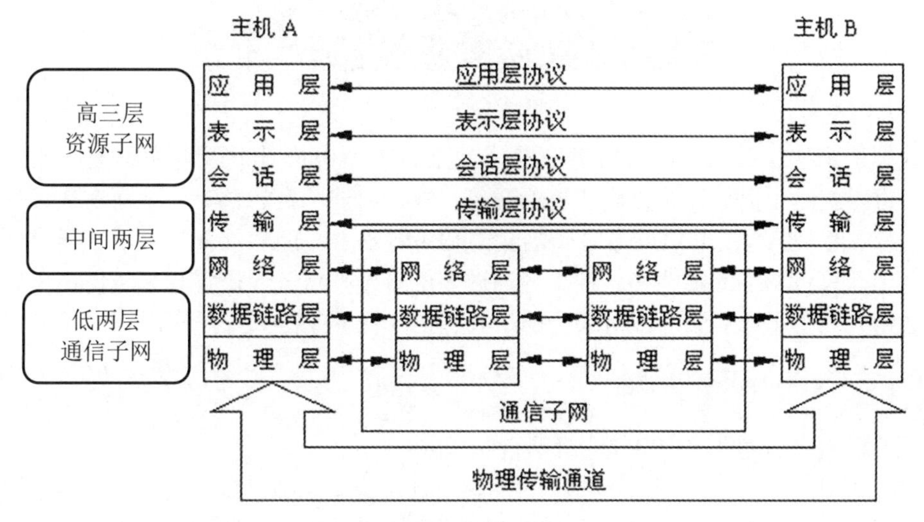

图 6-3　OSI 模型

OSI 模型只是理论模型，而 TCP/IP（Transmission Control Protocol/Internet Protocol）模型是国际标准和工业标准，它主要考虑异种网络之间的互连问题，是网络发展至今最为成功的通信协议。TCP/IP 是由一组通信协议组成的协议簇，而 TCP 和 IP 是其中的两个主要协议。TCP/IP 协议使用范围广，既可用于广域网，又可用于局域网、内部网和外部网等，许多单机操作系统和网络操作系统都采用或含有 TCP/IP 协议。

OSI/RM 是分层（Layer）结构（层与层之间是调用关系），而 TCP/IP 协议是分级（Level）结构，它简化了层次设计，分为四级，习惯上称分为四层，自下而上依次是网络接口层、网际层、传输层和应用层。OSI 模型与 TCP/IP 模型的比较见表 6-1。

表 6-1　OSI 模型与 TCP/IP 模型的比较

OSI 模型	TCP/IP 模型	TCP/IP 协议簇
应用层	应用层	HTTP、FTP、TFTP、SMTP、SNMP、Telnet、RPC、DNS、Ping、…
表示层		
会话层		
传输层	传输层	TCP、UDP
网络层	网际层	IP、ARP、RARP、ICMP、IGMP
数据链路层	网络接口层	Ethernet、ATM、FDDI、X.25、PPP、Token-Ring
物理层		

（4）信息高速公路阶段。网络互连技术的发展和普及、光纤通信和卫星通信技术的发

展，促进了网络之间更大范围的互连。所谓信息高速公路（图 6-4），是指大量计算机资源用高速通信线路连起来，实现信息的高速传送。

图 6-4　信息高速公路

计算机网络已经成为当今计算机技术发展各方面中最具发展潜力和最活跃的方向之一，它可以使远距离的计算机用户相互通信、数据处理、资源共享，从而实现远程通信、远程医疗、远程教学、电视会议、综合信息服务等功能。随着计算机技术和通信技术的发展，用于计算机网络的硬件和软件大量涌现，价格越来越低，操作越来越便捷，计算机网络已成为人们工作和生活中不可缺少的工具，在各行各业得到广泛应用。

6.1.2　计算机网络的功能

计算机网络的功能可概括为以下四个方面：

（1）资源共享。资源共享包括硬件资源、软件资源和数据资源的共享，网络用户能在各自的不同位置上部分或全部地共享网络中的硬件、软件和数据，如绘图仪、激光打印机、大容量存储器等，从而提高了网络的经济性。软件和数据的共享避免了软件建设上的重复劳动和重复投资以及数据的重复存储，也便于集中管理。通过 Internet 可以检索许多联机数据库，查看到世界上许多著名图书馆的馆藏书目，这就是数据资源共享的实例。

（2）信息传输。信息传输是计算机网络的基本功能之一。通过通信线路可以实现主机与主机、主机与终端之间各种信息的快速传输，使分布在各地的用户信息得到统一、集中控制和管理。例如，可以用电子邮件快速传递票据、账单、信函、公文、语音和图像等多媒体信息，为大型企业提供决策信息，为各种用户提供及时的邮件服务。此外，还可以提供“远程会议”“远程教学”“远程医疗”等服务。

（3）提高系统的可靠性。在使用单机的情况下，如没有备用计算机，一旦计算机发生故障就会引起停机。当计算机连成网络后，网络上的计算机可以通过网络互为备份，提高了系统的可靠性。

（4）分布处理。分布处理是计算机网络研究的重点课题，可把复杂的任务划分成若干子任务，由网络上的各计算机分别承担其中一部分子任务，同时运行、共同完成，大大提高了整个系统的效能。当网络中某台计算机负荷过重时，可将新的作业转给网络中其他较空闲的计算机处理，以减少用户的等待时间，均衡各计算机的负担。利用网络技术还可以把许多小型计算机或微型计算机连成具有高性能的计算机系统，使它具备解决复杂问题的能力，同时还能降低费用。

6.1.3　计算机网络的分类

计算机网络种类很多，性能各有差异，可以从不同的角度对计算机网络进行分类，主要有以下分类方法：

- 按覆盖范围可分为局域网、广域网、城域网。
- 根据通信子网的信道类型可分为点到点式网络和广播式网络。
- 按传输速率可分为低速网、中速网、高速网。
- 按信息交换方式可分为电路交换网、分组交换网、报文交换网和综合业务数字网等。
- 按网络的拓扑结构可分为总线型、星型、树型、环型、网状型、混合型、全连型和不规则型网络。
- 按传输介质分为双绞线、同轴电缆、光纤、无线和卫星网等。
- 按照带宽分为基带网络和宽带网络。
- 按对数据的组织方式可分为分布式、集中式网络系统。
- 按使用范围可分为公用网和专用网。
- 按网络使用环境可分成校园网、内部网、外部网和全球网等。
- 按网络组件的关系可分为对等网络、基于服务器的网络。

下面介绍两种常见的分类方法。

1. 按覆盖范围分

（1）局域网。局域网（Local Area Network，LAN）的特点是地理范围有限，规模较小，通常局限于一个单位或一幢大楼内，最大节点数为几百到几千个，适用于企业、机关、学校等。局域网组建方便，建网周期短，见效快，成本低，使用灵活，社会效益大，是目前计算机网络发展最活跃的分支。

局域网传输距离较近，一般不超过十千米，数据传输速率高，误码率低，传输延迟短，一般为几十微秒（μs）。按照采用的技术、应用范围和协议标准的不同，局域网可以分为共享式局域网、交换式局域网、虚拟局域网和无线局域网等。

随着计算机技术、通信技术和电子集成技术的发展，现在的局域网可以覆盖几十千米，传输速率可达 1GMb/s，例如以太网。随着时代的发展，现在已有更高速的局域网出现。

（2）广域网。广域网（Wide Area Network，WAN）是利用公共通信设施，在远程用户之间进行信息交换的系统。其特点是分布范围广，一般覆盖数千米到数千千米，可以覆盖多个城市、多个国家甚至全球。广域网内用于通信的传输介质和设备一般由电信部门提供，网络由多个部门或多个国家联合组建而成。在网络发展史上，最早出现的广域网是 ARPA 网，它在地理位置上不仅跨越了美洲大陆，而且通过卫星与夏威夷和欧洲等地的计算机网络连接，至今已发展为全世界普遍使用的 Internet。我国的 CHINANET 和 CERNET 等均是广域网。

广域网一般不具备规则的拓扑结构，特点是速度慢、延迟长，入网的站点不参与网络的管理，而由复杂的互联设备（如交换机、路由器）管理。广域网可分为陆地网、卫星网和分组无线网。按提供的业务带宽不同，可分为窄带 WAN 和宽带 WAN。

（3）城域网。城域网（Metropolitan Area Network，MAN）是介于广域网与局域网之间的一种高速网络，通常覆盖一个城市或地区，距离为几十千米到上百千米。它是在局域网逐步扩大应用范围后出现的新型网络，是局域网的延伸。目前城域网建设主要采用的是 IP 技术和 ATM 技术。城域网的设计目标是满足几十千米范围内的大量企业、机关、高校和公司的多个局域网互连的需求，以实现大量用户之间的数据、语音、图形与视频等多种信息的传输功能。

2. 按使用范围分

（1）公用网：由国家电信部门组建、控制和管理，为用户提供公共数据服务的网络，凡是愿意按规定缴纳费用的用户都可以使用。

（2）专用网：由某单位或公司组建、控制和管理，为特殊业务需要而组建的，不允许其他单位或公司使用的网络。

6.1.4 计算机网络的组成

计算机网络是一个十分复杂的系统，在逻辑上可以分为完成数据通信的通信子网和进行数据处理的资源子网两部分。

1. 通信子网

通信子网是提供网络通信功能，能完成网络主机之间的数据传输、交换、通信控制和信号变换等通信处理工作，由通信控制处理机（CCP）、通信线路和其他通信设备组成的数据通信系统。其中，信号变换是指根据不同传输系统的要求对数据的信号进行变换。例如，为了利用现有电话线传输数据，需要对数字信号与模拟信号进行变换；使用光纤时，需要进行光信号和电信号的变换；无线通信的发送和接收等等。

广域网的通信子网通常租用电话线或铺设专线。为了避免不同部门对通信子网重复投资，一般租用电信或邮电部门的公用数字通信网，作为各种网络的公用通信子网。

2. 资源子网

资源子网为用户提供访问网络的资源，它由主机系统、终端控制器、请求服务的用户终端、通信子网的接口设备、提供共享的软件资源和数据资源（如数据库和应用程序）构成。它负责网络的数据处理业务，向网络用户提供各种网络资源和网络服务。

6.1.5 网络性能

影响网络性能的因素有很多，传输距离、使用的线路、采用的传输技术、带宽等都对网络的性能产生影响，网络设备的性能也同样重要。对用户而言，网络性能主要体现在网络速度上。另外，网络上在线用户过多，也会使网络的带宽资源变得更加紧张。衡量网络性能的主要参数是带宽（Bandwidth）和延迟（Delay）等。

1. 带宽

带宽是指网络上数据在一定时刻内从一个节点传输到任意节点的信息量，可以用链路每秒钟能传输的比特数表示，如以太网的带宽有 10Mb/s、100Mb/s 和 1GMb/s 等。也可以用传输每个比特所花的时间衡量，如一个 10Mb/s 的网络上，传输每个比特的时间为 0.1μs。

2. 延迟

延迟是指将一个比特从网络的一端传输到另一端的时间。造成延迟的因素有三个：第一个因素是传输介质的传播延迟；第二个因素是发送一个数据单元的时间，它与网络的带宽和数据分组的大小密切相关；第三个因素是网络内部的存储延迟，因为网络设备（路由器、交换机等）在将分组转发出去之前一般要存储一段时间。另外，网络设备的速率不匹配或中间节点产生拥塞可能会导致更大的延迟或数据的丢失。

6.2 计算机网络的拓扑结构

计算机网络的拓扑结构

6.2.1 网络拓扑的概念

拓扑学由图论演变而来，在拓扑学中，先将实体抽象为与大小、形状无关的点，再将连接实体的线路抽象为线，进而研究点、线之间的特性。

计算机网络的拓扑结构研究网络中各节点之间的连线（链路）的物理布局（只考虑节点的位置关系，而不考虑节点间的距离和大小），即将网络中的具体设备（如计算机、交换机等网络单元）抽象为节点，把网络中的传输介质抽象为线，从拓扑学的角度看，计算机网络就变成了由点和线组成的几何图形，这就是网络的拓扑结构。

计算机网络中的节点有两类：一类是转接和交换信息的转接节点，如交换机、路由器和终端控制器等；另一类是访问节点，如计算机和终端等，它们是信息交换的源节点和目标节点。

网络的拓扑结构表示网络的整体结构和外貌，反映了网络中节点与链路之间连接的不同物理形态。它影响着整个网络的设计、功能、可靠性和通信费用等问题，同时还是实现各种协议的基础，是研究计算机网络的主要环节之一。

6.2.2　通信子网的信道类型

通信子网的信道类型也称线路配置，主要有点到点式网络（Point-to-Point Networks）和广播式网络（Broad Networks）两种。

1. 点到点式网络

通信子网中的点到点连接是指每条物理线路只连接一对设备（计算机或节点交换机），发送的数据在信道另一端只有唯一一个设备接收。

点到点式的拓扑结构中没有信道竞争，几乎不存在访问控制问题，但点到点信道会浪费一些带宽。广域网都采用点到点信道，在长距离信道上，一旦发生信道访问冲突，控制起来就相当困难，因此用带宽换取信道访问控制。

2. 广播式网络

广播式网络也称多点共享，在广播式网络中，所有节点共享一个通信信道，任何一个节点发送报文信息时，所有其他节点都会接收到该信息。由于发送的分组中带有目的地址与源地址，因此网络中每个设备都将检查目的地址；如果目的地址与本节点地址相同，则接收该分组，否则丢弃。

在广播信道中，由于信道共享会引起争用信道而产生介质访问冲突的问题，因此信道访问控制是要解决的关键问题之一。

6.2.3　计算机网络的拓扑结构

计算机网络的拓扑结构主要是指通信子网的拓扑结构，分为总线型、环型、星型、树型、网状等几种类型，如图 6-5 所示。

1. 总线型结构

总线型结构如图 6-5（a）所示。这是一种广播式网络，采用单根传输线（总线）作为传输介质，所有的站点都通过接口连接到总线上，任何一个节点发送的信息传输方向都是从发送节点沿着总线向两端扩散，并被网络上其他节点接收，类似于广播电台发射的电磁波向四周扩散。由于某个时刻只能有一个节点使用总线传输信息，因此存在信道争用问题。由于总线上传输的信息容易发生冲突和碰撞，因此不宜用在实时性要求高的场合。

总线型结构的优点如下：结构简单，价格低、安装使用方便；连线总长度小于星型结构的，若需增大长度，可通过中继器增加一个网段；可靠性高，网络响应速度快；共享资源能力强，便于广播式工作。其缺点是故障诊断和隔离比较困难，总线任务重，易产生冲突和碰撞问题。总线型结构一般适用于局域网，其典型代表是共享式以太网。

2. 环型结构

环型结构如图 6-5（b）所示。节点通过环路接口，点到点连在一条首尾相连的闭合环型线路中。环路中各节点地位相同，环路上任何节点均可请求发送信息，请求一旦成功，就可以向环路发送信息。环型结构中，信息流单向沿环路逐点传输，一个节点发送的信息必须经过环路中的全部环接口，只有当传输信息的目的地址与环上某节点的地址相符时，信息才被该节点接收，并继续流向下一个环路接口，直到回到发送节点为止。为了提高通信可靠性，可以采用双环光纤结构实现双向通信。

环型结构的优点如下：信息在网络中沿固定方向流动，两个节点间仅有唯一通路，简化了路径选择控制；每个节点收发信息均由环接口控制，控制软件较简单，传输延迟固定，实时性强，传输速率高，传输距离远，容易实现分布式控制；可靠性较高，是局域网中的常用结构。环型结构的缺点在于，由于信息是串行通过多个节点，当节点过多时，会影响传输效率，同时使网络响应时间变长；环节点的加入和撤出过程都很复杂，由于环路封闭，环的某处断开会导致整个系统失效。

3. 星型结构

星型结构如图 6-5（c）所示。中心节点是主节点，网络中的各节点通过点到点的方式连接到一个中心节点上，由中心节点向目的节点传输信息。中心节点是通信子网中的交汇点，它接收各分散节点的信息再转发给相应节点，具有数据转发能力，控制全网的通信。当某个节点想传输数据时，它首先向中心节点发送一个请求，以便与另一个目的节点建立连接。中心节点执行集中式通信控制策略，相当复杂，负担较重，是网络的瓶颈。

星型结构的优点如下：通信协议简单，单个站点故障不会影响全网，结构简单，增删节点及维护管理容易；故障隔离和检测容易，网络延迟时间较短；一个端节点或链路的故障不会影响到整个网络。其缺点在于，每个站点需要有一个专用链路连接到中心节点，成本较高，通信资源利用率低；网络性能过于依赖中心节点，一旦中心节点出现故障，整个网络就会崩溃。这种结构也常用于局域网，如交换式以太网。

4. 树型结构

树型结构如图 6-5（d）所示。树型结构是层次化结构，形状像一棵倒置的树，具有一个根节点和多个分支节点，星型结构可看作一级分支的树型网络，树型结构是星型结构的扩展。树型结构通信线路总长度较短，组网成本低，易维护和扩展。树型结构除了叶节点以外，根节点和所有分支节点都是转发节点，属于集中控制式网络，适用于分组管理的场合和控制型网络。树型结构比星型结构复杂，与根节点相连的链路有故障时，对整个网络的影响较大。

树型结构的优点如下：结构比较简单，成本低；网络中任意两个节点之间不产生回路，每个链路都支持双向传输；扩充节点方便灵活。其缺点是除叶节点及其相连的链路外，任何一个节点或链路产生故障都会影响网络系统的正常运行；对根节点的依赖性太强，根节点故障会使得全网不能正常工作。因此这种结构的可靠性与星型结构的相似。目前内部网大多采用树型结构。

5. 网状结构

网状结构如图 6-5（e）所示。网状结构又称分布式结构，没有严格的布点规定和形状，节点之间的连接是任意的，每两个节点之间可以有多条路径供选择，当某个线路或节点有故障时，不会影响整个网络的工作。

网状结构的优点是具有较高的可靠性。其缺点是由于各节点通常与多个节点相连，结构复杂，需要路由选择和流量控制的功能，网络控制软件比较复杂，硬件成本较高，不易管理和维护。

网状结构一般用于广域网，它是通过电信部门提供的现有线路和服务，将许多分布在不同地方的局域网互联在一起。在网状结构中，如果每个节点与其他所有节点都有一条专用的点到点链路，就称为全互联型网络。

6. 卫星通信网络的拓扑结构

卫星通信网络中，通信卫星是一个中心交换站，它通过和分布在地球不同地理位置的地面站将各地区网络连接起来。

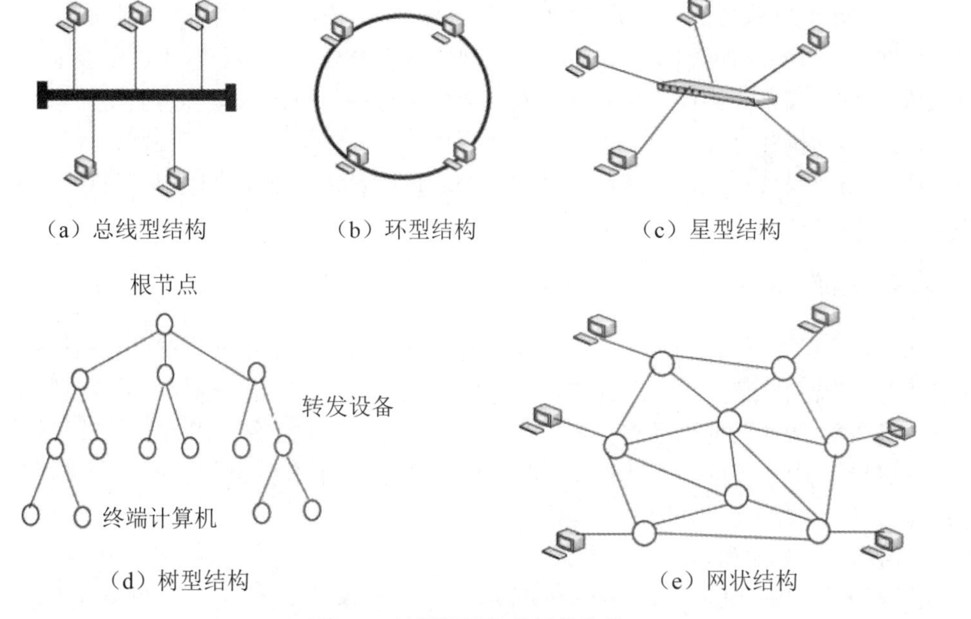

图 6-5　计算机网络的拓扑结构

7. 混合型拓扑结构

在实际组建网络，选择网络的拓扑结构时，需要考虑所建网络系统的可靠性、可扩充性及网络特性等因素，网络的拓扑结构不一定局限于某种，通常是多种拓扑结构的组合。例如，一个网络的主干线采用环型结构，而连接到这个环上的各组织的局域网可以采用星型结构、总线型结构等。在选择网络拓扑结构时，应考虑可靠性、费用、灵活性、响应时间和吞吐量等因素。

*6.3　网络协议和网络操作系统

网络协议和网络操作系统

6.3.1　网络协议

协议（Protocol）是预先规定的格式或约定。例如发电报时，收发双方先规定好报文的传输格式、一个字符的码长、什么样的码字表示开始、什么样的码字表示结束、出错了怎么办、如何表示发报人的地址和名字等。计算机网络中，计算机之间相互通信时必须有一种双方都能理解的语言。

网络协议就是指网络中计算机、设备之间相互通信和进行数据处理及数据交换而建立的规则（标准或约定），定义了通信内容、通信方式及通信时间等。

通信协议代表着标准化，是通信双方都必须遵循的一系列规则。每种协议都有语法、语义和时序三个要素。

1. 语法（如何讲）

语法是指数据与控制信息的结构或格式，说明数据表示的顺序。例如，定义一个传输的数据前 48 位是发送方地址，后 48 位是接收方地址，而其他比特（bit）流是数据内容。

2. 语义（讲什么）

语义是指需要发出何种控制信息、完成何种动作及做出何种应答。例如，一个地址是路由地址还是目的地址；一个报文由哪些部分组成，哪些是控制数据，哪些是真正的通信内容等。

3. 时序（讲话次序）

时序定义了通信时间及通信速率。例如，是采用同步传输还是异步传输；发送方的速率是 100Mb/s，而接收方的速率为 10Mb/s，此时需控制发送方的发送速率以避免数据丢失。

网络协议是计算机网络中不可缺少的重要组成部分，是网络正常工作的保证。网络离不开通信，通信离不开协议。如果通信双方无任何协议，则无法理解传输的信息，更谈不上正确地处理和执行。

常用网络协议有 HTTP、FTP、SMTP、SNMP、Telnet、DNS、Ping、TCP、UDP、IP、ARP、ICMP、PPP、ATM、Ethernet 等。

6.3.2 标准化组织

一般同一种体系结构的网络之间比较容易实现互联，但是不同系统体系结构的计算机网络之间要实现互联就存在许多问题。制定标准就是为了解决这类问题，标准为生产厂商、供应商、政府机构和其他服务提供者提供了实现互联的指导方针，使得产品或设备相互兼容。下面介绍五个主要的标准化组织机构，它们制定了相关标准，为网络的发展作出了重要贡献。

1. 国际标准化组织

国际标准化组织（International Standards Organization，ISO）是一个国际化组织，其成员是世界各个国家政府的标准委员会，创建于 1974 年，是一个完全自愿致力于在多个领域制定大家认同的国际标准的机构，它为国际间产品和服务交流提供一种能实现相互兼容、更高的品质和更低的价格的标准模型。ISO 于 1984 年公布了开放系统互连参考模型（Open System Interconnection Basic Reference Model，OSI/RM）网络体系结构，简称 OSI，推动了计算机网络的发展。

2. 国际电信联盟电信标准化部

20 世纪 70 年代许多国家开始制定自己电信业的国家标准，但它们互不兼容。联合国的国际电信联盟（International Telecommunication Union，ITU）在内部成立了一个委员会，称为国际电报电话咨询委员会（International Telegraph and Telephone Consultative Committee，CCITT），致力于研究和建立适用于一般电信领域或特定的电话和数据系统的标准，1993 年 3 月改名为 ITU-TSS（Telecommunication Standardization Sector，电信标准化部），简称 ITU-T。ITU-T 制定的两个普及的标准为 V 系列标准和 X 系列标准，V 系列标准（V.32、V.33、V.42）为利用电话线传输数据的标准；X 系列标准（X.25、X.400、X.500）为利用公用数字网络传输数据的标准，并规定了综合业务数字网（ISDN）和宽带 B-ISDN。

3. 美国国家标准化协会

美国国家标准化协会（American National Standards Institute，ANSI）是一个与美国政府无关完全私有的非营利组织，它的所有活动都要保证美国及其公民的利益。ANSI 宣称其成立目的是为美国国内自发的标准化过程提供一个全国的协调机构，成员来自专业社团、行业协会、政府和顾客群体，讨论的领域包括联网工程、ISDN 业务、信令和体系结构及光缆系列 SONET 等。

4. 电气电子工程师协会

电气电子工程师协会（Institute of Electrical Electronics Engineers，IEEE）是世界上最大的专业工程师团体，是制定计算机、通信、电子工程、无线电及电子方面标准的国际专业组织，1980 年 2 月成立了一个专门为局域网设立的委员会，称为 802 委员会，它发起制定了一个关于局域网的重要标准（IEEE 802.3、IEEE 802.4、IEEE 802.5、IEEE 802.11 等系列标准），称为 IEEE 802 标准，其中大部分均被 ISO 接收为国际标准，并改称为 ISO 8802。因此，局域网的发展不同于广域网的发展，局域网厂商一开始就按照标准化、互相兼容的方式发展。

5. 电子工业协会

电子工业协会（Electronic Industries Association/Telecommunications Industries Association，EIA/TIA）是一个致力于电子产品生产的非营利组织，一般简称为 EIA。在信息领域，EIA 在物理层连接接口的定义和电子信号特性等方面作出了重要贡献。它制定了广泛使用的几种串行传输标准，如广为人知的 EIA RS-232C、EIA RS-232D、EIA RS-449、EIA RS-530、CAT5、HSSI 和 V.24 等。EIA RS-232C 成为计算机与调制解调器、打印机或路由器等设备通信的规范。EIA 还定义了线缆的布放标准，如用于双绞线的 EIA/TIA 568A 和 EIA/TIA 568B。EIA/TIA 还制定了 E1/T1 标准，E1（欧洲）标准支持 2048kb/s 速度传输，T1（北美）标准支持 1544kb/s 速度传输。

6.3.3　网络操作系统

网络操作系统是整个网络的核心，必须支持网络管理、数据通信，允许数据通信软件在系统中正常运行，进行接口控制、流控制、运行速率控制，支持拨号服务、文件传输协议、电子邮件服务等。

网络操作系统的目标是在用户与网络资源之间形成一个操作管理机构，这个管理机构应该是计算机软件与通信协议的综合，并与单机操作系统提供同等的服务能力。简单地说，理想的网络操作系统必须对使用所有网络资源提供方便、一致和可控的存取方法；能调节资源之间的不兼容性，使它们能共同使用；能支持对信息和文件的存取进行控制，并对资源的利用进行统计；能及时提供现有网络资源的状态信息。

1. 网络操作系统的分类

网络操作系统（Network Operating System，NOS）是网络系统的核心，它由许多应用程序组成，是用户与网络系统之间的接口。它不但控制和管理网络，还向用户提供各种服务。网络操作系统分为集中式、客户机/服务器（Client/Server）模式和对等式三种。

（1）集中式。集中式网络操作系统用于一台主机连接若干个终端（没有数据处理能力的一体机，或者说没有 CPU）的场合，采用分时操作系统。UNIX 就是其典型代表，UNIX 历史较长，一般用于大型主机，因此在关键场合仍是首选的网络操作系统，金融系统仍以 UNIX 系统为主。

（2）客户机/服务器模式。在客户机/服务器模式中，服务器提供文件、打印等服务，将网络操作系统软件安装在服务器上。客户机向服务器提出服务请求，客户机上还需要安装通信软件和访问网络的接口软件。客户机与集中式网络中的终端不同，本身具有数据处理能力，只有在需要通信时才向服务器发出请求。客户机/服务器模式网络操作系统有 Novell 的 Netware、Microsoft 的 Windows NT/Server 和 IBM 的 OS/2 等。

（3）对等式。对等式网络系统中，每个计算机都具有服务器和客户机的双重功能，其典型代表是 Windows 7～Windows 10 系列、Novell 的 NetWare Lite 等。例如使用 Windows 7～Windows 10 组建的对等网中，每台计算机都处于同等地位，当其访问其他计算机请求服务时作为客户机，而向其他计算机提供服务时就作为服务器。对等式网络主要用于简单的网络连接，没有统一管理的节点或用户，无需购买专用服务器，投资少，实施简单。

2. 典型的网络操作系统

网络操作系统正朝着支持各种通信协议、多种网络传输协议和各种网络设备的方向发展，常用网络操作系统有 UNIX、NetWare、Windows NT/Server 和 Linux 等。

（1）UNIX。1969 年，贝尔实验室的程序员肯·汤姆逊开发了第一个 UNIX 操作系统，不久便成为小型计算机的多用户操作系统。在 UNIX 系统中，各种应用软件和数据都放在主机中，供系统中的终端访问并使用。随后发展成可移植的操作系统，能运行于各种计算机，包括大型计算机和巨型计算机。到了 20 世纪 90 年代，UNIX 发展成具有很强图形功能的工作站操作系统。

UNIX 的核心源程序主要用 C 语言编写，此外的源程序用汇编语言编写。

（2）NetWare。Novell 公司是美国一家专业网络公司，NetWare 是该公司开发的一种高性能网络操作系统，人们习惯以该公司名字将其命名为 Novell 网络。

NetWare 具有许多独到的特点，其稳定性好，管理方便，能提供高效可靠的文件服务和打印服务，给用户留下了深刻印象。与 Windows NT/Server 相比，它对计算机的硬件环境要求很低，对无盘工作站的支持也相当好，但它的用户界面不如 Windows 系列。

（3）Windows NT/Server。Windows NT 是 Microsoft 公司开发的网络操作系统，它是基于 DOS 的网络操作系统，也是一个完整的网络操作系统，不需要依赖其他操作系统。2000 年推出新版本 Windows 2000 Server，它内置了 Internet 信息服务器（Internet Information Server，IIS），可以实现 Internet 上的主要信息服务，如 WWW（Web）服务器、FTP 服务器、设置管理 Web 站点等。Windows Server 与 Windows NT 系统相比增加了更多的功能，如路由（Routing）功能、网络 IP 地址转换（NAT）功能等。

（4）Linux。Linux 是近几年发展很快的一种网络操作系统，它建立在 UNIX 基础上，最初是由芬兰赫尔辛基大学的 Linux、Benedict 和 Torvalds 等通过 Internet 组织起来的开发小组编写而成的。由于它是一个开放使用的自由软件，因此后来许多软件高级技术人员参与编写，现在已成为功能强大、支持大量系统软件和应用软件的网络操作系统。Linux 的总体结构和系统特性与 UNIX 操作系统的非常相似，甚至有一些系统操作命令都是相同的。如果掌握了 UNIX 系统，则可以较轻松地掌握 Linux。UNIX 运行在昂贵的工作站上，而 Linux 是免费开源的，可以运行在普通微型计算机上。UNIX 的许多应用程序和几乎所有的主流程序设计语言，都可以很容易地移植到 Linux 上。UNIX 的可靠性、稳定性以及强大的网络功能在 Linux 上得到了充分的体现。

Linux 操作系统具有多任务、多用户、多平台、多线程、虚拟存储管理、虚拟控制台、高效磁盘缓冲和动态链接库等强大功能，它是可以与 Windows 抗衡并极具开发潜力的网络操作系统，适用于运行各种网络应用程序，并提供各种网络服务的场合。其优点有：它的系统核心程序的源代码完全公开，并且是免费的，世界上任何人都可以在其基础上进行修改、二次开发，成为自己的、独特的操作系统，也可以将其公布，让世人共享。Linux 是自问世以来发展和普及最快的一种操作系统。

Linux 是一套免费的软件，没有一个特定的组织或团体负责该软件的发行，也没有完全正式的发行版本，比较流行的有 Red Hat Linux、Slackware Linux 和 Delian Linux 等，各版本之间区别不大，只是由不同的公司或团体维护。

*6.4 因特网（Internet）的基础知识

因特网（Internet）的基础知识

6.4.1 因特网（Internet）与 IP 地址

Internet 最早起源于美国，最初的目的是满足国防和军事的通信需要，之后逐渐扩展到美国的院校和学术研究机构，最后覆盖到全球的各个领域，其性质也转向以商业化为主的应用。

Internet 是全球最大的计算机网络通信系统，把世界各地的各种计算机及网络（如计算机网、数据通信网和公用电话交换网等）互连，进行数据传输和交换，实现资源共享。特别是近几年无线网络和移动通信的迅速发展，4G、5G 通信和智能手机的普及，让网络的触角伸向有线网络无法达到的地方，基本上实现了“有人的地方就有网络”。

1．Internet 的网络协议

Internet 中采用 TCP/IP 协议，它是 Internet 最基本、最核心的网络通信协议，是 Internet 的信息交换、寻址规则和格式规范的协议的集合。TCP/IP 协议规定了 Internet 上的通信双方都必须有自己的 IP 地址，或者说要与 Internet 上的其他用户和计算机进行通信，或寻找 Internet 中的各种资源时，都必须知道 IP 地址。TCP/IP 协议提供了一套 IP 地址方案进行分配与管理，还提供了另一种“域名”进行网站标识和管理。

当网中的用户 A 要向用户 B 发送信息时，该信息被封装成一个个“数据包”，这些“数据包”内带有接收方的目标 IP 地址、发送方的源 IP 地址，首先发送到发送方对应的 Internet 服务器上，该服务器处于 Internet 中的某个特定网络。此时，“数据包”沿该网络传送。当传送到互联设备（如路由器）上时，通过互联设备存储、转发至与用户 B 所处方向一致的相邻网络（或者说与目标 IP 地址一致的网络）。“数据包”最终送到用户 B 所在的网络并被收件用户接收。

Internet 可以使用多种协议进行不同形式的数据传输，常见 Internet 协议有以下几种：

（1）TCP（Transmission Control Protocol，传输控制协议），负责创建连接并交换数据包。

（2）IP（Internet Protocol，因特网协议），为每个连入 Internet 的设备提供唯一的地址。

（3）HTTP（Hyper Text Transfer Protocol，超文本传输协议），主要用于浏览器与服务器间的数据传输。

（4）FTP（File Transfer Protocol，文件传输协议），负责在用户计算机与服务器间传输文件。

（5）POP（Post Office Protocol，邮局协议），将电子邮件从服务器传送到客户端。

（6）SMTP（Simple Mail Transfer Protocol，简单邮件传输协议），将电子邮件从客户端传送到服务器。

（7）VoIP（Voice over Internet Protocol，因特网语音传输协议），负责传输语音消息。

（8）BitTorrent（比特流），在分散的客户端之间传输文件。

众多互联网协议中，TCP/IP 协议是最基本的。TCP/IP 是一个协议簇，包括 TCP、IP、FTP、SMTP、UDP、ICMP、RIP、TELNET、ARP、TFTP 等许多协议。简单来说，TCP 负责数据传输并发现传输中的问题，IP 负责为每个设备分配一个唯一的 IP 地址。

2．IPv4 地址

IP 地址有 IPv4 和 IPv6 两类，本书主要介绍 IPv4 地址的相关基础知识。

IP 地址是 Internet 上的通信地址，是计算机、服务器、路由器的端口地址，每个 IP 地址在全球是唯一的，是运行 TCP/IP 协议的唯一标识。

IP 地址采用“点分十进制”表示方法，用 4 个字节（32 位二进制数字）表示。每个字节对应一个 0～255 的十进制数，字节之间用句点“.”分隔，如 192.168.10.58。

在 Internet 中，每台连接到 Internet 的计算机都必须有一个唯一的地址，凡是能够用 Internet 域名的地方，都能使用 IP 地址。当用户发出请求时，TCP/IP 协议提供的域名服务系统 DNS 能够将用户的域名转换成 IP 地址，或将 IP 地址翻译成域名。

在某些情况下，若用域名地址发出请求不成功，改用 IP 地址可能会成功。因此，Internet 的用户最好能同时记住与自己有关的域名地址和 IP 地址。

（1）IPv4 地址的分类。IP 地址包括两部分内容，一部分为网络标识，另一部分为主机标识。根据网络规模和应用的不同，IP 地址分为：A 类、B 类、C 类、D 类和 E 类，常用的是 A、B、C 三类。以 IP 地址的第一个字节的最左边 1～4 个特征位划分，如图 6-6 所示。

类别（首字节范围）	字节 1	字节 2	字节 3	字节 4
A 类（0~127）	0 网络号			
B 类（128~191）	10 网络号			
C 类（192~223）	110 网络号			
D 类（224~239）	1110 组播地址			
E 类（240~255）	1111 保留地址			

图 6-6 IPv4 地址和分类

A 类地址数适用于大型网络，只用一个字节（8 位）表示网络号，后三个字节代表主机号，因此一个 A 类地址可容纳很多的主机。由于 A 类地址网络号的第一位值为 0，因此其二进制取值范围为 00000000～01111111，对应的十进制数值范围为 0～127。

IP 地址中规定，除了网络号的第一位指定 0 以外，其余 7 位全 0（00000000）和全 1（01111111）的有特殊用途，因此用于 A 类地址的网络号取值为 00000001～01111110，即十进制的 1～126，可见真正可以分配给用户的 A 类 IP 地址的范围为 1.0.0.1～126.255.255.254。例如，一个组织分配到的网络 ID 为 61，则可分配给该组织的 IP 地址范围为 61.0.0.1～61.255.255.254。

B 类地址的前两个字节代表网络号，后两个字节代表主机号，一般用于中等规模网络，如地区网管中心等。因为 B 类地址网络号的前两位为 10，所以第一个字节的取值为 10000000～10111111，对应的十进制数值为 128～191。同理，可分配给用户的 B 类地址范围为 128.0.0.1～191.255.255.254。

C 类地址的前三个字节代表网络号，最后一个字节代表主机号，一般用于规模较小的局域网。C 类地址网络号的前三位为 110，其十进制取值范围为 192～223。

D 类地址是留给组播地址（Multicast Address）用的。组播能将一个数据报的多个复制发送到一组选定的主机，类似于广播。与广播所不同的是，广播是将包发送到所有可能的目标节点，而组播只发送到一个选定的子集。D 类地址第一个字节的十进制取值范围为 223～239。

E 类地址是保留地址，其第一个字节的十进制取值范围为 240～255。

（2）私有地址和公有地址。按照局域网和互联网用途，IP 地址可以分为私有地址和公有地址，私有地址用于局域网内部，如一所学校教室内部的计算机使用的就是私有 IP 地址；公有地址用于互联网上的网络设备（Internet 服务提供商 ISP 组建的网络，如中国电信、中国移动、中国联通等）或者局域网内的一台 Web 服务器需要对互联网提供信息服务，如清华大学官网服务器的公有 IP 地址为 166.111.4.100，域名为 https://www.tsinghua.edu.cn/。

常用私有 IP 地址如图 6-7 所示。

网络号	地址范围	用途
A 类私有地址	10.0.0.1~10.255.255.254	保留的内部网络地址
B 类私有地址	172.16.0.1~172.31.255.254	保留的内部网络地址
C 类私有地址	192.168.0.1~192.168.255.254	保留的内部网络地址

图 6-7 常用私有 IP 地址

（3）动态地址和静态地址。按照配置方式，IP 地址可以分为动态地址和静态地址两类。

用户计算机与 Internet 连接后，就成为 Internet 上的一台主机，网络会分配一个 IP 地址给这台计算机，而这个 IP 地址是根据当时连接的网络服务器的情况分配的。如家庭宽带用户在某个时刻连网时，网络临时分配一个地址，在上网期间，用户的 IP 地址是不变的；用户下一次连网时，又分配另一个地址（并不影响用户上网）。当用户下网后，所用的 IP 地址可能分配给另一个用户。这样可以节省网络资源，提高 IP 地址的利用率。因此，一般拨号上网用户使用的都是动态地址。

对于信息服务提供商 ICP（新浪网、搜狐网、腾讯网）来说，必须告诉访问者一个唯一的 IP 地址，即静态地址。此时用户既可以访问 Internet 资源，又可以利用 Internet 发布信息。

为确保 IP 地址在 Internet 网上的唯一性，IP 地址统一由美国的国防部数据网络信息中心 DDNNIC 分配。对于美国以外的国家和地区，DDNNIC 又授权给世界各大区的网络信息中心分配。目前全世界共有如下三个中心。

（1）欧洲网络中心 RIPE-NIC：负责管理欧洲地区地址。

（2）网络中心 INT-NIC：负责管理美洲及非亚太地区地址。

（3）亚太网络中心 AP-NIC：负责管理亚太地区地址。

6.4.2　域名系统（DNS）

1. 域名和域名系统

虽然 IP 地址采用点分十进制后增加了可读性，但是数字地址标识还是不便记忆，为克服这个缺点，TCP/IP 协议引入了域名系统（Domain Name System，DNS）。域名也称主机识别名或主机名，通常由具有一定意义、方便人们记忆和书写的英文单词、缩写或中文拼音等组成。例如，中国教育和科研计算机网的主机 IP 地址为 202.112.0.36，其对应的域名为 www.cernet.edu.cn，与 IP 地址相比，它更直观、更便于记忆。

域名系统是由分布在世界各地的 DNS 服务器组成的，DNS 服务器需要解决如下问题：主机的命名机制、主机的域名管理、主机的域名与 IP 地址的映射。

IP 地址与域名存在着对应关系，在 Internet 中可以通过 DNS 服务器进行域名解析，完成将域名转换为 IP 地址的工作。

2. 域名系统的层次结构

域名系统采用层次结构，如图 6-8 所示，整个域名系统数据库类似于计算机文件系统的结构，是一种树型结构。树的顶部为根节点，根下面是域，域又可以进一步划分为子域，每个域或子域都有域名。

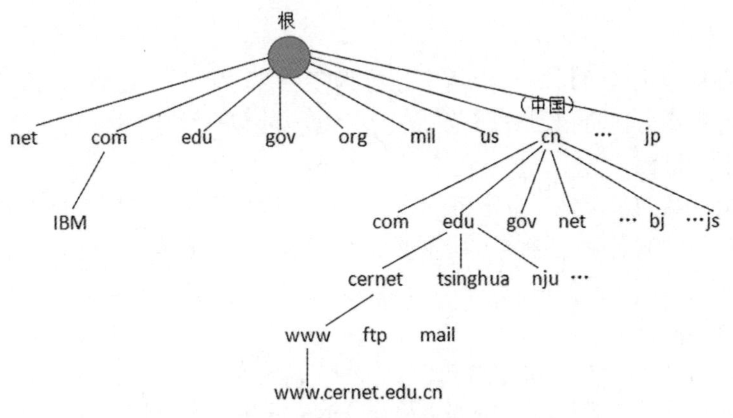

图 6-8　域名系统的层次结构

最终的层次型主机域名可表示为“主机名.本地名.组名.网点名”。

例如，按机构域命名的域名 cernet.edu.cn 中，cernet 是教育网的主机名，edu 是组名，cn 是网点名。域名中的域分为多级，其中最低级域为 cernet.edu.cn；第二级域为 edu.cn，代表教育机构；第一级域为 cn，代表中国。

域名还可以按地理域划分，如域名 nj.js.cn 分别代表南京、江苏、中国。

最高级域分为两大类：机构性域名和地理性域名。各种域名代码在 Internet 委员会公布的一系列工作文档中有统一的规定。机构性域名见表 6-2。

表 6-2 机构性最高级域名

名字	机构类型
arpa	阿帕网
com	商业机构
edu	教育机构
net	ISP 经营机构
gov	政府机关
mil	军事系统
org	其他组织机构
int	国际组织

机构性域名后还可以加上地理性域名，地理性域名一般为国家或地区标识符，见表 6-3，世界上每一个国家都有标识符。其中，美国的国家域名 us 在使用时可以省略。

表 6-3 地理性最高级域名

国家或地区	域名
中国	cn
英国	uk
法国	fr
日本	jp
澳大利亚	au
丹麦	dk
埃及	eg
…	…

3. 域名的管理

域名由中心管理机构将最高一级名字划分为多个部分，并将各部分的管理权授予相应机构。每个管理机构可以将自己管辖范围的名字进一步划分为若干子部分，并将子部分的管理权授予若干子机构。

为保证主机域名的唯一性，每个机构或子机构要确保下一级（同一层）的名字不重名，而不同层可以有相同的名字。这样上层不必越级管理更下层的命名，下层的命名发生变化也不影响上层的工作，使得 Internet 中心管理机构的管理工作并不繁重。

4. 域名解析

将域名转换为 IP 地址称为域名解析，由 DNS 服务器完成。

域名解析的过程是希望得到解析的主机向 DNS 服务器发送询问报文，DNS 服务器运行解析器软件，查找相应的 IP 地址，找到后回答一个相应的应答报文，主机便得到报文中的 IP 地址，完成域名解析。当被询问的 DNS 服务器无法解析域名时，会向上一级 DNS 服务器询问，依此类推，直到完成解析过程或询问完所有的 DNS 服务器而失败为止。

DNS 服务器是域名系统的核心，它可以完成名字至地址的映射。域名有层次结构，相应的 DNS 服务器也有层次结构。它们相对独立，又相互合作。DNS 服务器中的地址映射信息会随着网络的变化而调整。

6.4.3　IP 地址配置及网络连通性验证

1. IP 地址配置

计算机只有进行 IP 地址配置才能连接网络，配置步骤如下：

（1）右击桌面“网络”图标，在弹出的快捷菜单中选择“属性”命令，如图 6-9（a）所示。

（2）单击“更改适配器设置”选项，如图 6-9（b）所示。

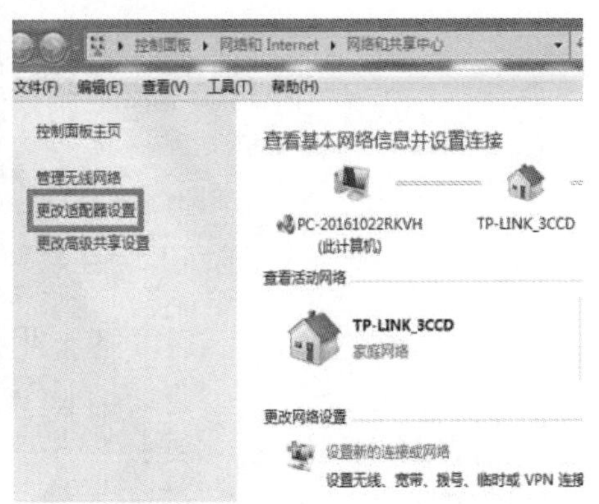

（a）选择“属性”命令　　　　（b）选择“更改适配器设备”选项

图 6-9　IP 地址配置一

（3）右击“本地连接”，在弹出的快捷菜单中选择“属性”命令，如图 6-10（a）所示。

（4）弹出“本地连接 属性”对话框，如图 6-10（b）所示中，选中“Internet 协议版本 4（TCP/IPv4）”复选项，单击“属性”按钮。

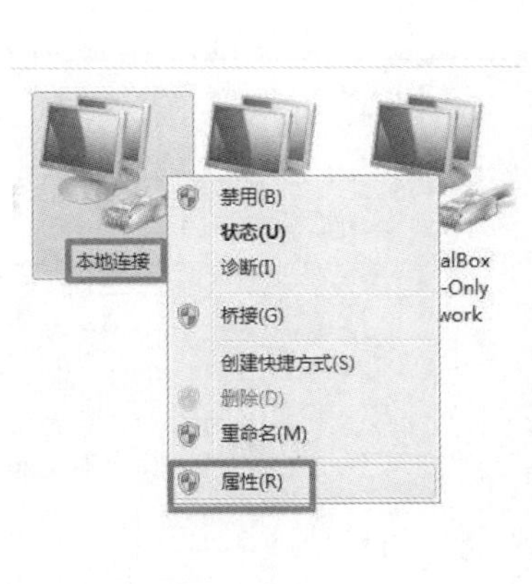

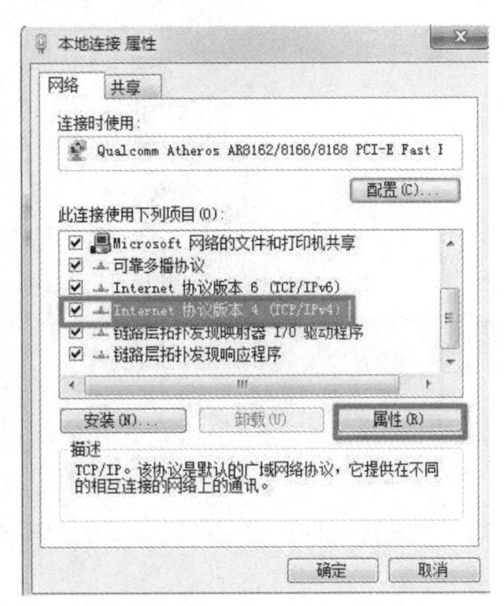

（a）选择“属性”命令　　　　（b）“本地连接 属性”对话框

图 6-10　IP 地址配置二

（5）在弹出的“Internet 协议版本 4（TCP/IPv4）属性”对话框，根据局域网 IP 地址的配置要求进行 IP 地址配置（分为自动获取 IP 地址和使用静态 IP 地址两种方式），如图 6-11 所示。

2. 验证网络连通性（ping）

测试验证网络连通性的步骤如下：

（1）单击 Windows“开始”图标，单击“运行”命令，如图 6-12 所示。

（2）在弹出的“运行”对话框（图 6-13）中输入“cmd”，单击“确定”按钮。

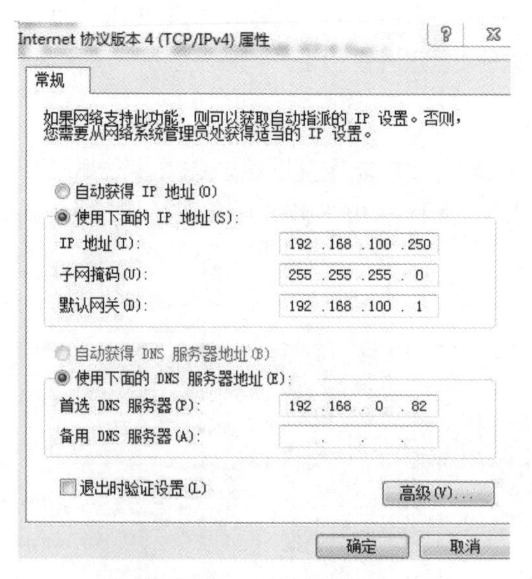

图 6-11　IP 地址配置三

图 6-12　单击“运行”命令

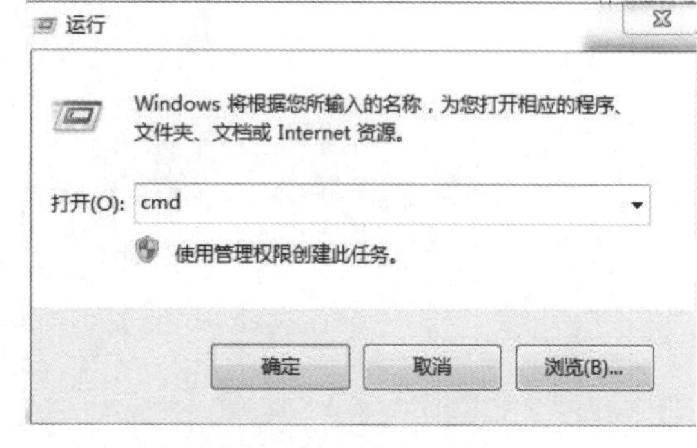

图 6-13　“运行”对话框

（3）在“cmd.exe”命令行中输入要测试的目标主机地址或域名，格式为“ping 目标主机 IP 地址”或“ping 目标主机域名”，如图 6-14 所示。发包和收包正常，网络连通性正常。

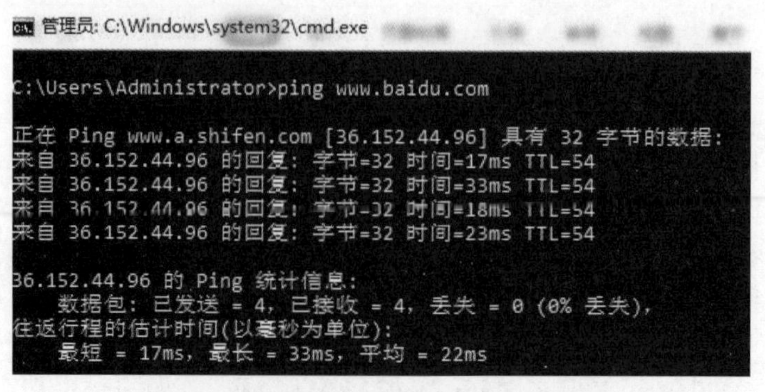

图 6-14　输入要测试的目标主机地址或域名

*6.5　Web 技术及其应用

Web 技术及其应用

6.5.1　Web 技术

1. Web 基础知识

Web（World Wide Web，WWW）是万维网的简称，是指能通过 HTTP 协议获取的一切 Internet 上内容的集合，如文本、图像、音频、视频等。Web 依赖于 Internet，但不等同于 Internet，Internet 是一个通信系统，而 Web 是指信息的集合。

Web 的入口通常是 Web 浏览器，简称浏览器。浏览器能够通过单击超文本链接（简称链接）或输入 URL 的方式访问指定网页。访问时，浏览器向对应 URL（Uniform Resource Locator，统一资源定位器）的 Web 服务器发出请求，服务器收到请求后，处理信息并以浏览器可以解释的方式传输回用户计算机。

每个网页都有一个称为 URL 的唯一地址。URL 一般显示在浏览器的地址栏，形如“https://www.nju.edu.cn/3642/list.htm”，其中，“https://”表示使用的是 Web 的标准通信协议，大多数浏览器默认为 http（或 https）访问，可省略不写；“www.nju.edu.cn”是该网站的 Web 服务器名；URL 的表示方法与文件路径非常相似，因为网站的页面通常也是分类存储于不同的文件夹中的，如“list.htm”页面（这其实也是一个文件，只不过是在远程的服务器上）存储在网站主目录的“3642”文件夹中。正如通过文件路径可唯一确定一个文件一样，通过 URL 也可唯一确定一个网页。

多数网站都有一个主页，充当网站导航的角色。主页的 URL 一般直接使用 Web 服务器名，如百度的主页可直接通过在浏览器地址栏中输入“www.baidu.com”访问，甚至可省去“www”直接输入域名访问。

2. 用户访问 Web 网站的工作过程

WWW 信息资源分布在全球数亿个网站中，网站由 ICP（Internet 内容提供商）发布和管理，如新浪、搜狐、腾讯、清华大学官网、南京大学官网；用户通过浏览器软件浏览网站上的信息，网站采用网页的形式描述和组织信息。

用户访问 Web 网站的工作过程如下。

（1）用户浏览器通常为 IE、Chrome（谷歌浏览器）、Firefox（火狐）等。

（2）用户的 IP 地址由 ISP（Internet 服务提供商）动态分配。

（3）浏览器通过域名服务器查询 IP 地址。

（4）服务器收到请求后，查找域名下的默认网页。

（5）浏览器将网页返回用户。

（6）用户浏览器显示网页。

6.5.2　HTML

1. HTML 概述

HTML（Hyper Text Markup Language，超文本标记语言）是设计 HTML 网页时需要遵循的语言规范，只有遵循了 HTML 规范的网页才能被浏览器正确解释。HTML 网页（即后缀名为 htm 或 html 的文本文件）中包含了 HTML 标记以指导相关内容的表现形式，这也是 HTML 被称为标记语言的原因——通过 HTML 标记控制网页。HTML 标记通常成对出现，包含在尖括号里，与文档的主要内容共同书写。如“<b>Welcome</b>”中，“<b>”是开始标签，“</b>”是结束标签，代表加粗两个标签之间的文字，最终在浏览器中显示的效果是一个加粗的“Welcome”。

整个 HTML 文件是由很多标签和内容组成的，但这并不是我们最终看到的网页的样子，浏览器会解释 HTML 文件，按照标签指定的格式，设置与放置对应的内容。

HTML 文件相当于一部电影的“剧本”，而最终呈现在我们眼前的是具体的“影片”。如果用户想要查看“剧本”，可以在任意网页空白处右击，在弹出的快捷菜单中选择“查看源代码”或类似的命令，即可看到 HTML 源文件。

2. HTML 制作静态网页

制作一个静态的 HTML 网页有多种方式，常用方式如下。

（1）使用网页制作软件（如 Adobe Dreamweaver、数字天堂的 HBuilder 等）制作网页，这些软件提供了很多实用的工具，可以非常高效地设计网页。

（2）使用在线的网页制作工具，可以通过浏览器以可视化的方式制作网页。

（3）直接使用文本编辑器编辑网页源代码，编辑后用浏览器打开查看。

用记事本编辑 HTML 网页源代码示例如下。

1）编辑 HTML，单击“开始”→“程序”→“附件”→“记事本”命令，打开记事本文件，并编辑 HTML 内容，保存，将文件的扩展名由默认的.txt 改为.html，如图 6-15 所示。

2）用浏览器方式打开该 HTML 文件，右击该文件，在弹出的快捷菜单中选择“打开方式”→“360 浏览器”命令，浏览器预览效果如图 6-16 所示。

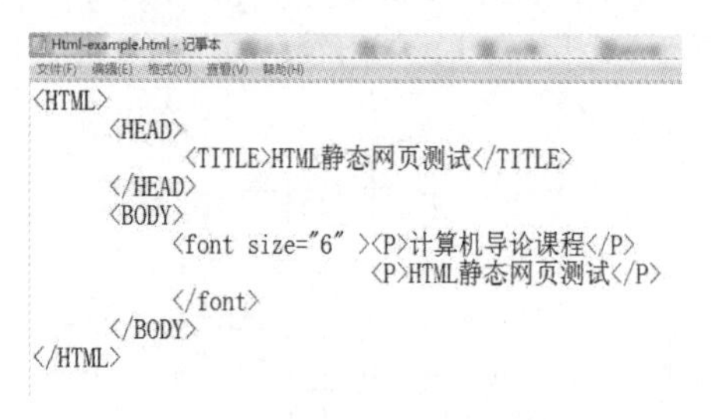

图 6-15 记事本编辑 HTML

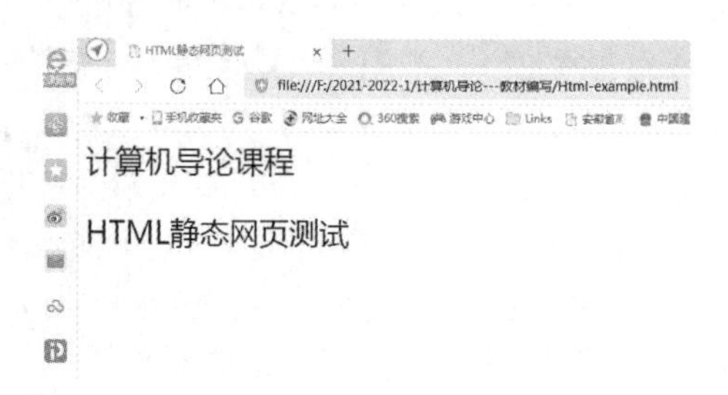

图 6-16 浏览器预览效果

6.5.3 HTTP、Web 浏览器和 Cookies

1. HTTP 和 HTTPS

HTTP 规定了浏览器与 Web 服务器之间互相通信的规则，HTTP 协议可以将对应 URL 的 Web 资源（网页、文档、图形、视频等）获取到用户的本地计算机。

HTTP 规定了多种方法以帮助浏览器与 Web 服务器的通信，常用方法有 GET 和 POST。其中 GET 方式是向特定的资源发出请求，常用搜索引擎的关键字搜索便是通过 GET 方式实现的；POST 方式是向指定的资源提交数据，常用于提交表单（如注册登录、填写信息等）。

建立 HTTP 连接需要一对套接字。套接字是 IP 地址和端口号的组合，在 HTTP 中通常关联到计算机的 80 端口（默认端口）。典型连接过程如下：浏览器打开计算机上的一个套接字，并连接到服务器的一个开放的套接字，进行相应的请求；服务器返回请求的结果后，计算机的套接字关闭，直到下一次浏览器发送请求时打开。

HTTPS（Hyper Text Transfer Protocol over Secure Socket Layer，以安全为目标的 HTTP 通道）在 HTTP 的基础上，通过传输加密和身份认证保证了传输过程的安全性。HTTPS 的安全基础是 SSL，因此加密的详细内容需要 SSL。HTTPS（443 号端口）存在不同于 HTTP（80 号端口）的默认端口及一个加密/身份验证层（在 HTTP 与 TCP 之间）。

2. Web 浏览器

常用 Web 浏览器有 Chrome、Microsoft Internet Explorer、Safari、Firefox、360 浏览器等。浏览器可使用多个标签同时浏览多个网页，并方便地在网页间切换。

浏览器有时需要安装一些插件（也称加载项）来实现一些本身并不能完成的功能。如浏览 PDF 文件需要安装 Adobe Reader 插件，播放动画需要安装 Adobe Flash 插件，登录网上银行需要安装对应的安全插件。IE 用户可以在“管理加载项”对话框（图 6-17）中管理已安装的插件。

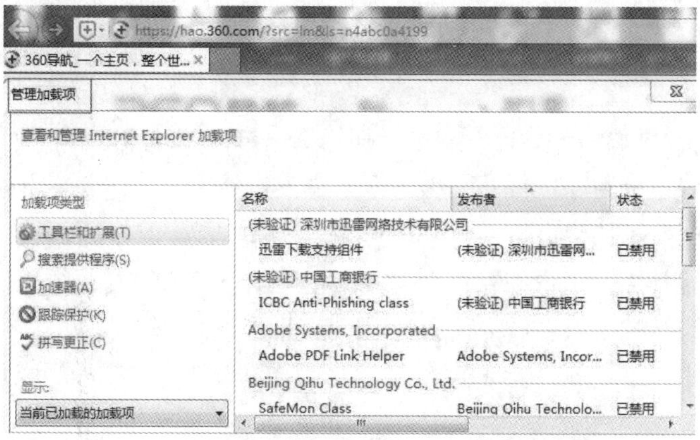

图 6-17　“管理加载项”对话框

3. Cookie

Cookie 是用户登录浏览网页后的存储在本地计算机中的驻留数据。由于 HTTP 是无状态协议，不会记录用户浏览过的页面、输入的内容或选择的商品，因此在某些场合（如在“京东”网站购物）非常不方便。Cookie 就是为了满足这种后续性的需求产生的。Cookie 可以记录用户的账号和密码（这通常是加密的）、购物车信息、访问日期、搜索过的信息等内容。

典型 Cookie 生命周期如下：当浏览器访问需要设置 Cookie 的网站时，会收到服务器发出的“设置 Cookie”请求，其中包含 Cookie 的内容及到期时间。浏览器将 Cookie 存储到本地计算机的硬盘上，当该网站需要时，可以向浏览器请求该 Cookie 并对其进行修改或删除。

当 Cookie 到了设定的到期时间时，浏览器会自动将其删除。而没有设置到期时间或到期时间特别长的 Cookie 就会长久地存放在用户的硬盘中，用户可以选择定期清空 Cookie，但清空后所有网站的自动登录功能都会被重置，一些网上商城的购物车也会受到影响。

以“360 浏览器”为例，如何查看 Cookie 呢？

打开 360 安全浏览器单击右上角的菜单按钮，单击“选项设置”→“高级设置”→“网页内容高级设置”→“所有 Cookie 和网站数据”查看，如图 6-18 所示。

图 6-18　用 360 浏览器查看 Cookies

*6.6 社交媒体

社交媒体

社交媒体（Social Media）指的是互联网上基于用户关系的内容生产与交换平台。目前，全球已有数十亿人参与到社交媒体中，日常生活中常见的网站（比如新浪微博等）都属于社交媒体。

不同的社交媒体网站有不同的术语。例如，亲密的人可以命名为“朋友”“关注者”或“联系人”，“喜欢”的概念可以命名为“赞”或“+1”等等。加入一个新的社交媒体后，用户需要先熟悉这些术语，以更快地融入其中。

在很多社交媒体中，用户拥有个人主页，以展示自己的好友、图片、个人资料等公共信息。一个精心设计的个人主页往往会为用户吸引更多的关注者。

6.6.1 微博

微博是基于用户关系的社交媒体平台，用户可以通过计算机、手机等终端接入，以文字、图片、视频等多媒体形式实现信息的即时分享、传播互动。微博基于公开平台架构，提供简单、前所未有的方式，使用户能够公开实时发表内容，通过裂变式传播与他人互动并与世界紧密相连。微博改变了信息传播的方式，实现了信息的即时分享。

6.6.2 电子邮件

电子邮件（E-mail）是用电子邮件进行信息交换的方式，是 Internet 中应用较广的服务。通过电子邮件系统，用户可以免费且快速地与其他网络用户联系。一封完整的电子邮件由消息头和消息正文构成。其中，消息头指明了电子邮件的主题、日期、发送方和接收方，消息正文包含文本信息和附件。

电子邮件系统的核心是电子邮件服务器。电子邮件服务器是处理邮件交换的软件和硬件设施的总称，它可以为每个用户提供电子邮箱账户，并将本机上的邮件分发到其他电子邮件服务器，或者接收从其他服务器传来的邮件，再分发给对应用户。

用户的电子邮箱账户具有唯一的电子邮件地址，电子邮件可以根据这个唯一的地址准确地找到接收方。电子邮件地址形如“97115566@qq.com”，以“@”为界分为两部分：前一部分的“97115566”是用户的 ID；后一部分的“qq.com”是用户账户所属的电子邮件服务器的域名。

要使用电子邮件系统，除了需要有电子邮件账户与 Internet 连接外，还需要电子邮件客户端，进行邮件的发送、接收与管理。

6.7 本章小结

本章小结

本章介绍了计算机网络基础的基本概念、发展历程、功能、分类、组成及网络性能；概要介绍了网络拓扑结构的概念、通信子网的信道类型、常见计算机网络拓扑结构；介绍了常用的网络协议、标准化组织及常用的网络操作系统；介绍了 Internet 与 IP 地址、域名系统、IP 地址配置与网络连通性验证；简要介绍了 Web 技术、HTML、HTTP、浏览器以及微博、电子邮件等内容。表 6-4 给出了第 6 章知识点学习达标标准，供读者自测。

表 6-4 第 6 章知识点学习达标标准自测表

序号	知识（能力）点	达标标准	自测 1 （ 月 日）	自测 2 （ 月 日）	自测 3 （ 月 日）
1	计算机网络的基本概念	理解			
2	计算机网络的发展	了解			
3	计算机网络的功能	理解			
4	计算机网络的分类	了解			
5	计算机网络的组成	理解			
6	计算机网络的性能	理解			
7	通信子网的信道类型	理解			
8	计算机网络的拓扑结构	理解			
9	网络协议	了解			
10	标准化组织	了解			
11	网络操作系统	了解			
12	Internet 基础	了解			
13	IP 地址	掌握			
14	域名系统	理解			
15	IP 地址配置及网络连通性验证	掌握			
16	Web 技术及应用	了解			
17	社交媒体	掌握			

习题

一、单项选择题

1．计算机网络是计算机技术和（　　）紧密结合的产物。

A．软件技术　　B．数字媒体技术
C．通信技术　　D．电话技术

2．TCP/IP 是一种分级结构的网络模型，以下不属于 TCP/IP 模型层次的是（　　）。

A．应用层　　B．表示层
C．传输层　　D．网际层

3．计算机网络的拓扑结构主要指通信子网的拓扑结构，以下（　　）不是常用的网络拓扑。

A．总线型　　B．星型　　C．树型　　D．云状

4．IP 地址用二进制数字表示（　　）位。

A．32　　B．4　　C．8　　D．16

5．IP 地址采用“点分十进制”表示方法，用四个字节表示，每个字节对应十进制数范围是（　　）。

A．0～15　　B．0～31　　C．0～127　　D．0～255

6．域名系统 DNS 的作用是（　　）。

A．将域名解析成 IP 地址　　B．连接网络终端和网络服务器
C．将 IP 地址解析成 MAC 地址　　D．将公有 IP 地址转换成私有 IP 地址

7．下列用于测试网络连通性的是（　　）。

A．TCP　　B．IP　　C．PING　　D．ICMP

8．下列（　　）协议规定了浏览器与 Web 服务器通信的规则。

A．FTP　　B．HTTP　　C．TCP　　D．DNS

二、填空题

1．按照网络覆盖范围，计算机网络可分为广域网、________、城域网。

2．计算机网络在逻辑上可以分为资源子网和________两部分。

3．衡量网络性能的主要参数是________和延迟。

4．通信子网的信道类型主要有点到点式网络和________网络两种。

5．IP 地址包括两部分内容，一部分为________，另一部分为主机标识。

6．按照配置方式，IP 地址可以分为动态 IP 地址和________IP 地址两类。

第7章 数字媒体

美哉轮焉，美哉奂焉。

——《礼记·檀弓下》

现代信息社会下，科学技术和互联网技术的迅速发展带动了数字媒体的发展，数字化的传播媒介及形势日趋多元，使信息沟通更加快捷、有效，人类进入数字化生存时代。本章主要介绍数字媒体的相关概念及其特征。

7.1 数字媒体概述

7.1.1 数字媒体相关概念

1. 媒体

媒体

媒体（Medium 或 Media），又称“媒介”，在计算机领域有两种含义：其一是用于存储信息的实体；其二是帮助人们交流信息的载体。国际电信联盟下属的国际电报电话咨询委员会将媒体分为五种类型：感觉媒体、表示媒体、显示媒体、存储媒体和传输媒体。

（1）感觉媒体（Perception Medium）。感觉媒体是指能直接作用于人的感觉器官，使人直接产生感知的媒体，如引起听觉反应的声音，引起视觉反应的文字、图片、视频和动画，引起触觉反应的盲文。

（2）表示媒体（Representation Medium）。表示媒体是指加工、处理和传输感觉媒体的中介媒体，是对感觉媒体的数字化编码表示，如文本编码（ASCI 码、GB2312 等）、图像编码（JPEG、PNG、GIF 等），声音编码（PCM、MP3 等），视频编码（MPEG-X、H.26X 系列等）。

（3）显示媒体（Presentation Medium）。显示媒体是用于实现感觉媒体与表示媒体转换的媒体设备，即计算机中的输入/输出设备，如键盘、鼠标、扫描仪、摄像头等输入设备，显示器、打印机、音响等输出设备，它们是人机交互的主要桥梁。

（4）存储媒体（Storage Medium）。存储媒体是存储表示媒体的物理媒介，如磁盘、光盘、U 盘等。

（5）传输媒体（Transmission Medium）。传输媒体是用于传输表示媒体的物理媒介，如电缆、光缆、双绞线等。

上述五种类型媒体中，表示媒体是核心。因为计算机处理媒体信息时，首先通过显示媒体的输入设备将感觉媒体转换成表示媒体，将其存放在存储媒体中；然后从存储媒体中获取表示媒体信息进行数字化编码；最后，将表示媒体还原成感觉媒体并呈现在显示媒体的输出设备上。媒体间的关系如图 7-1 所示。也就是说，计算机内部保存、处理的信息是表示媒体，所以，在计算机领域，若没有特别说明，我们通常将“媒体”理解为表示媒体。

2. 多媒体

多媒体

多媒体（Multimedia）由 Multiple 和 Media 组合而成，按照字面意思，多媒体是多种媒体的综合。多媒体的构成元素通常包括文本、图片、音频、视频、动画五类。

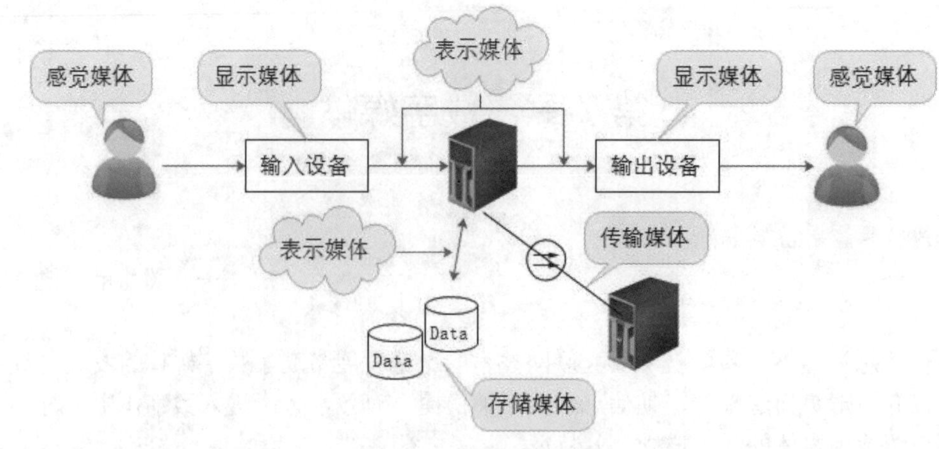

图 7-1 媒体间的关系

（1）文本。文本是多媒体的最基本元素，是指文字、数字、符号等字符，是使用最多的一种媒体形式。

根据排版格式来分，文本分为非格式化文本与格式化文本两种形式，非格式化文本又称纯文本，文字的大小是固定的，仅按照固定的一种形式和类型使用，不具备排版功能，如记事本生成的.txt 文本；格式化文本可进行字体、大小、颜色、倾斜、加粗和段落属性等格式编排，如 Word 生成的.doc 或者.docx 文本。字体方面，如果软件自带的字体无法满足创作的需求，可以到字体网站下载并安装特定的字体文件，比如素材中国、100Font、自由字体等网站都提供字体文件的下载。图 7-2 所示为不同的字体显示效果。

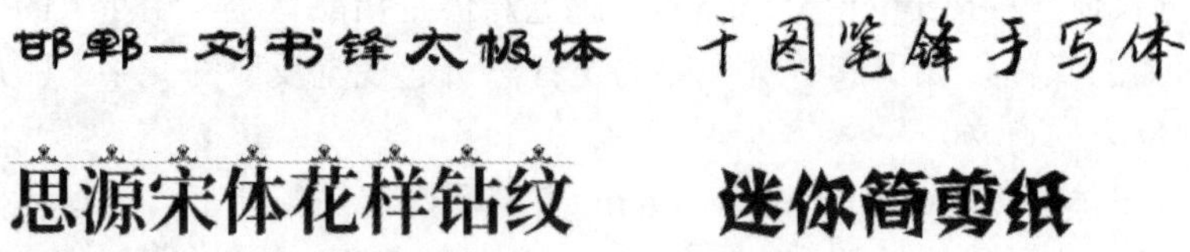

邯郸一刘书锋太极体　千图笔锋手写体

思源宋体花样钻纹　迷你简剪纸

图 7-2 不同的字体显示效果

根据内容组织方式分，文本分为线性文本和超文本两大类。传统的印刷文本内容组织是线性的，读者总是按顺序先读第一页，再读第二页、第三页，这便是线性文本；超文本是对传统文本的一个扩展，既可以按传统的线性阅读方式，又可以通过超链接进行跳转、导航回溯等，从当前阅读位置直接跳转到超文本链接指向的位置，人们日常浏览的网页都属于超文本。超文本是一个非线性的网状结构，它把文本按内部固有的独立性和相关性划分成不同的基本信息块，称为结点，超文本就是由结点和表达结点之间关系的超链接所组成的信息网络，因此，超文本由结点、超链接和网络三个要素组成。

（2）图片。计算机生成的图片有图形与图像两种形式，在技术和原理上，它们分别为矢量图和位图。

图形，又称“矢量图”，是用一系列计算机指令描述的，这些指令描述构成一幅图的所有直线、点、圆、椭圆、矩形、弧、多边形等的位置、维数、大小、颜色和形状。如 Office 家族，“插入”菜单中的形状或艺术字等皆为矢量图形，可直接用绘图工具绘制。图形的优点是文件数据量小，易存储，无论是放大、缩小还是旋转都不会失真，缺点是难以表现色彩层次丰富的逼真图像效果。

图像，又称“位图”，也称“点阵图”，像素是图像的最小单位。图像由许多不同颜色的正方形色块组成，每个色块就是一个像素，每个像素都有特定的位置和颜色值。图像是由输入设备捕捉的实际静态场景画面或以数字化形式存储的画面，如数码相机拍摄的照片、扫描仪扫描的图片等。图形的优点是可以表达色彩丰富、过渡自然的图像效果；缺点是数据量较大，文件放大后，图像会失真、不清晰，边缘会出现锯齿。图形和图像局部放大效果如图 7-3 所示。

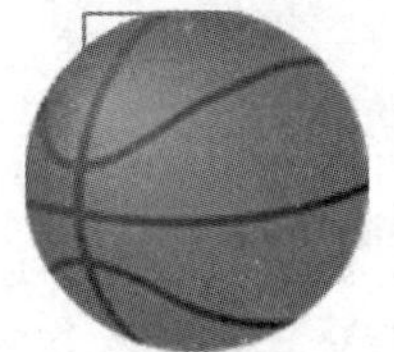

（a）图形局部放大

（b）图像局部放大

图 7-3　图形和图像局部放大效果对比

矢量图形文件的大小主要取决于图形的复杂程度。影响位图图像文件大小的参数主要有两个：图像分辨率和颜色深度。图像分辨率是指图像中存储的数据量，通常用像素 / 英寸（ppi）表示，表达方式为“水平像素数×垂直像素数”，像素数据越多，则图像分辨率越大，图像越清晰，文件也越大。颜色深度是指图像中每个像素所占的二进制位数，决定了彩色图像中可以出现的最多颜色数或者灰度图像中的最大灰度等级数，位数越大，则图像数据越多，文件就越大。

（3）音频。音频，泛指声音，常见的音频有语音、音效、音乐三种表现形式。语音是指人们说话的声音；音效指的是效果声，如风声、雷声、雨声、动物叫声、脚步声及自然界的其他各种声响，既可以从自然界中录取，又可以人工模拟制作获得或从网站下载；音乐是指各种歌曲和乐曲。

（4）视频。若干有联系的图像连续播放便形成了视频。视频的每个帧实际上是一幅静态图像，当多幅有细微差别的图像以速度不小于 25 帧/秒播放时，由于人眼的视觉暂停效应，便产生图像“动”起来的感觉。“视频”一词来源于电视技术，电视视频都是模拟信号，而计算机视频则是数字信号。

（5）动画。动画也是利用人眼的视觉暂停效应产生的图片运动效果。计算机动画有二维动画和三维动画两种形式，分别以二维动画形体和三维动画形体为研究对象。早期的二维动画大量用于卡通片制作，随着网络技术的发展，二维动画在网页中的应用也屡见不鲜，如使用 Java 小程序（Java Applets）或动态 GIF 图片在网页中展示动画。

3. 数字媒体

数字媒体由 Digital 和 Media 组合而成，按照字面意思，是指利用数字方式传递媒体信息。数字媒体的核心特征是“比特化”，所有信息皆以二进制数 0 或 1 的形式记录，比特易复制，而且复制的质量不会随复制数量的增大而下降。信息高速公路的含义就是以光速在全球传播没有重量的比特。“多媒体”是比特的混合，是一种过渡的概念，“数字媒体”则从更广、更深入的角度分析了信息技术和信息社会的传播特性。

数字媒体

《2005 中国数字媒体技术发展白皮书》对“数字媒体”定义如下：数字媒体是数字化内容的产品，以网络为主要传播途径，通过完善的服务系统，分发到终端和用户的全过程。该定义强调了网络是数字媒体的传播载体，包括互联网、有限电视网、移动互联网等等。

微观上，数字媒体是以数字形式存在的内容，存储、传输、接收数字媒体内容的设备；宏观上，数字媒体就是数字内容、设备和介质。虽然对数字媒体的界定见仁见智，但学者们普遍强调数字媒体与数字技术的关系，认为它是一种数字化的信息载体，它的发展离不开计算机技术与网络技术的支撑。因此，数字媒体技术是指利用计算机、通信工具和信息处理等技术，以二进制数的形式记录、处理、传播、获取过程的信息载体，包括数字化的文本、图片、音频、视频和动画等媒体，以及存储、传输、显示这些媒体的实物媒体。

7.1.2 数字媒体的特征

数字媒体的特征

数字媒体具有数字化、交互化、融合性、即时性、艺术性和沉浸性等特征。

1. 数字化

从信息传递形式来看，数字媒体采用二进制的形式处理信息。这些信息不仅能够实现高精度传递，而且能够高效、快速地到达受众，大大提高传播效率。信息的复制十分便捷、几乎零成本，能够轻松实现大规模的信息传递。除此之外，信息的重复使用和二次编辑非常容易，信息利用率提升。

2. 交互化

从受众体验来看，数字媒体最显著的特性是其交互性。数字媒体改变了大众传媒单向传播的特点，从单向互动向双向互动转变。传统的大众传播中，受众只能从信息发出端给予的大量信息中被动地选择自己需要的信息；在数字媒体传播中，随着计算机、智能手机、互联网等数字终端和网络技术的进步，受众可以主动获取信息，从单方面地接收信息转变为信息的生产者、传播者和接收者三种角色。例如：微博和微信便是21世纪人与人之间交流和互动使用较频繁的网络工具。

3. 融合性

从表现形态来看，数字媒体最直观的特性是融合性。一方面，数字媒体能够综合处理文字、图片、音频、视频、动画等多种媒体信息，带给受众视觉和听觉等多方面的感受与体验，极大地提高了传播效果；另一方面，这些多媒体信息借助多种媒体渠道进行传播、扩散，计算机、手机、平板电脑等都成为数字媒体传递的载体，因此，融合性也表现为显示媒体设备的融合。如无人机技术，由于其拍摄视角独特，能够展现整体环境，为观众带来更加直观、立体的感受，因此被视为融媒体新闻报道的必备工具，它在规避环境限制的同时，最大限度地降低了记者采访的风险，也有利于提高记者的工作效率。

4. 即时性

数字媒体具有即时性，人们在任何时间、任何地点都可以与他人进行任何形式的信息交流。例如，微信、QQ具有强大的沟通功能，用户可以任意选择好友留言或聊天。工作上，可以通过钉钉、ZOOM、腾讯会议、腾讯课堂等直播工具实现异地同步会议，2020年年初新冠肺炎疫情爆发之际，教育部号召“停课不停学”，直播工具保障了线上教学的有序开展。

5. 艺术性

数字媒体传播需要信息技术与人文艺术的融合，数字媒体技术可以使某些艺术作品呈现出令人震撼的艺术效果。例如，2008年北京奥运会开幕式的巨幅“卷轴”画册、2010年上海世博会中国馆的动画版“清明上河图”、2021年庆祝建党100周年《星星之火百年流光》无人机表演等，为观众带来耳目一新的视听享受。

6. 沉浸性

数字媒体的沉浸性是指观众作为主角能够身临其境地进行某种活动体验，生成逼真的视觉、听觉、触觉甚至嗅觉为一体的虚拟环境中，满足观众追求刺激、震撼的心理诉求。舞台上的虚拟现实（VR）、增强现实（AR）、混合现实（MR）、扩展现实（XR）、人工智能（AI）等多技术的融合，带给观众身临其境般的沉浸式体验。如2021年央视春晚，刘德华通过AR技术、云技术与王一博、关晓彤三人一同表演《牛起来》，跨时空表演毫无违和感；武术节目《天地英雄》，AR技术将山水自然融入武术场景，营造出清奇意境，实现了现场观众的全感官沉浸与场外观众的视觉震撼效果。

7.1.3　数字媒体的应用

数字媒体的应用丰富多彩，以极强的渗透力进入人类生活各个领域，如教育培训、文化娱乐、商务应用、电子出版、医疗领域、军事领域等。

1. 教育培训

教育领域是应用数字媒体技术最早的领域，也是发展最快的领域。教师利用数字媒体技术制作图文并茂、生动丰富的教学内容，极大地吸引了学生注意力，不但增强了信息的丰富性和知识的趣味性，还提高了科学的准确性和学习的主动性。图 7-4 所示是电解水实验过程截图，通过二维动画将抽象的实验过程形象化，不仅可以激发学生的学习兴趣，而且可以重复播放，有助于学生加深对实验过程的理解。

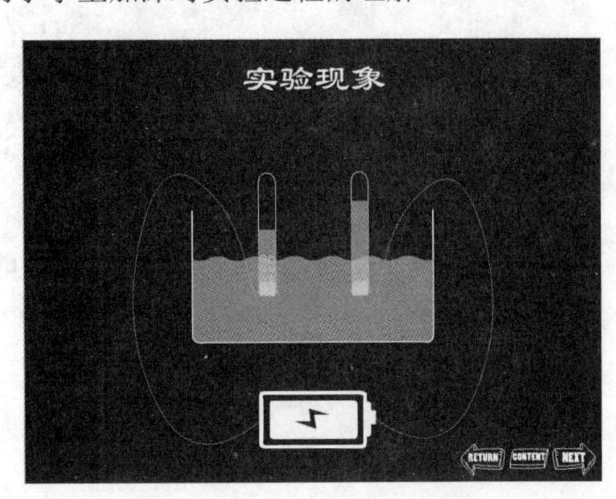

图 7-4　电解水实验过程截图

2. 文化娱乐

影视和娱乐与我们的生活息息相关，数字媒体技术的应用极大地丰富了人们的娱乐生活。随着数字媒体技术的不断发展，清晰、逼真的电影画面带给人们美好的视觉体验，交互式游戏吸引了更多的玩家。图 7-5 所示为体感游戏，突破以往单纯以手柄按键输入的操作方式，用户无需使用任何复杂的控制设备，仅通过肢体动作即可与游戏互动，充分融入游戏中，享受身临其境的体验。

图 7-5　体感游戏

3. 商务应用

生动的数字媒体技术有助于商业演示服务。利用商场购物导购系统，顾客可通过多媒体计算机的触摸屏浏览商品，了解商品的性能、外观和价格，不仅方便快捷，而且可以节省人力，降低企业成本。一些电商平台利用数字媒体技术制作商业广告，以提升品牌的核心竞争力，如开设网上商店、设计产品效果图、展示产品等。还有些电商平台为追求更高的利益水平，积极寻求并引入 VR、AR 等更为新奇直观的营销模式，为客户带来更好的使用体验，时下流行的 VR 虚拟市场就是数字媒体技术与电子商务发展的两性融合。图 7-6（a）所示为虚拟试衣间 APP，可以按气温、穿衣场合及风格快速为用户推荐搭配组合的智能衣柜。图 7-6（b）所示为虚拟试衣镜，用户站在大屏幕前，无须触摸屏幕，只要通过手势控制就可以拖拽喜欢的衣服，选择的衣服将神奇地穿戴于用户身上。这种方式让消费者直观看到试衣效果，不仅能为消费者带来便利，而且消除了顾客因担心服装不合身而无法放心购买的顾虑，同时能减少商家因退换货而造成的损失。

（a）虚拟试衣间 APP　　　　（b）虚拟试衣镜

图 7-6　虚拟试衣效果

4. 电子出版

电子出版物是数字媒体技术与现代出版业相结合的产物，它是以电子数据的形式，将文字、图片、声音和视频等储存在光盘、网络等非纸质载体上并传播，供人们阅读的出版物。与传统印刷出版物相比，电子出版物具有如下优点：出版成本低，出版周期短，出版时效性强，检索便捷，存储量大且可长久保存。图 7-7 所示为《人民日报》电子版，内容多样、图文并茂，方便用户根据自己的需求自主选择和检索，大大提高了用户的阅读体验，也降低了报纸的生产成本。

图 7-7　《人民日报》电子版

5. 医疗领域

近年来，患者大量增加，医疗资源无法跟进，给医疗领域带来极大的负担。随着数字媒体技术的发展，人们开拓出多种场景，给医疗带来了颠覆性的变革。数字媒体技术可以远程帮助病人通过媒体通信设备、远距离多功能医学传感器和微型遥测，接受医生的询问和诊断，为抢救病人赢得宝贵的时间，并充分发挥名医专家的作用，节省各种费用开支。

随着 VR 技术的出现和发展，数字媒体的应用达到了一个新的境界。VR 技术可以将患者置身于虚拟环境，通过心理暗示等手段进行心理康复训练，以缓解患者的精神压力，减轻他们的疼痛感。VR 技术还可以帮助实习医生模拟病患手术环境进行重复练习，不受标本、场地等限制，大大降低培训费用，图 7-8 所示为虚拟手术模拟训练。

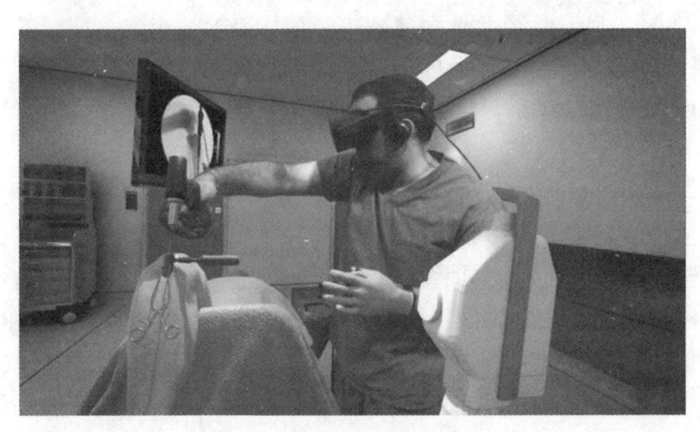

图 7-8　虚拟手术模拟训练

6. 军事领域

在军事领域，模拟训练一直是军事与航天工业中的一个重要课题，VR 技术的发展源于军事领域。利用 VR 技术，可以模拟逼真的战争场景和真正的零重力环境，为军事训练提供了非常好的发展空间，常见的有无人机、无人坦克等。使用 VR 技术模拟军事演习，可以避免真枪实弹的实战演习带来的人员伤亡和生态破坏，有助于虚拟军事演习向真实军事作战进行有序衔接和过渡。图 7-9 所示是虚拟军事演习。

图 7-9　虚拟军事演习

*7.2　媒体的数字化过程

一般媒体的数字化过程需要经过采样、量化和编码这三个步骤。本节主要介绍图像、音频和视频的数字化过程。

7.2.1　图像的数字化过程

图像的数字化过程

现实生活中的照片是一种连续的模拟信号，计算机要把真实的图像转换成计算机能够接受的存储和处理形式，必须对其进行数字化。

1. 采样

采样是图像数字化处理的第一步，是把在时间上和空间上连续的图像转换成为离散的采样点（像素）集的一种操作。采样的实质是要用多少点来描述图像的连续色调，采样结果的质量用图像分辨率衡量。图像采样就是对二维空间上连续的图像在水平和垂直方向上等间距地分割，分割成的微小方格称为像素点，若被分割的图像水平方向有 X 个间隔，垂直方向上有 Y 个间隔，则一幅图像画面就被表示成由 $X \times Y$ 个像素构成的离散像素点的集合，$X \times Y$ 表示图像分辨率。在进行采样时，采样点间隔的选取很重要，它决定了采样后的图像真实地反映原图像的程度。一般来说，原图像中的画面越复杂，色彩越丰富，采样间隔应越小。

2. 量化

采样后得到的值在取值空间上仍然是连续的，把采样后得到的这些连续量表示的像素值，离散化为有限个特定数的过程叫作量化。量化是指要使用多大范围的数值来表示图像采样后的每个点，量化的结果是图像能够容纳的颜色总数，它反映了采样的质量。

为表示量化值所需的二进制位数称为量化字长，一般可用 8 位、16 位、24 位或更高的量化字长来表示图像的颜色，量化字长越大，越能真实地反映原图像的颜色，但得到的数字图像的容量也越大。例如，若采用 4 位存储一个像素点，表示图像只能有 $2^4=16$ 种颜色；若采用 8 位存储一个像素点，图像则有 $2^8=256$ 种颜色，所以量化位数越大，图像可以拥有更多颜色，可以产生更为细致的图像效果，但会占用更大的存储空间。

3. 编码

图像数字化之后的数据量非常大，要占用非常大的存储空间，传输时也要占用非常多的时间，因此一般需要使用压缩技术处理，编码压缩技术是实现图像传输与存储的关键。目前，已有许多成熟的图像压缩编码算法，如预测编码、变换编码、分形编码、小波变换等。

未经压缩的数字图像数据量可以按照下面的公式进行计算：

图像数据量=图像中的像素总数×颜色深度/8（字节）

例如，一幅具有 800×600 像素的未经过压缩的真彩色图像（24 位），它保存在计算机中占用的存储空间为 800×600×24/8＝1440000B≈1.37MB。

7.2.2 音频的数字化过程

音频的数字化过程

计算机要处理音频信息，同样需要将模拟音频信号（如语音、音乐等）转换成数字信号。

1. 采样

音频采样就是每隔一定的时间间隔，抽取模拟音频信号的一个瞬时幅度值，从而用一个个离散的点（离散信号）表示连续的模拟信号。

每秒采样的次数称为采样频率，用 f 表示；样本之间的时间间隔称为取样周期，用 T 表示，$T=1/f$。例如，CD 的采样频率为 44100 Hz，表示每秒采样 44100 次。

在对模拟音频信号进行采样时，采样频率越高，采样的次数越多，采样越密集，获得的音频就越接近原始声音的真实面貌，但存储音频的数据量越大。若采样频率不够高，声音就会产生失真。根据奈奎斯特采样定理，采样频率不高于声音信号最高频率的两倍，可避免低频失真。正常人耳可听频率约为 20 Hz～20kHz，因此，为了保证声音不失真，理论上频率应为 40kHz 左右。

2. 量化

音频量化的过程是将采样后的信号按整个声波的幅度划分成有限个区段的集合，把落入某个区段内的样值归为一类，并赋予相同的量化值。量化时，采用二进制位数划分纵轴，度量音频波形幅度的精度。例如，在一个以 8 位为记录模式的音效中，其纵轴被划分为 2^8=256 个量化等级，用以记录幅度。而一个以 16 位为采样模式的音效中，它在每个固定采样的区间内被采集的声音幅度，将以 2^{16}=65536 个不同的量化等级记录。

量化精度对音频的质量有很大的影响。在采样频率相等的情况下，量化精度越高，音频的质量越好，但需要的存储空间也越大。

记录声音时，每次只产生一组声波数据，称为单声道；每次产生两组声波数据，称为双声道。双声道具有空间立体效果，但所占空间比单声道的大一倍。

3. 编码

模拟音频信号经过采样和量化以后，还需要进行编码才能形成可以在计算机中存储和处理的二进制数据，这样的数据称为数字音频。音频数字编码的形式比较多，常用的编码方式是脉冲编码调制（Pulse Code Modulation，PCM）、差分脉冲编码调制（Differential Pulse Code Modulation，DPCM）、自适应差分编码调制（Adaptive Differential Pulse Code Modulation，ADPCM）。

未经压缩的音频数据量可以按照下面的公式进行计算：

音频数据量（B）=采样时间（s）×采样频率（Hz）×量化位数（b）×声道数/8

例如，计算 2min 双声道、16 位量化位数、44.1kHz 采样频率声音的不压缩的数据量：2×60×44100×16×2/8=21168000（B）≈20.19MB。

7.2.3　视频的数字化过程

视频的数字化过程

要让计算机处理视频信息，首先要解决的也是视频数字化的问题。对彩色电视视频信号的数字化有两种方法：一种是将模拟视频信号输入计算机，对彩色视频信号的各个分量进行数字化，经过压缩编码后生成数字化视频信号；另一种是由数字摄像机从视频源采集视频信号，将得到的数字视频信号输入计算机，直接通过软件进行编辑处理。目前，视频数字化主要采用将模拟视频信号转换成数字信号的方法。

国际流行的模拟视频标准有 PAL 制式、NTSC 制式和 SECAM 制式。PAL 制式主要应用于中国和欧洲，帧频为 25 帧/秒；NTSC 制式主要应用于日本、美国、加拿大、墨西哥等国家，帧频为 30 帧/秒；SECAM 制式主要应用于法国、东欧等，帧频为 25 帧/秒。

1. 采样

人的眼睛对颜色的敏感程度远不如对亮度的灵敏程度，由于电视信号中亮度信号的带宽是色度信号带宽的两倍，因此对色差分量的采样率低于对亮度分量的采样率。我国彩色电视制式中采用 YUV 模型表示彩色图像。其中 Y 表示亮度，U 表示蓝色色差（即 B-Y），V 表示红色色差（即 R-Y），三种分量的比例将数字视频的采样格式分为 4∶1∶1，4∶2∶2 和 4∶4∶4 三种。其中，4∶1∶1 采样格式是指在采样时每 4 个连续的采样点中取 4 个亮度 Y、1 个色差 U 和 1 个色差 V 共 6 个样本值，这样两个色度信号的采样频率分别是亮度信号采样频率的 1/4，采样得到的数据量可以比 4∶4∶4 采样格式的小一半。

2. 量化

与前面介绍的图像量化相类似，视频量化也是进行图像幅度上的离散化处理。如果信号量化精度为 8 位二进制位，信号就有 2^8=256 个量化等级；如果亮度信号用 8 位量化，则对应的灰度等级最多只有 256 级；如果 R、G、B 三个色度信号都用 8 位量化，就可以获得 $2^8×2^8×2^8$ = 16777216（约 1700 万）种色彩。量化位数越多，量化层次就分得越细，视频效果越好，但数据量也成倍上升。

3. 编码

因为经采样和量化后的数字视频的数据量非常大，所以编码时要进行压缩。压缩方法是从时间域、空间域两方面去除冗余信息，减小数据量。编码技术主要分成帧内编码和帧间编码两种，前者用于去除图像的空间冗余信息，后者用于去除图像的时间冗余信息。视频压缩编码方法有多种，各种压缩编码算法可用软件、硬件或软硬件结合的方法实现。目前最常用的是国际标准化组织推荐的 MPEG 技术标准。

未经压缩的视频数据量可以按照下面的公式进行计算：

视频数据量＝每帧图像存储容量（B）×帧频（f/s）×播放时间（s）（单位：字节）

例如，一段图像分辨率为 1024×768，真彩色（32 位）的视频影像，若该视频以 25 帧/秒的速度播放，则 10 秒播放的数据量约为 1024×768×32/8×25×10=786432000B≈750MB。

*7.3 数字媒体处理方法

文本处理方法

本节主要介绍文本、图片、音频和视频的获取与处理方法。其中，文本处理方法可以扫描左边二维码查看。

7.3.1 图片处理方法

图片文件及图片获取

1. 图片文件

常见图片文件见表 7-1。

表 7-1 常见图片文件

图片文件格式	特点和用途	常用软件
BMP	微软开发的标准位图文件格式，大多软件都支持，图像信息较丰富，几乎不进行压缩，适合保存原始图像素材，但文件格式较大	所有图像处理软件都支持浏览，使用 Adobe Photoshop 软件、美图秀秀等可编辑图像
JPG/JPEG	一种有损压缩格式，能够去除图像的冗余数据，将图像压缩在很小的储存空间里，在获得极高的压缩率的同时展现丰富生动的图像，适合连续色调的图像存储显示	
GIF	网页中最常采用的图像格式，可支持透明背景，压缩比高，磁盘空间占用较小、下载速度快，但不能存储超过 256 色	
PNG	结合了 GIF 和 JPEG 的优点，采用无损压缩方案存储，支持透明背景，具有高保真性、文件体积较小、显示速度快等特性，广泛应用于网页设计、平面设计中	
TIFF	印刷输出最常用的一种无损压缩（LZW）或不压缩的存储格式，能最大限度地保留图像的色彩和影调细节，是扫描仪和桌面出版系统较为通用的图像格式文件，不依赖操作环境，具有可移植性	
CDR	矢量绘图与排版文件，广泛应用于商标设计、标志制作、模型绘制、插图描画、排版及分色输出等	CorelDraw
AI	具有强大的图像、图形和文字处理能力，是印前设计中常用的一款矢量图软件，占用硬盘空间小，打开速度快，方便格式转换	Adobe Illustrator

2. 图片获取

图片素材的来源很多，搜集方法也有很多种，通常包含如下五种：

（1）扫描获取。使用扫描仪或手机可以将已有的印刷品、照片等纸质资料中的内容扫描成能在计算机中存储和处理的数字图片。

（2）使用设备拍摄。利用数码相机或手机拍摄是一种非常灵活、方便的方式，可随时得到能在计算机中存储和处理的图像。用户只需通过数据线将数码相机或手机与计算机相连，即可将拍摄到的照片保存在计算机中。

（3）网络下载。随着互联网的普及，网上可以利用的共享图片资源越来越多，有很多素材网站提供各种类型、各种内容的图片素材的下载服务，如呢图网、我图网、素材天下网、全景网等。还可以使用百度等搜索引擎的图片搜索功能，检索需要的图片。

（4）利用绘图软件创建。如果用户具有一定美术功底，则可以通过绘图软件绘制图片素材。

（5）屏幕截图。可以使用 PrintScreen 键或专用截图软件截取屏幕图像，常用截图软件有 FSCapture、Snagit、红蜻蜓抓图精灵等。此外，QQ 和微信都自带截图工具。

3. 图像编辑与处理

Photoshop 界面认识及保存文件

Adobe Photoshop 是一种常用的图像处理软件。下面以 Photoshop 2021 为例，简单介绍 Photoshop 的工作界面和常用操作。图 7-10 所示为 Photoshop 2021 工作界面，包括菜单栏、选项栏、标题栏、工具箱、工作区、面板组和状态栏等。

图 7-10　Photoshop 2021 工作界面

（1）图像格式转换。图像由一种格式转换为另一种格式时，先执行“文件”→“打开”命令打开图像，再选择“文件”→“存储为”命令，在“保存类型”选项中选择所需的格式进行保存，如图 7-11 所示。

图像变换

（2）图像变换。执行“编辑”→“变换”命令，可以对图像或选中的图像区域进行变换编辑，包括缩放、旋转、扭曲、透视、变形等，如图 7-12（a）所示。图 7-12（b）所示效果是对图像进行“透视”变换后的效果，可快速解决由拍摄角度导致的透视变形问题，按 Enter 键或双击即可确认变换状态。

图像调色

（3）图像调色。拍摄时，光线过暗或过亮容易导致图像中的细节丢失。在 Photoshop 中有很多校正曝光度的方法，比较有代表性的是“图像”菜单中的“亮度/对比度”“色阶”和“曲线”等命令。图 7-13 所示为曝光校正前后图像对比。图 7-14 所示为调色面板，包括亮度/对比度面板、色阶面板和曲线面板。

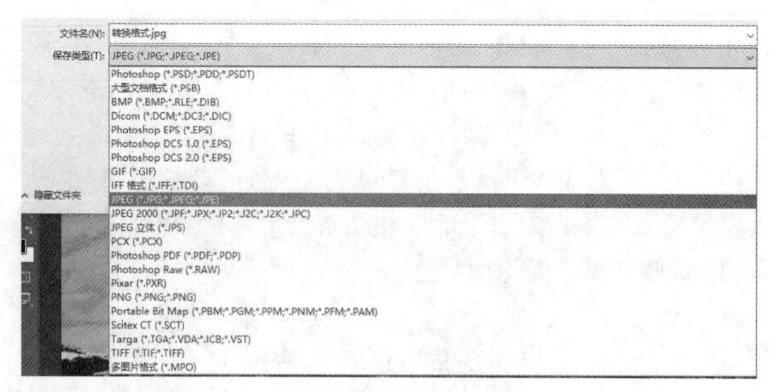

图 7-11 图像格式转换

（a）图像“变换”菜单

（b）“透视”变换后的效果

图 7-12 “透视”变换编辑

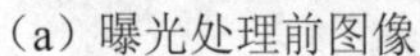
（a）曝光处理前图像

（b）曝光处理后图像

图 7-13 曝光校正前后图像对比

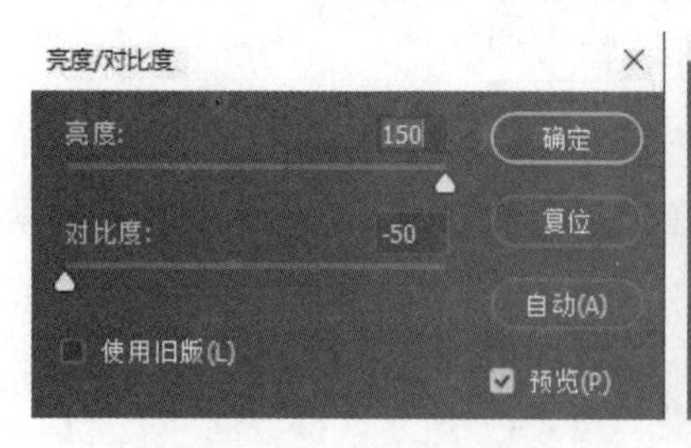

（a）亮度/对比度面板

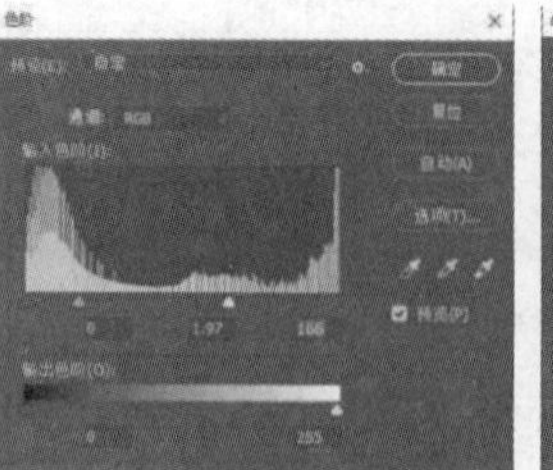
（b）色阶面板

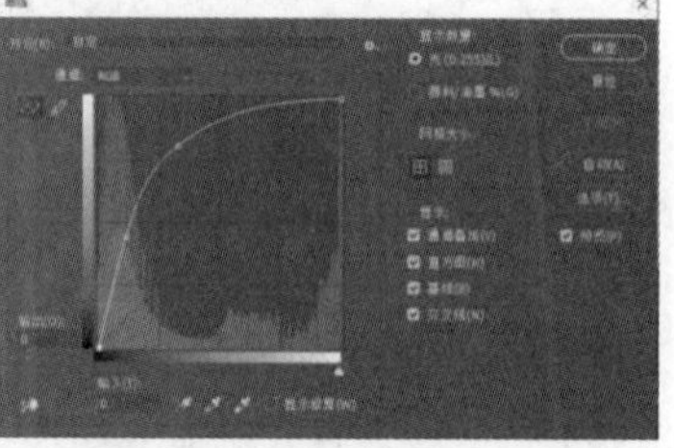
（c）曲线面板

图 7-14 调色面板

滤镜特效

（4）滤镜特效。滤镜是 Photoshop 的一种特效工具，种类繁多，功能强大，可以使图像瞬间产生各种令人惊叹的特殊效果。其工作原理如下：以特定的方式使像素产生位移，改变数量或改变颜色值等，从而使图像出现各种各样的神奇效果。

图 7-15（a）和图 7-15（b）所示分别为汽车行驶的背景图执行“动感模糊”前后的图

像。复制背景图层，执行“滤镜”→“模糊”→“动感模糊”命令，打开“动感模糊”对话框，如图 7-15（c）所示，调整动感模糊的角度与汽车的运动方向一致，接着设置“距离”参数值为 70 像素。

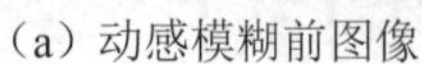
（a）动感模糊前图像

（b）动感模糊后图像

（c）“动感模糊面板”对话框

图 7-15　动感模糊特效

（5）图像合成。图像合成是选择多个图像文件中的内容，并复制到一幅新的图像中，在 Photoshop 中也是最基本、最常用的图像创作手法。图 7-16 所示为图像合成前后对比，在此介绍两种方法来实现，图层面板分别如图 7-17（a）和图 7-17（b）所示。

图像合成

（a）素材图 1

（b）素材图 2

（c）合成后效果

图 7-16　图像合成前后对比

1）抠图合成法。复制图 7-16（a）教堂背景图层，使用工具箱中的“魔棒工具”或“快速选择工具”选择天空，按 Delete 键删除，用移动工具将图 7-16（b）天空素材移至“背景 拷贝”图层下方，图层面板如图 7-17（a）所示。

2）蒙版合成法。用“移动工具”将图 7-16（b）所示天空素材移至图 7-16（a）教堂背景图层上方，选中天空图层，执行“图层”→“图层蒙版”→“显示全部”命令，此时天空图层图像的右边会出现一个白色矩形蒙版。选择“渐变工具”，单击渐变编辑器设为“前景色到背景色渐变”（白色到黑色的渐变，白色是需要保留的部分，黑色是不需要保留的部分），在蒙版上按住鼠标左键从上向下拖放，教堂背景便显示出来。如果教堂背景主体细节显示得不清晰，则可用“画笔工具”（前景色设为黑色）在蒙版相应的位置涂抹即可。图层面板如图 7-17（b）所示。

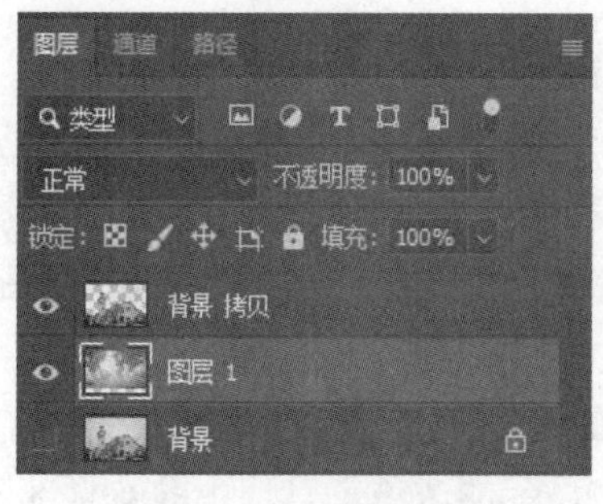

（a）抠图合成法面板

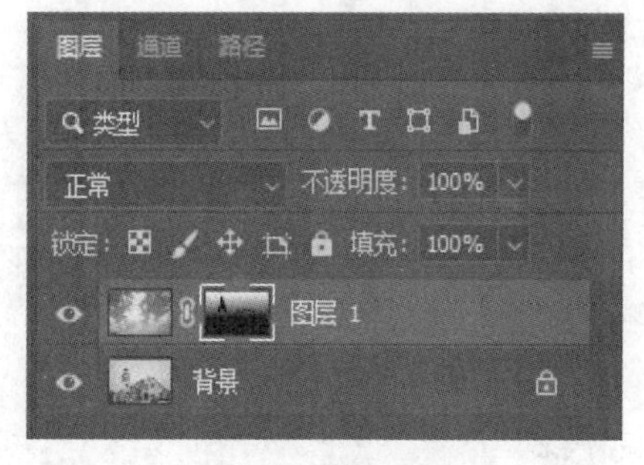

（b）蒙版合成法面板

图 7-17　图层面板

7.3.2 音频处理方法

音频文件及音频获取

1. 音频文件

在计算机中，各种音频均以数字化的形式存储。常见音频文件见表 7-2。

表 7-2 常见音频文件

音频文件格式	特点和用途	常用软件
WAV	微软公司开发的波形文件，是最早的数字音频格式，声音层次丰富，表现力强。因为 WAV 格式存放的一般是未经压缩处理的音频数据，所以体积都很大，不适合在网络上传播	用 GoldWave、CoolEdit、Audition 等编辑
MP3	MPEG Audio Layer 3 压缩格式文件，具有 1:10～1:12 的高压缩率，相同长度的音乐文件，MP3 格式的存储容量一般只有 WAV 文件的 1/10，每分钟音乐的 MP3 格式只有 1MB 左右	
WMA	Windows Media Audio 的缩写，是微软公司力推的数字音乐格式，最大的特点是具有版权保护功能，并且有比 MP3 强大的压缩能力，音质较好，可用于网络广播	
MIDI	音乐与计算机结合的产物，并不是一段录制好的声音，而是通过数字方式将电子乐器弹奏音乐的乐谱记录下来，再告诉声卡如何再现音乐的一组指令。由于不包含声音数据，因此其文件非常小，仅为波形音频文件的百分之一	用 CakeWalk、Samplitude 等编辑

2. 音频获取

音频素材的来源很多，搜集方法也有很多种，通常包含如下三种：

（1）网络下载。可以通过百度等搜索引擎下载，也可以通过专门的音频网站下载，如 Adobe Audition Sound Effects、FindSounds、FreeSFX 等。

（2）录制声音。可以利用手机、专业的录音笔、录音机或计算机的麦克风等录制人声，也可以打开计算机“声音”属性的“立体声混音”，使声卡的输出作为录音源，录制计算机播放的声音。

（3）从视频中分离音频。当要用到视频中的音频素材时，可以使用专门软件将音频分离出来，如“格式工厂”“狸窝全能视频转换器”软件常用于音、视频格式的转换，也可以用于分离视频中的音频信息。

GoldWave 界面及保存文件

3. 音频编辑与处理

GoldWave 是一款标准的绿色软件，不需要安装且体积小，简单易用，不但可以录制音频，还可以编辑和处理音频。以下以 GoldWave 为例，简单介绍其工作界面和常用操作。图 7-18 所示为 GoldWave 工作界面，包括菜单栏、工具栏、左右声道、控制器和状态栏等。

（1）音频格式转换。音频由一种格式转换为另一种格式时，先执行“文件”→“打开”命令打开图像，再选择“文件”→“另存为”命令，在“保存类型”选项中选择所需的格式保存，如图 7-19（a）所示。在保存类型下拉列表框下方可以设置该音频格式的属性，如图 7-19（b）所示。当需要提取一段本地视频中的音频时，也可以按上面操作步骤进行。

选择删除等

（2）音频波形选取。编辑音频文件前，需要先从中选择一段音频波形。在时间线上右击，设置音频的开始标记，如图 7-20（a）所示，在另一个位置再次右击，设置结束标记，如图 7-20（b）所示，在开始和结束之间，蓝色高亮显示的区域就是选中的音频部分，未选中的波形以较淡的颜色并配以黑色底色显示，如图 7-20（c）所示。

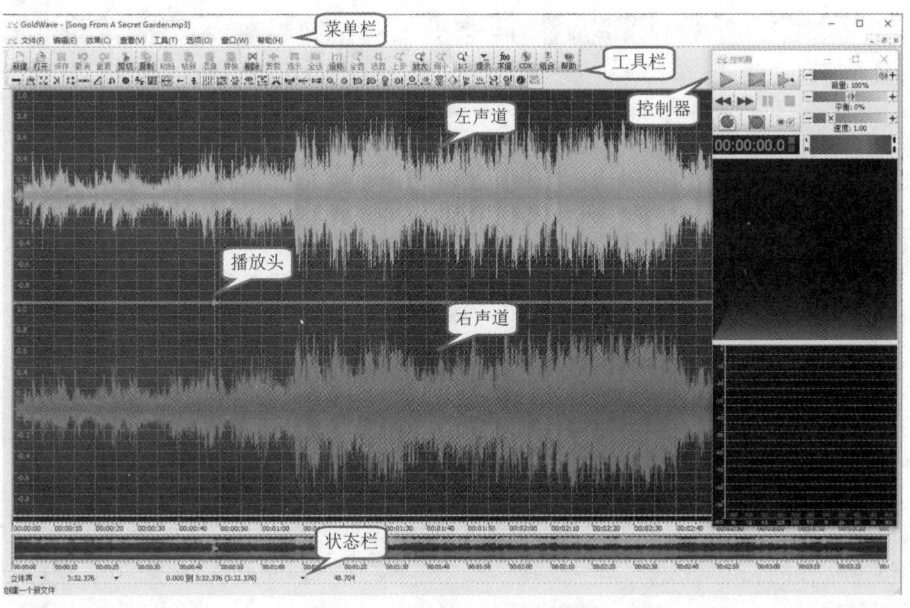

图 7-18　GoldWave 工作界面

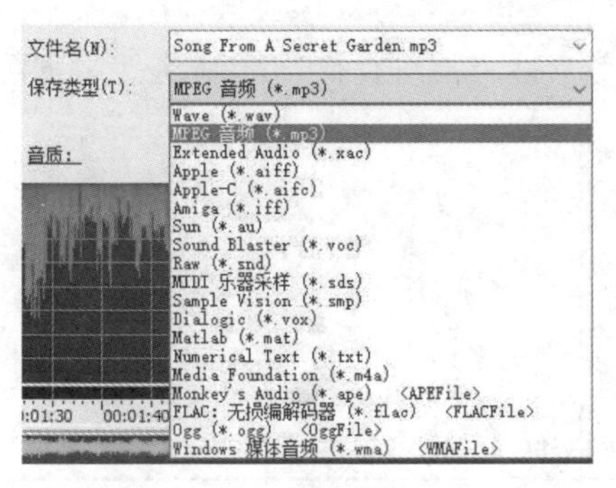

（a）保存类型

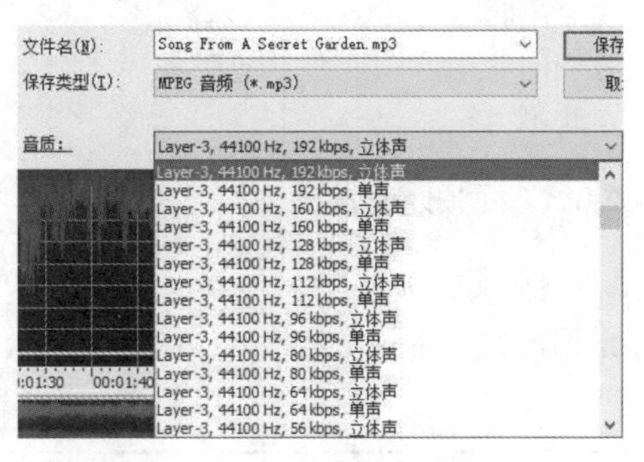

（b）音频属性

图 7-19　音频格式转换

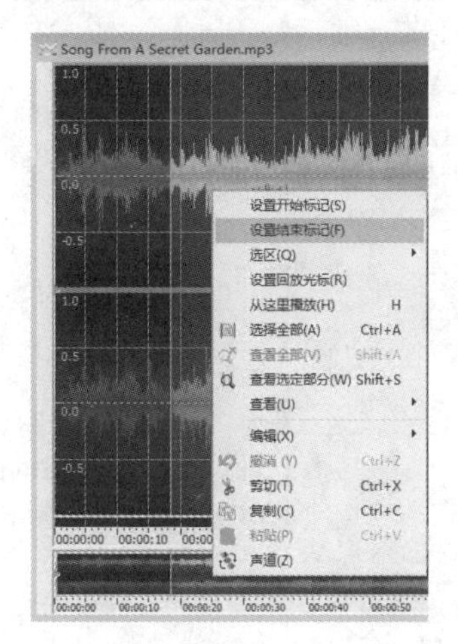

（a）设置开始标记

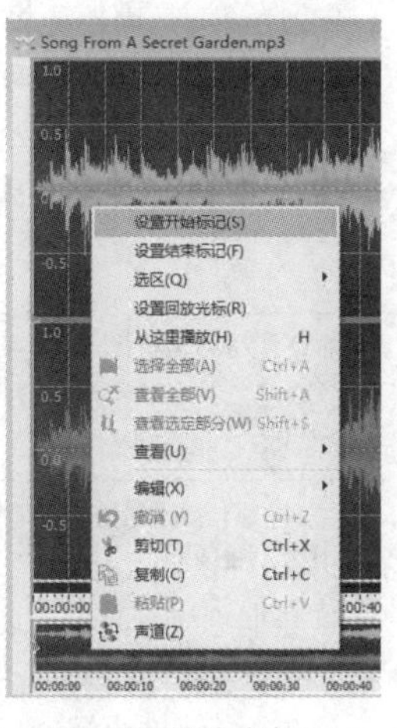

（b）设置结束标记

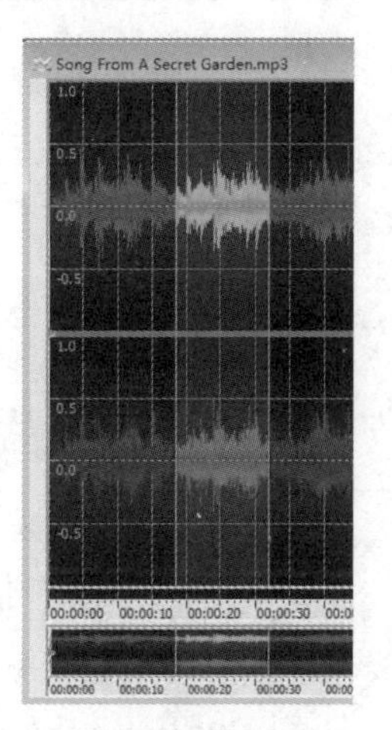

（c）选中的波形

图 7-20　选取音频波形

（3）音频编辑。

1）删除音频波形。选择需要删除的音频波形，执行“编辑”→“删除”命令或单击“删除”按钮，便删除了选中的波形。

剪切粘贴特效

2）剪裁音频波形。选择需要保存的音频波形，执行“编辑”→“剪裁”命令或单击“剪裁”按钮，选中的波形便保留下来，没选中的波形便删除了。

3）静音音频波形。选择需要静音的音频波形，执行“编辑”→“静音”命令，该区域则变成静音区段。与删除声音片段不同的是，变成静音的编辑区域仍然存在，其时间长度不变，如英语听力考试录音带中间就有一些静音区段。

4）剪切/复制音频波形。首先选定一段需要编辑的音频，然后执行“编辑”→“剪切”命令或单击“剪切”按钮，编辑区域的内容从波形图中被剪切下来，存入 Windows 剪贴板。如果选定编辑区后执行的是“复制”命令，则该段音频同样被存入 Windows 剪贴板，但原来的音频中仍然保留该编辑区段内容。“剪切”效果等同于“删除”，但不同于“静音”。

5）粘贴的形式。除普通的“粘贴”命令外，还有“粘贴到”“混音”等粘贴命令。“粘贴”是将剪贴板里的音频片段插入当前打开的音频文件的选区开始位置处。“粘贴到”有插入当前打开的声音“文件开头”“结束标记”“文件结尾”三个选项。“混音”是将剪贴板里的声音片段粘贴到当前打开的声音文件的选区起始位置，但当前打开的声音文件的声音并没有被覆盖，而是与粘贴进来的声音混合，既有原来的声音，又有粘贴进来的声音，因此，粘贴后声音文件的长度不变。

（4）音频特效。GoldWave 的效果菜单提供了多种常用音频特效的命令，如回声、降噪、改变音调、改变音量、淡入淡出等，每种特效都是日常音频应用领域应用广泛的效果，掌握它们的使用方法能够方便在多媒体制作、音效合成方面进行操作，得到令人满意的效果，在此不再赘述。

7.3.3 视频处理方法

视频文件及视频获取

1．视频文件

常见视频文件见表 7-3。

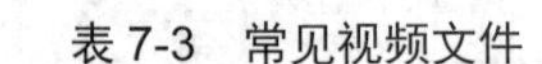
表 7-3 常见视频文件

<table>
<tr><th>视频文件格式</th><th>特点和用途</th><th>常用软件</th></tr>
<tr><td>AVI</td><td>微软公司开发的一种视频文件格式，图像质量好，有损压缩，文件容量大，常用于多媒体光盘，用来保存电视、电影等各种影像信息</td><td rowspan="5">可以使用通用的视频播放器播放，用格式工厂、狸窝全能视频转换器转换格式，编辑软件有爱剪辑、Camtasia Studio、Adobe Premiere 等</td></tr>
<tr><td>MPG/MPEG</td><td>MPEG 格式是 VCD、DVD 中常用的格式，压缩比高，有 MPEG-1、MPEG-2 和 MPEG-4 等压缩编码标准，其中 MP4 格式常用于高质量的网络流媒体传播</td></tr>
<tr><td>WMV</td><td>由微软推出的一种采用独立编码方式且可以直接在网上实时观看视频节目的文件压缩格式，在同等视频质量下，WMV 格式文件非常小，因此适合在网上播放和传输</td></tr>
<tr><td>FLV</td><td>一种流媒体视频格式，全称为 Flash Video，文件极小、加载速度快，在线视频网站多采用这种格式。访问网站时，只要能看 Flash 动画，无须额外安装其他视频播放软件，就能观看 FLV 格式的视频</td></tr>
<tr><td>RM/RMVB</td><td>流媒体视频文件格式，文件小，画面仍能保持相对良好的质量，适用于在线播放。RMVB 格式是由 RM 视频格式升级延伸出的视频格式，画质优于 RM 格式，基本可以保留 DVD 影片的绝大多数的影像及音响效果</td></tr>
<tr><td>MOV</td><td>苹果公司推出的视频文件格式，是一种流媒体文件格式，视频文件体积非常小，仅是 AVI 文件的几十分之一，因此十分利于在网络传播</td><td>使用 QuickTime 播放，上述视频类型的格式转换软件及编辑软件皆适用于 MOV 格式</td></tr>
</table>

2. 视频获取

视频素材的获取方法通常包含如下三种：

（1）网络下载。可以通过百度等搜索引擎下载，也可以通过专门的音频网站（如爱奇异、优酷网、土豆网、乐视网、搜狐视频、腾讯视频等）下载，从这些网站上获取视频资源需要借助特定的下载软件。

（2）自行拍摄。通过数字摄像机、手机等直接拍摄获取视频数据。

（3）屏幕录像。利用屏幕录像工具录制计算机屏幕播放的视频。

3. 视频编辑与处理

Camtasia Studio 是 TechSmith 旗下的一款屏幕录制及视频编辑软件，支持多种格式的转换及输出。下面介绍 Camtasia Studio 的基本操作。

启动 Camtasia Studio 后，新建一个项目，即可看到图 7-21 所示工作界面，包括菜单栏、工具箱、媒体箱、预览窗口、时间轴、属性面板等。

图 7-21 Camtasia Studio 工作界面

（1）屏幕录制。单击 Camtasia Studio 左上角的“录制”按钮 录制(R)，打开图 7-22 所示的录屏界面。可以在“选择区域”中设置“全屏”录制，也可以“自定义”录制的窗口；在“录像设置”中，可以设置摄像头和音频的打开或关闭。设置好后，单击右边的红色“rec”按钮开始录制视频，等待倒计时 3s 后，即可开始屏幕录制。停止录制时会生成扩展名为.terc 的文件，并自动进入 Camtasia Studio 视频编辑模式。

屏幕录制

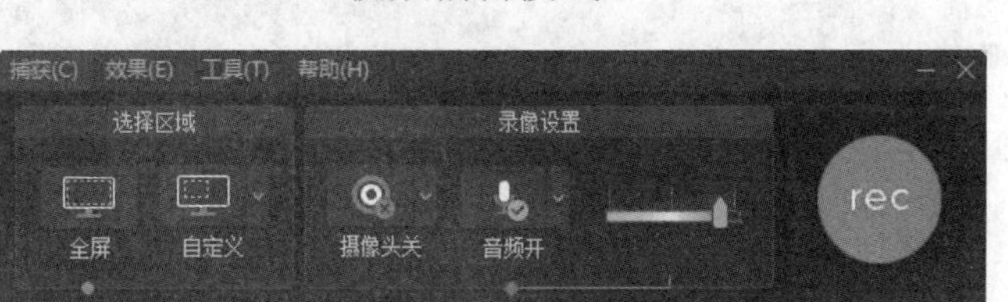

图 7-22 录屏界面

默认情况下，录制过程中按 F9 键暂停，按 F10 键停止录制，可以通过“工具”→“热键”命令重新设置快捷键，如图 7-23 所示将“录制/暂停”快捷键设为 F1。

（2）视频编辑。

1）导入素材。Camtasia Studio 主要支持四类素材：录屏类、图像类、音频类、视频类。在编辑视频前，只有导入素材，才可以在 Camtasia Studio 中进行进一步编辑处理。导入素

导入素材

材主要有如下四种方法。

方法一：单击“文件”→“导入媒体”菜单命令。

方法二：单击常用工具箱中的“导入媒体”按钮。

方法三：在“媒体箱”窗口的空白处右击，在弹出的快捷菜单中选择“导入媒体”命令。

方法四：将素材文件拖放到媒体箱窗口。

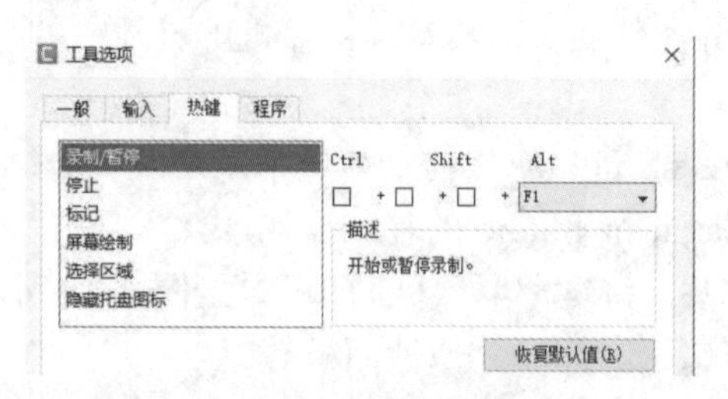

图 7-23　录屏热键设置

如果 Camtasia Studio 导入的视频素材格式不兼容，则可先通过视频转换软件（如格式工厂）转换格式后导入。

视频编辑

2）分离音视频。导入的视频素材，音频和视频是链接在一起的，占用一条轨道，当需要分别编辑音频和视频时，需要解除链接。右击视频素材，在弹出的快捷菜单中选择“分离音频和视频”命令，分离后的音频和视频自动分到两条相邻的轨道上。在分离前，包括音频信息的视频位于轨道 1 上，如图 7-24（a）所示，分离后，音频信息自动分到轨道 2 上，此时的轨道 1 仅包含画面，不包含音频信息，如图 7-24（b）所示。

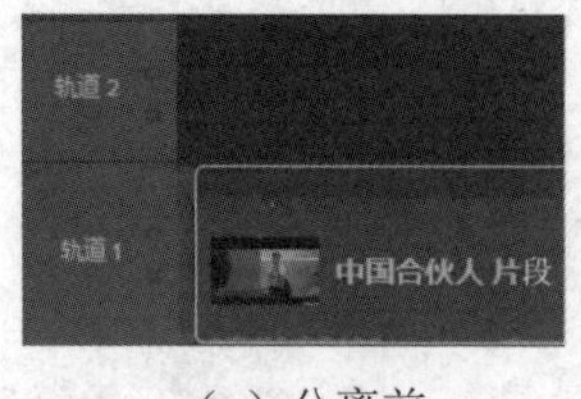

（a）分离前

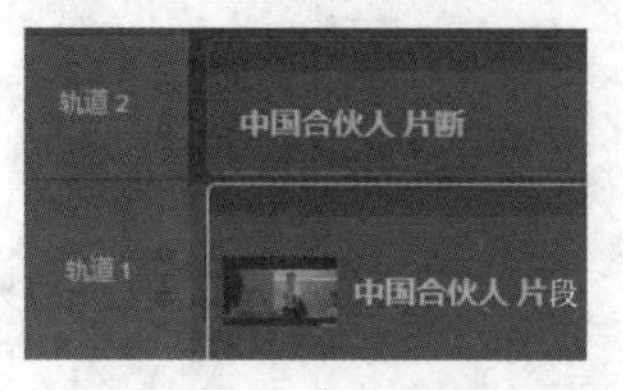

（b）分离后

图 7-24　分离音视频前后的轨道对比

3）分割素材。将播放头定位在视频段需要分割的位置，单击编辑工具栏上的“分割”按钮，视频片段将会被分割成独立的部分。如图 7-25 所示，分割两次视频素材，得到三个片段的效果。可以对分割后的视频片段进行删除、复制、移动等操作。

图 7-25　分割素材

4）剪切/粘贴素材。选定一段或多段素材片段，单击编辑工具栏上的“剪切”按钮，选定的素材剪辑从轨道上移除并存入剪贴板。如果需要将剪切掉的素材片段粘贴到新的位置，则先将播放头移动至新位置，再单击编辑工具栏上的“粘贴”按钮。

5）调整剪辑速度。剪辑速度越快，视频播放速度越快；剪辑速度越慢，视频播放速度慢。视频编辑时，经常需要使某片段视频播放快一点或慢一点，可通过调整剪辑速度完成。

首先在轨道上选取一个片段视频并右击，在弹出的快捷菜单中选择“添加剪辑速度”命令，此时视频片段下方左右两侧显示时钟标志，默认速度为 100%，拖动时钟标志可调整速度，也可通过属性面板调整速度。图 7-26 所示为调整剪辑速度前后对比。

（a）调整剪辑速度前

（b）调整剪辑速度后

图 7-26　调整剪辑速度前后对比

6）转场特效。转场是指视频画面中媒体素材进入与退出画面、媒体素材间的视觉转换效果。Camtasia Studio 提供了丰富的转场特效，如图 7-27 所示。单击工具箱中的“转场”选项，选择其中的效果，按住鼠标左键拖放到时间轴的视觉媒体间或视觉媒体两端，即可设置媒体片段之间的衔接过渡效果。

视频转场

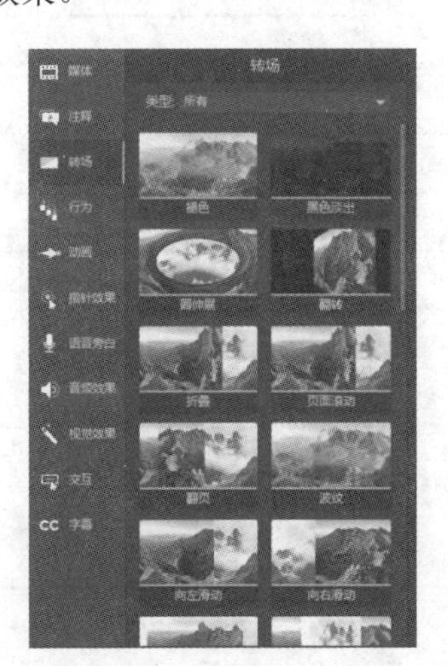

图 7-27　转场特效

（3）保存项目。通常在编辑视频之前，先创建一个项目文件夹，将所需的媒体素材有序命名后存放其中。在（部分）完成后，应先保存，生成扩展名为.tscproj 的项目文件，该文件也可以保存在项目文件夹中。当需要对项目进行再编辑时，只需在 Camtasia Studio 中打开这个项目文件即可。

单击“文件”→“保存”/“另存为”命令，生成项目文件；如果选择“导出项目为 zip”命令，则连同素材一起生成压缩文件。

（4）视频导出。视频编辑完成后，便可通过右上方快捷工具栏中的“分享”按钮 分享，分享到指定网站或发布到本地机，如图 7-28（a）所示。Camtasia Studio 导出的视频格式默认为 MP4，也可以根据需要选择其他格式，如图 7-28（b）所示，选择一种导出类型后，按照生成向导提示逐步操作即可生成视频。

视频导出

（a）分享视频

（b）导出格式

图 7-28　视频导出设置

7.4 本章小结

本章介绍了数字媒体的相关概念、特征及应用领域；简单介绍了媒体的数字化过程、各种媒体数据存储容量的计算；介绍了各种类型媒体文件的格式、获取方式，各类型媒体处理过程中使用的软件、操作方法等。表 7-4 给出了第 7 章知识点学习达标标准，供读者自测。

表 7-4 第 7 章知识点学习达标标准自测表

序号	知识（能力）点	达标标准	自测 1（ 月 日）	自测 2（ 月 日）	自测 3（ 月 日）
1	数字媒体的相关概念	理解			
2	区分各种类型的媒体	理解			
3	数字媒体的特征	了解			
4	数字媒体的应用	了解			
5	媒体的数字化过程	了解			
6	不同类型媒体的数据量计算	掌握			
7	不同类型媒体的常见格式	掌握			
8	不同类型媒体的获取方式	了解			
9	不同类型媒体的常用编辑软件操作方法	掌握			

习题

一、单项选择题

1．媒体有两种含义：表示信息的载体和（　　）。

A．表达信息的实体　　B．存储信息的实体

C．传输信息的实体　　D．显示信息的实体

2．下面属于显示媒体的是（　　）。

A．摄像机、扫描仪　　B．光盘、磁带

C．光纤、电磁波　　D．鼠标、键盘

3．下列（　　）是用来将媒体从一处传送到另一处的物理载体，如双绞线、同轴电缆等。

A．感觉媒体　　B．表示媒体　　C．显示媒体　　D．传输媒体

4．下列不是数字媒体技术应用的是（　　）。

A．计算机辅助教学　　B．电子邮件

C．远程医疗　　D．视频会议

5．区别于使用数码照相机、扫描仪得到的图像，矢量图也称（　　）。

A．位图　　B．点阵图　　C．3D 图像　　D．图形

6．矢量图与位图相比，下列描述中错误的是（　　）。

A．缩放时矢量图不会失真，而位图会失真

B．矢量图占用存储空间较大，而位图较小

C．矢量图适应表现变化曲线，而位图适应表现自然景物

D．手机拍摄的照片是位图

7. 支持透明背景和动画效果，适合在网页上传播的图像文件格式是（　　）。

A. GIF　　B. JPG　　C. BMP　　D. PSD

8. 没有经过压缩的图像文件格式是（　　）。

A. BMP　　B. JPG　　C. GIF　　D. PNG

9. 一幅具有 1024×768 像素的未经过压缩的真彩色图像（24 位），需要（　　）字节存储空间。

A. 1024×768　　B. 1024×768×3　　C. 1024×768×2　　D. 1024×768×24

10. 下列采集的音频质量最好的是（　　）。

A. 单声道、8bit 量化、22.05kHz 采样频率

B. 双声道、8bit 量化、44.1kHz 采样频率

C. 单声道、16bit 量化、22.05kHz 采样频率

D. 双声道、16bit 量化、44.1kHz 采样频率

11. 以下（　　）不是文本文件格式。

A. TXT　　B. DOCX　　C. PDF　　D. BMP

12. 以下除（　　）外，其他都是图像文件格式。

A. MOV　　B. GIF　　C. BMP　　D. JPG

13. 以下除（　　）外，其他都是音频文件格式。

A. WAV　　B. WMV　　C. MP3　　D. WMA

14. 以下除（　　）外，其他都是视频文件格式。

A. MOV　　B. FLV　　C. AVI　　D. MIDI

15. 声音的数字化过程是（　　）。

A. 量化、采样、编码　　B. 编码、量化、采样

C. 采样、量化、编码　　D. 采样、编码、量化

16. Photoshop 是一种（　　）。

A. 图形图像处理软件　　B. 音频编辑软件

C. 视频编辑软件　　D. 文本阅读器

17. GoldWave 是一种（　　）。

A. 图形图像处理软件　　B. 音频编辑软件

C. 视频编辑软件　　D. 文本阅读器

18. Camtasia 是一种（　　）。

A. 图形图像处理软件　　B. 音频编辑软件

C. 视频编辑软件　　D. 文本阅读器

二、操作题

以“美好中国”为主题，拍摄照片和视频素材，综合使用图像、音频和视频编辑软件，制作一段格式为 MP4 的微视频。

第 8 章　数据库基础

井井兮其有理也。

——《荀子 · 儒效》

8.1　数据库技术的产生与发展

数据库技术的产生与发展

数据库技术是应数据管理任务的需求产生的。从 20 世纪 60 年代中期开始到现在，数据库技术的研究和开发经历三代演变，取得了十分辉煌的成就：造就了查尔斯 • 巴克曼、埃德加 • 科特和詹姆斯 • 格雷三位图灵奖得主；发展了以数据建模和数据库管理系统（Data Base Management System，DBMS）核心技术为主，内容丰富的一门学科；带动了一个巨大的数百亿美元的软件产业。今天，随着计算机系统硬件技术的进步以及互联网技术的发展，数据库管理系统管理的数据以及应用环境发生了很大的变化，表现为数据种类越来越多、越来越复杂，数据量剧增，应用领域越来越广泛，可以说数据管理无处不在，数据库技术和系统已经成为信息基础设施的核心技术和重要基础。

数据库技术从诞生到现在，在不到半个世纪的时间里，形成了坚实的理论基础、成熟的商业产品和广泛的应用领域，吸引了越来越多的研究者。数据库的诞生和发展给计算机信息管理带来了一场巨大的革命。几十年来，国内外已经开发建设了成千上万的数据库，它已成为企业、部门乃至个人日常工作、生产和生活的基础设施。同时，随着应用的扩展与深入，数据库的数量和规模越来越大，数据库的研究领域也已经大大地拓宽和深化了。数据库发展历程如图 8-1 所示。

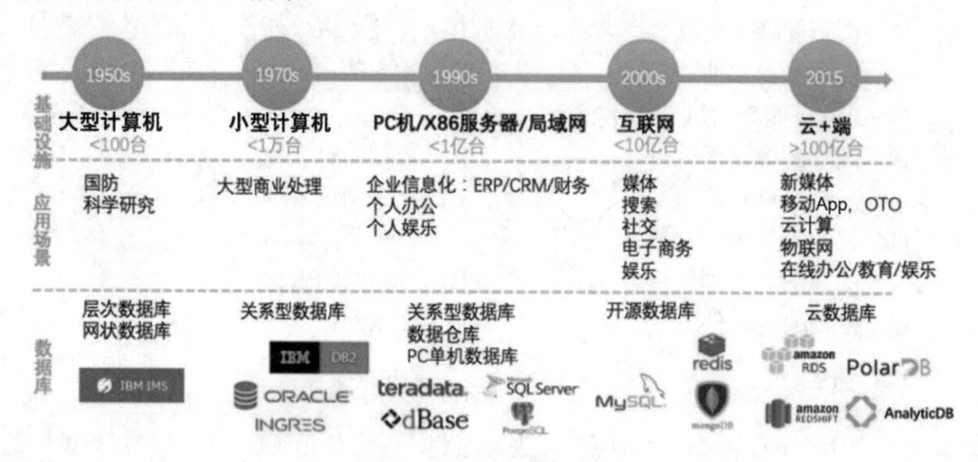

图 8-1　数据库发展历程

8.1.1　数据管理的诞生

数据库的历史可以追溯到 50 多年前，那时的数据管理非常简单，即通过大量的分类、比较和表格绘制的机器运行数百万穿孔卡片来处理数据，其运行结果在纸上打印出来或者制成新的穿孔卡片。数据管理就是对所有这些穿孔卡片进行物理储存和处理。

数据库系统的萌芽起始于 20 世纪 60 年代。当时计算机开始广泛地应用于数据管理，对数据的共享提出了越来越高的要求，传统的文件系统已经不能满足人们的需要。能够统一管理和共享数据的数据库管理系统应运而生。数据模型是数据库系统的核心和基础，各种数据库管理系统软件都是基于某种数据模型的。所以通常按照数据模型的特点将传统数据库系统分为网状数据库（Network Database）、层次数据库（Hierarchical Database）和关系数据库（Relational Database）三类。

8.1.2 关系数据库的由来

网状数据库和层次数据库已经很好地解决了数据的集中和共享问题，但是在数据独立性和抽象级别上仍有很大欠缺。1970 年，IBM 的研究员埃德加 •科提出了关系模型的概念，奠定了关系模型的理论基础。

关系模型有严格的数学基础，抽象级别比较高，而且简单清晰，便于理解和使用。但是当时也有人认为关系模型是理想化的数据模型，用来实现数据库管理系统不现实，尤其担心关系数据库的性能难以接受，更有人视其为当时正在进行的网状数据库规范化工作的严重威胁。为了促进对问题的理解，1974 年美国计算机学会牵头组织了一次研讨会，会上展开了一场支持和反对关系数据库双方之间的辩论。这次著名的辩论推动了关系数据库的发展，使其最终成为现代数据库产品的主流。

8.1.3 关系代数

关系代数（Relation Algebra）是一种抽象的查询语言，用于对关系的运算表达查询，作为研究关系数据语言的数学工具。关系代数的运算对象是关系，运算结果也为关系。关系代数用到的运算符包括四类：集合运算符、专门的关系运算符、比较运算符和逻辑运算符。因为比较运算符和逻辑运算符是用来辅助专门的关系运算符进行操作的，所以按照运算符的不同，关系代数的运算主要分为传统的集合运算和专门的关系运算两类。

传统的集合运算是二目运算，包括并（Union）、交（Intersection Referential Integrity）、差（Difference）、广义笛卡儿积（Extended Cartesian Product）四种运算。专门的关系运算包括选择（Selection）、投影（Projection）、连接（Join）和除（Division）。

8.1.4 结构化查询语言 SQL

1974 年，IBM 的雷蒙德 • F • 博伊斯和唐纳德 • D • 钱柏林用简单的关键字语法将 Codd 关系数据库的 12 条准则的数学定义表现出来，里程碑式地提出了 SQL（Structured Query Language）语言。SQL 语言的功能包括查询、操纵、定义和控制，是一个综合的、通用的关系数据库语言，同时是一种高度非过程化的语言，只要求用户指出做什么，而不需要指出怎么做。SQL 语言集成实现了数据库生命周期中的全部操作，提供了与关系数据库交互的方法。SQL 语言可以与标准的编程语言一起工作。自产生之日起，SQL 语言便成为检验关系数据库的试金石，而 SQL 语言标准的每次变更都指导着关系数据库产品的发展方向。1986 年，ANSI 把 SQL 作为关系数据库语言的美国标准，同年公布了标准 SQL 文本。

8.1.5 数据管理的变革：决策支持系统和数据仓库

20 世纪 60 年代后期出现了一种新型数据库软件——决策支持系统（Decision Support System，DSS），其目的是让管理者在决策过程中更有效地利用数据信息。

1988 年，为解决企业集成问题，IBM 公司创造性地提出了一个新的术语一数据仓库（Data Warehouse）。数据仓库是决策支持系统和联机分析应用数据源的结构化数据环境，是一个面向主题的（Subject Oriented）、集成的（Integrated）、相对稳定的（Non-Volatile）、反映历史变化（Time Variant）的数据集合，用于支持管理决策（Decision Making Support）。

8.1.6 数据挖掘和商务智能

数据仓库和数据挖掘是信息领域中近年来迅速发展的数据库方面的新技术和新应用，其目的是充分利用已有的数据资源，把数据转换为信息，从中挖掘出知识，提炼成智慧，最终创造出效益。研究及应用数据仓库和数据分析、数据挖掘，需要把数据库技术、统计分析技术、人工智能、模式识别、高性能计算、神经网络和数据可视化等技术结合。

随着数据仓库、联机分析技术的发展和成熟，商务智能的框架基本形成，但真正给商务智能赋予"智能"生命的是它的下一个产业链——数据挖掘。

数据挖掘是指通过分析大量的数据来揭示数据之间隐藏的关系、模式和趋势，为决策者提供新的知识。之所以称为"挖掘"，是比喻在海量数据中寻找知识，就像从沙里淘金一样困难。

数据挖掘是数据量快速增长的直接产物。20 世纪 80 年代，它曾一度被专业人士称为"基于数据库的知识发现"（Knowledge Discovery in Database，KDD）。数据仓库产生以后，数据挖掘如虎添翼，在实业界不断产生化腐朽为神奇的故事，其中，最为脍炙人口的当属啤酒和尿布的经典案例。

商务智能是指利用数据仓库、数据挖掘技术系统地储存和管理客户数据，并通过各种数据统计分析工具分析客户数据，提供各种分析报告，如客户价值评价、客户满意度评价、服务质量评价、营销效果评价、未来市场需求等，为企业的各种经营活动提供决策信息。商务智能也是企业利用现代信息技术搜集、管理和分析结构化和非结构化的商务数据和信息，创造和累积商务知识及见解，改善商务决策水平，采取有效的商务行动，完善各种商务流程，提升各方面商务绩效，增强综合竞争力。

8.2 信息、数据和数据处理

信息、数据和数据处理

8.2.1 数据和信息

数据库是指存储在计算机内、有组织、可共享的数据集合。它不仅包括数据本身，而且包括相关数据之间的联系。数据库可以是只有几百条数据的个人数据表格，也可以是有数百万条数据的企业数据仓库。在信息时代中，数据库是不可缺少的：企业需要用数据库管理、维护雇员的信息；在财务管理、仓库管理、生产管理中也需要建立众多的数据库，以便利用计算机实现自动化管理。数据库技术主要研究存储、使用和管理数据的方法。

数据是记录客观事实的符号。这里的"符号"不仅指数字、字母、文字和其他特殊符号，还包括图形、图像、声音等多媒体数据。

信息是经过加工后的数据，它会对接收者的行为和决策产生影响，具有现实的或潜在的价值。数据与信息的关系如图 8-2 所示，可以表示为"信息=数据+数据处理"。

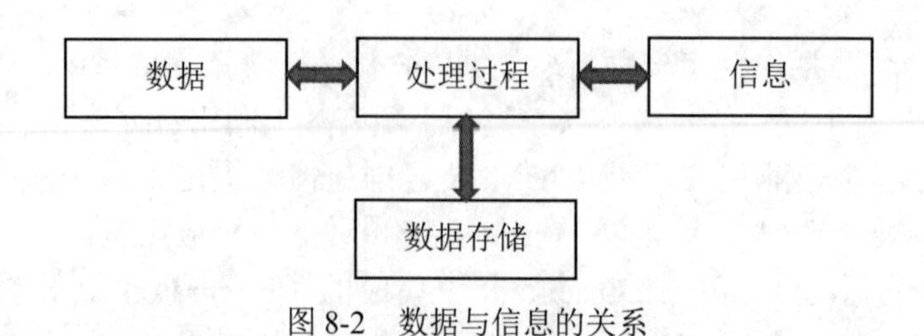

图 8-2 数据与信息的关系

8.2.2　数据处理

利用数据库可以完成以下处理过程。

1. 搜集数据

数据库的规模是动态的，只要物理存储空间足够，就可以不断地增加新的数据。数据的搜集可以通过手工录入或电子录入的方式完成。当某些数据条目不会再使用时，可以考虑删除，但在实际应用中，一般将不再使用的数据转移到磁带或磁盘阵列上备份。

2. 存储数据

由于商用数据库中的数据通常与企业或用户的利益相关，因此对数据存储的要求很高，存储的数据不能因为突发事件丢失。数据库提供的特定的机制在一定程度上增强了数据的稳定性，数据库管理者还可对数据库定期备份，以防万一。

3. 更新数据

更新数据是数据库的主要活动之一，可以通过手工或电子的方式进行。例如，B2C 网站对商品库存的更新就是通过电子扫描的方式进行的。

4. 整理数据

数据在物理介质中的存储是杂乱无章的，而用户显然想看到的是按照特定关键字排列的井然有序的数据，这便是数据库的任务。数据库可以整理数据，维护一个特定的用户不可见的物理结构，以使用户查找时效率更高。

5. 查找数据

数据库使查找变得非常方便，用户甚至不需要按照字母顺序或数字大小定位查找，而只需要一个简单的查询语句，如“Select * from 员工 where 员工号='3427'”，即可找出工号为 3427 的员工信息。

6. 生成和传播数据

数据库可以将其存储的数据按照一定格式输出，并结合邮件功能或其他技术发送给用户。例如，用户在 Internet 上通过官方渠道购买了某公司的产品后，用户的邮箱会收到一份电子收据。

7. 分析数据

可以利用一些统计工具分析数据库中的数据，得出一些通过原始数据不能明显看出的结论。常见的分析数据的技术有数据挖掘（Data Mining）和在线分析处理（Online Analytical Processing，OLAP）。

*8.3　数据模型

数据模型

数据模型是数据库的基础，数据是对客观事物的符号表示，模型是现实世界的抽象，数据模型是对数据特征的抽象。将客观事物抽象为数据模型是一个逐步转化的过程，经历了现实世界、信息世界和计算机世界，经历了两级抽象和转换。数据模型的转换如图 8-3 所示。

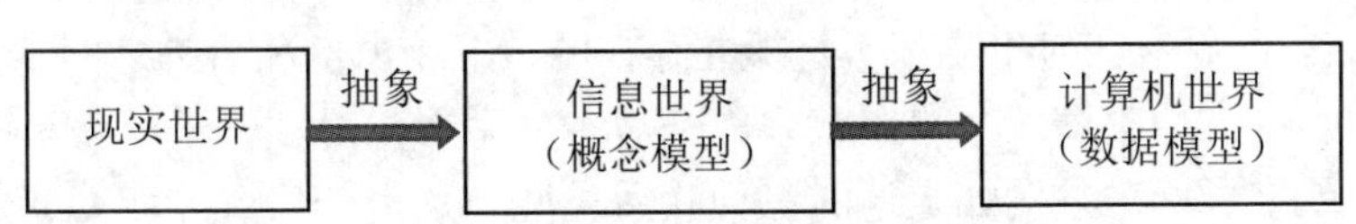

图 8-3　数据模型的转换

现实世界是指客观存在的事物及其之间的联系，人们一般选择事物的基本特征描述事物。事物可以是抽象的，也可以是具体的，如课程属于抽象的事物，人们通常用课程编号、课程名称、授课老师、类别、学生对象、课程简介等特征来描述和区分。学生属于具体的事物，通常用学号、姓名、班级、成绩等特征来描述和区分。

信息世界是对现实世界的抽象，人们用符号把事物的特征和联系记录下来，并用规范化的语言描述现实世界的事物，从而构成一个基于现实世界的信息世界，这个信息世界就是概念模型。概念模型主要用来描述现实世界的概念化结构，它使数据库的设计人员在设计的初始阶段，摆脱计算机系统及数据库管理系统的具体技术问题，集中精力分析数据与数据之间的联系。

计算机世界是对信息世界的再一次抽象，将其信息化，使得信息能够存储在计算机中，比如使用字段表示属性名，有型和值；使用记录表示字段的有序集合，有型和值；使用文件表示同类记录的集合，也就是一个实体集；使用关键字来唯一标识每个记录的字段或字段集。

三个世界中，现实世界与信息世界都是与计算机无关的，只有经过两级抽象后得到的数据模型才能够被计算机使用和存储。

下面简单理解概念模型、逻辑模型和物理模型。

概念模型：包含少数中文字段和一些表之间的关联关系。

逻辑模型：全部中文字段，包括实体和属性，对应的表和字段。

物理模型：逻辑模型中的中文字段转换成英文字段，映射到数据库中，还包含表的索引、表的分区等。

8.3.1 概念模型

数据库设计的过程就是利用数据模型表达数据与数据之间联系的过程。数据模型是一种工具，用来描述数据、数据的语义、数据之间的联系以及数据的约束等。

1. 实体关系图

实体关系图又称 E-R 图，是一种提供实体、属性和联系的方法，用来描述现实世界的概念模型。通俗点讲，当我们理解了实际问题的需求之后，需要用一种方法来表示这种需求，概念模型就是用来描述这种需求的。

2. 实体关系图的基本元素

（1）实体。实际问题中客观存在的且可以相互区别的事物称为实体。实体是现实世界中的对象，可以具体到人、事、物，可以是学生、教师、图书馆的书籍。

（2）属性。实体具有的某个特性称为属性，在 E-R 图中属性用来描述实体。比如：可以用“学号”“姓名”“性别”来描述人。

（3）实体集。具有相同属性的实体的集合称为实体集。例如：全体学生就是一个实体集，（202014784，李刚，男，2020 级软件技术 1 班）是学生实体集中的一个实体。

（4）键。在描述实体集的所有属性中，可以唯一标识每个实体的属性称为键。键也属于实体的属性，取值必须唯一且不能“空置”。在 E-R 图中，一般用下划线标出键对应的属性。

（5）实体型。具有相同的特征和性质的实体一定有相同的属性，用实体名及其属性名集合来抽象和刻画同类实体称为实体型，其表示格式为“实体名（属性 1，属性 2，……）”。

（6）联系。世界上任何事物都不是孤立存在的，事物内部和事物之间都有联系，实体之间的联系通常有三种类型：一对一联系、一对多联系、多对多联系。联系在实体 E-R 图中一般由数字或字母标出，例如上述的三种联系类型分别用 1:1、1:n 和 m:n 表示。

在概念模型中，较常用的设计模型就是实体—联系（E-R）模型，课程的 E-R 模型如图 8-4 所示。

信息世界的概念模型不能被数据库管理系统直接使用，需要将概念模型进一步转换为逻辑数据模型，形成便于计算机处理的数据形式。

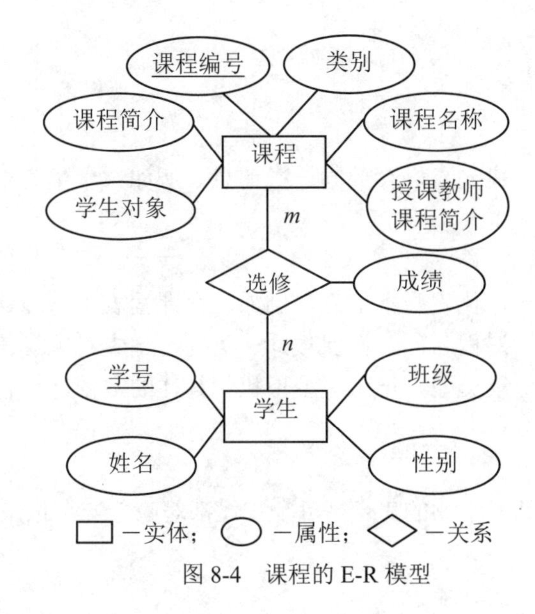

图 8-4　课程的 E-R 模型

8.3.2　逻辑模型

逻辑模型是具体的数据库管理系统支持的数据模型，主要有关系数据模型、层次数据模型和网状数据模型。关系数据模型是较流行的数据库模型，支持关系数据模型的数据库管理系统称为关系数据库管理系统，如 MySQL、SQLServer、Oracle、DB2 等。

将概念模型生成的 E-R 图转换成对应的关系，就是逻辑模型设计。在 E-R 图的转换过程中，实体 E（课程、学生）和联系 R（选修）都可以转换成关系。

将学生选修课程的概念模型抽象为逻辑模型如下：

学生表（学号、姓名、性别、班级）

课程表（课程编号、课程名称、课程简介、授课教师、学生对象、类别）

选课信息（学号、课程编号、成绩）

8.3.3　物理模型

逻辑模型反映了数据的逻辑结构，当需要把逻辑模型数据存储到物理介质时，需要用到物理模型。物理模型是面向计算机物理表示的模型，描述了数据在存储介质上的组织结构，它不但与具体的数据库管理系统有关，而且还与操作系统和硬件相关，每种逻辑模型在实现时都有对应的物理模型。

关系数据模型以二维表结构来表示事物与事物之间的联系，也可以称为实体与实体之间的联系。学生选课关系的二维表如图 8-5 所示。

MySQL　studentmanage_prc　运行 · 停止　解释

```
1 SELECT * FROM `课程表`
```

信息　结果 1　剖析　状态

课程编号	课程名称	授课老师	类别	学生对象	课程简介
101	Java编程	陈老师	编程语言	青少年编程	Java基础知识
102	数据库应用	李老师	数据库编程	青少年编程	MySql数据库
103	Web前端	张老师	互联网	青少年编程	Html、CSS、Javascript

MySQL　studentmanage_prc

```
1 SELECT * FROM `学生表`
```

信息　结果 1　剖析　状态

学号	姓名	性别	班级
601	张明	男	编程1班
602	周云	女	编程2班
603	刘林	男	编程三八

MySQL　studentmanage_prc

```
1 SELECT * FROM `选课信息表`
```

信息　结果 1　剖析　状态

学号	课程编号	成绩
601	101	92
603	101	88
602	102	85
601	103	80
602	102	74

图 8-5　学生选课关系的二维表

8.3.4 数据库常用名词

1. 字段

字段是数据库的基本组成元素，存放同一类信息。例如：学生表中的“姓名”字段记录学生的名字。

2. 记录

记录是一组字段的组合，代表一条信息。例如：在课程表中每门课程对应一条记录，每条记录都包含课程编号、课程名称、授课教师、类别、学生对象等信息。其中记录模板就是字段名的集合，称为记录类型，记录类型不包含具体的数据，包含具体数据的记录叫作记录具体值。

3. 实体

实体是指所有同类物品或生物的集合，每个实体都对应着一个记录类型。例如“学生”实体表达为所有学生类型。

4. 联系

联系是指不同记录类型之间的联系。例如：学生与课程之间有一定的联系，这种联系是一个多对多的联系，即一个学生可以选修很多门课程，一门课程也可以被许多学生选择，因此必须在选课信息表中标明哪个学生选了哪门课，也就是必须有学生的学号和课程编号记录，否则成绩没有意义。

在数据库联系中，有一对一、一对多和多对多三种类型的联系。图 8-4 所示就是学生与课程之间的多对多的联系。

*8.4 数据库系统

数据库系统

8.4.1 数据库基本特点

1. 数据结构化

数据库系统实现了整体数据的结构化，这是数据库的主要特征之一。这里所说的“整体”结构化，是指在数据库中的数据不是针对某个应用，而是面向全组织、面向整体的。

2. 实现数据共享

因为数据是面向整体的，所以数据可以被多个用户、多个应用程序共享使用，大幅度地减少数据冗余，节约存储空间，避免数据之间的不相容与不一致。

3. 数据独立性高

数据的独立性包含逻辑独立性和物理独立性，其中，逻辑独立性是指数据库中数据的逻辑结构和应用程序相互独立，物理独立性是指数据物理结构的变化不影响数据的逻辑结构。

4. 数据统一管理与控制

数据统一控制包含安全控制、完整控制和并发控制。简单来说就是防止数据丢失、确保数据的正确有效，并且在同一时间内，允许用户对数据进行多路存取，防止用户之间的异常交互。

8.4.2 数据库系统组成

大多数初学者认为数据库就是数据库系统（DataBase System，DBS），如图 8-6 所示。其实，数据库系统的范围比数据库的大很多。数据库系统是由硬件和软件数据库管理系统组成的，其中硬件主要用于存储数据库中的数据，包括计算机、存储设备等；软件主要包括操作系统及应用程序等。

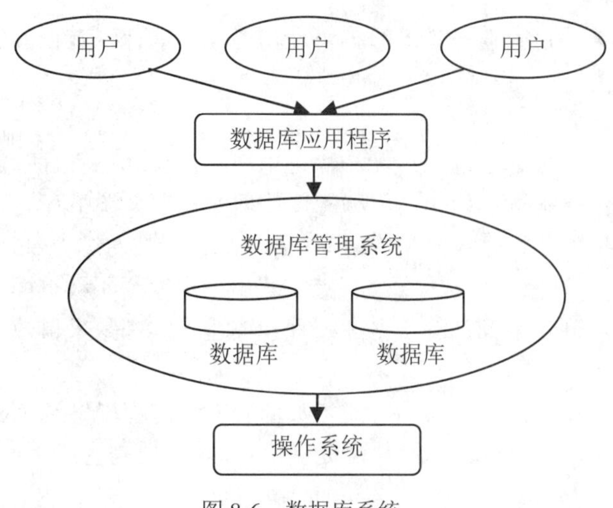

图 8-6　数据库系统

1. 数据库

数据库（DataBase，DB）提供了一个存储空间用来存储各种数据，可以将数据库视为一个存储数据的容器。

2. 数据库管理系统

数据库管理系统是专门用于创建和管理数据库的一套软件，介于应用程序与操作系统之间，是数据库系统的核心。在商业领域常见的数据库管理系统有 MySQL 数据库（图 8-7）、Microsoft SQL Server 数据库（图 8-8）、Oracle、DB2 等。

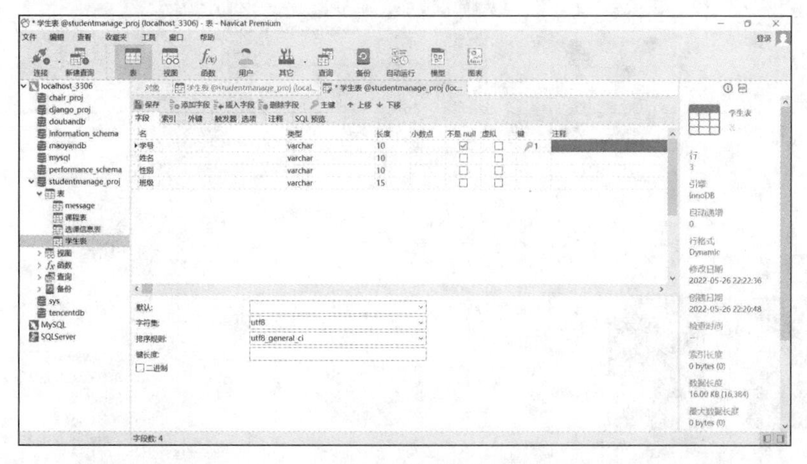

图 8-7　使用 Navicat Premium 数据库管理工具访问 MySQL 数据库

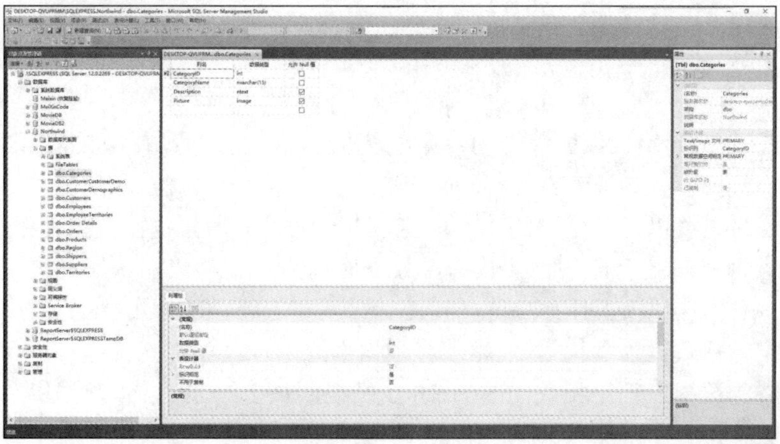

图 8-8　使用 SQL Server Management Studio 数据库管理工具访问 SQL Server 数据库

数据库管理系统不仅具有基本的数据管理功能，还能保证数据的完整性、安全性和可靠性。

3. 数据库应用程序

在很多情况下，数据库管理系统无法满足用户对数据库的管理，需要使用数据库应用程序与数据库管理系统进行通信、访问和管理数据库管理系统中存储的数据。

数据库应用程序中的一个典型是 Web 网站，Web 网站通过 Web 应用程序访问数据库信息，访问方式非常“隐秘”，以至于大多数 Web 用户察觉不到页面上的信息是由数据库生成的。例如，网上商城中商品的价格、图片和描述其实都是来自数据库，并经由一定的程序处理生成的。

可以通过静态发布或动态发布的方式将数据库中的内容提供到 Web 上。静态发布是将数据库中的数据转换成 HTML 文档，从而提供访问，其实质是生成了一个数据库的“快照”。Web 用户只能查看或搜索此 HTML 文档，而不能更改数据库中的内容。Web 网页显示数据库数据的效果如图 8-9 所示。

图 8-9 Web 网页显示数据库数据的效果

如果要通过 Web 修改数据库中的数据，或进行个性化的查看（如网上商城的“搜索”功能），则需要借助动态发布。动态发布依靠服务器端脚本在用户浏览器与数据库管理系统之间建立连接，可以记录用户的输入内容，根据输入的信息访问数据库中的相应记录，从数据库中查询出满足查询条件的数据，数据库返回查询结果后，服务器端脚本会将结果转换成 HTML 文档发送回用户浏览器。例如在动态 Web 的网页中，选择“图书分类→计算机→数据库→数据库理论”，网站就会根据用户的选择条件在数据库中搜索出符合数据库查询条件的数据库理论相关的图书，并反馈在网页上。动态搜索数据库结果如图 8-10 所示。

图 8-10　动态搜索数据库结果

8.5　数据库设计

数据库设计

数据库设计（Database Design）是指对于一个给定的应用环境，构造最佳数据库模式，建立数据库及其应用系统，使之能够有效地存储数据，满足各种用户的应用需求（信息要求和处理要求）。数据库设计的内容包括需求分析、概念结构设计、逻辑结构设计、物理结构设计、数据库的实施和数据库的运行和维护。数据库应用系统的核心问题就是数据库设计。

下面以“学习书屋”数据库系统设计为例，介绍数据库设计的过程。数据库设计就是数据模型建立的过程。需要通过对现实世界的“学习书屋”具体场景进行抽象，开展需求分析，明确书屋的具体使用角色、需要管理的业务等；依次建立三个模型，首先进行概念模型设计，绘制 E-R 图；然后进行“学习书屋”的逻辑模型设计，将概念模型设计中产生的 E-R 图中的关系转换成文字描述的表结构；最后进行物理模型设计，在数据库管理软件上基于之前生成的 E-R 图进行逻辑模型设计，选择相应的数据结构，生成满足“学习书屋”软件所有需求的数据库关系表。结合“学习书屋”动态 Web 应用程序的开发，实现和运行“学习书屋”数据库系统。“学习书屋”数据库系统的设计步骤如图 8-11 所示。

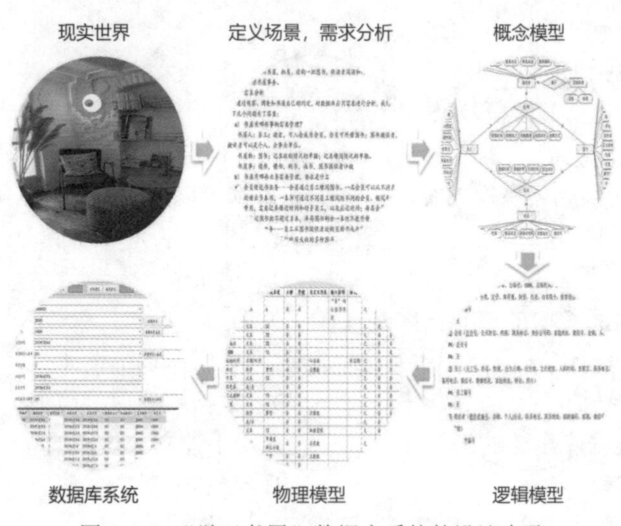

图 8-11　“学习书屋”数据库系统的设计步骤

8.6 本章小结

本章主要介绍了数据库技术的产生与发展、数据库的概念、数据模型、数据库系统，并且简单介绍了数据库系统设计的相关步骤。

通过本章的学习，读者应能够辨别 Internet 中哪些内容可能是由数据库生成的，并能够通过对数据相应的操作进行简单分析，了解数据库的设计过程，以及数据库技术在软件开发中的作用和意义。表 8-1 给出了第 8 章知识点学习达标标准，供读者自测。

表 8-1 第 8 章知识点学习达标标准自测表

序号	知识（能力）点	达标标准	自测 1（ 月 日）	自测 2（ 月 日）	自测 3（ 月 日）
1	数据库的相关概念	理解			
2	数据库技术的发展历程	了解			
3	数据库概念模型	了解			
4	数据库逻辑模型	了解			
5	数据库物理模型	了解			
6	数据库系统的组成	掌握			
7	数据库设计相关步骤	掌握			
8	常用的数据库管理工具	了解			
9	数据库技术应用场景	了解			

习题

一、单项选择题

1．数据库系统的核心是（　　）。

A．数据模型　　B．数据库管理系统

C．数据库　　D．数据库管理员

2．DB、DBS 和 DBMS 之间的关系是（　　）。

A．DB 包括 DBMS 和 DBS

B．DBS 包括 DB 和 DBMS

C．DBMS 包括 DB 和 DBS

D．不能相互包括

3．将 E-R 图转换成关系模式时，实体和联系都可以转换为（　　）。

A．属性　　B．键

C．关系　　D．记录

4．数据库应用系统中的核心问题是（　　）。

A．数据库设计　　B．数据库系统设计

C．数据库维护　　D．数据库管理员培训

5．E-R 图是数据库设计的工具之一，一般适用于建立数据库的（　　）。

A．概念模型　　B．结构模型

C．物理模型　　D．逻辑模型

6．在数据库设计中，将 E-R 图转换成关系数据库模型的过程属于（　　）。

A．需求分析阶段　　B．逻辑设计阶段

C．概念设计阶段　　D．物理设计阶段

二、简答题

1．有哪些常用的数据库管理系统？

2．简述信息与数据的联系与区别。

第9章　软件工程基础

不谋全局者，不足谋一域。

——［清］陈澹然

9.1　软件工程的概念

软件定义

软件工程的概念

9.1.1　软件定义与软件特征

1．软件的定义

很多初学者会认为软件就是程序，这种理解是不完全的。这里引用著名美国软件工程教材作者罗杰·S·普莱斯曼的定义：“软件是能够完成预定功能和性能的可执行的计算机程序和使程序正常执行所需的数据，加上描述程序的操作和使用的文档。”

程序是为了解决某个特定问题而使用程序设计语言描述的适合计算机处理的语句序列。它是由软件开发人员设计和编码的，只有经过编译程序，才能编译成计算机可执行的机器语言指令序列。程序执行时一般要输入一定的数据，也会输出运行的结果。而文档是软件开发活动的记录，主要供人们阅读，既可以用于专业人员与用户之间的通信和交流，也可以用于软件开发过程的管理和运行阶段的维护。

2．软件的特征

要对软件有一个全面的理解，首先要了解软件的特征。当生产硬件时，生产的结果能转换成物理形式。软件是逻辑的，而不是物理的，在开发、生产、维护和使用等方面都具有与硬件完全不同的特征。

（1）软件开发不同于硬件设计。与硬件设计相比，软件更依赖开发人员的业务素质、智力，以及人员的组织、合作和管理。对于硬件而言，设计成本往往只占整个产品成本的小部分，而软件开发的成本比较难估算，通常占整个产品成本的大部分，这意味着软件开发项目不能像硬件设计项目一样管理。

（2）软件生产不同于硬件制造。硬件设计完成后即可投入批量制造，制造也是一个复杂的过程，其间仍可能引入质量问题；而软件成为产品之后，制造只是简单的复制而已。

（3）软件维护不同于硬件维护。硬件在运行初期有较高的故障率，在修正后的一段时间中，故障会降到一个较低和稳定的水平上。随着时间的改变，故障率会再次升高，这是因为硬件会受到磨损等损害，达到一定程度后只能报废。软件是逻辑的，而不是物理的，虽然不会磨损和老化，但在使用过程中的维护比硬件复杂得多。如果软件内部的逻辑关系比较复杂，则在维护过程中可能产生新的错误。

小提示：根据应用目标不同，软件可分应用软件、系统软件和支撑软件（或工具软件）。应用软件是为解决特定领域应用开发的软件；系统软件是计算机管理自身资源，提高计算机使用效率并为计算机用户提供各种服务的软件；支撑软件是介于两者之间，协助用户开发软件的工具性软件。

【例9-1】对于软件特点，下面描述正确是（　　）。

A．软件是一种物理实体

B．软件在运行使用期间不存在老化问题

C．软件开发、运行对计算机没有依赖性，不受计算机系统限制

D．软件生产有一个明显的制作过程

解析：软件运行期间不会因为介质磨损而老化，只可能因为适应硬件环境以及需求变化修改而引入错误，导致失效率升高，软件退化，所以本题正确答案为 B。

9.1.2　软件生命周期

概括地说，软件生命周期由软件定义、软件开发和运行维护（也称软件维护）三个时期组成，通常把前两个时期进一步划分成若干阶段。软件生命周期如图 9-1 所示。

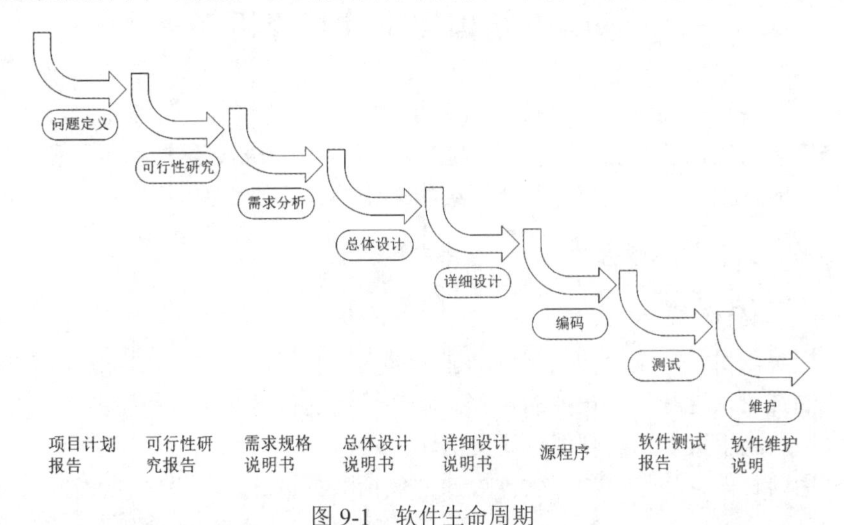

图 9-1　软件生命周期

软件定义时期的基本任务是：确定软件开发工程的总目标；研究该项目的可行性；分析确定客户对软件产品的需求；估算完成该项目所需的资源和成本，并且制定工程进度表。这个时期的工作称为系统分析，由系统分析员负责。

通常把软件定义时期进一步划分成问题定义、可行性研究和需求分析三个阶段。其中需求分析阶段应该完成的工作包括需求获取和需求分析。揭示客户需求的过程称为需求获取或需求收集；一旦确定了最初的一系列需求，就应该进一步提炼和扩展这些需求，并用软件需求规格说明书准确地记录客户需求，这个过程称为需求分析。

软件开发时期具体设计和实现前一个时期定义的软件，通常由总体设计（又称结构设计）、详细设计、编码和测试四个阶段组成。其中前两个阶段又称系统设计，后两个阶段又称系统实现。

运行维护时期的主要任务是通过修改已交付使用的软件，使软件持久地满足客户的需求。具体地说，当软件在使用过程中发现错误时，应该加以改正；当环境改变时，应该修改软件以适应新的环境；当用户有新要求时，应该及时改进或扩充软件以满足用户的新要求。通常不对维护时期进一步划分阶段，但是每次维护活动本质上都是一次压缩、简化的定义和开发过程。

使用结构化范型开发软件时，软件生命周期各阶段中使用的概念及完成的任务性质显著不同。需求分析阶段的基本任务是确定软件必须“做什么”，使用的概念主要是“功能”。设计阶段的任务是确定“怎样做”，其中结构设计的任务是把软件分解成不同的模块，使用的概念是“模块”；详细设计的任务是设计实现每个模块所需要的数据结构和算法，使用的概念是“数据结构”“算法”。

通常把在软件生命周期全过程中使用的一整套技术方法的集合称为方法学，也称范型。

软件工程方法学包含三个要素：方法、工具和过程。其中，方法是完成软件开发各项任务的技术方法，回答“怎样做”的问题；工具是为运用方法提供的自动的或半自动的软件工程支撑环境；过程是为了获得高质量的软件所需完成的一系列任务的框架，它规定了完成各项任务的工作步骤，回答“何时做”的问题。

目前使用较广泛的软件工程方法学是传统方法学和面向对象方法学。

【例 9-2】以下（　　）是软件生命周期的主要活动阶段。

A．需求分析　　B．软件开发　　C．软件确认　　D．软件演进

解析：B、C、D 项都是软件工程过程的基本活动，还有一个是软件规格说明。本题答案为 A。

*9.2　结构化设计与分析

9.1 节介绍了目前使用较广泛的软件工程方法学——传统方法学和面向对象方法学，传统方法学也称结构化范型，是指采用结构化技术（结构化分析、结构化设计和结构化实现）完成软件开发的各项任务，本节主要介绍结构化软件设计的相关知识。

9.2.1　软件设计基本概念

软件设计基础概念

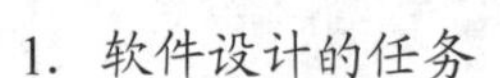

1．软件设计的任务

需求分析阶段对目标系统的数据、功能和行为进行了建模，编写的软件需求说明包括对分析模型的描述，这是软件设计的基础。软件设计的任务是把分析阶段产生的软件需求说明转换为用适当手段表示的软件设计文档。

无论采用何种软件设计方法，软件设计都包括数据设计、体系结构设计、接口设计和过程设计。

（1）数据设计：将分析阶段创建的信息模型转换成实现软件所需的数据结构。

（2）体系结构设计：定义软件主要组成部件之间的关系。

（3）接口设计：描述软件内部、软件和接口系统之间以及软件与人之间的通信方式（包括数据流和控制流）。

（4）过程设计：将软件体系结构的组成部件转换成对软件组件的过程性描述。

传统设计任务通常分两个阶段完成：概要设计和详细设计。概要设计包括结构设计和接口设计，并编写概要设计文档；详细设计确定各软件组件的数据结构和操作，产生描述各软件组件的详细设计文档。

【例 9-3】软件设计是软件工程重要阶段，是一个把软件需求转换为（　　）的过程。

解析：软件设计是软件工程重要阶段，是一个把软件需求转换为软件表示的过程。其基本目标是用比较抽象概括方式确定目标系统完成预定任务的方法，即软件设计用于确定系统物理模型。本题答案是“软件表示”。

【例 9-4】从技术观点看，软件设计包括（　　）。

A．结构设计、数据设计、接口设计、程序设计

B．结构设计、数据设计、接口设计、过程设计

C．结构设计、数据设计、文档设计、过程设计

D．结构设计、数据设计、文档设计、程序设计

解析：从技术角度，要进行结构设计、接口设计、数据设计、过程设计。结构设计用于定义系统各部件关系，数据设计用于根据分析模型转换数据结构，接口设计用于描述通信方式，过程设计用于把系统结构部件转换为软件过程性描述。本题答案为 B。

2．软件设计的原理

为了获得高质量的设计结果，在软件设计过程中应该遵循下述原理（或称准则）。

（1）模块化与模块独立。模块化与模块独立是关系非常密切的两个设计原理。所谓模块，就是由边界元素限定的相邻程序元素的序列，并且由一个标识符代表。模块化就是把程序划分成独立命名且可独立访问的模块；每个模块完成一个子功能，把全部模块集成起

来构成一个整体，可以完成指定的功能，满足用户的需求。

采用模块化原理可以使软件结构清晰，不仅容易设计，而且容易阅读和理解。因为程序错误通常局限在有关的模块及其之间的接口中，所以模块化使软件容易测试和调试，从而有助于提高软件的可靠性。因为变动往往只涉及少数几个模块，所以模块化能够提高软件的可修改性。模块化也有助于软件开发工程的组织管理，一个复杂的大型程序可以由许多程序员分工编写不同的模块，并且可以进一步分配技术熟练的程序员编写困难的模块。

只有合理地划分和组织模块，才能获得模块化带来的好处，大大提高软件的质量。指导模块划分和组织的重要原理是“模块独立”。

开发具有独立功能且与其他模块之间没有过多相互作用的模块，可以做到模块独立。换句话说，希望这样设计软件结构，使得每个模块完成一个相对独立的特定子功能，并且与其他模块之间的关系很简单。

为什么模块的独立性很重要呢？主要有两个理由：第一，有效的模块化（具有独立的模块）的软件比较容易开发，因为能够分割功能且接口可以简化，当许多人分工合作开发同一个软件时，这个优点尤其重要：第二，独立的模块比较容易测试和维护，因为修改设计和程序需要的工作量比较小，错误传播范围小，需要扩充功能时能够“插入”模块。总之，模块独立是好设计的关键，而设计又是决定软件质量的关键环节。

模块的独立程度可以由两个定性标准度量：内聚和耦合。内聚衡量一个模块内部各元素彼此结合的紧密程度；耦合衡量不同模块间相互依赖（连接）的紧密程度。

1）内聚。内聚度量一个模块内的各元素彼此结合的紧密程度，是信息隐藏和局部化概念的自然扩展。

设计软件时，应该力求做到高内聚（功能内聚和顺序内聚），通常也可以使用中等程度的内聚（通信内聚和过程内聚），而且效果与高内聚的差不多；但是，低内聚（偶然内聚、逻辑内聚和时间内聚）效果很差，不要使用。

2）耦合。耦合是对一个软件结构内不同模块之间互连程度的度量。耦合程度取决于模块间接口的复杂程度、进入或访问一个模块的点以及通过接口的数据。

在软件设计中，应该追求尽可能松散耦合的系统。模块间耦合松散，有助于提高系统的可理解性、可测试性、可靠性和可维护性。

模块之间的典型耦合有数据耦合、控制耦合、特征耦合、公共环境耦合和内容耦合。应尽量使用数据耦合，少用控制耦合和特征耦合，限制公共环境耦合的范围，完全不用内容耦合。

内聚和耦合是密切相关的，模块内的高内聚往往意味着模块间的松耦合。内聚和耦合都是进行模块化设计的有力工具，但是实践表明内聚更重要，应该把更多注意力集中到提高模块的内聚程度上。

小提示：在程序结构中，各模块内聚性越强，耦合性越弱。软件设计时，应尽量做到“高内聚，低耦合”，即降低模块之间耦合性，提高模块内聚性，有利于提高模块独立性。

（2）抽象。抽象是人类在认识复杂现象、解决复杂问题的过程中使用的强有力的思维工具。

在现实世界中，一定事物、状态或过程之间总会存在某些相似的方面（共性），把这些相似的方面集中和概括起来，暂时忽略它们之间的差异，就是抽象。或者说，抽象就是提取出事物的本质特性，而暂时不考虑它们的细节。

限于人类的思维能力，如果一次面临的因素太多，不可能做出精确思维。设计复杂系统的唯一有效方法是用层次的方式分析和构造它。一个复杂的软件系统应该首先用一些高级的抽象概念理解和构造，这些高级概念又可以用一些较低级的概念理解和构造，如此进行下去，直至最底层的具体元素。

这种层次的思维和解题方式必须反映在程序结构中，每级抽象层次中的一个概念将以某种方式对应于程序的一组成分。

当我们考虑对任何问题的模块化解法时，可以提出许多抽象的层次。在抽象的最高层次使用问题环境的语言，以概括的方式叙述问题的解法；在较低抽象层次采用更过程化的方法，把面向问题的术语和面向实现的术语结合起来叙述问题的解法；在最低抽象层次用可以直接实现的方式叙述问题的解法。

（3）逐步求精。逐步求精是人类解决复杂问题时采用的基本技术，也是许多软件工程技术的基础。可以把逐步求精定义为："为了能集中精力解决主要问题而尽量推迟对问题细节的考虑。"

逐步求精之所以重要，是因为人类的认知过程遵守米勒法则：一个人在任何时候都只能把注意力集中在（7±2）个知识块上。

事实上，可以把逐步求精看作一项把一个时期内必须解决的问题按优先级排序的技术。它让软件工程师把精力集中在与当前开发阶段最相关的问题上，忽略对整体解决方案重要，但目前还不需要考虑的细节性问题，这些细节以后考虑。逐步求精技术确保每个问题都将被解决，且每个问题都在适当的时候解决，但是，在任何时候一个人都不需要同时处理 7 个以上知识块。

在用逐步求精方法解决问题的过程中，问题的某个特定方面的重要性是随时间变化的。最初，问题的某个方面可能无关紧要、无须考虑，但是后来同样的问题会变得很重要，必须解决。

求精实际上是细化过程。我们从最高抽象级别定义的功能陈述（或信息描述）开始，也就是说，该陈述仅概念性地描述了功能或信息，并没有提供功能的内部工作情况或信息的内部结构。求精要求设计者细化原始陈述，随着每个后续求精（细化）步骤的完成而提供越来越多的细节。

抽象与求精是一对互补的概念。抽象使得设计者能够说明过程和数据，却忽略低层细节。事实上，可以把抽象看作一种忽略多余细节并强调有关细节，而实现逐步求精的方法。求精帮助设计者在设计过程中揭示出低层细节。这两个概念都有助于设计者在设计演化过程中创造完整的设计模型。

（4）信息隐藏和局部化。信息隐藏原理指出，在设计软件模块时，应该使得一个模块内包含的信息（过程和数据）对于不需要这些信息的模块来说不能访问。

实际上，应该隐藏的不是有关模块的一切信息，而是模块的实现细节。"隐藏"意味着可以通过定义一组独立的模块实现有效的模块化，这些独立的模块彼此间仅交换为了完成系统功能而必须交换的信息。使用信息隐藏原理设计软件模块，有助于减少修改软件时所犯的错误。

所谓局部化，是指把一些关系密切的软件元素物理上放得很近。局部化与信息隐藏密切相关。显然，局部化有助于实现信息隐藏。

【例 9-5】（　　）是指把一个待开发软件分解成若干小简单部分。

解析：模块化是指把一个待开发软件分解成若干小简单部分，如高级语言中的过程、函数、子程序等。每个模块可以完成一个特定子功能，各模块可以按一定方法组装起来，成为一个整体，从而实现整个系统功能。本题答案是"模块化"。

9.2.2 详细设计

详细设计

详细设计的根本目标是确定具体实现所需系统的方法，也就是说，经过这个阶段的设计工作，应该得出对目标系统的精确描述，从而在编码阶段把该描述直接翻译成用某种程序设计语言编写的程序。

详细设计的目标不仅是逻辑上正确地实现每个模块的功能，更重要的是设计出的处理过程尽可能简明易懂。结构程序设计技术是实现上述目标的关键技术，因此是详细设计的逻辑基础。

1. 结构程序设计

1966 年科拉多 • 伯姆和朱塞佩 • 贾可皮尼证明了只用“顺序”“选择”和“循环”控制结构就能实现任何单入口单出口的程序。三种控制结构的流程图分别如图 9-2（a)、图 9-2（b)、图 9-2（c）所示。

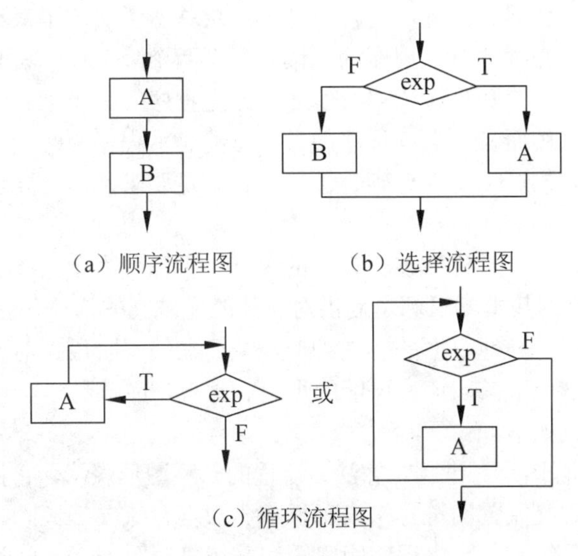

图 9-2　三种控制结构的流程图

从理论上说，只用顺序、选择、循环三种控制结构就可以实现任何单入口单出口的程序，但是为了实际使用方便，常允许使用 DO-UNTIL 和 DO-CASE 两种控制结构，流程图如图 9-3 所示。

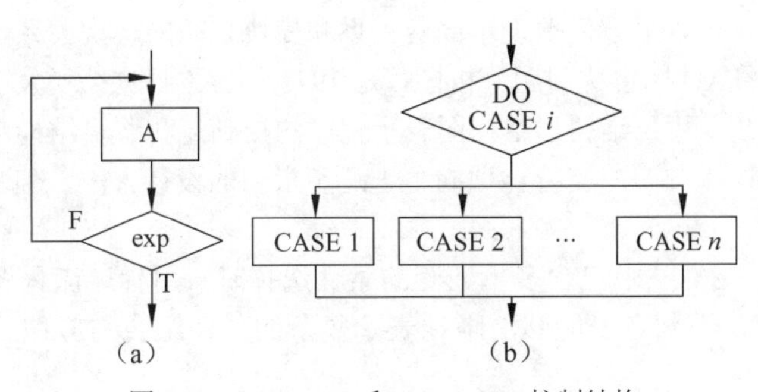

图 9-3　DO-UNTIL 和 DO-CASE 控制结构

如果只允许使用顺序、IF-THEN-ELSE 型分支和 DO-WHILE 型循环三种控制结构，则称为经典的结构程序设计；如果除了上述三种控制结构外，还允许使用 DO-CASE 型多分支结构和 DO-UNTIL 型循环结构，则称为扩展的结构程序设计；如果允许使用 LEAVE（或 BREAK）结构，则称为修正的结构程序设计。

2. 人机界面设计

人机界面设计是接口设计的一个重要组成部分。对于交互式系统来说，人机界面设计与数据设计、体系结构设计、过程设计一样重要。

人机界面的设计质量直接影响用户对软件产品的评价，从而影响软件产品的竞争力和使用寿命，因此必须足够重视人机界面设计。

对人机界面的评价在很大程度上由人的主观因素决定，因此，使用基于原型的系统化的设计策略是设计人机界面的关键。

注意：关于人机界面设计的设计问题、设计过程、设计指南等相关细节问题，请读者参阅相关专业书籍。

3. 过程设计的工具

过程设计应该在数据设计、体系结构设计和接口设计完成之后进行，它是详细设计阶段应该完成的主要任务。

过程设计的任务不是具体地编写程序，而是要设计出程序的“蓝图”，程序员将根据这个蓝图写出实际的程序代码。因此，过程设计的结果基本上决定了最终程序代码的质量。考虑程序代码的质量时必须注意，程序的“读者”有两个——计算机和人。在软件的生命周期中，设计测试方案、诊断程序错误、修改和改进程序等都必须先读懂程序。实际上，对于长期使用的软件系统而言，人读程序的时间可能比写程序的时间长得多。因此，衡量程序的质量不仅要看它的逻辑是否正确、性能是否满足要求，而且要看它是否容易阅读和理解。

描述程序处理过程的工具称为过程设计的工具，可以分为图形、表格和语言三类。无论是哪类工具，对它们的基本要求都是提供对设计的无歧义的描述，也就是指明控制流程，处理功能、数据组织以及其他方面的实现细节，从而在编码阶段把对设计的描述直接翻译成程序代码。此外，这类工具应该尽可能的形象、直观，应该易学、易懂。

常用过程设计工具如下。

（1）流程图。流程图是对过程、算法、流程的一种图形表示，它描述对某个问题的定义、分析或求解，用定义完善的符号来表示操作、数据、流向等概念。流程图分为数据流程图、程序流程图、系统流程图、程序网络图和系统资源图 5 种。在过程设计中通常指的是程序流程图。程序流程图结构清晰，容易理解，使用广泛，但也有诸多缺点，如箭头的随意转移与结构化程序精神相悖，不利于逐步求精的设计，不适合复杂系统等。

（2）盒图（N-S 图）。N-S 图是由艾克 • 纳西和本 • 施奈德曼提出的，因为形状类似盒子，又称盒图，是一种符合结构化程序设计原则的图形工具。由于盒图没有箭头，因此不能随意转移控制，可以很方便地表示嵌套关系和模块之间的层次关系。

（3）PAD 图。PAD 图也称问题分析图，是 1973 年日本日立公司发明的。PAD 图基于结构化程序设计思想，用二维树形结构图表示程序的控制流和逻辑结构。PAD 图表示的程序片段结构清晰、层次分明；支持自顶向下、逐步求精的设计方法，但只能用于结构化的程序设计。

（4）判定表。当算法中包含多重嵌套的条件选择时，用程序流程图、盒图、PAD 图都不容易描述清楚，而判定表能够清晰地表示复杂的条件组合与应做的动作之间的对应关系。

判定表由四个部分组成，左上部列出所有条件，左下部是所有可能做的动作，右上部是表示各种条件组合的一个矩阵，右下部是与每种条件组合相对应的动作。判定表右半部的每列实际上是一条规则，规定了与特定的条件组合对应的动作。

（5）判定树。判定树是判定表的变形，判定表虽然能够清晰地表示复杂的条件组合与应做的动作之间的对应关系，但不是一眼就能看出来的，需要一个简短的理解学习过程，而判定树的优点就在于，它的形式简单到不用任何说明就能一眼看出含义。因此判定树是一种比较常用的系统分析和设计的工具。

（6）过程设计语言（Process Design Language，PDL）。过程设计语言也称伪码，是用正文形式表示数据和处理过程的设计工具。PDL 具有严格的关键字外部语法，用于定义控制结构和数据结构；另外，PDL 表示实际操作和条件的内部语法通常是灵活自由的，以便适用各种工程项目的需要。因此，PDL 是一种“混杂”语言，它适用一种语言（通常是自然语言）的词汇，同时适用另一种语言（某种结构化的程序设计语言）的语法。

例如，求一组数组中的最大值，数组表示为 $A(n)$，n=1,2,3,…,n 的自然数，下面分别用程序流程图（图 9-4）、盒图（图 9-5）、PAD 图（图 9-6）表示以及 PDL 描述。

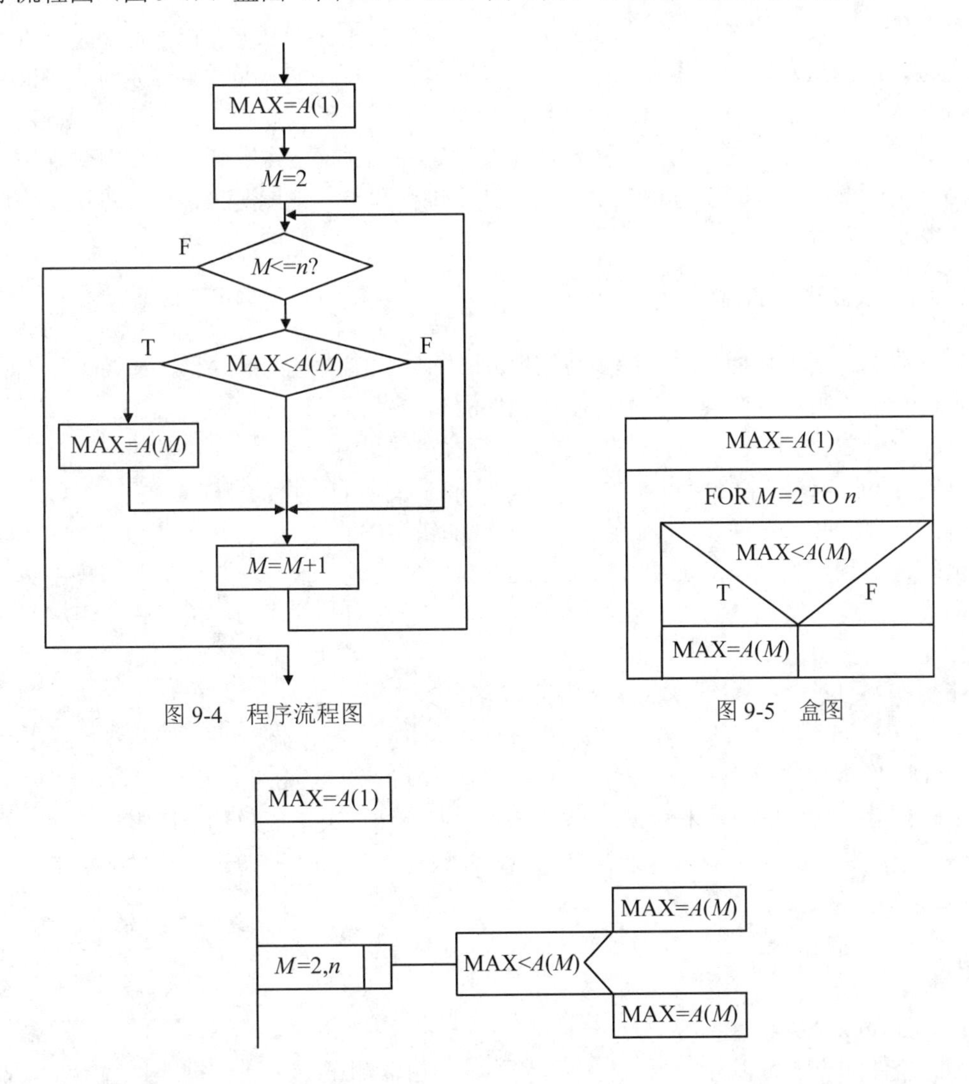

图 9-4　程序流程图

图 9-5　盒图

图 9-6　PAD 图

PDL 描述如下。

```
N=1
WHILE N<=n DO
IF A(N)<=A(N+1) MAX=A(N+1);
ELSE MAX=A(N) ENDIF;
N=N+1;
ENDWHILE;
```

【小提示】程序流程图、N-S 图、PAD 图的控制结构有什么异同？

相同点是三种图都有顺序结构、选择结构和多分支选择，并且 N-S 图和 PAD 图有相同 WHILE 重复型、UNTIL 重复型；不同点是程序流程图没有 WHILE 重复型、UNTIL 重复型，而有后判断重复型和先判断重复型。

【例 9-6】数据流图采用四种符号表示（　　）、数据源点和终点、数据流向和数据加工。

解析：数据流图可以表达软件系统数据存储、数据源点和终点、数据流向和数据加工。其中，用箭头表示数据流向，用圆或者椭圆表示数据加工，用双杠表示数据存储，用方框表示数据源点和终点。本题答案是“数据存储”。

*9.3 软件测试基础

软件测试基础

软件测试是发现软件中错误和缺陷的主要手段。为了保证软件产品的质量，软件开发人员通过软件测试发现产品中存在的问题并及时修改。软件测试是软件开发过程中的重要阶段。在软件产品正式投入使用之前，软件开发人员需要保证软件产品正确实现了用户的需求，并满足稳定性、安全性、一致性、完全性等各方面的要求，通过软件测试保证产品的质量。实际上，软件测试过程与整个软件开发过程同步，也就是说，软件测试工作应该贯穿于整个开发过程。

9.3.1 软件测试的目标

软件测试的根本目标是尽可能多地发现并排除软件中潜藏的错误。G. Myers 给出了关于测试的一些规则，这些规则也可以看作软件测试的目标或定义。

（1）测试是为了发现程序中的错误而执行程序的过程。

（2）好的测试方案是极可能发现迄今为止尚未发现的错误的测试方案。

（3）成功的测试是发现了至今为止未发现的错误的测试。

应该认识到，测试不能证明程序是正确的。即使经过了最严格的测试，程序中也可能潜藏着没被发现的错误。另外，在综合测试阶段，通常由其他人员组成测试小组来完成测试工作。

【例 9-7】以下（　　）是软件测试的目的。

A．证明程序没有错误　　　　B．演示程序正确性

C．发现程序中错误　　　　D．改正程序中错误

解析：关于测试目的基本知识，IEEE 的定义是“使用人工或自动手段来运行或测定某个系统过程，其目的在于检验它是否满足规定需求，或是弄清预期结果与实际结果之间差别”。本题答案是 C。

9.3.2 软件测试的实施

1. 测试方法

测试软件的方法可以分为两大类：黑盒测试和白盒测试。

对于软件测试而言，黑盒测试法把程序看成一个黑盒子，完全不考虑程序的内部结构和处理过程。也就是说，黑盒测试是在程序接口进行的测试，它只检查程序功能是否能按照规格说明书的规定正常使用，程序是否能适当地接收输入数据产生正确的输出信息，并且保持外部信息（如数据库或文件）的完整性。黑盒测试又称功能测试。

与黑盒测试法相反，白盒测试法的前提是可以把程序看成装在一个透明的白盒子里，即完全了解程序的结构和处理过程。白盒测试按照程序内部的逻辑测试程序，检验程序中的每条通路是否都能按预定要求正确工作。白盒测试又称结构测试。

2. 测试步骤

除非是测试一个小程序，否则一开始就把整个软件系统作为一个单独的实体测试是不现实的。通常，大型软件系统的测试过程基本上由下述四个步骤组成。

（1）模块测试。模块测试的目的是发现并改正程序模块中的错误，保证每个模块能作为一个单元正确地运行。模块测试又称单元测试。通常，单元测试和编码属于软件过程的同一个阶段。在编写出源程序代码并通过了编译程序的语法检查之后，就可以用详细设计描述作为指南，对重要的执行通路进行测试，以便发现模块内部的错误。可以应用人工测试和计算机测试两种测试方法，完成单元测试。通常单元测试主要使用白盒测试，而且可

以并行测试多个模块。

在单元测试期间应该着重从五个方面对模块进行测试：模块接口、局部数据结构、重要的执行通路、出错处理通路、边界条件。

（2）集成测试。把经过单元测试的模块组装成一个系统，在组装的过程中进行测试。

集成测试是测试和组装软件的系统化技术，例如，子系统测试就是在把模块按照设计要求组装起来的同时进行测试，主要目标是发现与接口有关的问题。

将模块组装成程序时有两种方法，一种方法是先分别测试每个模块，再把所有模块按设计要求放在一起结合成所要的程序，这种方法称为非渐增式测试；另一种方法是把下一个要测试的模块与已经测试好的模块结合起来进行测试，测试完再把下一个应该测试的模块结合进来测试，这种每次增加一个模块的方法称为渐增式测试。渐增式测试把程序划分成小段来组装和测试，在这个过程中比较容易定位和改正错误；可以对接口进行更彻底的测试；可以使用系统化的测试方法。因此，目前在进行集成测试时普遍采用渐增式测试方法。

当使用渐增式测试把模块结合到程序中时，有自顶向下和自底向上两种集成策略。

集成测试同时解决程序验证和程序构造两个问题，在集成过程中常用黑盒测试。当然，为了保证覆盖主要的控制路径，也可使用一定数量的白盒测试。

（3）系统测试。系统测试是将通过测试确认的软件作为整个计算机系统的一个元素，与计算机硬件、外设、支撑软件、数据和人员等其他系统元素组合在一起，在实际运行（使用）环境下对计算机系统进行一系列集成测试和确认测试。

系统测试一般包括功能测试、性能测试、操作测试、配置测试、外部接口测试、安全性测试等。

（4）验收测试。把软件系统作为单一的实体进行测试，测试的目的是验证系统能够满足用户的需要，因此，主要使用实际数据进行测试。验收测试以用户测试为主，分为 α 测试和 β 测试，α 测试是指用户、测试人员、开发人员等共同参与的内部测试，β 测试是指完全交给最终用户的测试。验收测试也称确认测试。确认测试的任务是验证软件功能和性能，以及其他特性是否满足需求规格说明中确定的各种需求，包括软件配置是否完全、正确。实施确认测试，首先运用黑盒测试对软件进行有效性测试，即验证被测软件是否满足需求规格说明确认标准。

【例 9-8】以下（　　）要对接口测试。

A．单元测试　　B．集成测试　　C．验收测试　　D．系统测试

解析：此题检查对测试实施各阶段了解，集成测试时要进行接口测试、全局数据结构测试、边界条件测试和非法输入测试等。本题答案是 B。

9.3.3　软件调试

调试（也称纠错）作为成功的测试的后果出现，也就是说，调试是在测试发现错误之后排除错误的过程。虽然调试可以而且应该是一个有序的过程，但是在很大程度上它仍然是一项技巧。软件工程师在评估测试结果时，往往仅面对着软件问题的症状，也就是说，错误的外部表现及其内在原因之间可能并没有明显的联系。调试就是把症状和原因联系起来的尚未被人很好理解的智力过程。

1．调试过程

调试不是测试，它总是发生在测试之后。如图 9-7 所示，调试过程从执行一个测试用例开始，评估测试结果，如果发现实际结果与预期结果不一致，则这种不一致就是一个症状，表明软件中存在隐藏的问题。调试过程试图找出产生症状的原因，以便改正错误。

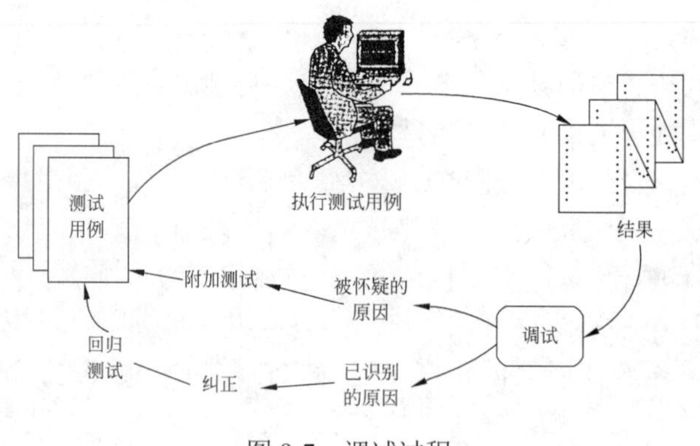

图 9-7　调试过程

调试过程总会有以下两种结果：①找到了问题的原因，并改正和排除问题；②没有找出问题的原因。在第二种情况下，调试人员可以猜想一个原因，并设计测试用例验证，重复此过程直至找到原因并改正错误。

在整个软件系统开发中，调试工作是一个漫长而艰难的过程，软件开发人员的技术水平乃至心理因素对软件调试的效率和质量都有很大的影响。

2. 调试途径

比较有效的调试途径有回溯法和原因排除法。在使用任何一种方法进行调试之前，都必须进行周密的思考，应做到目的明确，尽量减少无关信息。

（1）回溯法。回溯法是一种常用的调试方法，在调试小程序时这种方法是有效的。具体做法是，从发现症状的地方开始，人工沿程序的控制流往回追踪源程序代码，直到找出错误原因为止。但是，随着程序规模的扩大，因回溯的路径数目也变得越来越大，以致彻底回溯变成完全不可能。

（2）原因排除法。原因排除法采用对分查找法、归纳法或演绎法完成调试工作。对分查找法的基本思路是，如果已经知道每个变量在程序内若干个关键点的正确值，则可以用赋值语句（或输入语句）在程序中点附近“注入”这些变量的正确值，运行程序并检查程序的输出。如果输出结果是正确的，则错误原因在程序的前半部分；反之，错误原因在程序的后半部分。对错误原因所在的部分重复使用这个方法，直到把出错范围缩小到容易诊断的程度为止。

归纳法是从个别现象推断出一般性结论的思维方法。采用这种方法调试程序时，首先把与错误有关的数据组织起来进行分析，以便发现可能的错误原因。然后导出对错误原因的一个或多个假设，并利用已有数据证明或排除这些假设。当然，如果已有数据尚不足以证明或排除这些假设，则需设计并执行一些新的测试用例，以获得更多的数据。

演绎法从一般原理或前提出发，经过排除和精化的过程推导出结论。采用这种方法调试程序时，首先设想出所有可能的出错原因，然后用测试排除每个假设的原因，如果测试表明某个假设的原因可能是真的原因，则对数据进行细化以精确定位错误。

【思考】软件测试与软件调试有什么不同?

软件测试是尽可能多地发现软件中错误，而软件调试任务是诊断和改正程序中错误。

程序经调试改错后还应进行再测试，因为经调试后有可能产生新错误，而且测试贯穿生命周期整个过程。在对程序成功进行测试之后，将进入程序调试（通常称为 Debug，即排错），调试主要在开发阶段进行。

【例 9-9】程序调试的主要任务是（　　）。

A．检查错误　　B．改正错误　　C．发现错误　　D．以上都不是

解析：程序调试的主要任务是诊断和改正程序中的错误。调试主要在开发阶段进行。本题答案为 B。

【例 9-10】以下（　　）不是程序调试的基本步骤。

A．分析错误原因　　　　　　　　B．错误定位

C．修改设计代码以排除错误　　　D．回归测试，防止引入新错误

解析：程序调试的基本步骤：①错误定位，从错误外部表现形式入手，研究有关部分程序，确定程序中的出错位置，找出错误的内在原因；②修改设计和代码，以排除错误；③进行回归测试，防止引入新错误。本题答案为 A。

9.4　本章小结

本章介绍了软件生命周期、软件设计基本原理、软件测试目的、软件调试等基本概念。软件工程是指导计算机软件开发和维护的一门工程学科，包括技术方法、工具和管理等方面内容。本章只是简单地介绍了在计算机二级等级考试中涉及的软件工程相关基础知识，如需更深入完整地学习软件工程的学科知识，请参考软件工程专业书籍。表 9-1 给出了第 9 章知识点学习达标标准，供读者自测。

表 9-1　第 9 章知识点学习达标标准自测表

序号	知识（能力）点	达标标准	自测 1（　月　日）	自测 2（　月　日）	自测 3（　月　日）
1	软件定义及特点	了解			
2	软件生命周期	了解			
3	软件设计基本概念	了解			
4	详细设计	了解			
5	软件测试目的	了解			
6	软件测试实施	了解			
7	软件调试	了解			

习题

一、单项选择题

1．在结构化方法中，软件功能分解属于（　　）阶段。

A．详细设计　　B．需求分析　　C．总体设计　　D．编程调试

2．为了避免流程图在描述程序逻辑时不灵活，可用方框图代替传统程序流程图，通常也把这种图称为（　　）。

A．PAD 图　　B．N-S 图　　C．结构图　　D．数据流图

3．下列（　　）不属于软件生命周期开发阶段任务。

A．软件测试　　B．概要设计　　C．软件维护　　D．详细设计

4．信息隐藏概念与下列（　　）概念直接相关。

A．软件结构定义　　　　B．模块独立性

C．模块类型划分　　　　D．模块耦合度

5．下列叙述中正确是（　　）。

A．软件测试应该由程序开发者来完成

B．一般程序经调试后不需要再测试

C．软件维护只包括对程序代码维护

D．以上三种说法都不正确

6．数据流程图是（　　）。

A．软件概要设计工具　　B．软件详细设计工具

C．结构化方法需求分析工具　　D．面向对象方法需求分析工具

7．数据流图用于抽象描述一个软件逻辑模型，由一些特定图符构成。下列不属于数据流图合法图符的是（　　）。

A．控制流　　B．加工　　C．数据流　　D．源和潭

8．下列（　　）不属于模块间耦合。

A．数据耦合　　B．标记耦合　　C．异构耦合　　D．公共耦合

9．在结构化方法中，用数据流程图作为描述工具软件开发阶段的是（　　）。

A．可行性分析　　B．需求分析　　C．详细设计　　D．程序编码

10．下面不属于软件工程三个要素的是（　　）。

A．工具　　B．过程　　C．方法　　D．环境

11．软件生命周期中花费最多的阶段是（　　）。

A．详细设计　　B．软件编码　　C．软件测试　　D．软件维护

12．软件工程出现是由于（　　）。

A．程序设计方法学影响　　B．软件产业化需要

C．软件危机出现　　D．计算机发展

13．下面不属于软件设计原则的是（　　）。

A．抽象　　B．模块化　　C．自底向上　　D．信息隐藏

14．软件调试的目的是（　　）。

A．发现错误　　B．改正错误

C．改善软件性能　　D．验证软件正确性

15．检查软件产品是否符合需求定义的过程称为（　　）。

A．确认测试　　B．集成测试

C．验证测试　　D．验收测试

16．下列描述正确的是（　　）。

A．软件工程只是解决软件项目管理问题

B．软件工程主要解决软件产品生产率问题

C．软件工程的主要思想是强调在软件开发过程中需要应用工程化原则

D．软件工程只解决软件开发中技术问题

17．下列关于软件测试描述正确的是（　　）。

A．软件测试目的是证明程序正确

B．软件测试目的是使程序运行结果正确

C．软件测试目的是尽可能多地发现程序中的错误

D．软件测试目的是使程序符合结构化原则

18．软件开发离不开系统环境资源支持，其中必要测试数据属于（　　）。

A．硬件资源　　B．通信资源　　C．支持软件　　D．辅助资源

19．下列叙述正确的是（　　）。

A．软件交付使用后还需要进行维护

B．软件一旦交付使用就不需要进行维护

C．软件交付使用后生命周期结束

D．软件维护是指修复程序中的破坏指令

20．为了使模块尽可能独立，要求（　　）。
A．模块内聚程度要尽量高，且各模块间耦合程度尽量强
B．模块内聚程度要尽量高，且各模块间耦合程度尽量弱
C．模块内聚程度要尽量低，且各模块间耦合程度尽量弱
D．模块内聚程度要尽量低，且各模块间耦合程度尽量强

21．在结构化程序设计中，模块划分的原则是（　　）。
A．各模块应包括尽量多的功能
B．各模块规模应尽量大
C．各模块之间联系应尽量紧密
D．模块内具有高内聚度、模块间具有低耦合度

22．在软件测试设计中，软件测试的主要目的是（　　）。
A．实验性运行软件　　B．证明软件正确
C．找出软件中的全部错误　　D．尽可能多地发现软件中错误

23．软件是指（　　）。
A．程序　　B．程序和文档
C．算法加数据结构　　D．程序、数据与相关文档完整集合

24．模块独立性是软件模块化提出的要求，模块独立性的度量标准则是模块（　　）。
A．抽象和信息隐藏　　B．局部化和封装化
C．内聚性和耦合性　　D．激活机制和控制方法

25．软件设计包括软件结构、数据接口和过程设计，其中软件过程设计是指（　　）。
A．模块间的关系　　B．系统结构部件转换成软件过程描述
C．软件层次结构　　D．软件开发过程

第 10 章　信息安全

居安思危，思则有备，有备无患。

——《左传》

10.1　信息安全的概述

信息安全的概述

进入 21 世纪现代信息化社会，各种信息化技术的快速发展和应用，给机构和个人的工作、生活提供了极大便利。信息作为一种有价值的资产，其安全性至关重要，而对信息安全的威胁来自方方面面，信息安全成为热门研究和急需人才的新领域。

近几年，一些国家或地区先后发生网络信息战、黑客攻击企事业机构网站、几十亿客户信息被泄露、世界范围内的网络“勒索病毒”泛滥等，每年约 98%以上的网民用户遭遇或受到过电信网络诈骗短信等骚扰，2020 年全球数据泄露的平均损失成本为 1145 万美元。信息安全问题已经成为了互联网时代一个新的全球性问题。因此，用户迫切需要掌握相关网络安全防范知识、技术和方法。

10.1.1　信息安全的定义

1. 信息安全的不同定义

全球现代信息化社会快速发展，知识更新很快，然而对于“信息安全”，尚无统一定义。

（1）中国科学院院士沈昌祥将信息安全（Information Security）定义为保护信息和信息系统不被非授权访问、使用、泄露、修改和破坏，为信息和信息系统提供保密性、完整性、可用性、可控性和不可否认性（可审查性）。信息安全的实质是使信息系统和信息资源免受各种威胁、干扰和破坏，即保证信息的安全性；主要目标是防止信息被非授权泄露、更改、破坏或被非法的系统辨识与控制，确保信息的保密性、完整性、可用性、可控性和可审查性。

（2）《计算机信息系统安全保护条例》指出，计算机信息系统的安全保护，应当保障计算机及其相关的配套设备、设施（含网络）的安全，运行环境的安全，保障信息的安全，保障计算机功能的正常发挥，以维护计算机信息系统安全运行。

（3）国际标准化组织给出的信息安全的定义：为数据处理系统建立和采取的技术及管理保护，保护计算机硬件、软件、数据不因偶然及恶意的原因而遭到破坏、更改和泄露。

2. 信息安全的属性特征

信息安全的不同定义均认可信息安全旨在确保信息的五大特征。

（1）数据保密性：数据保密性是指不向未经授权的个人实体或计算机进程提供或披露信息。在军事领域，主要关心的是敏感信息的隐藏；在工业领域，向竞争对手隐藏信息对组织的运营非常关键；在银行业，客户账户需要保密。

（2）数据完整性：在数据的整个生命周期中，维护和确保数据的准确性和完整性，不能以未经授权或未检测到的方式修改数据。

（3）数据可用性：信息系统必须在被授予访问权限的人需要时能提供信息。这意味着用于存储和处理信息的计算机系统用于保护信息的安全控制以及用于访问信息的通信通道必须正常工作。高可用性系统的目标是始终可用，防止由于断电、硬件故障和系统升级导致服务中断。确保可用性还涉及防止拒绝服务攻击或系统设计不佳，致使当系统遭遇巨量访问时，无法及时提供信息，甚至被迫关闭。

（4）数据可控性：对信息的传播及内容具有控制能力的特性，防范危害的不断扩大，起到风险控制最小化的作用。

（5）数据可审查性：出现安全问题时能够提供追查的依据和手段。

10.1.2　信息安全面临的主要安全威胁

1. 信息安全威胁的来源

（1）物理安全：由于断电、水灾、火灾、地震、雷电、静电、电磁干扰等环境条件和自然灾害，或者由于软件故障、硬件故障、通信线路故障造成信息丢失或不可用。

（2）系统漏洞：操作系统、数据库、应用系统等软件在设计上难免会有缺陷和漏洞，难免会有漏洞，甚至人为地留有“后门”，这给黑客攻击提供了方便。另外，网络协议开放性的特点也带来了一定的安全问题。

（3）人为因素：人为因素可分为三种情况，无恶意的内部人员、恶意的内部人员和外部人员。

2. 安全威胁的表现

安全威胁可以分为暴露（Disclosure）、欺骗（Deception）、打扰（Disruption）、占用（Usurpation）四类。

（1）暴露。暴露是指对信息进行未授权访问，威胁信息的机密性。此类攻击通常使用嗅探（Snooping）和流量分析两种方式。嗅探是指对数据的非授权访问和侦听。

（2）欺骗。欺骗是指信息系统被误导接收到错误的数据甚至做出错误的判断，包括来自篡改、重放、假冒、否认等威胁。篡改是指攻击者修改信息，使得信息对他们有利。

（3）打扰。打扰是指干扰或中断信息系统的执行，主要包括来自网络与系统攻击、灾害故障与人为破坏的威胁。攻击者可以使用多种策略取得这种效果。他们可能使系统变得非常忙碌而崩溃，或在一个方向上侦听消息的发送，使得发送系统以为通信的一方丢失了信息，需要再次发送这些消息。

（4）占用。占用是指未授权使用信息资源或系统，如通过木马程序控制其他计算机，使用该计算机的资源。

*10.2　密码及加密技术

密码作为一种最原始的广泛使用的安全手段，保护着人们的信息安全及个人隐私，而近年来的密码泄露事件严重危害着网络安全，据相关报道，81%的黑客导致的泄露事件都与密码破译或弱密码有关。加深对密码安全的认识，掌握相关密码技术手段，增强安全意识尤为重要。

10.2.1　密码学相关概念和特点

1. 密码学的基本概念

密码学（Cryptology）是密码编码学和密码分析学的总称，是研究编制密码和破译密码的技术科学。密码编码学是研究密码变化的客观规律，并应用于编制密码以保守密码信息的科学；密码分析学是研究密码变化的规律，并应用于破译密码以获取通信情报的科学，也称密码破译学。“密码学”一词来源于古希腊的 Crypto 和 Graphein 两个词，希腊语的原意是隐写术，即将易懂的信息通过一些变换转换成难以理解的信息进行隐秘的传递。在现代特别指对信息及其传输的数学性研究，是应用数学和计算机科学结合的一个交叉学科，也与信息论密切相关。密码学研究保密信息的问题，以认识密码变换的本质、研究密码保密与破译的基本规律为对象，主要以可靠的数学方法和理论为基础，对解决信息安全中的机密性、数据完整性、认证和身份识别，对信息的可控性及不可抵赖性等问题提供系统的理论、方法和技术。

2. 密码学的基本术语

（1）明文：未加密的原始信息，记为P或M。

（2）密文：明文被加密后的结果，记为C。

（3）加密：从明文变成密文的过程，记为E。

（4）解密：从密文变成明文的过程，记为D。

（5）加密算法：明文加密时采用的一组规则。

（6）解密算法：密文解密时采用的一组规则。

（7）密钥：参与密码变换的参数，记为K。

（8）加密协议：定义使用加密、解密算法解决特定任务的方法。

（9）发送方：发送消息的对象。

（10）接收方：传送消息的预定接收对象。

（11）入侵者：非授权进入计算机及其网络系统的人。

（12）窃听者：在消息传输和处理系统中，除了指定的接收者外，非授权者通过某种方法（如搭线窃听、电磁窃听、声音窃听等）窃取机密信息。

（13）主动攻击：入侵者主动向系统窜扰，采用删除、更改、增添、重放、伪造等手段向系统注入假消息，以达到损人利己的目的。

（14）被动攻击：对一个密码体制采取截获密文进行分析。

3. 密码系统的基本原理

密码系统加密解密的基本原理如图10-1所示。明文P由加密算法ek和加密密钥ke进行加密，得到密文C，接收者用解密算法dk和解密密钥kd对密文C进行解密，得到明文P。

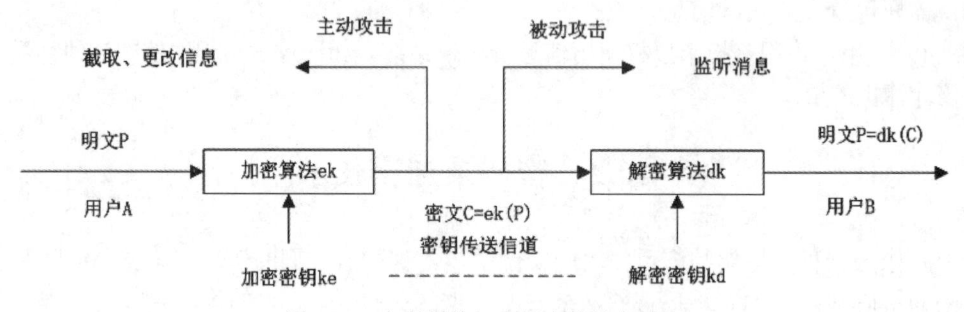

图10-1 密码系统加密解密的基本原理

4. 密码体制

密码体制可分为两大类：对称密码体制和非对称密码体制。

10.2.2 对称密钥体制

对称密钥技术分成两大类：传统对称密钥和现代对称密钥。

1. 传统对称密钥

传统密码的基本加密方法是代换和置换，虽然古典密码技术目前应用较少，加密原理比较简单，安全性较差，但是研究和学习古典密码有助于分析和理解近代密码。

（1）代换密码。代换密码是明文中的每个字符由另一个字符代替，接收者对密文做反向代换恢复明文。单表代换密码和多表代换密码是古典密码学中典型的密码算法。恺撒（Caesar）密码是单表代换密码的典型代表，一般意义上的单表代换密码也称移位密码、乘法密码、仿射密码等。恺撒密码是根据字母表中的顺序，利用每个字母后面的第三个字母进行替代，如图 10-2 所示，字母表可以看作是循环的，即 z 后面的字母是 a。将英文字母表向左移 k（$0 \leqslant k \leqslant 26$）位得到替换表，即得到一般的恺撒算法，其共有 26 种可能的密码算法（25 种可用）。

明文	a	b	c	d	e	f	g	h	i	j	k	l	m	n	o	p	q	r	s	t	u	v	w	x	y	z
密文	D	E	F	G	H	I	J	K	L	M	N	O	P	Q	R	S	T	U	V	W	X	Y	Z	A	B	C

图 10-2　恺撒密码

（2）置换密码。置换密码是将明文通过某种处理得到不同类型的映射，如重新排列明文字母的顺序，但保持明文字母不变。常用的置换密码有列置位密码和矩阵置位密码。

1）列置位密码：将明文按行排列，以密钥的英文字母顺序排出序号，通常密钥不含重复字母的单词或短语，按照密钥的顺序得到密文。

2）矩阵置位密码：将密钥的英文字母按照字母表中的顺序排列，把明文中的字母按给定顺序排列在一个矩阵中，矩阵的列数与密钥字母数相同，再按照另一种顺序读出明文字母，便产生了密文。

2. 现代对称密钥密码

对称密码体制又称单钥体制、私钥体制或对称密码密钥体制，是指在加解密过程中使用相同或可以推出本质上相同的密钥，即加密密钥与解密密钥相同，且密钥需要保密。信息的发送者和接收者在传输与处理信息时，必须共同持有该密钥，密钥的安全性成为了保证系统机密性的关键。信息的发送方将持有的密钥对要发送的信息进行加密，加密后的密文通过网络传送给接收方，接收方用与发送方相同的私有密钥对接收的密文进行解密，得到信息明文。常见的对称加密算法包括 DES 和 AES。

（1）DES（Data Encryption Standard）是由 IBM 公司研制的一种对称密钥块密码算法，美国国家标准局于 1977 年公布将它作为非机要部门使用的数据加密标准。40 多年来，它一直活跃在国际保密通信的舞台上，扮演了十分重要的角色。

典型的 DES 以 64 位为分组对数据加密和解密，密钥是长度为 56 位的任一个数。加密和解密密码是替换和重复了 10 次的移位单元的复杂组合。其中极少数被认为是易破解的弱密钥，但是很容易避开它们不用，所以 DES 的保密性依赖密钥。

（2）AES（Advanced Encryption Standard）是美国国家标准与技术研究院于 2001 年发布的一种对称密钥块密码技术，在密码学中又称 Rijndael 加密法。它的目的是克服 DES 密钥太短等缺点。AES 加密和解密的块的大小为 128 位，有三种密钥长度：128、192 和 256 位。推荐的加密轮分别是 10 轮、12 轮和 14 轮，每轮都会执行字节替换和行位移加等操作。

10.2.3　非对称密钥体制

非对称密码体制

非对称密码体制也称非对称密钥密码体制、公开密钥密码体制（PKI）、公开密钥加密系统、公钥体制或双钥体制。密钥成对出现，加密密钥和解密密钥不同，难以相互推导。其中一个为加密密钥，可以公开通用，称为公钥；另一个为解密密钥，是只有解密者知道的密钥，称为私钥。信息的发送方利用接收方的公钥对要发送的信息进行加密，加密后的密文通过网络传送给接收方，接收方用自己的私钥对接收的密文进行解密，得到信息明文。常见的对称加密算法包括 RSA 和 ElGamal。

（1）RSA 密码算法是美国麻省理工学院的罗纳德·李维斯特、阿迪·萨莫尔和伦纳德·阿德曼三位学者于 1978 年提出的。RSA 密码算法方案是唯一被广泛接受并实现的通用公开密码算法，它能够抵抗目前为止已知的绝大多数密码攻击，已经成为公钥密码的国际标准。它是第一个既能用于数据加密，又能用于数字签名的公开密钥密码算法。在 Internet 中，电子邮件收、发的加密和数字签名软件 PGP 就采用了 RSA 密码算法。

（2）ElGamal 算法是由塔希尔·盖莫尔于 1985 年提出，是一种基于离散对数问题的公钥密码体制。它既能用于数据加密，又能用于数字签名，其安全性依赖计算有限域上离散对数。ElGamal 算法是除了 RSA 密码算法之外最具有代表性的公钥密码体制之一，著名的美国数字签名标准 DSA 就是 ElGamal 签名的变形。ElGamal 公钥体制的公钥加密算法是非确定性的，即使加密相同的明文，得到的明文也是不同的，因此又称概率加密体制。

10.2.4 非对称密钥体制应用

1. 引导案例

有些场合，我们可能不需要信息保密，却需要保证信息的完整性。在两个人进行通信时，B 如何确保接收到的 A 的数据一定是 A 自己发送的，而不是黑客伪装成 A 发送的，以及如何确定数据是否被黑客篡改，这里就用到签名和认证来确认发送方和数据是否被篡改。

2. 数字签名过程

发送报文时，发送方用一个哈希函数从报文文本中生成报文摘要，再用发送方的私钥对这个摘要进行加密，加密后的摘要作为报文的数字签名和报文一起发送给接收方。接收方首先用与发送方一样的哈希函数从接收到的原始报文中计算出报文摘要，接着用公钥对报文附加的数字签名进行解密，如果这两个摘要相同，那么接收方能确认该报文是发送方发送的。

3. 数字签名的特点

（1）鉴权。公钥加密系统允许任何人在发送信息时使用公钥加密，接收信息时使用私钥解密。当然，接收方不可能百分之百确信发送方的真实身份，只有在密码系统未被破译的情况下才有理由确信。

（2）完整性。传输数据的双方都希望确认消息未在传输的过程中被修改。加密使得第三方读取数据十分困难，然而第三方仍然能采取可行的方法在传输的过程中修改数据。

（3）不可抵赖。在密文背景下，“抵赖”一词指的是不承认与消息有关的举动（即声称消息来自第三方）。消息的接收方可以通过数字签名防止所有后续的抵赖行为，因为接收方可以出示签名向他人证明信息的来源。

4. 认证

认证（Authentication）是指确认实体或消息是它所声明的。认证是最重要的安全服务之一，认证服务提供了关于某个实体身份的保证，所有其他安全服务都依赖该服务。认证可以对抗假冒攻击的危险。

认证包括消息认证和身份认证（实体认证）两种情形。消息认证能鉴定某个指定的数据是否来源于某个特定的实体，用于保证信息的完整性和不可否认性。数字签名可以实现消息认证。身份认证是某个实体证明其实体身份的一种技术。一个实体可以是人、过程、客户端或服务器。身份认证可以是用户与机器之间的认证，也可以是机器与机器之间的认证。

出示证件的一方称为示证者（Prover），又称声称者（Claimant）；另一方为验证者（Verifier），检验示证者拿出的证件的正确性和合法性。示证者可以使用下面六种证据。

（1）静态密码方式是指以用户名及密码认证的方式，是最简单、最常用的身份认证方法。用户的密码是由用户自己设定的，在登录时输入正确的密码，计算机就认为操作者是合法用户。实际上，许多用户为了防止忘记密码，经常采用生日、电话号码等容易被猜测的字符串作为密码，或者把密码抄在纸上，放在一个自认为安全的地方，这样很容易造成密码泄露。如果密码是静态的数据，在验证过程中，在计算机内存和传输过程中可能会被木马程序或网络截获。因此，虽然静态密码机制无论是使用还是部署都非常简单，但从安全性上讲，用户名/密码方式是一种不安全的身份认证方式。

（2）智能卡是一种内置集成电路的芯片，芯片的厂商通过专门的设备生产，是不可复制的硬件。智能卡由合法用户随身携带，登录时必须将智能卡插入专用的读卡器读取其中的信息，以验证用户的身份。智能卡认证通过不可复制的智能卡硬件保护用户身份不会被仿冒。由于每次从智能卡中读取的数据是静态的，通过内存扫描或网络监听等技术很容易截取到用户的身份验证信息，因此也存在安全隐患。

（3）短信密码以手机短信形式请求包含六位随机数的动态密码，身份认证系统以短信形式发送随机数的六位密码到客户的手机上。客户登录或交易认证时输入此动态密码，可以确保系统身份认证的安全性。短信密码具有安全性、普及性、易收费、易维护等优点。

（4）动态口令牌是动态生成密码的终端设备。该方式是目前最安全的身份认证方式。主流动态口令牌基于时间同步方式，每 60s 变换一次动态口令，口令一次有效，它产生六位动态数字进行一次一密的方式认证。由于使用起来非常便捷，因此 85%以上的世界 500 强企业运用它保护登录安全，被广泛应用在虚拟专用网络（Virtual Private Network，VPN）、网上银行、电子政务、电子商务等领域。

（5）基于 USB Key 的身份认证方式是近几年发展起来的一种方便、安全的身份认证技术。它采用软硬件结合、一次一密的强双因子认证模式，很好地解决了安全性与易用性之间的矛盾。USB Key 是一种 USB 接口的硬件设备，内置单片机或智能卡芯片，可以存储用户的密钥或数字证书，利用 USB Key 内置的密码算法实现用户身份认证。

（6）通过人的生物特征进行身份认证。生物特征是指唯一的可测量或可自动识别和验证的生理特征或行为方式，生物特征分为身体特征和行为特征。身体特征包括指纹、掌形、视网膜、虹膜、人体气味、脸形、手的血管和 DNA 等，行为特征包括签名、语音、行走步态等。目前部分学者将视网膜识别、虹膜识别和指纹识别等归为高级生物识别技术，将掌形识别、脸形识别、语音识别和签名识别等归为次级生物识别技术，将血管纹理识别、人体气味识别、DNA 识别等归为深奥的生物识别技术。指纹识别和人脸识别应用广泛，常用于门禁系统、移动支付、安防等。

10.2.5　密码破译与密钥管理

密码破译和密钥管理

1. 密码破译

（1）密码破译概念。密码破译是在不知道密钥的情况下，恢复密文中隐藏的明文信息的过程。密码破译也是对密码体制的攻击，成功的密码破译能恢复明文或密钥，也能发现密码体制的弱点。穷举破译法和统计分析法是最基本的破译方法，虽然烦琐，但是有效。

影响密码破译的主要因素有算法的强度、密钥的保密性和密钥长度。通常在相同条件下，密钥越长破译越困难，加密系统越可靠。各种加密系统使用不同长度的密钥。

（2）密码破译的方法。

1）穷举破译法。对截取的密文依次用各种可解的密钥试译，直到得到有意义的明文；或在不变密钥下，对所有可能的明文加密，直到得到与截获密报一致。此法又称穷举破译法（Exhaustive Decoding Method）、完全试凑法（Complete Trial-and-Error Method）或暴力破解法。此法需要事先知道密码体制或加密算法，但不用知道密钥或加密的具体方法。

2）统计分析法。统计分析法是根据统计资料进行猜测。一般情况下，在一段足够长且非特别专门化的文章中，字母的使用频率是比较稳定的。而在某些技术性或专门化的文章中，字母使用频率可能有微小变化。据报道，密码学家对英文字母按出现频率得出图 10-3 所示的分类，该统计为截获的密文中各字母出现的概率提供了重要的密钥信息。

字母	A	B	C	D	E	F	G	H	I	J	K	L	M
频率	7.25	1.25	3.5	4.25	12.75	3	2	3.5	7.75	0.25	0.5	3.75	2.75
字母	N	O	P	Q	R	S	T	U	V	W	X	Y	Z
频率	7.75	7.5	2.75	0.5	8.5	6	9.25	3	1.5	1.5	0.5	2.25	0.25

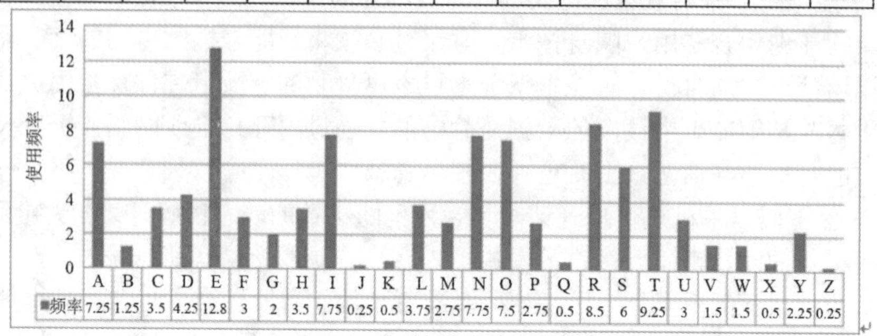

图 10-3 字母出现概率统计表

3）其他密码破译方法。除了穷举破译法和统计分析法外，在实际生活中，破密者更可能攻击人机系统的弱点，而不是攻击加密算法本身。利用加密系统实现中的缺陷或漏洞等都是破译密码的方法，虽然这些方法不是密码学研究的内容，但对于每个使用加密技术的用户来说是不可忽视的问题，甚至比加密算法本身更为重要。常见密码破译方法如下。

- 通过各种途径或方法欺骗用户口令密码。
- 在用户输入口令时，应用各种技术手段，“窥视”或“偷窃”密钥内容。
- 利用加密系统实现中的缺陷。
- 对用户使用的密码系统偷梁换柱。
- 从用户工作生活环境获得未加密的保密信息，如进行的“垃圾分析”。
- 让口令的另一方透露密钥或相关信息。
- 利用各种手段威胁用户交出密码。

（3）防止密码破译的措施。为防止密码破译，可采取如下措施。

- 强壮加密算法。通过增大加密算法的破译复杂程度和破译的时间保护密码。
- 动态会话密钥。每次会话使用的密钥不相同。
- 定期更换加密会话的密钥，以免泄露引起严重后果。
- 只有通过穷举法才能得到密钥的加密算法才是一个好的加密算法，只要密钥足够长就会很安全。

2. 密钥管理

密钥体制的安全性取决于密钥的安全性，而不取决于对密码算法的保密，因此密钥管理是至关重要的。密钥管理包括密钥的产生、存储、装入、分配、保护、丢失和销毁等各个环节中的保密措施，其主要目的是确保使用中密钥的安全性。对称密码体制的密钥管理与非对称密码体制的密钥管理不同，只有当参与者对使用密钥管理方法的环境认真评估后，才能确定密钥管理的方法。

（1）对称密码体制的密钥管理。对称加密是基于共同保守秘密实现的。采用对称加密技术的通信双方采用相同的密钥，要保证彼此密钥的交换是安全可靠的，同时要设定防止密钥泄密和更改密钥的程序。对称密钥的管理和分发是一项危险和烦琐的工作，公开密钥加密技术可以使得对称密钥的管理变得简单和更加安全，同时解决了纯对称密钥模式中存在的可靠性问题和鉴别问题。美国国家标准学会（American National Standards Institute，ANSI）颁布了 ANSI X9.17 金融机构密钥管理标准，为 DES、AES 等商业密码的应用提供了密钥管理指导。

（2）公钥密码体制的密钥管理。通信双方可以使用数字证书（公开密钥证书）交换公开密钥。国际电信联盟制定的标准 X.509 对数字证书进行了定义，该标准等同于国际标准化组织与国际电工委员会联合发布的 ISO/IEC 9594-8:195 标准。数字证书通常包含有唯一标识证书所有者的名称、唯一标识证书发布者的名称、证书所有者的公开密钥、证书发布者的数字签名、证书的有效期及证书的序列号等。证书发布者一般称为证书管理机构 CA，是通信双方都信赖的机构。数字证书能够起到标识通信双方的作用，是目前广泛采用的密钥管理技术之一。

10.3　计算机病毒、木马、恶意软件

1949 年首次关于计算机病毒理论的学术工作，由计算机先驱约翰 • 冯 • 诺依曼（John Von Neumann）完成。他先在伊利诺伊大学进行一场演讲，后以 *Theory of self-reproducing automata* 为题出版，描述计算机程序复制自身的过程，初步概述了病毒程序的概念。后来在美国著名的 AT&T 贝尔实验室中，三个年轻人休闲时玩的 “磁芯大战（Core war）” 游戏得到验证：编出能吃掉他人编码的程序进行相互攻击，这种游戏呈现出病毒程序的感染性和破坏性。

10.3.1　计算机病毒的概念

计算机病毒

计算机病毒是一种人为编制的、在计算机运行中对计算机信息或系统起破坏作用、影响计算机使用并且能够自我复制的一组计算机命令或程序代码，即病毒是一组程序代码的集合。这种程序不能独立存在，隐蔽在其他可执行的程序中，轻则影响计算机运行速度，使计算机不能正常工作；重则使计算机瘫痪，给用户带来不可估量的损失。计算机病毒必须能同时满足自行执行及自我复制两个条件。

10.3.2　计算机病毒的特征和分类

1. 计算机病毒的特征

（1）非授权可执行性：一般正常的程序由用户调用，再由系统分配资源，完成用户交给的任务。正常程序的目的对用户是可见的、透明的。而病毒隐藏在正常程序中，当用户调用正常程序时窃取到系统的控制权，先于正常程序执行，病毒的动作、目的对用户是未知的，是未经用户允许的。

（2）隐蔽性：病毒一般是具有很高编程技巧、短小精悍的程序，通常附在正常程序中或磁盘较隐蔽的地方，不易被察觉。

（3）潜伏性：大部分病毒感染系统之后不会立刻发作，可长期隐藏在系统中，只有满足特定条件时才启动其表现（破坏）模块，也只有这样才可以进行广泛的传播。

（4）传染性：传染性是计算机病毒最重要的特征，是判断一段程序代码是否为计算机病毒的依据。病毒程序一旦侵入计算机系统，就开始搜索可以传染的程序或介质，再通过自我复制迅速传播。

（5）破坏性：病毒侵入系统后，会对系统及应用程序产生不同程度的影响。轻者会降低计算机工作效率，占用系统资源；重者会对数据造成不可挽回的破坏，甚至导致系统崩溃。

（6）不可预见性：不同种类的病毒，它们的代码千差万别，但有些操作是相同的。由

于目前的软件种类极其丰富，且某些正常程序使用了类似病毒的操作甚至借鉴了某些病毒的技术，使用病毒共性对病毒进行检测势必会造成较多的误报情况。而且病毒的制作技术不断提高，病毒对反病毒软件永远是超前的。

（7）寄生性：指病毒对其他文件或系统进行一系列非法操作，使其带有这种病毒，并成为该病毒的一个新的传染源的过程。这是病毒的基本特征。

（8）触发性：指病毒的发作一般都有一个激发条件，即一个条件控制。这个条件根据病毒编制者的要求，可以是日期、时间、特定程序的运行或程序的运行次数等。

2. 常见计算机病毒

计算机病毒种类繁多且复杂，可以有多种分类方式。同时，根据不同的分类方式，同一种计算机病毒也可以属于不同的计算机病毒种类。常见的计算机病毒有引导型病毒、文件型病毒、混合型病毒、蠕虫等。

（1）引导型病毒：感染启动扇区（Boot）和硬盘的系统主引导扇区（Master Boot Record，MBR），当系统启动时，病毒程序随之启动运行。

（2）文件型病毒：感染计算机中的文件（如.com、.exe、.doo 等），当寄生文件运行时，病毒随之运行。

（3）混合型病毒：感染文件和引导扇区两种目标，这种病毒通常具有复杂的算法，使用非常规的办法入侵系统，同时使用加密和变形算法。

单机型病毒在个人计算机出现不久后就出现了。当时机器之间交换信息主要靠移动存储设备（软盘等），一台机器感染病毒后，一旦有存储设备插入，存储设备就可能感染病毒。该存储设备在其他机器上使用时就把病毒携带到该机器上，病毒就这样扩散下去。由于单机型病毒机制比较简单，传播速度慢，容易被杀毒软件查杀，因此目前已经很少见了。

（4）蠕虫（Worm）：蠕虫可以算是病毒中的一种，但是它与普通病毒有区别，一般认为蠕虫是一种通过网络传播的恶性病毒，它具有病毒的一些共性，如传播性、隐蔽性、破坏性等，同时具有自己的一些特征，如不利用文件寄生（有的只存在于内存中）、对网络造成拒绝服务，以及与黑客技术结合等。

普通病毒需要通过传播受感染的驻留文件进行复制，而蠕虫不使用驻留文件即可在系统之间进行自我复制。普通病毒主要针对计算机内的文件系统，而蠕虫病毒的传染目标是互联网内的所有计算机。它能控制计算机上传输文件或信息的功能，一旦系统感染蠕虫，蠕虫就可自行传播，将自身从一台计算机复制到另一台计算机。更危险的是，它还可大量复制，因而在产生的破坏性上，蠕虫不是普通病毒所能比拟的。网络的发展使得蠕虫可以在短时间内蔓延整个网络，造成网络瘫痪。局域网条件下的共享文件夹、电子邮件、网络中的恶意网页、大量存在着漏洞的服务器等都成为蠕虫传播的良好途径，蠕虫可以在几个小时内蔓延全球，而且蠕虫的主动攻击性和突然爆发性常常让人手足无措。

此外，蠕虫会消耗内存或网络带宽，从而可能导致计算机崩溃。而且它的传播不必通过“宿主”程序或文件，因此可潜入系统并允许其他人远程控制计算机，这也使它的危害远大于普通病毒。典型的蠕虫有尼姆达（Nimda）、震荡波（Shockwave）、熊猫烧香等。

10.3.3 计算机木马的概念

计算机木马

木马（Trojan Horse）是由希腊神话“特洛伊木马”得名的。所谓木马，是指表面看起来是有用的软件，实际目的却是危害计算机安全并导致严重破坏的计算机程序。它是具有欺骗性的文件，是一种基于远程控制的黑客工具，具有隐蔽性和非授权性的特点。隐蔽性是指木马的设计者为了防止木马被发现，会采用多种手段隐藏木马，这样服务端即使发现感染了木马，也难以确定其具体位置。非授权性是指一旦控制端与服务端连接，控制端就窃取服务端的很多操作权限，如修改文件、修改注册表、控制鼠标键盘、窃取信息等。一旦中了木马，系统就可能门户大开，毫无秘密可言。典型的木马有灰鸽子、网银大盗等。

10.3.4 计算机木马的特征和分类

1. 计算机木马的特征

（1）包含在正常程序中：当用户执行正常程序时启动自身，在用户难以察觉的情况下，完成一些危害用户系统的操作，具有隐蔽性。有些木马把服务器端和正常程序绑定成一个程序的软件，叫作 exe-binder 绑定程序，人们在使用绑定程序时，木马入侵系统。甚至有个别木马程序能把它自身的文件与服务端的图片文件绑定，当浏览图片时，木马便入侵系统。它的隐蔽性主要体现在以下两个方面：一是不产生图标；二是木马程序自动在任务管理器中隐藏，并以“系统服务”的方式欺骗操作系统。

（2）具有自动运行性：木马为了控制服务端，必须在系统启动时跟随启动，所以它必须潜入启动配置文件（如 win.ini、system.ini、winstart.bat 及启动组等）中。

（3）具备自动恢复功能：现在很多木马程序中的功能模块已不再由单一的文件组成，而是具有多重备份，可以相互恢复。

（4）能自动打开特别的端口：木马程序潜入计算机的主要目的不是破坏系统，而是获取系统中有用的信息。当用户上网与远端客户进行通信时，木马程序用服务器客户端的通信手段把信息告诉黑客们，以便黑客们控制机器或实施进一步的入侵。根据 TCP/IP 协议，每台计算机有 256×256 个端口，但实际常用的只有少数几个，木马经常利用不常用的端口连接。

（5）功能的特殊性：通常木马功能都是十分特殊的，除了普通的文件操作以外，有些木马还具有搜索内存、Cache、临时文件夹以及各种敏感密码文件、设置密码、扫描机器人的 IP 地址、进行键盘记录、修改远程注册表的操作及锁定鼠标等功能。

2. 常见计算机木马

（1）破坏型：唯一的功能就是破坏并删除文件，可以自动删除计算机上的 dll、ini、exe 等文件。

（2）密码发送型：可以找到隐藏密码并把它们发送到指定的信箱。有人喜欢把自己的各种密码以文件的形式存放在计算机中，认为这样方便；还有人喜欢用 Windows 提供的密码记忆功能，这样就可以不必每次都输入密码了。许多黑客软件可以寻找到这些文件，把它们送到黑客手中。也有些黑客软件长期潜伏，记录操作者的键盘操作，从中寻找有用的密码。

（3）远程访问型：最广泛的是特洛伊木马，只要有人运行服务器端程序，如果客户知道服务器端的 IP 地址，就可以实现远程控制。

（4）键盘记录木马：这种木马只做一件事情——记录受害者的键盘敲击并在文件里查找密码，它随 Windows 的启动而启动。它有在线和离线记录选项，分别记录在线和离线状态下敲击键盘时的按键情况。也就是说用户按过什么按键，种木马的人都知道，从这些按键中很容易得到密码等有用信息，甚至是信用卡账户信息。

（5）DOS 攻击木马：随着 DOS 攻击应用越来越广泛，被用作 DOS 攻击的木马也越来越流行。如果有台机器被种上 DOS 攻击木马，那么日后这台计算机就成为 DOS 攻击的最得力助手。所以这种木马的危害不是体现在被感染的计算机上，而是体现在攻击者可以利用它来攻击一台又一台计算机，给网络造成很大的破坏。还有一种类似 DOS 的木马叫作邮件炸弹木马，一旦机器被感染，木马就会随机生成各种主题的信件，对特定的邮箱不停地发送邮件，直到对方瘫痪不能接收邮件为止。

（6）代理木马：黑客在入侵的同时掩盖自己的足迹，谨防他人发现自己的身份，因此给被控制的计算机种上代理木马，让其变成攻击者发动攻击的跳板。

（7）FTP 木马：这种木马可能是最简单、最古老的木马了，它的唯一功能就是打开21端口等待用户连接。现在新FTP木马还增加了密码功能，只有攻击者本人知道正确的密码，从而进入对方计算机。

（8）程序杀手木马：木马功能虽然各有不同，但到了对方计算机上要发挥自己的作用，还要过防木马软件这一关。程序杀手木马的功能就是关闭对方计算机上运行的防木马程序，让其他木马更好地发挥作用。

（9）反弹端口型木马：一般情况下，防火墙会对连入的链接进行非常严格的过滤，但是对于连出的链接疏于防范。与一般的木马相反，反弹端口型木马的服务器端（被控制端）使用主动端口，客户端（控制端）使用被动端口。木马定时监测控制端的存在，发现控制墙上线立即弹出端口主动连接控制端打开的主动端口。

3. 感染木马后的常见症状

木马具有隐蔽性，但计算机被木马感染后会表现出一些症状。在使用计算机的过程中，如发现以下现象，则很可能感染了木马。

- 文件无故丢失，数据被无故删改。
- 计算机反应速度明显变慢。
- 一些窗口被自动关闭。
- 莫名其妙地打开新窗口。
- 系统资源占用很多。
- 没有运行大的应用程序，而系统越来越慢。
- 运行某个程序时没有反应。
- 在关闭某个程序时，探测到有邮件发出。
- 密码突然被改变，或者他人得知你的密码或私人信息。

10.3.5 计算机恶意软件的相关概念

恶意软件

恶意软件是指在未明确提示用户或未经用户许可的情况下，在用户计算机上安装运行，损害用户合法权益的软件。

1. 恶意软件的分类

（1）强制安装：指未明确提示用户或未经用户许可，在用户计算机上安装软件的行为。

（2）难以卸载：指未提供通用的卸载方式，或在不受其他软件影响、人为破坏的情况下，卸载后仍然有活动程序的行为。

（3）浏览器劫持：指未经用户许可，修改用户浏览器或其他相关设置，迫使用户访问特定网站或导致用户无法正常上网的行为。

（4）广告弹出：指未明确提示用户或未经用户许可，利用安装在用户计算机或其他终端上的软件弹出广告的行为。

（5）恶意收集用户信息：指未明确提示用户或未经用户许可，恶意收集用户信息的行为。

（6）恶意卸载：指未明确提示用户、未经用户许可，误导、欺骗用户卸载其他软件的行为。

（7）恶意捆绑：指在软件中捆绑已被认定为恶意软件的行为。

2. 恶意软件的来源

互联网上恶意软件肆虐已经成为用户关心的焦点问题之一。恶意软件的主要来源主要有如下三处。

（1）恶意网页代码。某些网站通过修改用户浏览器主页提高自己网站的访问量。它们在某些网站页面中放置一段恶意代码，当用户浏览这些网站时，用户的浏览器主页就会被修改。当用户打开浏览器时，会首先打开这些网站，从而提高其访问量。

（2）插件。网络用户在浏览某些网站或者从不安全的站点下载游戏或其他程序时，往往会连同恶意程序一并带入自己的计算机，且可能被安装插件、工具条软件。这些插件会让受害者的计算机不断弹出不健康网站或者恶意广告。

（3）软件捆绑。互联网上有许多免费的软件资源，给用户带来了很多便利。而许多恶意软件将自身与免费软件捆绑，当用户安装免费软件时，会被强制安装恶意软件，且无法卸载。

10.3.6 计算机的安全防御

计算机病毒的防御措施有以下七个方面。

（1）安装杀毒软件或安全套件并及时更新升级，开启病毒实时监控。

（2）及时下载最新系统安全漏洞补丁，从根源上杜绝黑客利用系统漏洞攻击用户计算机。

（3）定期做好重要资料的备份，以免造成重大损失。

（4）不要随便打开来源不明的Excel或Word文档。

（5）不要随便打开不明来历的邮件附件。

（6）要注意判别网上下载的软件，并用杀毒软件查杀。

（7）在上网过程中要注意加强自我保护，避免访问非法网站，这些网站可能嵌入了恶意代码，一旦用户打开其页面，就可能会被植入病毒。

10.4 信息安全管理措施

信息安全管理措施

应运用管理的、物理的和技术的控制手段实施信息安全体系建设。信息安全防护的目的是维持信息的价值，保持信息的各种安全属性，让图谋不轨的人进不来、拿不走、改不了、看不懂、跑不了。可以通过多种手段保持信息安全性。

管理手段：包括风险管理、策略、标准规程、培训。

技术手段：可以通过以下技术手段保证信息安全。

（1）系统安全：操作系统及数据库系统的安全性。

（2）网络安全：网络隔离、访问控制、VPN、入侵检测、扫描评估。

（3）应用安全：E-mail安全、Web访问安全、内容过滤、应用系统安全。

（4）数据加密：硬件和软件加密，实现身份认证和数据信息的CIA特性。

（5）认证授权：口令认证、单点登录认证、证书认证等。

（6）访问控制：防火墙、访问控制列表等。

（7）审计跟踪：入侵检测、日志审计、辨析取证。

（8）防杀病毒：单机防病毒技术逐渐发展成整体防病毒体系。

物理手段：通过设备保护、安全防护、监控、环境控制、灾备恢复等手段保护信息安全。

10.5 本章小结

本章介绍了信息安全面临的主要安全威胁、定义，以及网络信息安全的五大特征（保密性、完整性、可用性、可控性、可审查性）；比较详尽地介绍了对称密钥密码技术和非对称密钥密码技术及其应用；介绍了病毒、木马、恶意软件的基本特征和预防措施等知识。其中，对称密钥密码技术和非对称密钥密码技术等内容，对于计算机初学者来说难以理解，读者掌握一点基本概念即可。表10-1给出了第10章知识点学习达标标准，供读者自测。

表 10-1 第 10 章知识点学习达标标准自测表

序号	知识（能力）点	达标标准	自测 1（ 月 日）	自测 2（ 月 日）	自测 3（ 月 日）
1	信息安全面临的主要威胁	了解			
2	信息安全的定义	掌握			
3	网络信息安全的主要特征	掌握			
4	对称密钥密码技术	了解			
5	非对称密钥密码技术	了解			
6	数字签名技术	了解			
7	认证技术	了解			
8	计算机病毒	了解			
9	计算机木马	了解			
10	恶意软件	了解			
11	防御技术	了解			
12	信息安全管理措施	了解			

习题

一、单项选择题

1．计算机网络按威胁对象大体可分为两种：对网络中信息的威胁和（　　）。

A．人为破坏　　B．对网络中设备的威胁。

C．病毒威胁　　D．对网络人员的威胁

2．在混合加密方式下，用来加解密通信过程中所传输数据（明文）的密钥是（　　）。

A．非对称算法的公钥

B．对称算法的密钥

C．非对称算法的私钥

D．CA 中心的公钥

3．防止用户被冒名欺骗的方法是（　　）。

A．对信息源发方进行身份验证

B．进行数据加密

C．对访问网络的流量进行过滤和保护

D．采用防火墙

4．CA 指的是（　　）。

A．证书授权　　B．加密认证

C．虚拟专用网　　D．安全套接层

5．以下关于对称密钥加密的说法正确的是（　　）。

A．加密方和解密方可以使用不同的算法

B．加密密钥和解密密钥可以是不同的

C．加密密钥和解密密钥必须是相同的

D．密钥的管理非常简单

6. 以下关于数字签名的说法正确的是（　　）。
   A. 数字签名是在所传输的数据后附加上一段与传输数据毫无关系的数字信息
   B. 数字签名能够解决数据的加密传输，即安全传输问题
   C. 数字签名一般采用对称加密机制
   D. 数字签名能够解决篡改、伪造等安全性问题

二、简答题

1. 简述数字签名的流程。
2. 简述计算机病毒的特点。

第 11 章　计算机新技术

忽如一夜春风来，千树万树梨花开。

——[唐]岑参

*11.1　大数据

大数据

人类是数据的创造者和使用者，自结绳记事起，数据就已慢慢产生。随着计算机和互联网的广泛应用，人类产生、创造的数据量呈爆炸式增长。我国已成为全球数据总量最大、数据类型最丰富的国家之一。人类采集、存储和处理的数据大幅提升，数据应用渗透到我们生活的每个角落。数据智慧开启，人类的生产和生活方式发生的深刻改变，农耕代表古代文明，工业代表现代文明，大数据也将代表催生一种全新的文明形态。

11.1.1　大数据的概念及特点

大数据（Big Data）是指无法在一定时间范围内用常规软件工具捕捉、管理和处理的数据集合，是需要新处理模式才能具有更强的决策力、洞察发现力和流程优化能力的海量、高增长率和多样化的信息资产。

在维克托·迈尔-舍恩伯格和肯尼斯·库克耶编写的《大数据时代》中，大数据是指不用随机分析法（抽样调查）等捷径，而采用所有数据进行分析处理的信息。大数据的 5V 特点（IBM 提出）包括数据量大（Volume）、数据类型繁多（Variety）、处理速度快（Velocity）、价值密度低（Value）、真实性（Veracity）。

1. 数据量大

据 IDC 的 *Data Age 2025* 报告，2020 年全球数据总量约为 44ZB，而 2025 年全球数据总量将达到 175ZB。数据存储单位之间的换算关系见表 11-1。

表11-1　数据存储单位之间的换算关系

单位	换算关系
Byte（字节）	1Byte=8bit
KB（千字节）	1KB=1024Byte
MB（兆字节）	1MB=1024KB
GB（吉字节）	1GB=1024MB
TB（太字节）	1TB=1024GB
PB（拍字节）	1PB=1024TB
EB（艾字节）	1EB=1024PB
ZB（泽字节）	1ZB=1024EB

2. 数据类型繁多

大数据的数据来源众多，科学研究、企业应用和 Web 应用等都在源源不断地生成新的数据。丰富的数据来源使得大数据的形式具有多样性，大数据大体可分为三类：一是结构化数据，如教育系统数据、金融系统数据、交通系统数据等，其特点是数据间因果关系强；二是非结构化数据，如视频、图片、音频等，其特点是数据间没有因果关系；三是半结构化数据，如XML文档、邮件等，其特点是数据间的因果关系弱。

3. 处理速度快

大数据的处理速度快

大数据对处理数据响应速度有严格要求，处理速度快，对数据实时分析、数据输入处理几乎要求无延迟。

4. 价值密度低

大数据虽然看起来很好，但是价值密度远远低于传统关系型数据库中已经存在的数据。在大数据时代，很多有价值的信息都是分散在海量数据中的。以视频为例，连续不间断的监控过程中，有用的数据可能仅仅只有一两秒。

5. 具有真实性

大数据中的内容是与真实世界息息相关的，研究大数据就是从庞大的网络数据中提取出能够解释和预测现实事件的过程。

11.1.2 大数据的影响

大数据对科学研究、思维方式、商业、管理等方面都有重要、深远的影响。

1. 大数据对科学研究的影响

大数据对科学研究的影响

图灵奖获得者、著名数据库专家吉姆·格雷将科学研究的范式分为四类——实验范式、理论范式、仿真范式、数据密集型范式。数据密集型科学研究的范式就是现在我们所称的“大数据”。

2. 大数据对思维方式的影响

大数据对思维方式的影响

如今数据已经成为一种商业资本、一项重要的经济投入，可以创造新的经济利益。一旦思维转变过来，数据就能被巧妙地用来激发新产品和新型服务。维克托·迈尔·舍恩伯格在《大数据时代：生活、工作与思维的大变革》一书中明确指出，大数据时代最大的转变就是思维方式的三种转变：全数据模式、效率而非精确、相关而非因果。

3. 大数据对商业的影响

大数据对商业的影响

信息技术变革随处可见，其重点在“T”（技术）上，而不是在“I”（信息）上。现在是时候把聚光灯打向“I”，开始关注信息本身。从看上去没什么用处的事物中提取出信息，将其转换为极其有用的数据，这样创新性的应用创造出了这些信息独特的价值。

4. 大数据对管理的影响

大数据对管理的影响

如果说在互联网时代个人的隐私受到了威胁，那么大数据时代会加深这种威胁，为此开展的管理变革涉及多个层面：个人隐私保护，从个人许可到让数据使用者承担责任；发展具有我国知识产权的、独立的安全产业，发挥安全产业的制衡作用；依法打击网络黑客、电信网络诈骗、侵犯公民个人隐私等违法犯罪行为，维护人民群众合法权益；建立合理适度的数据保护法律制度，建立权责明晰的安全责任机制，建立覆盖管理、技术、运营、监管四个维度，平台、数据、应用三个层次的全方位数据安全防护体系；基于“多方参与、分确三权”的思想和“责任明晰、协调高效”的原则设计各参与方的安全权责，建立立法权、执行权及监督权三权分立的数据安全管理体系。

11.1.3 大数据处理的一般过程

目前，随着大数据领域的广泛关注，大量新技术开始涌现，并将成为大数据采集、存储、分析、表现的重要工具。从数据在信息系统中的生命周期来看，大数据从数据源经过分析、挖掘到最终获得价值一般要经过数据采集与预处理、数据存储和管理、数据处理与分析、数据呈现、数据安全和隐私保护等主要环节。

1. 数据采集与预处理

利用ETL工具将分布式、异构数据源中的数据（如关系数据、平面数据文件等）抽取到临时中间层进行清洗、转换、集成，加载到数据仓库或数据集中，成为联机分析处理、数据挖掘的基础；也可以利用日志采集工具（如Flume、Kafka等）将实时采集的数据作为流计算系统的输入，进行实时处理分析。

2. 数据存储和管理

利用分布式文件系统、数据仓库、关系型数据库、非关系型数据库、云数据等，实现对结构化、半结构化和非结构化海量数据的存储和管理。

3. 数据处理与分析

利用分布式并行编程模式和计算框架，结合机器学习和数据挖掘算法，实现对海量数据的处理和分析。

4. 数据呈现

对分析结果进行可视化呈现，帮助人们更好地理解、分析数据。其本质是借助图形化手段，清晰、有效地传达与沟通信息。大数据可视化最常用的表现形式是统计图表，常用的统计图包括折线图、柱状图、饼图。

5. 数据安全和隐私保护

在从大数据中挖掘潜在的巨大商业价值和学术价值的同时，构建隐私数据保护体系和数据安全体系，有效保护个人隐私和数据安全。

11.1.4 大数据技术的应用

近年来，在全球经济数字化浪潮的带动下，我国大数据与各行各业的融合应用不断拓展。随着融合深度的增强和市场潜力不断被挖掘，融合发展给大数据行业带来的益处和价值日益显现。下面用大数据应用案例展示人们对海量数据的挖掘与运用，正在深刻地改变传统的工作和思维模式。

1. 大数据+农业

早在夏商周时期，就有人通过数据指导农业生产，这些数据来源于漫长岁月的经验积累，二十四节气就是这些经验数据凝结而来的。“早霞不出门，晚霞行千里”，看到月亮旁边有光圈知道明天要下雨，这些常识也是从数据中提炼的经验。稻瘟病是农作物病虫害防治的难题，工作人员安装传感设备获取叶子的温度，通过传感器采集空气温度、湿度、土地水分等数据，再对实时传输到数据平台的这些数据进行建模分析，预测稻田的生长走势，为播种和收获提供时节依据，预警信息指导农户在一个相对精准的时间段喷药或采取一些防治措施。

2. 大数据+商业

上海某超市的一个角落，某品牌的矿泉水堆静静地摆放在一角。来自该品牌的业务员每天例行公事地来到这个点，拍摄10张照片：水如何摆放、位置有什么变化、高度如何等。每个业务员一天要跑15个这样的点，按照规定，下班之前150张照片就被上传到品牌总部，每天产生的数据量大概为10MB，但全国有10000个业务员，这样每天的数据就是100GB，每月为3TB，这些图片如雪片般进入品牌总部的机房，这家公司的首席信息官（CIO）就会思考：如何摆放水堆更能促进销售呢？什么年龄的消费者在水堆前停留更久？他们一次的购买量如何？气温的变化让购买行为发生了哪些改变？竞争对手的新包装对销售产生了什么影响？有了强大的数据分析能力支持后，该品牌的年增长率得到了快速提升。

3. 大数据+医疗

医疗数据很复杂，有结构化数据（如检查单）和非结构化数据（如影像）。读懂抽象的医学影像是每位医生长期学习和实践磨炼的技能，这些经验都是医生的个人专属技能，对于机器来说只可意会不可言传。有经验的医生能对片子作出正确的判断，给出诊断报告。机器很难看懂图像，但是可以读懂文字和数字，可以先让机器读懂诊断报告，让机器学习平台学习很多医学的文献和标准，以分析医生的诊断报告，从中提取出诱因、发病时间，根据特征给数据打标签。把图谱存入计算机，让计算机识别，完成诊断。看到病人片子时，计算机会反映出这些数字标记的关键词语，从而实现机器读懂病人的影像资料。

4. 大数据+运动

2014 年巴西世界杯，德国队赢得冠军，完全基于数据针对每个球员特性制定的战术，大数据被称为德国队的第十二人。上场的运动员赢得多少分、整个运动生涯赢得多少分等数据非常精细，对标准动作进行 3D 建模，用生动形象的形式了解这个动作如何达标，通过数据比对，教练甚至可以了解每位球员短时期训练中身体的细微变化。历史数据与训练数据累积出来，可获得更多的数据，找到适合的位置与打法。

11.1.5 大数据发展趋势

1. 数据的资源化

资源化是指大数据成为企业和社会关注的重要战略资源，并成为大家争相抢夺的新焦点。

2. 突破并融合理论和技术

大数据与云计算、人工智能、物联网等新技术有密不可分的联系，围绕数据分析，利用多技术融合创新并进一步深化。

3. 数据科学和数据联盟的成立

数据科学将成为一门专门的学科，被越来越多的人认识。各大高校将设立专门的数据科学类专业，也会催生一批与之相关的新的就业岗位。与此同时，基于数据基础平台，也将建立起跨领域的数据共享平台，数据共享将扩展到企业层面，并且成为未来产业的核心一环。

4. 数据泄露泛滥

未来几年数据泄露事件会增加，除非数据在其源头就得到安全保障。可以说，未来每个 500 强企业都会面临数据攻击，无论它们是否已经做好安全防范。而所有企业，无论规模如何，都需要重新审视今天的安全定义。

5. 数据管理成为核心竞争力

数据管理成为核心竞争力，直接影响企业财务表现。当“数据资产是企业核心资产”的概念深入人心，企业对数据管理便有了更清晰的界定，将数据管理作为企业核心竞争力、持续发展、战略性规划与运用数据资产成为企业数据管理的核心。

6. 数据质量是商业智能（BI）成功的关键

采用自助式商业智能工具处理大数据的企业将会脱颖而出。其中要面临的一个挑战是很多数据源会带来大量低质量数据。想要成功，企业需要理解原始数据与数据分析之间的差距，从而消除低质量数据并通过商业智能获得更佳决策。

7. 数据生态系统复合化程度加强

大数据的世界不只是一个单一的、巨大的计算机网络，而是一个由大量活动构件与多元参与者元素构成的生态系统，是由终端设备提供商、基础设施提供商、网络服务提供商、网络接入服务提供商、数据服务使能者、数据服务提供商、触点服务、数据服务零售商等一系列参与者共同构建的生态系统。如今这样一套数据生态系统的基本雏形已经形成，接下来的发展将趋向于系统内部角色的细分，也就是市场的细分；系统机制的调整，也就是商业模式的创新；系统结构的调整，也就是竞争环境的调整，从而使得数据生态系统复合化程度逐渐增大。

11.1.6 大数据安全与防护

大数据安全与防护

2016年年底，来自全国各地的顶尖黑客在贵阳市的大数据靶场聚集，关于一个城市的瘫痪实验正式开始，其中涵盖电力、交通、邮政、金融等200多个重要设施和网络系统。在“开战”后的3分钟内土崩瓦解，令人担忧的问题无处藏身，攻击暴露的薄弱点在修复中得以增强。从这一年开始，把自己放在“枪林弹雨”中的贵阳多了从容和自信。到第2年变成4小时，到第3年花了两天才能攻击部分系统，攻防演练确实能够提升整个城市的安全防护水平。

为解决大数据自身的安全问题，需要重新设计和构建大数据安全架构及开放数据服务，从网络安全、数据安全、灾难备份、安全风险管理、安全运营管理、安全事件管理、安全治理等角度考虑，部署整体的安全解决方案，保障大数据计算过程、数据形态、应用价值的安全。

*11.2 人工智能

人工智能概念及人工智能技术

人工智能是计算机科学的一个分支，它企图了解智能的实质，并生产出一种新的能以人类智能相似的方式作出反应的智能机器，该领域的研究包括机器人、语言识别、图像识别、自然语言处理和专家系统等。

11.2.1 人工智能的概念及特点

人工智能应用

1. 人工智能的定义

人工智能（Artificial Intelligence，AI）是研究、开发用于模拟、延伸和扩展人的智能的理论、方法、技术及应用系统的一门技术科学。

麦卡锡教授将人工智能定义为“使一部机器的反应方式就像是一个人在行动时所依据的智能”。

人工智能逻辑学派的奠基人、美国斯坦福大学人工智能研究中心的尼尔森认为“人工智能是关于知识的科学，即怎样表示知识、获取知识和使用知识的科学”。

人工智能之父、首位图灵奖获得者马文·明斯基把人工智能定义为“让机器做本需要人的智能才能够做到的事情的一门科学”。

中国电子技术标准化研究院等编写的《人工智能标准化白皮书（2018版）》指出：人工智能是利用数字计算机或者数字计算机控制的机器模拟、延伸和扩展人的智能，感知环境、获取知识并使用知识获得最佳结果的理论、方法、技术及应用系统。

2. 图灵测试

1950年10月图灵发表了一篇划时代的论文——《计算机与智能》，提出了“机器能思考吗”问题。文中第一次提出“机器思维”的概念，预言了创造出具有真正智能的机器的可能性，还从行为主义的角度给智能问题下了定义，由此提出了一个假想：如果一台机器能够与人类展开对话（通过电传设备）而不被辨别出其机器身份，那么称这台机器具有智能。这就是著名的“图灵测试”。

图灵测试是测试人在与被测试者（一个人和一台机器）隔开的情况下，通过一些装置（如键盘）向被测试者随意提问。问过一些问题后，如果被测试者超过30%的答复不能使测试人确认出哪个是人、哪个是机器的回答，那么这台机器通过测试，并被认为具有人类智能。

3. 人工智能的特点

人工智能区别于一般信息系统的特征是什么呢？一项应用或产品是否属于人工智能，主要看其是否具备人工智能的三个基本能力。

（1）感知能力。人工智能具有感知环境的能力，比如对自然语言的识别和理解、对视觉图像的感知等，如智能音响、人脸识别等。

（2）思考能力。人工智能能够自我推理和决策，各类专家系统就具备典型的思考能力，如阿尔法狗（AlphaGo）。

（3）行为能力。人工智能具备自动规划和执行下一步工作的能力，例如目前已经较多见的扫地机器人、送餐机器人、无人机等。

11.2.2　人工智能的发展历程

1. 人工智能元年

1950 年，一位名叫马文·明斯基的大四学生与他的同学邓恩·埃德蒙建造了世界上第一台神经网络计算机，这被看作人工智能的起点。同年图灵提出图灵测试，并大胆预言了真正具备智能机器的可行性。1956 年洛克菲勒基金会提供了 7500 美元的资金支持，在美国新罕布什尔州汉诺威小镇的达特茅斯学院举办了为期两个月的人工智能研讨会。在会议上，约翰·麦卡锡首次提出了人工智能的概念，此次会议被公认为“人工智能”学科的起源。1956 年也被称为人工智能元年。

2. 人工智能的第一个高潮

20 世纪 50 年代，人工智能迎来高峰期。计算机广泛应用于数学和自然语言领域，用于解决代数、几何和英语问题。很多研究学者看到了机器向人工智能发展的契机。1958 年约翰·麦卡锡与马文·明斯基先后转到麻省理工学院工作，他们共同创建了 MAC 项目，这个项目后来转化为麻省理工学院人工智能实验室，这是世界上第一个人工智能实验室。1966 年麻省理工学院的约瑟夫·维森鲍姆发布了世界上第一个聊天机器人——ELIZA，如图 11-1 所示。1966－1972 年，斯坦福国际研究所研制出机器人 Shakey，这是首台采用人工智能的移动机器人。

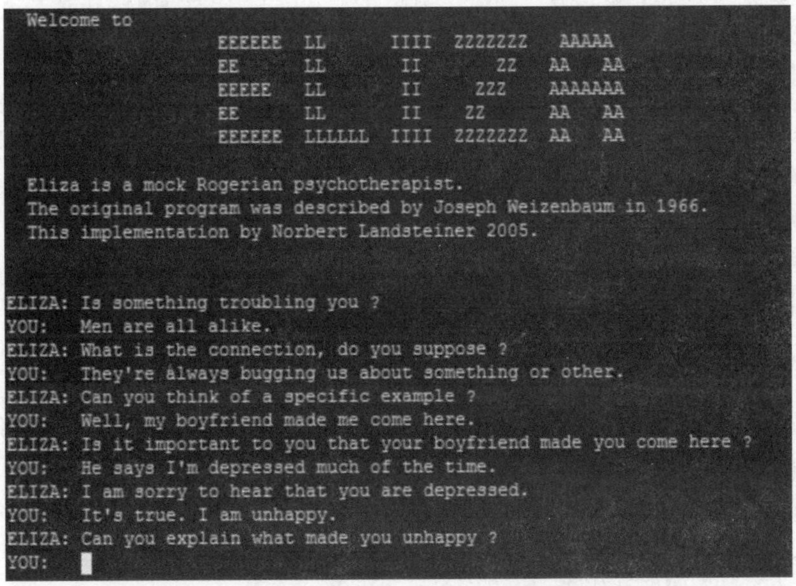

```
 Welcome to
                      EEEEEE  LL      IIII  ZZZZZZZ   AAAAA
                      EE      LL       II       ZZ   AA   AA
                      EEEEE   LL       II     ZZZ    AAAAAAA
                      EE      LL       II    ZZ      AA   AA
                      EEEEEE  LLLLLL  IIII  ZZZZZZZ  AA   AA

  Eliza is a mock Rogerian psychotherapist.
  The original program was described by Joseph Weizenbaum in 1966.
  This implementation by Norbert Landsteiner 2005.

ELIZA: Is something troubling you ?
YOU:   Men are all alike.
ELIZA: What is the connection, do you suppose ?
YOU:   They're always bugging us about something or other.
ELIZA: Can you think of a specific example ?
YOU:   Well, my boyfriend made me come here.
ELIZA: Is it important to you that your boyfriend made you come here ?
YOU:   He says I'm depressed much of the time.
ELIZA: I am sorry to hear that you are depressed.
YOU:   It's true. I am unhappy.
ELIZA: Can you explain what made you unhappy ?
YOU:
```

图 11-1　聊天机器人 ELIZA

在这个黄金时代中，约翰·麦卡锡开发了 LISP 语言，成为未来几十年人工智能领域的主要编程语言；马文·明斯基对神经网络有了更深入的研究，也发现了简单神经网络的不足；多层神经网络、反向传播算法开始出现；专家系统开始起步。

3. 人工智能的第一个寒冬

由于先驱科学家们的乐观估计一直无法实现，因此到了20世纪70年代，对人工智能的批评越来越多，人工智能遇到了很多当时难以解决的问题。一方面，计算机有限的内存和处理速度不足以解决任何实际的人工智能问题；另一方面，视觉和自然语言理解中巨大的可变性与模糊性等问题在当时的条件下构成了难以逾越的障碍，人工智能的发展陷入困境。由于技术瓶颈导致项目缺乏进展，对AI提供资助的机构逐渐停止了资助。由此，人工智能领域遭遇了第一个寒冬。

4. 人工智能的第二个繁荣期

进入20世纪80年代，由于专家系统和人工神经网络等技术的新进展，人工智能的浪潮再度兴起。1980年，卡耐基·梅隆大学为迪吉多公司设计了一套名为XCON的“专家系统”。XCON是一套具有完整专业知识和经验的计算机智能系统，可以简单理解为“知识库+推理机”的组合。这套系统在1986年之前能每年为公司节省超过4000万美元经费。

1982年霍普菲尔德提出了一种全互联型人工神经网络，成功解决了NP完全的旅行商问题。1986年大卫·鲁梅尔哈特等研制出具有误差反向传播功能的多层前馈网络，即BP（Back-Propagation）网络，成为后来应用广泛的人工神经网络。

5. 人工智能的第二个严冬

1987－1993年是人工智能历史上的第二个寒冬。专家系统最初取得的成功是有限的，它无法自我学习并更新知识库和算法，维护起来越来越麻烦，成本也越来越高。20世纪70年代，人工智能技术的发展对硬件计算和存储的要求越来越高。人工智能领域当时主要使用约翰·麦卡锡的LISP编程语言，为了满足人工智能计算的要求，一些公司和机构开始打造人工智能专用的LISP机器。1987年专用LISP机器硬件销售市场开始崩溃。直到20世纪80年代末，人工智能产品功能无法真正兑现，人工智能领域再一次进入寒冬。

6. 人工智能稳健发展的时代

1988年美国科学家朱迪亚·皮尔将概率统计方法引入人工智能的推理过程，这对后来人工智能的发展起到了重大影响。同年，英国人工智能科学家卡朋特开发了Jabberwacky聊天程序，尝试更好地通过图灵测试，至今这个程序的后续版——Cleverbot教育编程机器人仍然被很多人使用。1989年AT&T贝尔实验室的雅恩·乐昆团队使用卷积神经网络技术，实现了人工智能识别手写的邮政编码数字图像。1992年，当时在苹果公司任职的李开复使用统计学的方法，设计开发了具有连续语音识别能力的辅助程序Casper，也是Siri的原型，Casper可以实时识别语音命令，并执行计算机办公操作，类似于语音控制制作Word文档。

1997年两位德国科学家塞普·霍克赖特和施米德·赫伯提出了长短期记忆（Long Short Term Memory，LSTM），它是一种今天仍用于手写识别和语音识别的递归神经网络，对后来人工智能的研究有着深远影响。

2004年美国科学家杰夫·霍金斯在《人工智能的未来》中深入讨论了全新的大脑记忆预测理论，他认为：在开发人工智能之前，必须先弄明白人的智力，这样才能制造出真正如大脑一般工作的机器。他说：“你不必模拟整个大脑，但你必须明白大脑是怎样工作的，从而模仿出大脑的重要功能。”他在书中指出了依照此理论建造真正的智能机器的方法，对后来神经科学的深入研究产生了深远的影响。

2006年杰弗里·辛顿出版了*Learning Multiple Layers of Representation*，奠定了后来神经网络的全新架构，至今仍然是人工智能深度学习的核心技术之一。

2007年在斯坦福任教的李飞飞发起并创建了ImageNet项目。为了向人工智能研究机构提供足够数量可靠的图像资料，ImageNet 号召民众上传图像并标注图像内容。ImageNet 目前已经包含 1400 万张图片数据，涵盖了 2 万多个类别。自 2010 年开始，ImageNet 每年都会举行大规模视觉识别挑战赛，全球开发者和研究机构都会提供最好的人工智能图像识别算法进行评比。尤其是 2012 年，由多伦多大学在挑战赛上设计的深度卷积神经网络算法被业内认为是深度学习革命的开始。

2009 年谷歌公司开始秘密测试无人驾驶汽车技术；2014 年谷歌成为第一个通过美国州自驾车测试的公司。

2013 年谷歌公司收购了世界顶级的机器人技术公司——波士顿动力。它崛起于美国国防部的 DARPA 大赛，其生产的双足机器人和四足机器狗有超强的环境适应能力和未知情况下的行动能力，如图 11-2 所示。2018 年谷歌公司发布了语音助手的升级版，展示了语音助手自动电话呼叫并完成主人任务的场景。

（a）双足机器人　　（b）四足机器狗

图 11-2　波士顿机器人

随着移动互联网、大数据、云计算、物联网技术的发展，人工智能技术迈入了新的融合时代。2016 年从 AlphaGo 战胜李世石到微软语音识别技术超越人类；从谷歌自动驾驶、波士顿动力机器人到满布市场的智能音箱，以及每个人手机中的神经网络芯片和智能程序，人工智能从无形发展到有形，遍及每个人的生产生活，半个多世纪前科学家曾经描绘的美好图景正在一步一步被人工智能技术实现。

11.2.3　人工智能技术

1. 机器学习

机器学习是一门多领域交叉学科，涉及概率论、统计学、逼近论、凸分析、算法复杂度理论等多门学科。专门研究计算机模拟或实现人类学习行为的方式，以获取新的知识或技能，重新组织已有的知识结构，使之不断改善自身的性能。它是人工智能的核心，是使机器具有智能的根本途径。机器学习的目的是让机器帮助人类做一些大规模的数据识别、分拣、规律总结等人类做起来比较花时间的事情。

机器学习正是前面介绍的 AlphaGo 在人机围棋大战中取胜的关键。AlphaGo 结合了监督学习和强化学习的优势，通过训练形成一个策略网络，技术团队从在线围棋对战平台 KGS 上获取了 16 万局人类棋手的对弈棋谱，从中采样了 3000 万个样本作为训练样本，将棋盘上的局势作为输入信息，并对所有可行的落子位置生成一个概率分布。然后训练出一个价值网络对自我对弈进行预测，预测所有可行落子位置的结果。

根据训练方法的不同，机器学习的算法可以分为监督式学习（Supervised Learning）、无监督式学习（Unsupervised Learning）、半监督式学习（Seni-Supervised Learning，SSL）、迁移学习（Transfer Learning）、强化学习（Reforcement Learning）五大类。

（1）监督式学习。在监督式学习下，输入数据被称为"训练数据"，每组训练数据有一个明确的标识或结果，如防垃圾邮件系统中的"垃圾邮件"及"非垃圾邮件"，手写数字识别中的"1""2""3""4"等。在建立预测模型时，监督式学习建立一个学习过程，将预测结果与"训练数据"的实际结果进行比较，不断地调整预测模型，直到模型的预测结果达到预期的准确率。监督式学习常用于分类问题和回归问题。常见算法有逻辑回归（Logistic Regression）、反向传递神经网络（Back Propagation Neural Network）、决策树（Decision Trees）、朴素贝叶斯分类（Naive Bayesian Classification）等。

举例：查看所有的照片，记录下哪张照片有你，然后对这些照片分成两组，一组是训练集，用来训练模型；第二组是验证集，用来验证训练出的模型是否能认出你，正确率是多少。

（2）无监督式学习。无监督式学习是指输入数据没有被标记，也没有确定的结果。样本数据类别未知，需要根据样本间的相似性对样本集进行分类，使类内差距最小化，类间差距最大化。通俗点讲就是实际应用中，很多情况下无法预先知道样本的标签，也就是说没有训练样本对应的类别，因而只能从原先没有样本标签的样本集开始学习分类器设计。

举例：假设要生产 T 恤，却不知道 XS、S、M、L 和 XL 的尺寸是多大。可以根据人们的体测数据，用聚类算法把人们分到不同的组，从而决定尺码。

（3）半监督式学习。半监督式学习是监督式学习与无监督式学习结合的一种学习方法。半监督式学习使用大量未标记数据，同时使用标记数据进行模式识别工作。当使用半监督式学习时，要求尽量少的人员从事工作，同时能够带来比较高的准确性。因此，半监督式学习越来越受到人们的重视。

举例：用半监督式学习对每类只标记 30 个数据，和用监督式学习对每类标记 1360 个数据，取得了相同的效果，并且使得他们的客户可以标记更多的类，从 20 个类迅速扩展到 110 个类。

（4）迁移学习。迁移学习是指将已经训练好的模型参数迁移到新的模型来帮助新模型训练数据集。迁移学习能把一个领域（即源领域）的知识迁移到另一个领域（即目标领域），目标领域往往只有少量有标签样本，使得目标领域能够取得更好的学习效果。

举例：使用预先训练好的深度学习模型处理大型、具有挑战性的图像分类任务，例如 ImageNet 1000 级照片分类竞赛。

（5）强化学习。强化学习是指智能体（Agent）以"试错"的方式学习，通过与环境进行交互获得的奖赏指导行为，目标是使智能体获得最大的奖赏。强化学习不同于连接主义学习中的监督学习，主要表现在强化信号上，强化学习中由环境提供的强化信号是对产生动作的质量作一种评价（通常为标量信号），而不是告诉强化学习系统（Reinforcement Learning System，RLS）产生正确动作的方法。由于外部环境提供的信息很少，强化学习系统必须靠自身的经历学习。通过这种方式，强化学习系统在行动–评价的环境中获得知识，改进行动方案以适应环境。强化学习的常见应用场景包括动态系统及机器人控制等，常见算法包括 Q-Learning 及时间差学习（Temporal Difference Learning）等。

举例：AlphaGo（阿尔法狗）是强化学习算法的应用典范。

2. *人工神经网络与深度学习*

（1）人工神经网络（Artificial Neural Networks，ANNs）。人工神经网络简称神经网络（NNs）或连接模型（Connection Model），它是一种模仿动物神经网络行为特征，进行分布式并行信息处理的算法数学模型。人工神经网络依靠系统的复杂程度，通过调整内部大量节点之间的连接关系，达到处理信息的目的。简单的神经网络结构通常包括输入层、隐藏层、输出层，如图 11-3 所示。

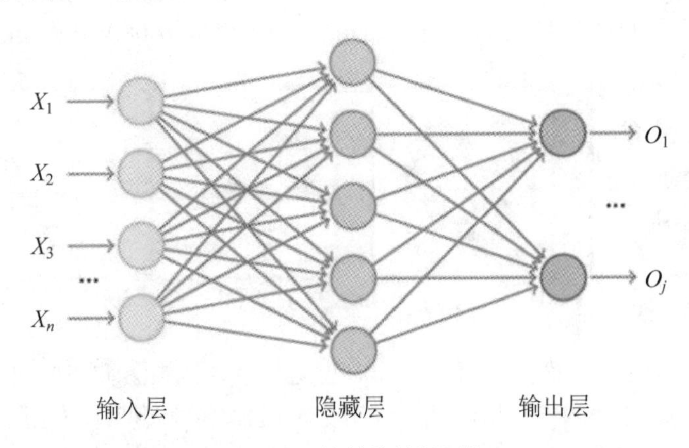

图 11-3　简单的神经网络

图 11-3 中，每个圆圈代表一个神经元，这是一个包含 3 个层次的神经网络，左侧是输入层，中间是隐藏层，右侧是输出层。其中，输入层有 n 个单元，隐藏层有 5 个单元、输出层有 j 个单元。

神经元以首尾相接的方式传递数据信息，前一个神经元接收数据，数据经过处理后输出给后一层相应的一个或多个神经元。

（2）深度学习。深度学习是机器学习研究中的一个新领域，目的是建立、模拟人脑进行分析学习的神经网络，它模仿人脑的机制解释数据，例如图像、声音和文本。

深度学习又称深度神经网络（Deep Neural Networks，DNN），是由传统人工神经网络模型发展而来的。深度超过 8 层的神经网络称为深度学习，深度学习的“深度”是指从“输入层”到“输出层”经历的层次数，即“隐藏层”的层数，层数越多，深度越深。

（3）人工神经网络与深度学习。人工神经网络和深度学习目前提供针对图像识别、语音识别和自然语言处理领域等问题的最佳解决方案。卷积神经网络（Convolutional Neural Networks，CNN）是一种包含卷积计算且具有深度结构的前馈神经网络，是深度学习的代表算法之一。

3. 人工智能技术的关系结构

机器学习是实现人工智能的一种方法；深度学习则是一种实现机器学习的技术，使得机器学习乃至人工智能领域出现众多实际应用。人工智能技术的关系结构如图 11-4 所示。

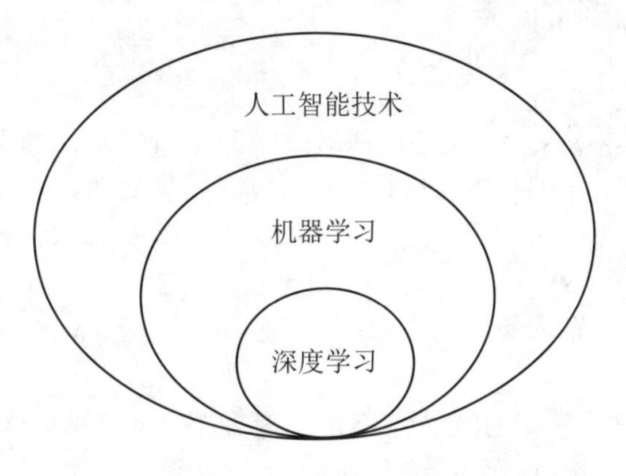

图 11-4　人工智能技术的关系结构

4. 人工智能技术的实现实例

（1）人工智能技术实现 MINIST 手写数字识别过程（图 11-5）。MNIST 数据集是一个由手写数字图片构成的数据集，数字由 0～9 组成，图片尺寸为 28×28。MNIST 数据集包含训练集 mnist.train 和测试集 mnist.test 两部分，训练集 mnist.train 包含 60000 张图片，其中 55000 张训练用，5000 张验证用；测试集 mnist.test 包含 10000 张图片，用于测试。

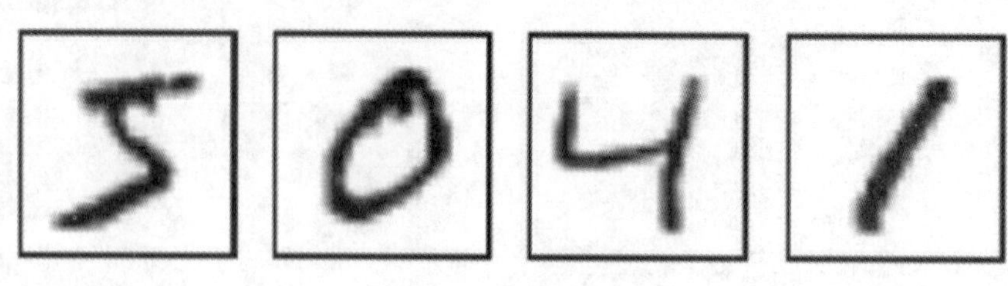

图 11-5 手写数字图片

其中每张图片对应的标签告诉用户图片对应的数字，例如图 11-5 中 4 张图片的标签分别是 5、0、4、1。通过 MNIST 数据集训练出一个机器学习模型，再运用训练出来的模型预测手写数字图片的数字，实现流程如图 11-6 所示。

图 11-6 MNIST 手写数字识别实现流程

（2）人工智能技术实现人脸识别过程。人脸识别技术的实现主要分为三个步骤：一是建立一个包含大批量人脸图像的数据库；二是通过各种方式获得当前要识别的目标人脸图像；三是将目标人脸图像与数据库中存在的人脸图像进行比对和筛选。根据人脸识别技术的原理，实施流程主要包含 4 个部分：人脸图像的采集与预处理、人脸检测、人脸特征提取、人脸识别，如图 11-7 所示。

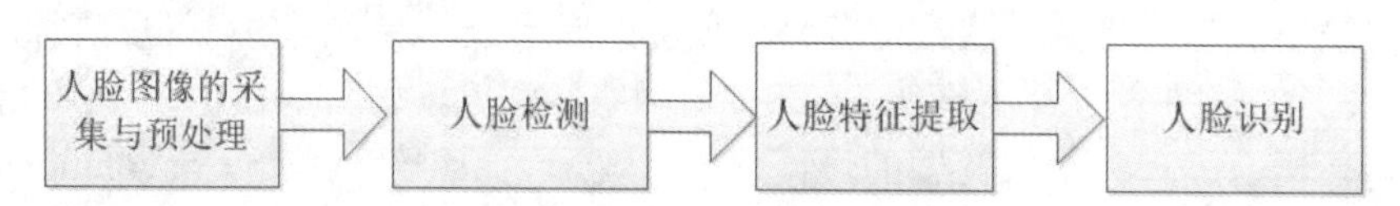

图 11-7 人脸识别技术的实施流程

人脸检测是对人脸进行识别和处理的第一步，主要用于检测并定位图片中的人脸，返回高精度的人脸框坐标及人脸特征点坐标。人脸识别会进一步提取每个人脸中含有的身份特征，并将其与已知的人脸进行对比，从而识别每个人脸的身份。

11.2.4 人工智能技术的应用

人工智能技术的应用

1. 人脸识别

人脸识别也称人像识别、面部识别，是基于人的脸部特征信息识别身份的一种生物识别技术。人脸识别涉及的主要技术包括计算机视觉、图像处理等。

人脸识别系统的研究始于 20 世纪 60 年代，随着计算机技术和光学成像技术的发展，人脸识别技术水平在 20 世纪 80 年代得到不断提高。在 20 世纪 90 年代后期，人脸识别技术进入初级应用阶段。目前人脸识别技术已广泛应用于金融、司法、公安、边检、航天、电力、教育、医疗等领域。

有一个关于人脸识别技术应用的有趣案例：某歌手获封“逃犯克星”，因为警方利用人脸识别技术在其演唱会上多次抓到在逃人员。

2018 年 4 月 7 日，该歌手南昌演唱会开始后，看台上一名粉丝便被警方带离现场。实际上，他是一名逃犯，安保人员通过人脸识别系统锁定了在看台上的他。

2018 年 5 月 20 日，该歌手嘉兴演唱会上，犯罪嫌疑人于某在通过安检门时被人脸识别系统识别出是逃犯，随后被警方抓获。

随着人脸识别技术的进一步成熟和社会认同度的提高，其将应用于更多领域，给人们的生活带来更多改变。

2. 个性化推荐

个性化推荐是一种基于聚类与协同过滤技术的人工智能应用，它建立在海量数据挖掘的基础上，通过分析用户的历史行为建立推荐模型，主动给用户提供匹配他们的需求与兴趣的信息，如商品推荐、新闻推荐等。

个性化推荐系统广泛存在于各类网站和 APP 中，本质上，它会根据用户的浏览信息、用户基本信息，并对物品或内容的偏好程度等因素进行考量，依托推荐引擎算法进行指标分类，将与用户目标因素一致的信息内容进行聚类，经过协同过滤算法，实现精确的个性化推荐。

3. 医学图像处理

医学图像处理是人工智能在医疗领域的典型应用，它的处理对象是由各种成像机理（如在临床医学中广泛使用的核磁共振成像、超声成像等）生成的医学影像。

传统的医学影像诊断主要通过观察二维切片图发现病变体，往往需要依靠医生的经验来判断。而利用计算机图像处理技术，可以对医学影像进行图像分割、特征提取、定量分析和对比分析等，进而完成病灶识别与标注，针对肿瘤放疗环节的影像的靶区自动勾画，以及手术环节的三维影像重建。

医学图像处理可以辅助医生对病变体及其他目标区域进行定性分析甚至定量分析，大大提高医疗诊断的准确性和可靠性。另外，它在医疗教学、手术规划、手术仿真、各类医学研究、医学二维影像重建中也起到重要的辅助作用。

4. 无人驾驶汽车

无人驾驶汽车是智能汽车的一种，也称轮式移动机器人，主要依靠车内以计算机系统为主的智能驾驶控制器实现无人驾驶。无人驾驶涉及的技术包含多个方面，例如计算机视觉、自动控制技术等。

11.2.5 人工智能的未来

人工智能按照智能程度大致可以分为三类：弱人工智能、强人工智能和超人工智能，如图 11-8 所示。现阶段所实现的人工智能大部分指的是弱人工智能，并且已被广泛应用。弱人工智能是指擅长单个领域、专注于完成某个特定任务的人工智能。随着新理论、新技术及新平台的不断发展完善，人工智能将向着“AI+”的方向不断前行。

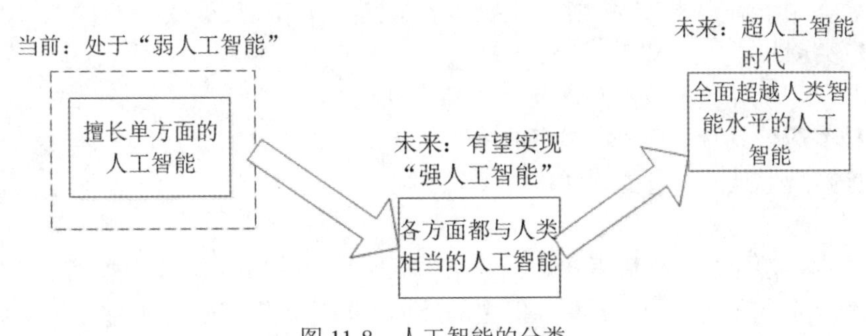

图 11-8　人工智能的分类

1. 弱人工智能

弱人工智能被称为狭隘人工智能或应用人工智能，指的是只能完成某项特定任务或者解决某个特定问题的人工智能。

2. 强人工智能

强人工智能被称为通用人工智能或全人工智能，指的是可以像人一样胜任任何智力性任务的智能机器。

3. 超人工智能

超人工智能是超级智能的一种，可以实现与人类智能等同的功能，即拥有类比生物进化的自身重编程和改进功能——递归自我改进功能。

虚拟现实

*11.3 虚拟现实

虚拟现实（Virtual Reality，VR）技术是20世纪发展起来的一项全新的实用技术，囊括计算机、电子信息、仿真技术，基本实现方式是计算机模拟虚拟环境给人以环境沉浸感。随着社会生产力和科学技术的不断发展，各行各业对虚拟现实技术的需求日益旺盛。虚拟现实技术也取得了巨大进步，并逐步成为一个新的科学技术领域。

11.3.1 虚拟现实的概念及特点

虚拟现实就是虚拟与现实结合。从理论上来讲，虚拟现实技术是一种可以创建和体验虚拟世界的计算机仿真系统，利用计算机生成一种模拟环境，使用户沉浸在该环境中。虚拟现实技术就是利用现实生活中的数据，通过计算机技术产生的电子信号与各种输出设备结合，使其转换为能够让人们感受到的现象，这些现象可以是现实中真真切切的物体，也可以是我们肉眼所看不到的物质，通过三维模型表现出来。因为这些现象不是我们直接能看到的，而是通过计算机技术模拟出来的现实中的世界，所以称为虚拟现实。

虚拟现实技术作为一种新的技术，主要有五个特性：沉浸性、交互性、多感知性、构想性和自主性。

1. 沉浸性

沉浸性是虚拟现实技术的主要特征，让用户成为并感受到自己是计算机系统所创造环境中的一部分。虚拟现实技术的沉浸性取决于用户的感知系统，当使用者感知到虚拟世界的刺激（包括触觉、味觉、嗅觉、运动感知等）时，产生思维共鸣，造成心理沉浸，感觉如同进入真实世界。

2. 交互性

交互性是指使用者对模拟环境内物体的可操作程度和从环境得到反馈的自然程度，使用者进入虚拟空间，相应的技术让使用者与环境产生相互作用，当使用者进行某种操作时，周围的环境作出某种反应。若使用者接触到虚拟空间中的物体，那么使用者手上应该能够感受到；若使用者对物体有所动作，则物体的位置和状态也应改变。

3. 多感知性

多感知性表示计算机技术应该拥有很多感知方式，比如听觉，触觉、嗅觉等。理想的虚拟现实技术应该具有一切人所具有的感知功能。受相关技术特别是传感技术的限制，目前大多数虚拟现实技术具有的感知功能仅限于视觉、听觉、触觉、运动等。

4. 构想性

构想性也称想象性，使用者在虚拟空间中可以与周围物体进行互动，拓宽认知范围，创造客观世界不存在的场景或不可能发生的环境。构想可以理解为使用者进入虚拟空间，根据自己的感觉与认知能力吸收知识，发散拓宽思维，创立新的概念和环境，因而可以说，虚拟现实可以启发人的创造性思维。

5. 自主性

自主性是指虚拟环境中物体依据物理定律动作的程度。如当受到力的推动时，物体会向力的方向移动、翻倒或从桌面落到地面等。

11.3.2 虚拟现实技术的发展历程

虚拟现实技术的发展可以分为如下四个阶段。

1. 酝酿阶段

1929 年美国发明家爱德华·林克发明了简单的机械飞行模拟器，在室内某个固定的地点训练飞行员，使乘坐者的感觉与坐在真的飞机上相同，使受训者可以通过模拟器学习飞行操作。

1956 年电影导演莫顿·海利希为了实现“为观众创造一个终极的全景体验”的梦想，开发了多通道仿真体验系统——Sensorama，这是一台能供 1～4 个人使用并满足 72%视野范围的 3D 视频机器，其外观看起来更像是一台街头游戏机，莫顿·海利希将其称为“体验剧院”，如图 11-9 所示。

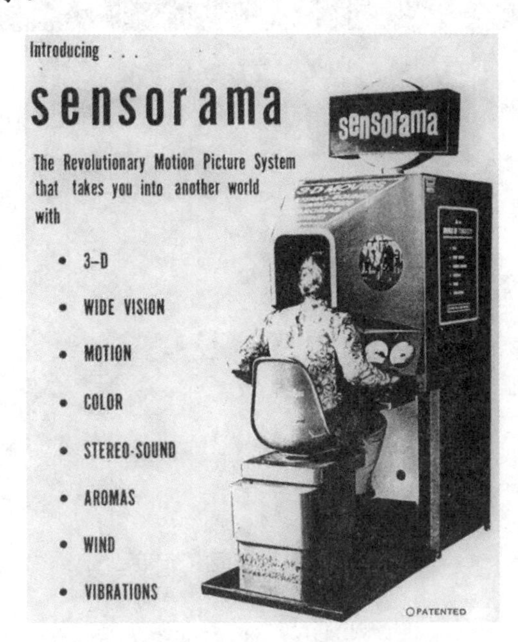

图 11-9 Sensorama

2. 萌芽阶段

1968 年被誉为“计算机图形学之父”的伊凡·苏泽兰设计了第一款头戴式显示器，并以自己的名字命名。Sutherland 头戴式显示器（图 11-10）的诞生标志着头戴式虚拟现实设备与头部位置追踪系统的确立，并为如今的虚拟现实技术奠定了坚实基础。受到当时硬件技术的限制，Sutherland 头戴式显示器无法独立穿戴，必须在天花板上搭建支撑杆。

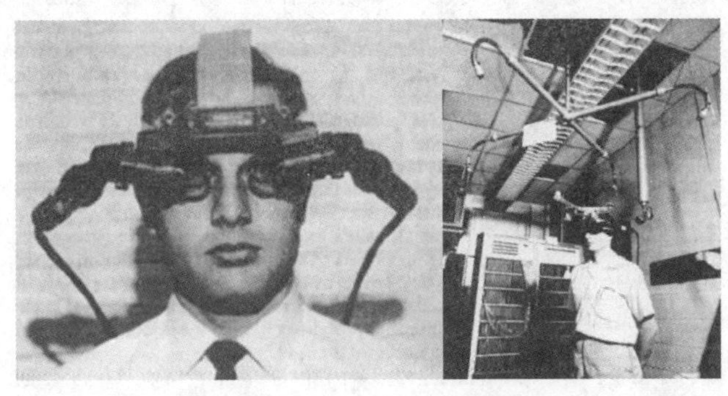

图 11-10 Sutherland 头戴式显示器

1972 年美国企业家诺兰·布什内尔开发出第一款交互式电子游戏——“Pong（乒乓）”（图 11-11）。这是一款规则极简单的游戏，游戏界面中间一条长线作为所谓的“球网”，游戏双方各控制一条短线作为“球拍”，互相击打一个圆点，即所谓的“Pong”，失球最少者得最高分。这款游戏在商业上取得了成功，也使得诺兰·布什内尔创办的雅达利公司把游戏娱乐带入大众世界。

图 11-11 “Pong（乒乓）”交互式电子游戏

1977 年丹尼尔·桑丁、托马斯·德房蒂和里奇·赛尔研制出第一个数据手套——Sayre Glove（图 11-12）。

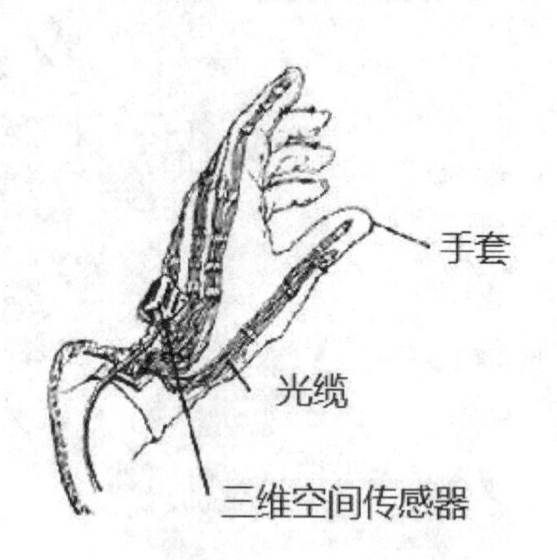

图 11-12 Sayre Glove

3. 雏形阶段

1984 年美国航空航天局（National Aeronautics and Space Administration，NASA）研究中心开发出用于火星探测的虚拟环境视觉显示器。该装置将探测器发回地面的数据输入计算机，从而构造出火星表面的三维虚拟环境。

1984 年离开了雅达利公司的杰伦·拉尼尔和同伴创立了 VPL Research 公司。他组装了一台虚拟现实头盔，这是第一款真正投放于市场的虚拟现实商业产品，价值 10 万美元。1989 年杰伦·拉尼尔提出用 Virtual Reality 表示虚拟现实。作为首次定义虚拟现实的先驱，他被称为“虚拟现实之父”，其所在的 VPL Research 公司也开始将虚拟现实技术作为商品进行推广和应用，但不幸的是该公司于 1990 年宣布破产。

4. 应用阶段

1993 年日本著名游戏厂商世嘉株式会社计划发布基于其 MD 游戏机的虚拟现实头戴显示器。这款显示器凭借前卫的外观设计吸引了大量年轻人，但在游戏体验环节反应平淡，最终世嘉株式会社不得不中止该项目的后续研发计划。

1995 年美国伊利诺伊大学的实验室里，兴奋的学生们庆祝 CAVE 虚拟现实显示系统的问世。这是一种基于投影的沉浸式虚拟现实显示系统，其特点是分辨率高、沉浸感强、交互性好。CAVE 虚拟现实显示系统的原理比较复杂，它以计算机图形学为基础，把高分辨率的立体投影显示技术、多通道视景同步技术、音响技术、传感器技术等完美地融合在一起，产生一个被三维立体投影画面包围的供多人使用的完全沉浸式的虚拟环境，CAVE 虚拟现实显示系统对推动虚拟现实的发展起到了极大作用。

2012 年，19 岁的帕尔默·拉吉创办了 OculusVR 公司，并筹集了超过 240 万美元的资金用于第 6 代虚拟现实原型机的研发。其实早在 18 岁那年，他就在父母的车库里创造了第一款虚拟现实头显设备原型——CR1，并拥有 90° 视场角。

2015 年 Oculus 宣布将把 Oculus Rift（图 11-13）带入大众消费领域，并于 2016 年 1 月开始在 20 多个国家和地区预售。

图 11-13　Oculus Rift

11.3.3　虚拟现实系统的组成

虚拟现实系统主要由计算机、输入/输出设备、应用软件和数据库等组成，如图 11-14 所示。

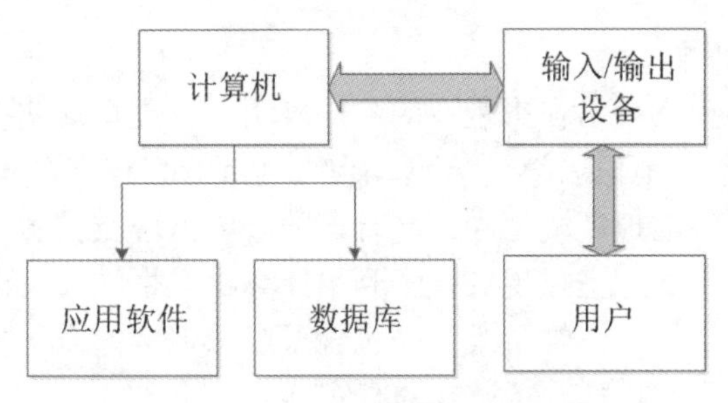

图 11-14　虚拟现实系统的组成

1. 计算机

在虚拟现实系统中，计算机起着至关重要的作用，可以称为虚拟现实世界的心脏。它负责整个虚拟世界的实时渲染计算、用户与虚拟世界的实时交互计算等功能。

2. 输入/输出设备（图 11-15）

虚拟现实系统要求用户采用自然的方式与虚拟世界进行交互，传统的鼠标和键盘是无法实现这个目标的，需要采用特殊的交互设备识别用户各种形式的输入，并实时生成相应的反馈信息。目前，常用的交互设备有用于手势输入的数据手套、用于语音交互的三维声音系统、用于立体视觉输出的头盔显示器等。

3. 应用软件

实现虚拟现实系统需要很多辅助软件的支持，这些辅助软件一般用于准备构建虚拟世界所需的素材。例如：在前期数据采集和图片整理时，需要使用 AutoCAD、Photoshop 等二维制图软件和建筑制图软件；在建模贴图时，需要使用 3DMax、MAYA 等主流三维软件；在准备音视频素材时，需要使用 Audition、Premiere 等软件。为了将各种媒体素材组织在一起，形成完整的具有交互功能的虚拟世界，还需要专业的虚拟现实引擎软件，它主要负责完成虚拟现实系统中的模型组装、热点控制、运动模式设立、声音生成等工作。

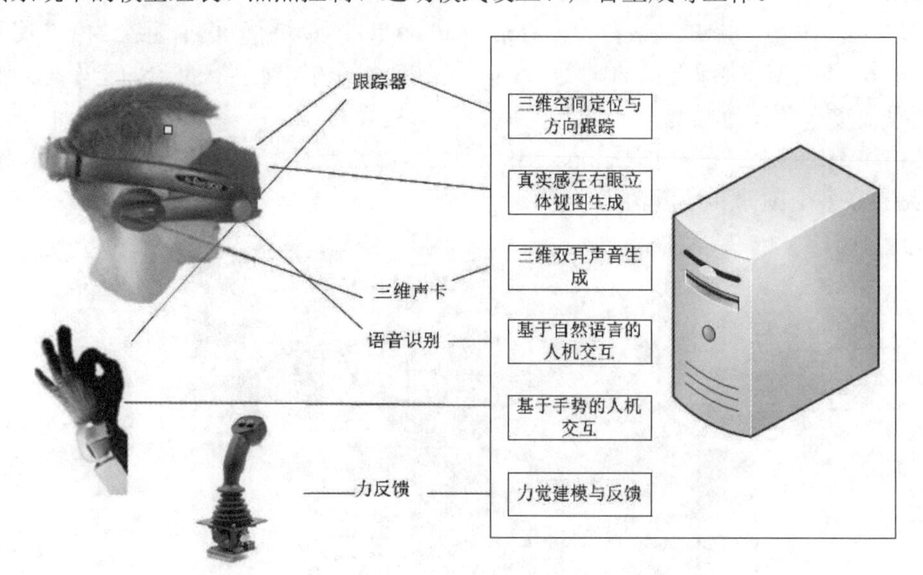

图 11-15 输入/输出设备

4. 数据库

虚拟现实系统中，数据库的主要作用是存储系统需要的各种数据，例如地形数据、场景模型、各种制作的建筑模型等。所有在虚拟现实系统中出现的物体，在数据库中都需要有相应的模型。

11.3.4 虚拟现实技术的应用

1. 在影视娱乐中的应用

近年来，由于虚拟现实技术在影视业的广泛应用，以虚拟现实技术为主建立的第一现场 9DVR 体验馆得以实现。体验馆可以让观影者体会到置身于真实场景之中的感觉，让体验者沉浸在影片所创造的虚拟环境之中。同时，随着虚拟现实技术的不断创新，此技术在游戏领域也得到了快速发展。虚拟现实技术利用计算机产生的三维虚拟空间，而三维游戏刚好是建立在此技术之上的，三维游戏几乎包含了虚拟现实的全部技术，使得游戏在保持实时性和交互性的同时，大幅提升了游戏的真实感。

2. 在教育中的应用

虚拟现实技术已经成为促进教育发展的一种新型教育手段。传统的教育只是一味地给学生灌输知识，而现在利用虚拟现实技术可以帮助学生打造生动、逼真的学习环境，使学生通过真实感受来增强记忆。与被动性灌输相比，利用虚拟现实技术自主学习更容易让学生接受，这种方式更容易激发学生的学习兴趣。此外，各大院校利用虚拟现实技术建立了与学科相关的虚拟实验室，以帮助学生更好地学习。

3. 在设计领域的应用

虚拟现实技术在设计领域小有成就，例如室内设计，人们可以利用虚拟现实技术把室内结构、房屋外形通过虚拟技术表现出来，使之变成可以看得见的物体和环境。同时，在设计初期，设计师可以将自己的想法通过虚拟现实技术模拟出来，可以在虚拟环境中预先看到室内的实际效果，这样既节省了时间，又降低了成本。

4. 虚拟现实在医学方面的应用

医学专家们利用计算机，在虚拟空间中模拟出人体组织和器官，让学生在其中进行模拟操作，并且能让学生感受到手术刀切入人体肌肉组织、触碰到骨头的感觉，使学生更快地掌握手术要领。主刀医生们在做手术前，可以建立病人身体的虚拟模型，在虚拟空间中进行一次手术预演，大大提高手术的成功率，让更多的病人痊愈。

5. 虚拟现实在军事方面的应用

传统的军事训练从来都是高风险活动，并且其中存在资金、人力投入大、情境氛围难以完美模拟等问题。在军事方面，人们用计算机编写地图上的山川地貌、海洋湖泊等数据，利用虚拟现实技术将原本平面的地图转换成一幅三维立体的地形图，再通过全息技术投影出来，更有助于进行军事演习等训练，提高我国的综合国力。

除此之外，现在的战争是信息化战争，战争机器都朝着自动化方向发展，无人机便是信息化战争的典型产物。

11.3.5　虚拟现实技术的未来趋势

一方面，随着近年来人工智能、大数据等科技产业的持续发展，虚拟现实技术和产业不断演进；另一方面，虚拟现实技术和应用的发展，如动态环境建模、多元数据处理、实时动作捕捉、实时定位跟踪、快速渲染处理等关键技术攻关，加快了虚拟现实技术产业化进程。

1. VR+城市

虚拟现实技术可以全面、综合地展示城市各区域的规划布局、发展蓝图、城市简介、产业布局、“绿色发展”理念、治理情况等；配合实时语音解说、智能导图、智能导航等功能，指引用户全面、直观了解城市面貌、城市建设过程。

2. VR+旅游

在旅游和文物保护方面，建设 VR 主题乐园、VR 全景展馆等，以创新文化传播的方式，推动虚拟现实技术在文物和艺术品展示等文化艺术领域的应用，不断丰富“旅游+”业态，满足群众文化的消费升级需求。

3. VR+文化

推进虚拟现实技术在高等教育、职业教育等领域的应用，公共文化机构建立互动体验空间，充分运用人机交互、虚拟现实、增强现实、3D 打印等现代技术，设立阅读、舞蹈、音乐、书法、绘画、摄影、培训等交互式文化体验专区，增强公共文化服务互动性和趣味性。

*11.4　云计算

云计算

11.4.1　云计算的基本概念及特点

云计算（Cloud Computing）是分布式计算的一种，指的是通过网络“云”将巨大的数据计算处理程序分解成无数个小程序，再通过多部服务器组成的系统进行处理和分析，将得到的结果返回给用户。

“云”实际上就是一个网络，狭义上讲，云计算就是一种提供资源的网络，使用者可以随时获取“云”上的资源，按需求量使用，并且可以看成是无限扩展的，只要按使用量付费即可。“云”就像自来水厂一样，用户可以随时接水，并且不限量，按照自己家的用水量付费给自来水厂就可以。

从广义上说，云计算是与信息技术、软件、互联网相关的一种服务，这种计算资源共享池叫作“云”。云计算把许多计算资源集合起来，通过软件实现自动化管理，只需要很少的人参与，就能快速提供资源。也就是说，计算能力作为一种商品，可以在互联网上流通，就像水、电、煤气一样，可以方便地取用，且价格较低。

总之，云计算不是一种全新的网络技术，而是一种全新的网络应用概念，云计算的核心概念就是以互联网为中心，在网站上提供快速且安全的云计算服务与数据存储，让每个使用互联网的人都可以使用网络上的庞大计算资源与数据中心。

云计算具有高灵活性、可扩展性和高性价比等，与传统的网络应用模式相比，其具有如下优势与特点。

1. 虚拟化

虚拟化突破了时间、空间的界限，是云计算最显著的特点。虚拟化技术包括应用虚拟和资源虚拟两种。物理平台与应用部署的环境在空间上是没有任何联系的，正是通过虚拟平台对相应终端操作完成数据备份、迁移和扩展等。

2. 动态可扩展

云计算具有高效的运算能力，在原有服务器基础上增加云计算功能，能够使计算速度迅速提高，最终实现动态扩展虚拟化的层次达到对应用进行扩展的目的。

3. 按需部署

计算机包含许多应用、程序软件等，不同的应用对应的数据资源库不同，所以用户运行不同的应用需要较强的计算能力部署资源，而云计算平台能够根据用户的需求快速配备计算能力及资源。

4. 灵活性高

目前市场上大多数 IT 资源和软、硬件都支持虚拟化，比如存储网络、操作系统和开发软、硬件等。虚拟化要素统一放在云系统资源虚拟池中管理，可见云计算的兼容性非常强，不仅可以兼容低配置机器、不同厂商的硬件产品，而且可以外设获得更高性能的计算。

5. 可靠性高

服务器故障不影响计算与应用的正常运行。因为单点服务器出现故障，可以通过虚拟化技术将分布在不同物理服务器上的应用进行恢复，或利用动态扩展功能部署新的服务器进行计算。

6. 性价比高

将资源放在虚拟资源池中统一管理，在一定程度上优化了物理资源，用户不再需要昂贵、存储空间大的主机，可以选择相对廉价的计算机组成云，一方面减少了费用，另一方面计算性能不比大型计算机的差。

7. 可扩展性

用户可以利用应用软件的快速部署条件更简单、快捷地扩展自身所需的已有业务以及新业务。如计算机云计算系统中出现设备的故障，对于用户来说，无论是在计算机层面上还是在具体运用上，都不会受到阻碍，可以利用计算机云计算具有的动态扩展功能来对其他服务器开展有效扩展，从而确保任务有序完成。在对虚拟化资源进行动态扩展的情况下，可以高效扩展应用，提高计算机云计算的操作水平。

11.4.2 云计算的服务交付模式

云计算是一种新的计算资源使用模式，云服务提供商出租计算资源有三种模式，即 SaaS、PaaS 和 IaaS，满足云服务消费者的不同需求。

1. SaaS

SaaS（Software as a Service，软件即服务）的作用是将应用作为服务提供给客户。通过 SaaS，用户只要接上网络并通过浏览器，就能直接使用在云端上运行的应用，而不需要顾虑安装等琐事，并且免去初期高昂的软硬件投入。SaaS 主要面对的是普通用户。

生活中，人们几乎每天都在接触 SaaS，如平时使用的微信小程序、新浪微博、在线视频服务等。

2. PaaS

PaaS（Platform as a Service，平台即服务）的作用是将一个开发平台作为服务提供给用户。

通过 PaaS，用户可以在一个包括 SDK、文档和测试环境等在内的开发平台上非常方便地编写应用，而且无论是在部署还是在运行时，用户都无需为服务器、操作系统、网络和存储等资源的管理操心，这些烦琐的工作都由 PaaS 供应商负责处理。而且 PaaS 的整合率非常惊人，比如一台运行 Google App Engine 的服务器能够支撑成千上万的应用，也就是说，PaaS 是非常经济的。PaaS 的主要用户是开发人员。

比较知名的 PaaS 平台有阿里云开发平台、华为 DevCloud 等。

3. IaaS

IaaS（Infrastructure as a Service，基础设施即服务）的作用是为用户提供虚拟机或其他资源。

通过 IaaS，用户可以从供应商获得自己所需要的虚拟机或者存储等资源以装载相关的应用，同时这些基础设施的烦琐的管理工作由 IaaS 供应商负责处理。IaaS 的主要用户是系统管理员。

IaaS 的代表有 Openstack、IBM Blue Cloud、Amazon EC2 等。

11.4.3 云计算的应用领域

1. 存储云

存储云，又称云存储，是在云计算技术上发展起来的新的存储技术。云存储是一个以数据存储和管理为核心的云计算系统。用户可以将本地的资源上传至云端，可以在任何地方连入互联网获取云上的资源。大家熟知的谷歌、微软等大型网络公司均有云存储的服务，国内百度云和微云是市场占有量较大的存储云。存储云向用户提供存储容器服务、备份服务、归档服务和记录管理服务等，大大方便了使用者对资源的管理。

2. 医疗云

医疗云是指在云计算、移动技术、多媒体、4G 通信、大数据以及物联网等新技术基础上，结合医疗技术，使用“云计算”创建医疗健康服务云平台，实现医疗资源的共享和医疗范围的扩大。云计算技术的运用与结合使医疗云提高了医疗机构的效率，方便了居民就医。医院的预约挂号、电子病历、医保等都是云计算与医疗领域结合的产物。医疗云还具有数据安全、信息共享、动态扩展、布局全国的优势。

3. 金融云

金融云是指利用云计算的模型，将信息、金融和服务等功能分散到庞大分支机构构成的互联网“云”中，旨在为银行、保险和基金等金融机构提供互联网处理和运行服务，同时共享互联网资源，解决现有问题并达到高效、低成本的目标。2013 年 11 月 27 日，阿里云整合阿里巴巴旗下资源，推出阿里金融云服务。其实，这就是现在基本普及的快捷支付，因为金融与云计算的结合，现在只需要在手机上简单操作，就可以完成银行存款、购买保险和基金买卖。

4. 教育云

教育云实际上是指教育信息化的一种发展。教育云可以将所需的任何教育硬件资源虚拟化，然后传入互联网，以向教育机构和师生提供一个方便、快捷的平台。现在流行的慕课就是教育云的一种应用。现阶段慕课的三个优秀平台为 Coursera、edX、Udacity。在国内，中国大学 MOOC 也是非常好的平台。在 2013 年 10 月 10 日，清华大学推出慕课平台——学堂在线，许多大学已使用学堂在线开设一些课程的慕课。

11.4.4 主流云服务商及其产品

云计算领域非常广泛，市场上的云计算产品、服务类型多种多样，在选择时不仅要看产品类型是否符合自身需求，还要看云产品服务商的品牌声誉、技术实力以及政府的监管力度。目前国内外云服务商非常多，早期云服务市场主要被美国垄断，如亚马逊 AWS（Amazon Web Services）、微软 Azure 等，近年来国内云服务商发展迅速，已经占据国内外较大市场份额，知名的云服务商有阿里云、腾讯云、华为云、百度云等。

1. 国外主要云服务商及其产品

亚马逊公司是做电商起步的，刚开始因为业务需要购买了许多服务器等硬件资源，用于搭建电商平台，后来由于平台的计算资源富余，因此开始对外出租这些资源，并逐渐成为世界上最大的云计算服务公司之一。目前，亚马逊旗下的 AWS 已在全球 20 多个地理区域内运营着 80 多个可用区，为数百万客户提供 200 多项云服务业务。其主要产品包括亚马逊弹性计算云、简单储存服务、简单数据库等，产品覆盖了 IaaS、PaaS 和 SaaS。

2. 国内主要云服务商及其产品

（1）阿里云。阿里云是阿里巴巴集团旗下的云计算品牌，创立于 2009 年，在我国杭州、北京及美国硅谷等地设有研发中心和运营机构。其主要产品包括弹性计算、数据库、存储、网络、大数据、人工智能等。

（2）华为云。华为云隶属于华为公司，创立于 2005 年，在北京、深圳、南京等地及海外设立有研发中心和运营机构。其主要产品包括弹性计算云、对象存储服务、桌面云等。

（3）腾讯云。腾讯云是腾讯公司旗下产品，经过孵化期后，于 2010 年开放并接入首批应用，正式对外提供云服务。其主要产品包括计算与网络、存储、数据库、安全、大数据、人工智能等。

*11.5 物联网

物联网

11.5.1 物联网的概念及特点

物联网（Internet of Things，IoT）是新一代信息技术的重要组成部分，在 IT 行业又称泛互联，意指物物相连、万物万联。“物联网就是物物相连的互联网”，这有两层意思：第一，物联网的核心和基础仍然是互联网，是在互联网基础上的延伸和扩展的网络；第二，其用户端延伸和扩展到了任何物品与物品之间，进行信息交换和通信。因此，物联网的定义是通过射频识别、红外感应器、全球定位系统、激光扫描器等信息传感设备，按约定的协议，把任何物品与互联网相连接，进行信息交换和通信，以实现对物品的智能化识别、定位、跟踪、监控和管理的一种网络。其特点有：

1. 全面感知

利用射频识别技术（Radio Frequency Identification，RFID）、传感器、定位器和二维码等随时随地对物体进行信息采集和获取，包括传感器的信息采集、协同处理、智能组网甚至信息服务，以达到控制、指挥的目的。

2. 可靠传递

可靠传递是指通过各种电信网络与 Internet 融合，对接收到的感知信息进行实时远程传送，实现信息的交互和共享，并进行各种有效的处理。在该过程中，通常需要用到现有电信运行网络，包括无线网络和有线网络。

由于传感器网络是一个局部的无线网，因此无线移动通信网、3G 网络是作为承载物联网的有力支撑。

3. 智能处理

智能处理是指利用云计算、模糊识别等智能计算技术，对随时接收到的跨地域、跨行业、跨部门的海量数据和信息进行分析处理，提高对物理世界、经济社会各种活动和变化的洞察力，实现智能化的决策和控制。

11.5.2　物联网的体系架构

目前物联网没有统一的、公认的体系架构，较公认的体系架构分为三个层次：感知层、网络层、应用层，如图 11-16 所示。

图 11-16　物联网的体系结构

11.5.3　物联网关键技术

1. 射频识别技术

谈到物联网，就不得不提到物联网发展中备受关注的射频识别技术（Radio Frequency Identification，RFID）。RFID 是一种简单的无线系统，由一个询问器（或阅读器）和很多应答器（或标签）组成。标签由耦合元件及芯片组成，每个标签具有扩展词条唯一的电子编码，附着在物体上标识目标对象，它通过天线将射频信息传递给阅读器，阅读器是读取信息的设备。RFID 让物品能够“开口说话”，这就赋予了物联网一个特性——跟踪性，即人们可以随时掌握物品的准确位置及周边环境。Sanford C.Bernstein 公司的零售业分析师估计，关于物联网 RFID 带来的这一特性，可使沃尔玛每年节省 83.5 亿美元，其中大部分是由不需要人工查看进货的条码节省的劳动力成本。RFID 帮助零售业解决了商品断货和损耗（因盗窃和供应链被搅乱而损失的产品）两大难题，而现在单是盗窃一项，沃尔玛每年的损失近 20 亿美元。

2. 传感网

微机电系统（Micro-Electro-Mechanical Systems，MEMS）是由微传感器、微执行器、信号处理和控制电路、通信接口和电源等部件组成的一体化的微型器件系统，是通用的传感器。其目标是把信息的获取、处理和执行集成在一起，组成具有多功能的微型系统，集成于大尺寸系统中，从而大幅度提高系统的自动化、智能化和可靠性水平。MEMS 赋予了普通物体“新的生命”，它们有了属于自己的数据传输通路、存储功能、操作系统和专门的应用程序，从而形成一个庞大的传感网，使物联网能够通过物品实现对人的监控与保护。遇到酒后驾车的情况，如果在汽车和汽车点火钥匙上都植入微型感应器，那么当喝了酒的驾驶人拿汽车钥匙时，钥匙能透过气味感应器察觉到酒气，并通过无线信号通知汽车“暂停发动”，汽车便会处于休息状态。同时“命令”驾驶人的手机给他的亲朋好友发短信，告知驾驶人所在位置，提醒亲友尽快来处理。不仅如此，未来衣服可以“告诉”洗衣机放多少水和洗衣粉最经济；文件夹会“检查”我们忘带了什么重要文件；食品蔬菜的标签会向顾客的手机介绍“自己”是否真正“绿色、安全”。这就是物联网世界中被“物”化的结果。

3. M2M 系统框架

M2M（Machine-to-Machine/Man）是一种以机器终端智能交互为核心的、网络化的应用与服务，使对象实现智能化的控制。M2M 技术涉及五个重要的技术部分：机器、M2M 硬件、通信网络、中间件、应用。M2M 技术基于云计算平台和智能网络，可以依据传感器网络获取的数据进行决策，改变对象的行为，进行控制和反馈。例如智能停车场，当车辆驶入或离开天线通信区时，天线以微波通信的方式与电子识别卡进行双向数据交换，从电子车卡上读取车辆的相关信息，在驾驶人卡上读取驾驶人的相关信息，自动识别电子车卡和驾驶人卡，并判断车卡是否有效和驾驶人卡的合法性，核对车道控制计算机显示与该电子车卡和驾驶人卡一一对应的车牌号码及驾驶人资料信息；车道控制计算机自动将通过时间、车辆和驾驶人的有关信息存入数据库，车道控制计算机根据读到的数据判断是正常卡、未授权卡、无卡还是非法卡，并作出相应的回应和提示。另外，家中老人戴上嵌入智能传感器的手表，在外地的子女可以随时通过手机查询父母的血压、心跳是否稳定；智能化的住宅在主人上班时，传感器自动关闭水电气和门窗，定时向主人的手机发送消息，汇报安全情况。

11.5.4 物联网应用领域

1. 智能交通

物联网技术在道路交通方面的应用比较成熟。随着社会车辆越来越普及，交通拥堵甚至交通瘫痪已成为城市的一大问题。对道路交通状况实时监控并将信息及时传递给驾驶人，让驾驶人及时作出出行调整，可有效缓解交通压力；高速路口设置道路电子不停车收费系统（Electronic Toll Collection，ETC），免去进出口取卡、还卡的时间，提升车辆的通行效率；公交车上安装定位系统，能及时了解公交车行驶路线及到站时间，乘客可以根据搭乘路线确定出行，免去不必要的时间浪费。社会车辆增加，除了会带来交通压力外，停车难也日益成为一个突出问题，很多城市推出了智慧路边停车管理系统，该系统基于云计算平台，结合物联网技术与移动支付技术，共享车位资源，提高车位利用率和用户的方便程度。该系统兼容手机模式和射频识别模式，用户可以通过手机端 APP 及时了解车位信息、车位位置，提前做好预定并实现交费等操作，很大程度上解决了“停车难、难停车”的问题。

2. 智能家居

智能家居就是物联网在家庭中的基础应用，随着宽带业务的普及，智能家居产品涉及方方面面。家中无人，可利用手机等产品客户端远程操作智能空调，调节室温，甚至可以学习用户的使用习惯，实现全自动的温控操作，使用户在炎炎夏日回家就能享受到冰爽带来的惬意；通过客户端实现智能灯泡的开关、调控灯泡的亮度和颜色等；插座内置Wi-Fi，可实现遥控插座定时通断电流，甚至可以监测设备用电情况，生成用电图表，使用户对用电情况一目了然，安排资源使用及开支预算；智能体重秤监测运动效果，内置可以监测血压、脂肪量的先进传感器，内定程序根据身体状态提出健康建议；智能牙刷可提供刷牙时间、刷牙位置提醒，可根据刷牙的数据生成图表，监测口腔的健康状况；智能摄像头、窗户传感器、智能门铃、烟雾探测器、智能报警器等都是家庭不可缺少的安全监控设备，即使出门在外，用户也可以在任意时间、任意位置查看家中任何地方的实时状况，了解任何安全隐患。

3. 公共安全

近年来，全球气候异常情况频发，灾害的突发性和危害性进一步增大，互联网可以实时监测环境的不安全性情况，提前预防、实时预警、及时采取应对措施，减少灾害对人类生命财产的威胁。美国布法罗大学早在 2013 年就提出研究深海互联网项目，通过将特殊处理的感应装置置于深海处，分析水下相关情况，实现海洋污染的防治、海底资源的探测甚至可以对海啸提供更加可靠的预警。该项目在当地湖水中进行试验并获得成功，为进一步扩大使用范围提供了基础。利用物联网技术可以智能感知大气、土壤、森林、水资源等方面的指标数据，对改善人类生活环境发挥巨大作用。

11.5.5 华为“1+8+N”战略

2019 年世界移动通信大会上，华为消费者业务手机产品线总裁何刚公布了华为在 5G 时代的“1+8+N”战略，如图 11-17 所示，旨在基于 5G 通信网络打造生活智慧场景。华为要打造以个人或家庭为中心的生活全场景，开启智慧全场景和 IoT 第一品牌的冲锋之路。

（1）“1”代表手机，是核心。

（2）“8”代表计算机、平板、智慧屏、音箱、眼镜、手表、车机、耳机。

（3）“N”代表摄像头、扫地机、智能秤等外围智能硬件，涵盖移动办公、智能家居、运动健康、影音娱乐、智慧出行五大场景模式。

“1+8+N”是华为全场景智慧化战略在产品层面的体现，与华为的服务及硬件生态平台、AI 核心驱动力紧密相连，共同构成全场景智慧化战略。

其中，“1”和“8”都是华为自有的产品，“N”是指要打造的强大的生活场景的生态链，基于自有的产品连接万物。

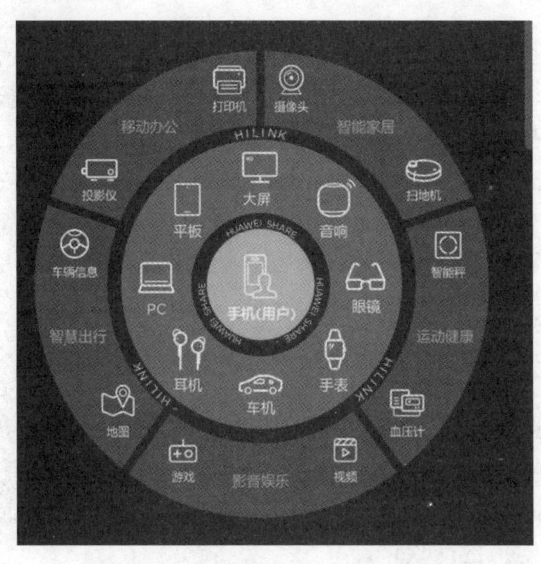

图 11-17 华为“1+8+N”战略

总体来看，华为在下一盘“大棋”，在打造一个以个人或家庭为主的全智能生活场景，而这就是我们一直所说的万物互联。

*11.6 区块链

区块链

11.6.1 区块链的概念及特点

区块链（Blockchain）是分布式数据存储、点对点传输、共识机制、加密算法等计算机技术的新型应用模式。区块链是比特币的一个重要概念，本质是一个去中心化的数据库，同时作为比特币的底层技术，是一串使用密码学方法关联产生的数据块，每个数据块中包含一批次比特币网络交易信息，用于验证信息的有效性（防伪）和生成下一个区块。中心化账本和区块链账本如图 11-18 所示。

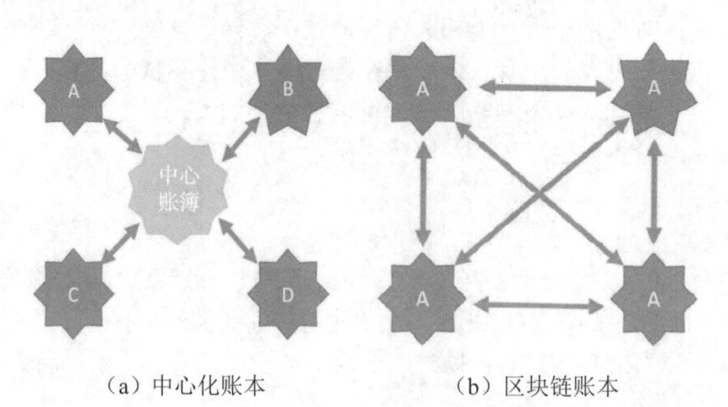

（a）中心化账本　　（b）区块链账本

图 11-18　传统中心化账本和区块链账本

其特点如下。

（1）去中心化。去中心化就是所有在整个区块链网络里面跑的节点都可以记账，都有记账权，完全规避了操作中心化的弊端。它不是中心化的，而是去中心化的。

（2）开放性。这是针对区块链共有链讲的，因为共有链的信息任何人都可以进行读写，只要它是整个网络体系的节点、有记账权的节点，就都可以读写。

（3）防篡改性。就是任何人要改变区块链里的信息时，只有攻击网络 51%的节点才能更改数据，难度非常大。

（4）匿名性。匿名性体现在其算法实现是以地址来寻址的，而不是以个人身份。整个区块链里有两个不可控，第一个是身份不可控，即匿名性，无法知道是谁发起了这笔交易；第二个是跨境支付，牵扯到币的资金转移。

（5）可追溯性。它的机制就是设定后一个区块拥有前一个区块的一个哈希值，就像挂钩一样，只有识别了前面的哈希值才能挂上去，成为一整条完整的链。可追溯性还有一个特点就是便于查询数据，因为这个区块是有唯一标识的。

11.6.2　区块链分类

1. 公有区块链

公有区块链（Public Block Chains）是指世界上任何个体或团体都可以发送交易，且交易能够获得该区块链的有效确认，任何人都可以参与共识过程。公有区块链是最早的区块链，也是应用最广泛的区块链，各大比特币系列的虚拟数字货币均基于公有区块链，世界上有且仅有一条该币种对应的区块链。

2. 联合（行业）区块链

行业区块链（Consortium Block Chains）由某个群体内部指定多个预选的节点为记账人，每个块的生成由所有预选节点共同决定（预选节点参与共识过程），其他接入节点可以参与交易，但不过问记账过程（本质还是托管记账，只是变成分布式记账，预选节点数量、决定每个块的记账者成为该区块链的主要风险点），其他人可以通过该区块链开放的API进行限定查询。

3. 私有区块链

私有区块链（Private Block Chains）仅使用区块链的总账技术记账，可以是一家公司，也可以是个人，独享该区块链的写入权限，本链与其他分布式存储方案没有太大区别。传统金融都想实验尝试私有区块链，而公有区块链的应用已经工业化，私有区块链的应用还在摸索当中。

11.6.3　区块链的核心技术

1. 分布式账本

分布式账本指的是交易记账由分布在不同地方的多个节点共同完成，而且每个节点记录的是完整的账目，因此它们都可以参与监督交易合法性，同时可以共同为其作证。

与传统的分布式存储不同，区块链的分布式存储的独特性主要体现在两个方面：一是区块链每个节点都按照块链式结构存储完整的数据，传统分布式存储一般是将数据按照一定的规则分成多份存储。二是区块链每个节点存储都是独立的、地位等同的，依靠共识机制保证存储的一致性，而传统分布式存储一般是通过中心节点向其他备份节点同步数据。没有任何一个节点可以单独记录账本数据，从而避免了单一记账人被控制或者被贿赂而记假账的可能性。由于记账节点足够多，理论上讲除非所有节点都被破坏，否则账目不会丢失，从而保证了账目数据的安全性。

2. 非对称加密

存储在区块链上的交易信息是公开的，但是账户身份信息是高度加密的，只有在数据拥有者授权的情况下才能访问，从而保证了数据的安全和个人的隐私。

3. 共识机制

共识机制就是所有记账节点之间达成共识的方式，认定记录的有效性，既是认定的手段，又是防止篡改的手段。区块链提出了四种共识机制，适用于不同的应用场景，在效率和安全性之间取得平衡。

区块链的共识机制具备“少数服从多数”“人人平等”的特点，其中“少数服从多数”并不完全指节点数，也可以指计算能力、股权数或其他计算机可以比较的特征量。“人人平等”是指当节点满足条件时，所有节点都有权优先提出共识结果、直接被其他节点认同并最后可能成为最终共识结果。比特币采用的是工作量证明，只有在控制了全网超过 51%的记账节点的情况下，才有可能伪造出一条不存在的记录。当加入区块链的节点足够多时，这基本上不可能发生，从而杜绝了造假的可能。

4. 智能合约

智能合约是指基于可信的不可篡改的数据，自动化执行一些预先定义好的规则和条款。以保险为例，如果说每个人的信息（包括医疗信息和风险发生的信息）都是真实可信的，那么很容易在一些标准化的保险产品中自动理赔。在保险公司的日常业务中，虽然交易不像银行和证券行业一样频繁，但是对可信数据的依赖是有增无减的。因此，编者认为利用区块链技术从数据管理的角度切入，能够有效地帮助保险公司提高风险管理能力，具体来讲，主要分为投保人风险管理和保险公司风险监督。

11.6.4　区块链应用领域

1. 金融领域

区块链在国际汇兑、信用证、股权登记和证券交易所等金融领域有着潜在的巨大应用价值。将区块链技术应用于金融行业，能够省去第三方中介环节，实现点对点的直接对接，在大大降低成本的同时，快速完成交易支付。

比如 Visa 推出基于区块链技术的 Visa B2B Connect，能为机构提供一种费用更低、更快速和安全的跨境支付方式，以处理全球范围的企业对企业的交易。传统的跨境支付需要等 3～5 天，并需支付 1%～3%的交易费用。Visa 还联合 Coinbase 推出了首张比特币借记卡，花旗银行在区块链上测试运行加密货币“花旗币”。

2. 物联网和物流领域

区块链在物联网和物流领域也可以应用。区块链可以降低物流成本，追溯物品的生产和运送过程，并且提高供应链管理的效率。这两个领域被认为是区块链的一个很有前景的应用方向。

区块链通过节点连接的散状网络分层结构，能够在整个网络中实现信息的全面传递，并能够检验信息的准确程度。这种特性一定程度上提高了物联网交易的便利性和智能化。区块链+大数据的解决方案利用了大数据的自动筛选过滤模式，在区块链中建立信用资源，可双重提高交易的安全性，并提高物联网交易的便利程度，为智能物流模式应用节约时间成本。区块链节点具有十分自由的进出能力，可独立参与或离开区块链体系，不对整个区块链体系有任何干扰。区块链+大数据解决方案就利用了大数据的整合能力，促使物联网基础用户拓展更具有方向性，便于在智能物流的分散用户之间实现用户拓展。

3. 公共服务领域

区块链在公共管理、能源、交通等领域与民众的生产生活息息相关，但是这些领域的中心化特质也带来了一些问题，可以用区块链改造。区块链提供的去中心化的完全分布式DNS服务通过网络中各节点之间的点对点数据传输服务，就能实现域名的查询和解析，可用于确保某个重要的基础设施的操作系统和固件不被篡改，可以监控软件的状态和完整性，发现不良的篡改，并确保使用物联网技术的系统所传输的数据没有经过篡改。

4. 数字版权领域

区块链技术可以对作品进行鉴权，证明文字、视频、音频等作品的存在，保证权属的真实性、唯一性。作品在区块链上被确权后，后续交易都会被实时记录，实现数字版权全生命周期管理，也可作为司法取证中的技术性保障。例如，美国 Mine Labs 公司开发了一个基于区块链的元数据协议，这个名为 Mediachain 的系统利用 IPFS 文件系统实现数字作品版权保护，主要面向数字图片的版权保护应用。

5. 保险领域

在保险理赔方面，保险机构负责资金归集、投资、理赔，管理和运营成本往往较高。应用智能合约既无需投保人申请，又无需保险公司批准，只要触发理赔条件，即可实现保单自动理赔。例如，LenderBot 于 2016 年由区块链企业 Stratumn、德勤与支付服务商 Lemonway 合作推出，它允许人们通过 Facebook Messenger 的聊天功能注册定制化的微保险产品，为个人之间交换的高价值物品投保，而区块链在贷款合同中代替了第三方角色。

6. 公益领域

中国区块链主要应用场景分析

区块链上存储的数据高可靠且不可篡改，天然适用于社会公益场景。公益流程中的相关信息（如捐赠项目、募集明细、资金流向、受助人反馈等）均可以存放在区块链上，并且有条件地进行透明公开公示，方便社会监督。

11.6.5 比特币等典型区块链

比特币（Bitcoin）的概念最初由中本聪于 2008 年 11 月 1 日提出，并于 2009 年 1 月 3 日正式诞生。

比特币的运行机制及特点

与货币不同，比特币不依靠特定货币机构发行，而是依据特定算法，通过大量的计算产生。比特币经济使用整个 P2P 网络中众多节点构成的分布式数据库确认并记录所有的交易行为，并使用密码学的设计确保货币流通各环节的安全性。P2P 的去中心化特性与算法本身可以确保无法通过大量制造比特币来人为操控币值。基于密码学的设计可以使比特币只被真实的拥有者转移或支付，确保了货币所有权与流通交易的匿名性。比特币与其他虚拟货币的最大不同是总数量非常有限，具有稀缺性。

11.7　本章小结

本章内容涉及了大数据、人工智能、虚拟现实、云计算技术、物联网、区块链等新一代信息技术，从基本概念、发展历程、应用场景等方面向计算机初学者进行了介绍。表 11-2 给出了第 11 章知识点学习达标标准，供读者自测。

表 11-2　第 11 章知识点学习达标标准自测表

序号	知识（能力）点	达标标准	自测 1（　月　日）	自测 2（　月　日）	自测 3（　月　日）
1	大数据的概念及特点	熟悉			
2	大数据对思维方式的影响	熟悉			
3	大数据处理的一般过程	熟悉			
4	大数据应用场景	了解			
5	大数据安全与防护	了解			
6	人工智能的概念及特点	熟悉			
7	人工智能的发展历程	了解			
8	人工智能技术	熟悉			
9	人工智能技术的应用场景	了解			
10	如何看待人工智能与人类的关系	了解			
11	虚拟现实的概念和特性	熟悉			
12	虚拟现实技术的发展历程	了解			
13	虚拟现实系统的组成	熟悉			
14	虚拟现实技术应用	了解			
15	云计算的基本概念	理解			
16	云计算的服务交付模式	熟悉			
17	云计算的主要应用行业和典型场景	了解			
18	主流云服务商的业务情况	了解			
19	物联网的概念	了解			
20	物联网关键技术	了解			
21	物联网感知层、网络层和应用层的三层体系结构	熟悉			
22	每层在物联网中的作用	了解			
23	物联网的应用领域	了解			
24	华为“1+8+N”战略	了解			
25	区块链的概念	了解			
26	区块链的分类	了解			
27	区块链的技术特征	了解			
28	比特币等典型区块链项目的机制和特点	了解			
29	分布式账本、非对称加密算法、智能合约、共识机制的技术原理	了解			

习题

一、单项选择题

1．大数据的起源是（　　）。

A．金融　B．电信　C．互联网　D．公共管理

2．大数据具有5V特点，包括大体量、多种类、高速度、低价值密度及（　　）。

A．可用性　B．高可用　C．准确性　D．易维护

3．（　　）是指提取隐含在数据中的、人们事先不知道的但潜在有用的信息和知识。

A．数据清洗　B．数据搜集　C．数据展示　D．数据挖掘

4．（　　）是一个高可靠性、高性能、面向列、可伸缩的分布式存储系统。

A．HBase　B．Hive　C．HDFS　D．YARN

5．AI的全称是（　　）。

A．Automatic Intelligence　B．Automatic Information

C．Artifical Intelligence　D．Artifical Information

6．2016年3月，著名的“人机大战”中，计算机最终以4:1的总比分击败围棋世界冠军、职业九段棋手李世石，这台计算机称为（　　）。

A．深蓝　B．AlphaGo Zero

C．AlphaGo　D．Alpha Zero

7．人工智能区别于一般信息系统的特征是（　　）。

A．感知、思考、行为　B．感知、计算、行为

C．感知、思考、计算　D．感知、思考、执行

8．人工智能的含义最早由（　　）于1950年提出，并且同时提出一个机器智能的测试模型。

A．明斯基　B．扎德　C．冯·诺依曼　D．图灵

9．虚拟现实的全称是（　　）。

A．Virtual Reality　B．Virtual Real

C．Vritual Reality　D．Virual Real

10．虚拟现实的特性有（　　）。

A．沉浸性、交互性、多感知性、构想性和自主性

B．沉浸性、交互性、多感知性

C．沉浸性、多感知性、构想性和自主性

D．沉浸性、交互性、多感知性和自主性

11．SaaS是（　　）的简称。

A．软件即服务　B．平台即服务

C．基础设施即服务　D．硬件即服务

12．下列（　　）不是虚拟化的主要特征。

A．高扩展性　B．高可用性　C．高安全性　D．实现技术简单

13．云计算技术的研究重点是（　　）。

A．服务器制造　B．资源整合

C．网络设备制造　D．数据中心制造

14．通过平台为客户提供服务的云计算服务类型是（　　）。

A．PaaS　B．IaaS　C．SaaS　D．以上3个都不正确

15．物联网是在（　　）基础上延伸和扩展的网络。
　　A．互联网　　B．设备　　C．计算机　　D．系统
16．物联网具有全面（　　）、可靠传输和智能处理三个主要特征。
　　A．感知　　B．了解　　C．认识　　D．收获
17．物联网的体系结构主要由（　　）层、网络层和应用层组成。
　　A．感知　　B．设备　　C．软件　　D．系统
18．区块链技术的账本是以（　　）方式存储数据的。
　　A．区块　　B．数组　　C．表　　D．文档
19．数字货币的账户体系是通过（　　）的机制实现的。
　　A．传统账户体系　　B．UXTO
　　C．合约账户　　D．外部账户计算题

二、简答题

1．简述大数据技术的特点。
2．简述虚拟现实的基本概念。
3．云计算的特点是什么？
4．列举三个云计算的典型应用。
5．举例说明我们身边的传感器（五项以上）。

第 12 章　计算机职业与道德

士不可以不弘毅，任重而道远。

——《论语》

随着信息技术的迅猛发展，以软件技术、数字媒体、计算机网络、大数据和人工智能技术为代表，以运行高速、信息兼容、计算精确为特征的计算机技术渗透到生产、生活的社会各领域，影响和改变着整个世界。但是计算机安全性一直被人们忽略。利用计算机的优势促进社会文明进步，同时加强法制和职业道德教育，预防计算机犯罪，已经成为一个严峻的问题。本章主要介绍计算机职业道德相关知识，包括信息产业界的道德标准、信息产业的法律法规、计算机专业能力内涵和计算机专业学生的学业规划。

12.1　信息产业界的道德准则

信息产业界的职业道德

法律是道德的底线，每个信息产业的从业人员都必须牢记。在相应的法律法规还不完善的今天，道德观念上的自我约束是计算机信息产业正规发展的必要途径。

12.1.1　计算机专业人员道德准则

计算机专业人员包括系统分析师、软件开发人员、计算机设计人员、数据库管理员等。计算机专业人员经常使用计算机，计算机安全防范很大程度上取决于计算机专业人员的道德素质。计算机专业人员的道德准则如下。

1. 不做“黑客”

“黑客”一词是英文 Hacker 的音译，一般指的是技术很高的计算机专业人员利用自己计算机方面的技术，设法在未经授权的情况下访问计算机或网络的人。未经授权的计算机访问是一种违法的行为，涉及计算机犯罪。

2. 做好项目的保密工作，尊重客户的隐私

作为计算机专业人员，尤其是软件开发人员，在项目的研发过程中会接触到软件产品的产品设计方案、开发代码、财务报表、销售报表、开发流程、管理诀窍、客户资料、产销策略、招投标中的标底及标书内容等信息，对这些资料保密是计算机从业人员的基本道德准则。

12.1.2　计算机用户道德准则

1. 尊重作者知识产权，不使用盗版软件

目前市面上破解软件、盗版软件大行其道，在监督不完善的情况下，安装正版软件还是盗版软件就成了道德问题。除此之外，购买软件单用户许可授权而给多台计算机安装副本也是不道德的。作为计算机用户，应做到不非法复制软件；使用正版软件，坚决抵制盗版，尊重软件作者的知识产权。

2. 做文明的网民

20 世纪末，互联网逐渐走入人们的生活，随着网络时代的到来，一些网络不文明行为也出现了。

- 在网络上散布谣言，散布虚假信息，扰乱社会秩序，破坏社会稳定。

- 利用网络对网民进行欺诈、诈骗。
- 窥探、传播他人隐私。
- 在论坛或微博上进行跟帖侮辱、谩骂。

针对以上网络中的不文明行为，我们作为普通网民，首先要树立正确的网络观，坚持正确导向，共同营造积极向上、和谐文明的舆论氛围；其次要进一步增强主人翁意识，净化网络环境，不刊载不健康的文字和图片，不链接不健康网站，不提供不健康内容搜索，不开设不健康声讯服务，不运行不健康内容的游戏，不登载不健康广告和庸俗、格调低下的图片、音/视频信息，为青少年健康成长营造良好的网络环境；最后要遵纪守法，自觉遵守国家有关互联网的法律、法规和政策，抵制网络的不文明行为，净化网络环境，人人有责。

12.2　信息产业的法律法规

信息产业界的法律法规

12.2.1　信息技术相关的法律法规

随着信息化技术的不断发展，信息产业已经成为国民经济和社会发展的基础性、先导性、战略性和支柱性产业，对经济社会发展有着重要的支撑和引领作用。发展和提升信息技术产业对推动信息化和工业化深度融合，培育和发展战略性新兴产业，加快经济发展方式转变和产业结构调整，提高国家信息安全保障能力和国际竞争力有重要意义。国务院先后发布了一系列政策，从财税、投融资、研究开发、进出口、人才、知识产权、市场等方面给予了较全面的政策支持。经过全行业的共同努力，我国信息产业步入新的快速发展阶段，为了保障信息产业健康可持续发展，国家出台了如下法律法规：《中华人民共和国数据安全法》《移动互联网应用程序信息服务管理规定》《互联网用户公众账号信息服务管理规定》《互联网群组信息服务管理规定》《国家网络安全事件应急预案》《中华人民共和国网络安全法》《互联网信息内容管理行政执法程序规定》《计算机信息网络国际联网安全保护管理办法》《中华人民共和国计算机信息网络国际联网管理暂行规定》《中华人民共和国计算机信息系统安全保护条例》《国务院办公厅关于进一步加强互联网上网服务营业场所管理的通知》《集成电路布图设计保护条例》《互联网信息服务管理办法》《国务院关于印发鼓励软件产业和集成电路产业发展若干政策的通知》《国家版权局关于不得使用非法复制的计算机软件的通知》。

12.2.2　计算机犯罪典型案例

1. 计算机典型犯罪案例 1

2006 年 10 月 16 日，25 岁的湖北武汉新洲区人李俊编写的“熊猫烧香”是肆虐网络的一款计算机病毒，它是一款拥有自动传播、自动感染硬盘能力和强大破坏能力的病毒，它不仅能感染系统中EXE、COM、PIF、SRC、HTML、ASP等文件，还能终止大量的反病毒软件进程并删除扩展名为gho的文件（该类文件是一系统备份工具GHOST的备份文件，删除后会使用户的系统备份文件丢失）。被感染的用户系统中，所有EXE可执行文件全部被改成熊猫举着三根香的模样。2007 年 1 月初该病毒肆虐网络，主要通过下载的文件传染。2007 年 2 月 12 日，湖北省公安厅宣布，李俊及其同伙共 8 人已经落网，这是中国警方破获的首例计算机病毒大案。2014 年，张顺、李俊被法院以开设赌场罪分别判处有期徒刑五年和有期徒刑三年，并分别处罚金 20 万元和 8 万元。

2. 计算机典型犯罪案例 2

2010 年，西安某大型 IT 公司，20 多位工程师研发一项新产品，大笔资金投入该项目，历时 8 个多月，然而产品投入市场不到 1 个月，竞争对手在短时间内生产出一模一样的产品。经过了解，发现原来参与研发的一名开发人员在跳槽时用移动硬盘将计算机中的设计图纸、需求文档以及重要代码全部带到竞争对手那里，以此获取了丰厚的经济回报。虽经法律程序处理，该开发人员受到了法律的制裁，但是未能挽回企业的损失。

3. 计算机典型犯罪案例 3

四川广元网安部门打掉一个某运营商多名工作人员参与，为诈骗、赌博等犯罪活动提供接码服务的网络黑产团伙，抓获犯罪嫌疑人 24 名，查获手机黑卡 1.1 万张、“猫池”设备 107 台。2020 年 3 月以来，某运营商主管朱某伙同王某、杨某等 3 人，在客户办理手机卡时偷开、多开或以赠送礼品诱骗等方式办理大量手机卡，利用购买的“猫池”设备搭建黑产窝点，为下游犯罪活动提供接码服务，非法获利 68 万余元。

4. 计算机典型犯罪案例 4

2014 年 7 月起，陈洁在百度贴吧、阿里巴巴等网站，发布关于在“中国好声音”“星光大道”等栏目中奖的虚假信息，同时发布关于“抽奖活动的二等奖是真的吗”“中国好声音有场外抽奖活动吗”“北京市中级人民法院电话是多少”“北京市人民法院咨询电话是多少”等虚假咨询问题，并在网上回复，借此在网上留下虚假的“栏目组客服电话”或“北京市中级人民法院”“北京市人民法院”的联系电话。当被害人拨打上述虚假联系电话咨询时，陈洁冒充客服人员或法院工作人员称，被害人所咨询的信息是真实的，并告知被害人如要领奖，需将“手续费”或者“风险基金”汇入指定的银行账户。陈洁用此种手段实施诈骗两起，诈骗金额共计 8800 元。

海南省儋州市人民法院审理认为，被告人陈洁以非法占有为目的，利用互联网发布虚假信息，骗取他人钱财，数额较大，其行为已构成诈骗罪。据此，以诈骗罪判处被告人陈洁有期徒刑六个月，并处罚金人民币 2000 元。

5. 计算机典型犯罪案例 5

2014 年 8 月至 11 月，罗仁成、罗仁胜利用在互联网上盗取的 QQ 号码或者利用申请的 QQ 号码信息更改为被害人亲属的 QQ 信息等方式，冒充被害人亲属的身份，以“亲友出车祸急需借钱救治”等理由，诱骗被害人汇款至其指定账户。罗仁成、罗仁胜用此种手段实施诈骗两起，诈骗金额共计 65000 元。

广西壮族自治区宾阳县人民法院审理认为，被告人罗仁成、罗仁胜以非法占有为目的，通过 QQ 采取虚构事实、隐瞒真相的方式，骗取他人财物，数额巨大，其行为均已构成诈骗罪；罗仁胜明知是犯罪所得而予以转移，其行为还构成掩饰、隐瞒犯罪所得罪。据此以诈骗罪判处被告人罗仁成有期徒刑四年，并处罚金人民币一万元；以诈骗罪、掩饰、隐瞒犯罪所得罪判处被告人罗仁胜有期徒刑两年，并处罚金人民币五千元。

计算机专业能力内涵

12.3 计算机专业能力内涵

12.3.1 高等职业计算机类专业能力组成

计算机具备数据存储、修改功能，可实现对相关逻辑与数据的计算，是现代化智能电子设备，是集成网络、计算、媒体等技术为一体的电子设备。

计算机技术是指计算机领域中运用的技术方法和技术手段，或指硬件技术、软件技术及应用技术。计算机技术具有明显的综合特性，与电子工程、应用物理、机械工程、现代通信技术和数学等紧密结合，发展迅速。

目前高等职业教育计算机类专业可分为专科和本科层次，专科计算机类专业详见表 12-1。

表 12-1　高等职业教育专科计算机类专业

专业代码	专业名称
510201	计算机应用技术
510202	计算机网络技术
510203	软件技术
510204	数字媒体技术
510205	大数据技术
510206	云计算技术应用
510207	信息安全技术应用
510208	虚拟现实技术应用
510209	人工智能技术应用
510210	嵌入式技术应用
510211	工业互联网技术

高等职业教育本科计算机类专业详见表 12-2。

表 12-2　高等职业教育本科计算机类专业

专业代码	专业名称
310201	计算机应用工程
310202	网络工程技术
310203	软件工程技术
310204	数字媒体技术
310205	大数据工程技术
310206	云计算技术
310207	信息安全与管理
310208	虚拟现实技术
310209	人工智能工程技术
310210	嵌入式技术
310211	工业互联网技术
310212	区块链技术

其中一些具有代表性的计算机类专业的核心课程如下。

软件技术：核心课程有 Java 面向对象程序设计、算法、数据库、Web 前端、后端技术、软件测试等，就业市场广阔，需求量大，薪资高。

计算机网络技术：核心课程有路由交换技术、Linux 操作系统管理、网络安全设备配置与管理、网络运行与维护、PHP 网站开发技术。掌握计算机网络技术，就业范畴广，设备商、运营商和第三方软件开发商都会开设相关职位，薪资高。

数字媒体技术：核心课程有图形图像处理、二维动画制作、影视后期制作与剪辑、3DMax 等。毕业后可以去游戏设计公司或电影视频制作公司。随着小视频的兴起，专业需求量大，就业前景好，薪资高。

人工智能工程技术：核心课程有Python语言、算法与程序设计、机器学习、人工智能导论、人工智能应用。毕业后可以去公司从事人工智能领域的图像识别、语言识别等，就业前景好，薪资高，对学生逻辑思维能力和数学水平要求也高。

大数据工程技术：核心课程有Python基础、数据存储（MySQL）、数据清洗、大数据行业应用导论、数据可视化、Hadoop大数据平台基础等。现在该技术从业人员需求量大，就业前景好，薪资高。

12.3.2 计算机各专业能力的培养目标

计算机类专业均要求学生贯彻落实党的教育方针，坚持立德树人，理想信念坚定，德智体美劳全面发展，具有一定的科学文化水平、良好的人文素养和可持续发展的能力，掌握信息技术基础的知识和技能，每个专业对专业能力具体的要求如下。

软件技术（高职专科）：面向软件与信息技术服务业的计算机软件工程技术人员、计算机程序设计院、计算机软件测试员等职业群，培养具备软件开发、软件测试、软件编码、软件技术支持、Web前端开发的高素质技术技能人才。

计算机网络技术（高职专科）：面向互联网和相关服务、软件和信息技术服务业等行业的信息和通信工程技术人员、信息通信网络维护人员、信息通信网络运行管理人员等职业群，培养具备网络售前技术支持、网络应用开发、网络系统运维、网络系统集成等工作的高素质技术技能人才。

数字媒体技术（高职专科）：面向软件和信息技术服务业以及广播、电视、电影等行业的计算机软件工程技术人员、技术编辑、音像电子出版物编辑、剪辑师，动画制作员等职业群，培养内容编辑、视觉设计、创意设计、数字媒体应用开发产品设计和制作等工作的高素质技能人才。

计算机应用工程（职教本科）：面向企事业单位从事计算机软硬件系统协同设计、应用开发、集成运维、智能信息管理和数据分析等岗位，培养掌握计算机软硬件系统协同设计、应用开发、运营维护方法和技术，接受人工智能基础训练，具备科学计算思维和良好工程意识和工程实践能力的人才。

云计算技术（职教本科）：面向互联网和相关服务、软件和信息技术服务等行业的计算机与应用工程技术人员职业群，培养云计算系统部署与运维、云计算应用开发与服务等工作具备科学计算思维和良好工程意识和工程实践能力的人才。

12.3.3 计算机相关专业学生的学习能力

要想学好计算机相关专业，应该重点锻炼以下三个方面的能力。

（1）实践能力。学习计算机相关专业一定要重视实践，通过实践不仅能够逐渐理解大量的抽象概念，而且能在实践的过程中获得学习的成就感。对于很多计算机类专业的初学者来说，实践是解决自己学习困惑的好方法，所以一定要重视提升自身的实践能力。学习程序设计时一定要动手编写代码，对于大一、大二的同学来说，一方面可以通过参加考级考证来提升自身的实践能力，另一方面可以通过参加竞赛集训提升实践能力，而丰富的参赛经历对于未来考研和就业都有比较积极的意义。

（2）交流总结能力。学习计算机相关专业一定要重视交流，尤其要重视与专业教师和同学的交流，通过交流可以解决自己的学习困难，同时可以开阔视野。当前可以通过互联网为自己打开更多的交流渠道，在交流之后也要结合自己的实践进行总结，从而形成自己的方法论。

（3）学习科研能力。学习计算机相关专业要选择一个自己的主攻方向，在选择好主攻方向之后，可以围绕主攻方向来组织知识结构，在网络上寻找相关的视频资料学习，同时应用学习的技术实践，遇到问题时通过各种途径解决，从而使专业能力得到提升。

12.4 计算机相关专业学生的学业规划

计算机相关专业学生的学业规划

信息互联网产业的发展使得各级人才的需求量很大。计算机相关专业是近几年最热门的大学专业之一，据“麦可思报告”对近三年软件技术专业的毕业生调研的结果来看，就业率在 95%以上。从就业区域的情况来看，排名前四名分别为北京、上海、广州、深圳四大一线城市，省会城市杭州、成都、南京、合肥、武汉、西安位居前十。计算机专业岗位分布见表 12-3。

表 12-3 计算机专业岗位分布

软件技术/软件工程	前端开发	数据管理与开发	移动应用开发
Java 程序员 软件设计师 软件架构师 软件测试员	网页设计师 H5 开发工程师 PHP 开发工程师	数据库管理员 数据库分析师 数据库安全专家 大数据分析师	Android 应用开发 iOS 开发工程师 鸿蒙开发工程师
运维和技术支持	**数字媒体应用**	**网络设计与管理**	**人工智能**
产品经理 新媒体运营 天猫运营 产品助理 游戏运营 IT 培训讲师	平面设计师 美工 影视编导 UI 设计师 动画设计师	网络工程师 网络安全工程师 网络管理员 硬件工程师	数据标记员 人工智能产品销售经理 人工智能开发工程师

计算机相关专业毕业生未来从事的岗位种类非常丰富，能够扎根于各行各业，就业的行业分布在 IT 软件、互联网、系统集成、金融投资、电子技术、IT 硬件和网络游戏等，且不完全拘泥于技术层面，还可以从事运营维护的工作。

在 IT 产业中，不同公司、不同地区、不同学历、不同职位的薪资水平有所不同，但总体来说，高于同地区其他产业，并且工作环境较好。表 12-4 中列举了计算机专业不同岗位不同工作地点的薪资水平，读者可以登录招聘网站实时查看。

表 12-4 计算机专业不同岗位不同工作地点的薪资水平

岗位名称	工作地点	薪资水平（月薪）/千元
Java 开发工程师	合肥	10～20
产品助理	深圳	8～10
Android 开发工程师	上海	20～30
UI 设计师	合肥	5～8
大数据开发工程师	合肥	15～25

互联网科技行业是全球变化最快的行业之一，而计算机专业毕业生也从计算机时代的软件与网页开发，向移动互联网的软件开发上大量转移。而在未来，无论是人工智能

技术、5G 网络的普及、云计算还是大数据技术等，都将是计算机相关专业学生毕业后从事的方向。从宏观上看国内计算机行业必将迎来新一轮的发展高峰，可见行业对人才储备的需求更迫切。

比如，对于计算机高职专科专业的学生，可以参考表 12-5，结合自己的专业方向做好合理的学业规划。

表 12-5 计算机相关专业学生的学业规划

	日期	阶段目标	对应考试
大一阶段：了解专业，夯实基础	第一学期 1～4 周	提升中英文汉字输入技能	英文输入（不低于 150 字符/分），中文输入（任选一种中文输入法（不低于 60 字/分）
	第一学期 5～12 周	熟练掌握 WPS Office 文字、表格和演示文稿的使用方法	准备参加 1+X 证书 WPS 的认证考试
	第一学期 1～18 周	从零开始，分析简单的程序，并完成编码	夯实编程基础，为后续课程的考证做准备
	第二学期	做 ACM 题目，参加各级程序设计比赛	省程序设计大赛，全国软件开发大赛
大二阶段：熟悉专业，提升技能	第三学期 9 月份、第四学期 3 月份	通过全国计算机等级考试二级考试	可选科目：二级 C 语言、二级 Java 语言、MySQL 数据库、Web 前端
	第三学期、第四学期	独立完成课程设计项目	
	第三学期、第四学期	通过和专业相关的 1+X 证书考试	可选证书：Web 前端证书、界面设计证书、云计算证书、软件测试证书、Java 工程师证书等
	第三学期、第四学期	积极参加省/市级各类职业院校技能大赛	省职业院校技能大赛
	第三学期、第四学期	根据个人水平，积极准备通过大学英语四、六级考试	
大三阶段：精通专业，实现价值	第五学期	参加全国计算机技术与软件专业技术资格考试（简称软考）	可选科目：软件设计师、网络工程师、多媒体应用设计师等
	第五学期	完成毕业设计项目	
	第六学期	进行顶岗实习	

12.5 本章小结

本章介绍了信息产业界的道德准则，详细讲解了计算机相关专业人员和计算机用户的道德准则；列举了信息技术相关的法律法规，通过介绍典型的计算机犯罪案例，让读者更好地理解法律法规。接着详细介绍了计算机专业能力、计算机相关专业学生学习能力以及各专业能力对应的培养目标。最后介绍了计算机专业学生的就业岗位，并指导学生进行学业规划。其中，对于计算机初学者来说，可以在教师的指导下进行学业规划和职业规划。表 12-6 给出了第 12 章知识点学习达标标准，供读者自测。

表 12-6　第 12 章知识点学习达标标准自测表

序号	知识（能力）点	达标标准	自测 1（　月　日）	自测 2（　月　日）	自测 3（　月　日）
1	计算机专业人员的道德准则	掌握			
2	计算机用户的道德准则	掌握			
3	信息技术相关的法律法规	了解			
4	计算机犯罪的典型案例	了解			
5	计算机专业能力的组成	了解			
6	计算机各专业能力的培养目标	了解			
7	计算机专业学生的学习能力	了解			
8	计算机专业学生的学业规划	掌握			

习题

1. 简述计算机专业人员的道德标准。
2. 简述计算机用户的道德标准，并列举一些典型案例。
3. 你觉得要学习好计算机专业，需要重点锻炼哪些方面的能力？
4. 请结合自己所学专业，查找资料，完成自己的学业规划。

参考文献

[1] 教育部考试中心．全国计算机等级考试一级教程（计算机基础及 WPS Office 应用）：2020 年版[M]．北京：高等教育出版社，2020．

[2] 李岩松．WPS Office 办公应用从新手到高手[M]．北京：清华大学出版社，2020．

[3] 刘鹏．大数据[M]．北京：电子工业出版社，2017．

[4] 眭碧霞．信息技术基础：WPS Office[M]．2 版．北京：高等教育出版社，2021．

[5] 崔向平，周庆国，张军儒．大学信息技术基础[M]．北京：人民邮电出版社，2021．

[6] 迟俊鸿．网络信息安全管理项目教程[M]．北京：电子工业出版社，2020．

[7] 贾铁军．网络安全实用技术[M]．2 版．北京：清华大学出版社，2017．

[8] 刘进锋．计算机导论[M]．北京：清华大学出版社，2020．

[9] 许正林．媒体融合时代的新闻传播教育[M]．上海：上海交通大学出版社，2014．

[10] 吴韶波，顾奕，李林隽．数字音视频技术及应用[M]．2 版．哈尔滨：哈尔滨工业大学出版社，2016．

[11] 冯政军，魏斌．大学信息技术教程：基础理论[M]．北京：北京理工大学出版社，2016．

[12] 薛联凤，章春芳．信息技术教程[M]．南京：东南大学出版社，2017．

[13] 冯大春．大学信息技术基础[M]．北京：中国农业大学出版社，2017．

[14] 宋兰霞．新一代多媒体系统中的关键技术[M]．北京：北京理工大学出版社，2018．

[15] 李淑英．信息化视域下数字媒体艺术的发展[M]．长春：吉林大学出版社，2018．

[16] 郭夫兵．大学计算机基础项目化教程[M]．苏州：苏州大学出版社，2018．

[17] 肖明．大学计算机基础[M]．4 版．北京：中国铁道出版社，2019．

[18] 司占军，贾兆阳．数字媒体技术[M]．北京：中国轻工业出版社，2020．

[19] 张赵管，周兵．计算机应用基础案例教程（Windows 7+WPS 2016+Photoshop CS6）（微课版）[M]．北京：人民邮电出版社，2016．

[20] 柳青．计算机导论（基于 Windows 7+Office 2010）[M]．2 版．北京：电子工业出版社，2017．

[21] 战德臣．大学计算机：计算思维导论[M]．北京：电子工业出版社，2013．

[22] 张海藩，牟永敏．软件工程导论[M]．6 版．北京：清华大学出版社，2013．